21 世纪全国高职高专电子信息系列技能型规划教材

PLC 与变频器控制系统设计与调试

主 编 姜永华

参 编 孔庆恩 李 鹏 刘晓林

北京大学出版社
PEKING UNIVERSITY PRESS

内 容 简 介

本书以德国西门子公司的S7-200系列PLC及西门子MM420型变频器为样机，以工程实例为载体，以完成工作任务为主线，系统地介绍了PLC与变频器技术应用的相关内容。本书内容由简到难，并按实际工程项目的完成过程进行结构安排，使读者在学、做、练中获得PLC应用的必备知识，并转化为职业基本技能。

本书根据知识的难易程度及应用范围的不同，共分7个项目，包括12个应用实例，主要内容有PLC应用基础、数字量的控制、模拟量的控制、高速处理功能、联网通信功能、变频器应用基础、变频器的调速运行。书中所有的程序都经过实际调试，可以直接运行，有的实例已在生产中得到应用。

本书可作为高职高专院校的机电一体化、自动化、应用电子等相关专业的专业教材，也可作为从事电气工作的工程技术人员的参考用书。

图书在版编目(CIP)数据

PLC与变频器控制系统设计与调试/姜永华主编. —北京：北京大学出版社，2011.6

(21世纪全国高职高专电子信息系列技能型规划教材)

ISBN 978-7-301-18622-0

Ⅰ. ①P… Ⅱ. ①姜… Ⅲ. ①可编程序控制器—高等职业教育—教材②变频器—电气控制—高等职业教育—教材 Ⅳ. ①TM571.6 ②TH773

中国版本图书馆CIP数据核字(2011)第035804号

书　　名：PLC与变频器控制系统设计与调试

著作责任者：姜永华　主编

策 划 编 辑：赖　青　张永见

责 任 编 辑：张永见

标 准 书 号：ISBN 978-7-301-18622-0/TP・1160

出 版 者：北京大学出版社

地　　址：北京市海淀区成府路205号　100871

网　　址：http://www.pup.cn　http://www.pup6.com

电　　话：邮购部 62752015　发行部 62750672　编辑部 62750667　出版部 62754962

电 子 邮 箱：pup_6@163.com

印 刷 者：北京京华虎彩印刷有限公司

发 行 者：北京大学出版社

经 销 者：新华书店

787mm×1092mm　16开本　18印张　420千字

2011年6月第1版　2016年8月第3次印刷

定　　价：34.00元

前　言

可编程序控制器是一种新型的可靠性极高的通用工业自动化装置。它以微处理器为核心，将微型计算机技术、自动控制技术和通信技术融为一体。它具有控制能力强、可靠性高、配置灵活、编程简单、使用方便、易于扩展等优点，在工业自动控制领域得到广泛的应用。所以，掌握 PLC 应用技术是改造传统生产工艺和设备的重要途径，也是完成各种较复杂生产过程控制的重要手段。变频器是利用电力半导体器件的通断作用将工频电源变换为另一频率的电能控制装置，集电力电子技术、计算机技术、自动控制技术等多学科知识于一身。变频器主要用于交流电动机转速的调节，是公认的交流电动机最理想、最有前途的调速方案，除了具有卓越的调速性能之外，还有显著的节能作用，是企业技术改造和产品更新换代的理想调速装置，得到了快速发展和广泛的应用。考虑实际生产生活中很多领域综合应用了 PLC 技术及变频器技术，以实现自动调速功能，所以把 PLC 应用技术和变频器应用技术放在一起安排教材内容。本书采用国内应用广泛、具有很高性价比的西门子 S7-200 系列 PLC 和 MM420 西门子变频器作为样机。

本书主要包括以下 7 个项目的内容。

项目 1“PLC 应用基础”，包括 2 个任务。任务 1.1 认识 PLC，主要介绍 PLC 的控制功能、特点与分类、内外部组成及工作原理、PLC 的发展，是对 PLC 的整体介绍。任务 1.2 PLC 控制系统开发基础，介绍 PLC 控制系统开发步骤、系统配线方法与 PLC 的安装，为进一步深入学习后续内容打下基础。

项目 2“数字量的控制”，包括 5 个任务，这一部分是学习 PLC 的重点。任务 2.1 运料车控制系统的设计与模拟调试，主要学习触点线圈指令、置位复位指令、跳转与跳转标号指令、子程序调用指令的应用。任务 2.2 物料传送系统的设计、模拟调试，主要学习定时器与比较指令的应用及顺序类控制的实现方法。任务 2.3 数控 4 工位刀架工位显示与控制，主要学习接近开关等与 PLC 的连接、计数器指令的应用。任务 2.4 本体锥孔车床控制系统的设计、模拟调试，主要学习顺序控制继电器指令的应用。任务 2.5 花式喷泉控制系统的设计、模拟调试，主要学习传送指令、各种移位指令的应用。

项目 3“模拟量的控制”，包括 1 个任务。任务 3.1 电炉恒温控制系统的设计、模拟调试，主要学习各种数据运算指令、转换指令、PID 调节、中断指令的应用，学习模拟量信号的控制方法。

项目 4“高速处理功能”，包括 2 个任务。任务 4.1 饮料灌装机控制系统的设计、模拟调试，主要学习高速计数器的应用。任务 4.2 包装器材机械手的控制，主要学习高速脉冲指令的应用。

项目 5“联网通信功能”，包括 1 个任务。任务 5.1 3 台 PLC 的数据通信控制，主要介绍 S7-200 PLC 通信的基础知识，重点学习网络通信指令的应用。

项目 6“变频器应用基础”，包括 1 个任务。任务 6.1 认识通用变频器，介绍变频器的作用及调速原理、变频器的内外部结构、变频器的接线、变频器的分类与选用。

项目 7“变频器的调速运行”，包括 3 个任务，是学习变频器技术的重点。任务 7.1 起降机变频调速控制，主要介绍用变频器实现调速控制的一般步骤、常用参数功能、面板使用与参数输入方法，重点学习用面板和端子控制变频器实现调速的方法。任务 7.2 动力刀架动力头的多段调速控制，主要学习多段速调速功能及用 PLC 实现自动调速的控制方法。任务 7.3 变频恒压供水模拟控制，主要学习模拟端子调速功能及 PLC 控制模拟量实现自动调速的控制方法。

本书主要有以下特色。

(1) 校企合作开发。本书由双师型教师及企业工程技术人员合作编写，作者具有多年从事 PLC 与变频器工程项目开发的实践经验，从所开发的众多项目中精选典型实例，经过精简和细化作为教材编写内容。

(2) 层次分明、重点突出。根据知识结构的独立性和关联性，教材内容分成几个项目，每一项目安排 1～5 个不等的任务，每一任务又针对性地包括一个或几个必须掌握的知识点，通过学、做、练的紧密结合，培养应用 PLC 与变频器技术的能力。

(3) 难易结合、强调应用。每一任务都是一个比较大的项目，对项目内容进行了细化分解，把一个复杂的控制过程分解成几个简单的控制过程，这样便于理解与掌握。对指令的学习也是通过简单的实例进行阐述。

(4) 条理清晰、形式多样。每一任务都按照设计电气原理图、设计控制程序、模拟调试等步骤来完成，使读者一目了然。同一任务几乎都采用了不同的方法来实现要求，便于读者开阔思路、自主创新。例如任务 2.1 运料车的控制，分别通过触点线圈指令、置位复位指令、跳转与跳转标号指令、子程序调用指令设计控制程序。其他任务基本上都是采用这种结构形式。

(5) 适用于不同专业。本书中任务引入部分可以根据不同专业课时安排，不同专业学生学习能力情况，灵活选择难易程度。对于课时少的专业可以把任务要求中的一些附加条件去掉，完成主要的控制功能即可。对于课时多的专业可以完成整个任务控制要求。

本书由烟台职业学院姜永华主编并统稿，其中项目 2、3、5、7 及附录由姜永华编写，项目 4 由烟台环球机床附件集团有限公司孔庆恩编写，项目 1 由烟台职业学院李鹏编写，项目 6 由烟台职业学院刘晓林编写。

由于编者水平有限，书中难免有疏漏之处，恳请读者批评指正。

编　者
2011 年

目　　录

项目 1　PLC 应用基础 …… 1
任务 1.1　认识 PLC …… 2
任务 1.2　PLC 控制系统开发基础 …… 11
项目 2　数字量的控制 …… 19
任务 2.1　运料车控制系统的设计与模拟调试 …… 20
任务 2.2　物料传送系统的设计、模拟调试 …… 41
任务 2.3　数控 4 工位刀架工位显示与控制 …… 61
任务 2.4　本体锥孔车床控制系统的设计、模拟调试 …… 79
任务 2.5　花式喷泉控制系统的设计、模拟调试 …… 100
项目 3　模拟量的控制 …… 121
任务 3.1　电炉恒温控制系统的设计、模拟调试 …… 122
项目 4　高速处理功能 …… 155
任务 4.1　饮料罐装机控制系统的设计、模拟调试 …… 156
任务 4.2　包装器材机械手的控制 …… 174
项目 5　联网通信功能 …… 188
任务 5.1　3 台 PLC 的数据通信控制 …… 189
项目 6　变频器应用基础 …… 209
任务 6.1　认识通用变频器 …… 210
项目 7　变频器的调速运行 …… 223
任务 7.1　升降机的变频调速控制 …… 224
任务 7.2　动力刀架动力头的多段调速控制 …… 240
任务 7.3　变频恒压供水的模拟控制 …… 249
附录 1　S7-200 PLC 的端子连接图及 I/O 地址分配 …… 267
附录 2　S7-200 PLC 的主要技术性能指标 …… 270
附录 3　S7-200 PLC 的输入输出特性 …… 272
附录 4　STEP 7-Micro/WIN 编程软件使用说明 …… 273
附录 5　S7-200 PLC 指令集 …… 278
参考文献 …… 280

项目 1

PLC 应用基础

重点内容	1. PLC 的控制功能; 2. PLC 的内外部组成及作用; 3. PLC 的工作方式; 4. PLC 控制系统设计步骤; 5. PLC 与输入输出信号的连接; 6. 对交直流感性负载的处理方法。

项目导读

PLC 作为工业控制装置，广泛应用于机械制造、化工等各行各业。目前生产厂家众多，产品品种类多样，但它们的内外部组成及工作原理基本相同，使用方法也大同小异。项目 1 对 PLC 的控制功能、特点、分类、内外部组成及工作原理几方面进行了介绍，通过这部分内容的学习，使读者对 PLC 有一个初步的认识与了解。应用 PLC 对某个控制对象进行控制时，要与其他电器元件连接在一起组成控制系统。项目 1 也详细地介绍了 PLC 控制系统的设计步骤及其设计内容，包括 PLC 与输入输出信号的连接、PLC 控制系统的配线及 PLC 的安装方法，为后续应用 PLC 技术实现自动控制打下基础。

任务 1.1　认识 PLC

任务目标	1. 明确 PLC 的控制功能； 2. 能根据不同类型正确选用 PLC； 3. 能理解内外部结构中各部分的作用； 4. 能理解 PLC 的工作原理，为后续应用打下基础。

任务引入

可编程控制器是一种智能化的工业控制装置，广泛应用于各行各业，掌握 PLC 的应用技术不需要太深奥的理论知识，具备一定的计算机基础与电气控制经验的人，就能学会 PLC 的使用。如图 1.1(a)所示，WinAC 插槽型 412/416 是西门子基于 PC 的自动化插卡 PLC 产品，适合于控制系统安全性、可靠性要求较高，同时有较多 PC 任务要求的场合，如配方管理、批量处理、连接数据库等。图 1.1(b)所示为 PLC 在某钢铁集团万立方米高位水池水泵房控制系统中的应用。

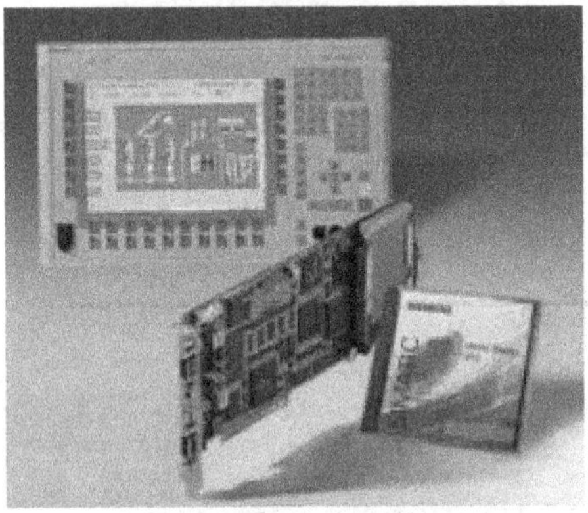

(a) WinAC 插槽型

(b) PLC 在水泵房控制系统中的应用

图 1.1　PLC 的应用

那么 PLC 还可以用于哪些工业控制场合？有何特点？PLC 的组成结构有哪些？PLC 又是如何进行工作的？下面就来学习相关知识。

相关知识

一、PLC 的定义与控制功能

1. PLC 的定义

可编程控制器(Programmable Controller)是为工业控制应用而设计制造的，它是工业计算机家族中的一员。早期的可编程控制器主要是用来代替继电器实现逻辑控制，故称作可编程逻辑控制器(Programmable Logic Controller，PLC)。后来PLC的功能大大增强，已超出逻辑控制的范畴，但为了与个人计算机(PC)进行区别，仍沿用PLC的名称。

可编程控制器的定义有很多版本，从PLC所含技术层面可定义为：PLC是以3C技术即微型计算机(Computer)技术、控制(Control)技术和通信(Communication)技术为基础发展起来的新一代工业控制装置。强调专为工业环境应用而设计，包括两方面的内容：①具有很强的抗干扰能力；②具有很强的带负载能力。它简单易懂、操作方便、可靠性高、通用灵活、体积小、使用寿命长，很快地在工业领域推广应用，已成为当代工业自动化的重要支柱之一。同时对传统控制系统的技术改造、发展新型工业控制装置起着越来越重要的作用。

2. PLC的控制功能

目前，PLC在国内外已广泛应用于钢铁、石油、化工、电力、建材、机械制造、汽车、轻纺、交通运输、环保及文化娱乐等各个行业，使用情况大致可归纳为如下几类。

1) 开关量或数字量控制

这是PLC最基本、最广泛的应用领域，有资料显示，78%的PLC都是用于控制开关量的。它取代传统的继电—接触器控制系统，实现逻辑控制、顺序控制，既可用于单台设备的控制，也可用于自动化流水线及多机群控。如物料传送系统、机床、电梯、电镀流水线、塑料机械、印刷机械、自动仓库等的控制都是数字量的控制。

2) 模拟量控制

在工业生产过程中，有许多连续变化的量，如温度、压力、流量、液位和速度等，这些量可以转换为模拟电量。为了使可编程控制器能处理模拟量，必须实现模拟量(Analog)和数字量(Digital)之间的转换。PLC厂家都生产配套的A/D和D/A转换模块，要处理这些模拟量，只要连接上模拟量转换模块，就可使PLC用于模拟量控制。用PLC能编制各种各样的控制算法程序，对这些模拟量进行PID调节，实现闭环控制，即实现对温度、压力、流量等的过程控制。过程控制在冶金、化工、热处理、锅炉控制等场合有非常广泛的应用。

3) 运动控制

PLC可以用于对速度与位置等量的控制，以实现控制对象的圆周运动或直线运动。PLC具有高速脉冲输出功能，从控制机构配置来说，早期的PLC直接用开关量I/O模块连接位置传感器和执行机构实现运动控制，现在一般使用专用的运动控制模块，可以驱动步进电机或伺服电机实现单轴和多轴位置控制。运动控制功能广泛用于各种机械、数控机床、机器人等场合。

4) 数据处理

现代PLC具有数学运算(包括四则运算、函数运算、逻辑运算等)、数据传送、数据转换、排序、查表、位操作等功能，可以完成数据的采集、分析及处理。这些数据可以与存储在存储器中的参考值比较，完成一定的控制操作，也可以利用通信功能传送到别的智能装置，或将它们打印制表。数据处理一般用于大型控制系统，如无人控制的柔性制造系统，也可用于过程控制系统，如造纸、冶金、食品工业中的一些大型控制系统。

5) 通信联网

PLC具有通信联网功能，它使PLC之间、PLC与上位计算机、PLC与其他智能设备之间能够进行信息交换与控制，使系统形成一个统一的整体，实现集中管理和分散控制，形成分布式控制系统。PLC 也可以通过网络通信模块连接到工业以太网，实现管理—控制网络的一体化，可集成到因特网，为全球联网提供条件。

二、PLC 的特点与分类

1. PLC 的特点

1) 抗干扰能力强、可靠性高

高可靠性是电气控制设备的关键性能。由于采用大规模集成电路技术、严格的生产工艺、先进的抗干扰技术，PLC 具有很高的可靠性。硬件上，内部电路采用了光电隔离、设置多级滤波电路等抗干扰措施。软件上，采用数字滤波、故障自诊断等措施。软硬件结合使整个系统具有极高的可靠性。一些使用冗余 CPU 的 PLC 的平均无故障工作时间则更长。使用 PLC 构成控制系统，与同等规模的继电—接触器系统相比，电气接线及开关接点已减少到数百甚至数千分之一，故障也就大大降低。

2) 配套齐全、功能完善、适用性强

PLC 发展到今天，已经形成了大、中、小各种规模的系列化产品，可以用于各种规模的工业控制场合。除了逻辑处理功能以外，现代 PLC 大多具有完善的数据运算能力，可用于各种数字控制领域。近年来，PLC 的功能单元大量涌现，使 PLC 渗透到了位置控制、温度控制、CNC 等各种工业控制中。加之 PLC 通信能力的增强及人机界面技术的发展，使用 PLC 组成各种控制系统变得非常容易。

3) 编程直观、易学易用

PLC 作为通用工业控制计算机，是面向工矿企业的工控设备。它接口容易，编程语言易于为工程技术人员所接受。梯形图语言的图形符号与表达方式和继电器电路图相当接近，只用 PLC 的少量开关量逻辑控制指令就可以方便地实现继电器电路的功能。从而为不熟悉电子电路、不懂计算机原理和汇编语言的人使用计算机从事工业控制打开了方便之门。

4) 系统的设计、制作与调试周期短、设备易改造

用继电器控制系统完成工程项目，一般先根据控制要求设计电气原理图、位置布置图、接线图等，再进行系统的安装接线与调试，项目完工周期较长，线路复杂，维修也十分不方便。用 PLC 进行控制时，外围接线较少，在设计系统电气原理图的同时，可同时设计控制程序，经过简单接线后就可调试程序，使控制系统设计、制作与调试的周期大为缩短，更重要的是，使用同一设备通过改变程序改变生产控制过程成为可能。这很适合多品种、小批量的生产场合。

5) 系统维护、维修方便

由于系统外围接线少，且外围设备的工作状态有状态指示灯等进行显示，而控制系统内部工作状态通过编程软件可直观地观察到，一旦出现异常，很容易发现并解决，极大地方便了维修人员的维护、维修。

2. PLC 的分类

1) 根据 I/O 点数分类

PLC 的接线端子可接按钮、接触器等元器件，一个端子称为一个点，根据 I/O 点数的多少将 PLC 分为小型机、中型机、大型机。

(1) 小型PLC。小型PLC的I/O点数一般在256点以下。其特点是体积小、结构紧凑，整个硬件融为一体，除了开关量I/O以外，还可以连接模拟量I/O以及其他各种特殊功能模块。它能执行逻辑运算、计时、计数、算术运算、数据处理和传送、通信联网以及各种应用指令。如日本欧姆龙的CPM1A/CPM2A，三菱的FX_1/FX_2系列，德国西门子的S7-200系列等都属于小型PLC。S7-200系列产品包括CPU221、CPU222、CPU224、CPU224XP、CPU226各种型号。

(2) 中型PLC。I/O点数一般在256～1 024点之间。I/O的处理方式除了采用一般PLC通用的扫描处理方式外，还能采用直接处理方式，即在扫描用户程序的过程中，直接读输入，刷新输出。它能连接各种特殊功能模块，通信联网功能更强，指令系统更丰富，内存容量更大，扫描速度更快。如欧姆龙的CQM_1、C200H系列、西门子的S7-300系列、三菱的Q系列等都属于中型PLC。

(3) 大型PLC。一般I/O点数在1 024点以上的称为大型PLC。大型PLC的软、硬件功能极强，具有极强的自诊断功能。通信联网功能强，有各种通信联网的模块，可以构成三级通信网，实现工厂生产管理自动化。大型PLC还可以采用三CPU构成表决式系统，使机器的可靠性更高。如欧姆龙的C500系列，西门子的S7-400系列等，可用于大规模的过程控制，构成分布式控制系统或集散控制系统。

西门子公司大、中、小PLC系列产品如图1.2所示。

S7-200系列　　S7-300系列　　S7-400系列

图1.2　西门子公司PLC产品分类

2) 根据结构分类

根据结构分类，可分为整体式和模块式两种。

(1) 整体式PLC。整体式PLC是将电源、CPU、I/O接口等部件都集中装在一个机箱内，具有结构紧凑、体积小、价格低的特点。小型PLC一般采用这种整体式结构。整体式PLC一般还可配备特殊功能单元，如模拟量单元、位置控制单元等，使其功能得以扩展。S7-200系列PLC就是整体式结构。

(2) 模块式PLC。模块式PLC是将PLC各组成部分分别作成若干个单独的模块，如CPU模块、I/O模块、电源模块(有的含在CPU模块中)以及各种功能模块，各模块之间一般用扁平电缆连接。模块式PLC的特点是配置灵活，可根据需要选配不同规模的系统，而且装配方便，便于扩展和维修。大、中型PLC一般采用模块式结构。S7-300系列、S7-400系列PLC就是模块式结构。还有一些PLC将整体式和模块式的特点结合起来，构成叠装式PLC。

三、PLC 的内外部组成及工作原理

1. S7-200 PLC 外部结构及各部分的作用

S7-200 系列 PLC 将 CPU、电源、I/O 接口、存储器都集中配置在一个箱体中，其外部结构如图 1.3 所示。

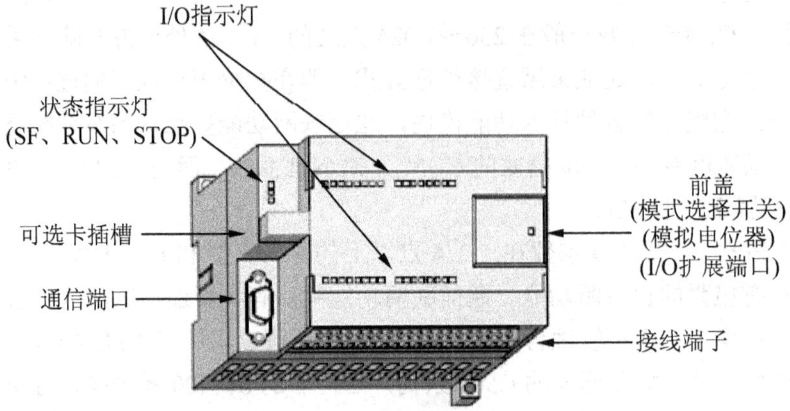

图 1.3　PLC 外部结构

1) 接线端子

接线端子的功能是实现 PLC 与外部设备之间的联系。

接线端子分为输入接线端子、输出接线端子。各种按钮、各种开关、触点等通过输入接线端子与 PLC 连接。接触器线圈、电磁阀线圈、指示灯等通过输出接线端子与 PLC 连接。

2) I/O 指示灯

I/O 指示灯用于显示输入输出信号的有无。现场设备中(例如开关)采集的信号送入 PLC 时，如果该地址有输入信号，其对应的指示灯亮。输出部分如果有输出信号，则输出指示灯亮。

3) I/O 扩展端口

I/O 扩展端口用于和各种扩展模块(如 EM22 系列数字量 I/O 模块、EM23 系列模拟量 I/O 模块)的扩展连接。

4) 通信端口

通信端口用于连接其他 PLC、上位机或其他工业设备，实现 PLC 与智能设备之间的信息交换。

5) 状态指示灯

状态指示灯用于显示 PLC 工作模式(RUN、STOP)，以及检查出的系统错误(SF)。

2. PLC 的内部组成与各部分的作用

硬件系统通常由 CPU、存储器、输入输出单元、电源、通信接口和 I/O 扩展接口等几个主要部分组成，如图 1.4 所示。

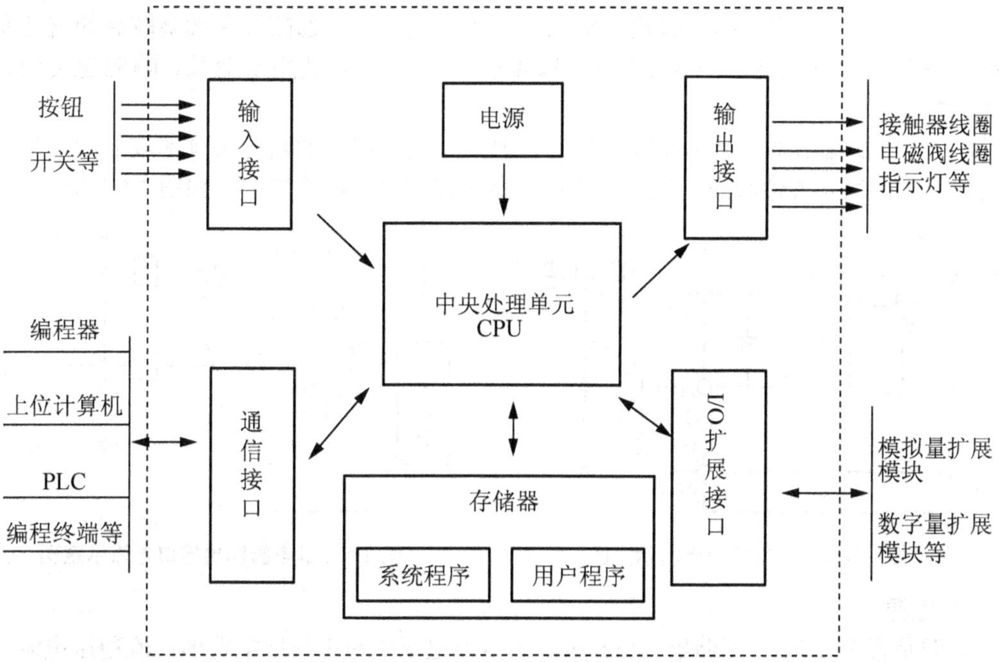

图 1.4　PLC 的内部组成

1) CPU

CPU 是 PLC 的核心，它用于运行用户程序、监控输入输出接口状态、作出逻辑判断和进行数据处理，即读取输入变量，完成用户指令规定的各种操作，将结果送到输出端，并响应外部设备(如电脑、打印机等)的请求以及进行各种内部判断等。

为了进一步提高 PLC 的可靠性，近年来，对大型 PLC 还采用双 CPU 构成的冗余系统，或采用三 CPU 构成的表决式系统。这样，即使某个 CPU 出现故障，整个系统仍能正常运行。

2) 存储器

虽然各种 PLC 的 CPU 最大寻址空间各不相同，但是根据 PLC 的工作原理，其存储空间一般包括以下两个区域。

(1) 系统程序存储区。在系统程序存储区中存放着相当于计算机操作系统的系统程序。包括监控程序、管理程序、命令解释程序、功能子程序、系统诊断子程序等。由制造厂商将其固化在 ROM 中，用户不能直接更改。它和硬件一起决定了该 PLC 的性能。

(2) 用户程序存储区。用户程序存储区包括用户程序存储器和数据存储器两部分。用户程序存储器用来存放用户编写的各种控制程序，根据所选用的存储器单元类型的不同，可以是 RAM(有掉电保护)、EPROM 或 EEPROM 存储器，其内容可以由用户任意修改或增删。不同类型的 PLC，其存储容量各不相同。

3) 输入输出(I/O)接口

I/O 接口是 PLC 与输入输出设备连接的部件，I/O 接口一般采用光电耦合电路，以减少电磁干扰，提高可靠性。输入接口接收输入设备(如按钮、传感器、触点、行程开关等)的控制信号，输入接口电路分直流和交流两种。输出接口是将主机经处理后的结果通过功放电路去驱动输出设备(如接触器线圈、电磁阀线圈、指示灯等)。为便于接不同性质的负载，西门子 PLC 输出接口主要有以下两种类型。

(1) 晶体管输出型。晶体管输出型为无触点开关，用于通断开关频率较高的直流负载回路，每个点的负载能力约为 0.75A，每 4 点不大于 2A，使用寿命长，响应速度快，如图 1.5 所示。

(2) 继电器输出型。继电器输出型为有触点开关，用于通断开关频率较低的直流负载或交流负载回路，寿命较短，响应速度慢，但价格便宜，应用较多，如图 1.6 所示。

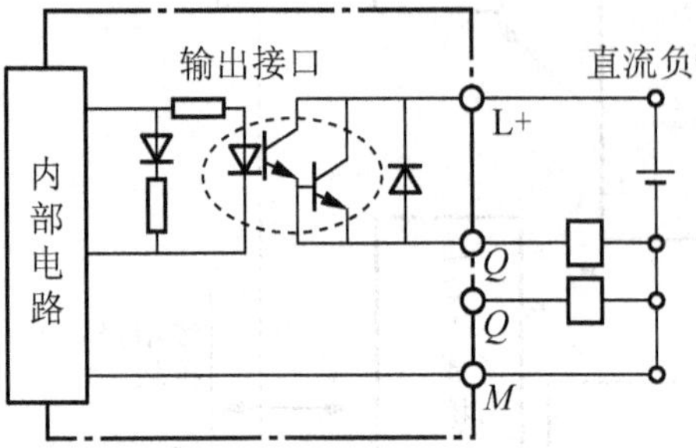

图 1.5　晶体管输出接口电路示意图

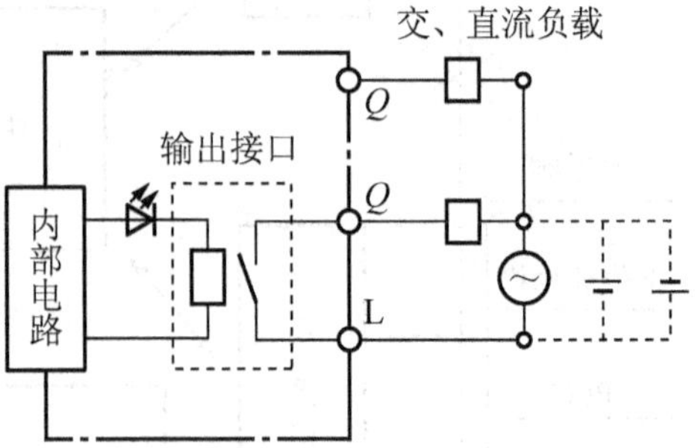

图 1.6　继电器输出接口电路示意图

4) 电源

电源是指为 CPU、存储器、I/O 接口等内部电子电路工作所配置的直流稳压电源，一般为开关式电源，为内部电路供电，同时还向外部提供 24V 直流电源，供输入设备或扩展单元作电源使用。

5) 输入输出扩展接口

当需要扩展开关量输入输出点数，或对模拟量信号进行控制，连接模拟量模块时，通过输入输出扩展接口把扩展模块与 CPU 主机连接起来。PLC 有扩展接口的才能进行 I/O 的扩展。

6) 通信接口

此接口可将打印机、条码扫描仪、变频器、计算机、其他 PLC 等设备与本机 PLC 相连，以完成相应的通信功能。

3. PLC 的工作原理

PLC 是采用循环扫描工作方式进行工作的。整个工作过程可分为 5 个阶段：执行 CPU 自诊断、通信服务、读输入、执行控制程序、写输出。PLC 经过这 5 个阶段的工作过程所需的时间，称为一个扫描周期，一般扫描周期为十几毫秒，最多几十毫秒。完成一个扫描周期后，又重新执行上述过程，扫描周而复始地进行。

1) 执行 CPU 自诊断

上电后，CPU 检查 I/O 设备、程序存储器和扩展模块是否工作正常。如检查出异常时，CPU 面板上的 LED 及异常继电器会接通，在特殊寄存器中会存入出错代码。当出现致命错误时，CPU 被强制为 STOP 方式，所有的扫描便停止。

2) 通信服务

PLC 自诊断处理完成以后进入通信服务过程。首先检查有无通信任务，如有，则完成与其他设备的通信处理。

3) 读输入

PLC 在自诊断和通信服务完成以后，首先扫描所有输入端点，并将各输入状态存入相对应的输入映像寄存器中。接着，进入程序执行阶段和输出刷新阶段。

4) 执行控制程序

PLC 按从左到右、从上到下的步骤顺序执行程序。在程序或中断服务中，直接 I/O 指令允许对 I/O 点直接进行存取。如果在程序中使用了中断，与中断事件相关的中断服务程序作为程序的一部分被存储。中断程序并不作为正常扫描周期的一部分来执行，而是当中断事件发生时才执行(可能在扫描周期的任意点)。

5) 写输出

在所有指令执行完毕后，所有输出继电器的状态(接通或断开)在输出刷新阶段转存到输出锁存器中，通过输出端子和外部电源驱动外部负载。

扫描周期的大小主要取决于程序的长短，对于一般的工业控制系统，负载驱动的是电磁阀或接触器线圈等，扫描时间相对较短，不会影响系统的正常工作。但对于响应速度要求快的系统，就应精确地计算出响应时间，合理安排指令的顺序，尽量用较少的指令完成系统控制功能。

四、PLC 的发展趋势

可编程序控制器是 20 世纪 60 年代末在美国首先出现的，崛起于 70 年代，成熟于 80 年代，90 年代中期进入飞速发展阶段。这一时期，PLC 完全计算机化，模拟量处理功能及网络通信功能大大增强，在大型的数字量或模拟量控制系统中得到广泛应用。我国从 1974 年开始研制 PLC，于 1977 年开始工业应用。PLC 生产厂家逐年增多。据统计，当今世界的 PLC 生产厂家约有 200 家，生产 400 多个品种的 PLC。目前中国 PLC 市场的 95%以上被国外产品占领，主要厂商为德国 Siemens(西门子)公司、美国 Allen-Bradley(A-B)公司、法国 Schneider(施耐德)公司、日本 Mitsubishi(三菱)公司、Omron(欧姆龙)公司，5 家公司的销售额约占全球总销售额的 2/3。欧美公司在大、中型 PLC 领域占有绝对优势，日本公司在小型 PLC 领域占据十分重要的位置，韩国和中国台湾的公司在小型 PLC 领域也有一定市场份额，我国大陆也有和利时、浙大中控等 PLC 生产厂家。

1. 人机界面更加友好

PLC 制造商大力发展软件产业，大大提高了其软件水平，多数 PLC 品牌拥有与之相应的开发平台和组态软件，软件和硬件的结合，提高了系统的性能，同时为用户的开发和维护降低了成本，更易形成人机友好的控制系统，目前，PLC＋网络＋IPC＋CRT 的模式被广泛应用。

2. 网络通信能力增强

小型 PLC 都有通信接口，中、大型 PLC 都有专门的通信模块。随着计算机网络技术的飞速发展，PLC 的通信联网能使其与 PC 和其他智能控制设备很方便地交换信息，实现分散控制和集中管理，如 A-B 公司主推的三层网络结构体系，即 EtherNet、ControlNet、DeviceNet，西门子公司的 Profibus-DP 及 Profibus-FMS 网络等。

3. 开放性和可互操作性大大发展

在 PLC 发展过程中，各 PLC 制造商为了垄断和扩大各自市场，各自发展自己的标准，几乎各个公司的 PLC 均互不兼容，这给用户使用带来不便，并增加了维护成本。开放是发展的趋势，这已被各厂商所认识，目前，PLC 在开放性方面已有实质性突破。不少大型 PLC 厂商在 PLC 系统结构上采用了各种工业标准，如 IEC 61131-3、IEEE 802.3 以太网、TCP/IP、UDP/IP 等。

4. 功能进一步增强、应用范围越来越广泛

PLC 的网络能力、模拟量处理能力、运算速度、内存、复杂运算能力均大大增强，不再局限于逻辑控制的应用，而越来越应用于过程控制方面，PLC 在相当多的应用领域取代了昂贵的集散控制系统(DCS)。

5. 体积小型化、运算速度高速化

近几年，很多 PLC 厂商推出了超小型 PLC，用于单机自动化或组成分布式控制系统。西门子公司的超小型 PLC 称为通用逻辑模块 LOGO，它采用整体式结构，集成了控制功能、实时时钟和操作显示单元，可用面板上的小型液晶显示屏和 6 个键来编程。三菱电机的超小型 PLC 称为简单应用控制器 α，并有 AL-PCS/win-C 型 VLS 软件，是强有力且界面友好的编程工具。

运算速度高速化是 PLC 技术发展的重要特点，在硬件上，PLC 的 CPU 模块采用 32 位的 RISC 芯片，使 PLC 的运算速度大为提高，一条基本指令的运算速度达到数十 ns。PLC 主机运算速度大大提高，与外设的数据交换速度也呈高速化。

6. 软 PLC 出现

所谓软 PLC，实际就是在 PC 的平台上，在 Windows 操作环境下，用软件来实现 PLC 的功能，也就是说，软 PLC 是一种基于 PC 开发结构的控制系统，它具有硬 PLC 的功能、可靠性、速度、故障查找等方面的特点，利用软件技术可以将标准的工业 PC 转换为全功能的 PLC 过程控制器。可以说，高性能价格比的软 PLC 将成为今后高档 PLC 的发展方向。

任 务 小 结

本任务介绍了 PLC 的控制功能、基本组成及工作原理、特点及分类等，如下所述。

(1) PLC 的基本控制功能是对逻辑量的控制；连接扩展模块后，可以对模拟量进行控制；PLC 的脉冲输出功能可以实现对位置与速度的控制即实现运动控制；PLC 通过通信接口可以与其他设备进行联网通信。

(2) PLC 是一种微型计算机工业控制设备，它主要包括中央处理单元 CPU、存储器输入输出接口、输入输出扩展接口、通信接口、电源等几个部分。

(3) PLC 都要按通信处理、扫描输入、执行程序、输出刷新的顺序依次不断循环工作。

(4) PLC 的种类可按结构类型、点数多少、功能强弱来分类。

思考与技能实练

1．PLC 的控制功能有哪几方面？

2．PLC 有什么特点？

3．西门子公司的大、中、小型 PLC 的代表有哪些系列产品？其主要特点和区别是什么？

4．西门子 PLC 的输出接口有哪几种类型？每种分别适合什么样的应用场合？

5．PLC 的最新发展主要体现在哪几方面？

任务 1.2　PLC 控制系统开发基础

任务目标	1．能正确连接输入输出信号； 2．能正确连接 PLC 电源、输入输出信号电源； 3．能对交直流感性负载进行正确处理； 4．对控制系统能够正确配线并正确安装 PLC。

任务引入

PLC 的主要作用是工业控制。PLC 与各种电器元件组合连接在一起，完成一定的控制功能，就组成了 PLC 控制系统。要组成一个 PLC 控制系统，其内容包括哪些？设计步骤如何？如何正确连接 PLC 与其他电器元件？下面来学习相关知识。

相关知识

一、PLC 控制系统开发基础

根据用户对控制系统的要求，确定系统控制内容，在仔细分析控制内容的基础上，明确控制对象、各控制信号之间的对应关系及控制方式，由此形成具体的控制系统。PLC 控制系统开发的一般步骤为：系统分析、选择电器元件及 PLC 型号、设计电气原理图、设计控制程序、设计控制柜等其他电气图、模拟调试、现场调试、编制技术文件。下面介绍 PLC 控制系统开发的具体步骤及相关内容。

1．选择电器元件及 PLC 型号

系统分析，明确控制要求后，选择 PLC 型号主要包括两方面的内容：①确定 PLC 的输入输出点数；②确定 PLC 的输出类型。当然还要考虑某些功能指令是否支持、价格等。

1) 确定 PLC 输入输出点数

要确定输入输出点数，就要确定输入输出信号都有哪些。首先根据控制要求选择电器元件，先确定所需的输入元器件，确定按钮、各种开关等的种类与数量，再确定所需的输出元器件，确定接触器、电磁阀、指示灯等的种类与数量，然后计算所需的输入输出(I/O)点数，并且在选用 PLC 时，要在实际需要点数的基础上预留 10%～20%的余量，以备日后系统进行调试或改造时增加输入输出信号时使用。

2) 确定 PLC 输出类型

根据 PLC 输出端所带负载是直流型还是交流型，是大电流还是小电流，以及 PLC 输出负载动作的频率等，确定 PLC 输出端采用继电器输出型还是晶体管输出型。如果输出负载为接触器或电磁阀等交流或直流负载，选择继电器输出型的 PLC 就可满足控制要求。

不同性质的负载不能接在同一个端子组内，只能接在不同的端子组，所以在最后确定 PLC 型号时，还要根据负载是由交流电源供电还是由直流电源供电，以及 PLC 输出点数的分组情况，确定 PLC 的型号。

在选用何种品牌的产品时，尽量选用大公司的产品、用户熟悉的品牌，因为其产品质量有保障，售后服务较好，便于日后维修与技术服务。

2. 设计电气原理图

根据选好的元器件种类与数量，进行地址分配，按国家颁布的标准电气图符画法设计电气原理图。电气原理图包括 PLC 控制原理图与主电路原理图。PLC 控制原理图的设计主要包括三方面内容：①输入信号的连接；②输出信号的连接；③电源的连接。

1) PLC 与按钮、行程开关类输入信号的连接

PLC 与按钮、行程开关的接线方法是，按钮、行程开关等一端与 PLC 的输入接线端子相连，另一端连接在一起，然后和直流电源的一端(+或−)相连，PLC 的公共端 1M、2M 等与直流电源的另一端(−或+)相连。根据输入元器件的种类和数量进行地址分配，地址分配是任意的，如图 1.7 所示。图中 I0.0～I0.7 为一组，公共端为 1M，I1.0～I1.5 为一组，公共端为 2M。按钮、行程开关等输入元器件，一端连接在一起，与电源正端 L+(或 M)相连，另一端分别与 PLC 输入端子连接，每组的公共端(如 1M、2M)连在一起，再与电源的负端 M(或 L+)相连，如果第二组输入点没用，则 2M 不接。图中输入信号接的是 PLC 本身输出电源，也可接外接电源。如果输入信号接外接电源，则要加过流保护器件(如熔断器等)进行短路保护。每个元器件应标上对应的文字符号(如 SB1、SQ1)，并注明功能(如正转、左限位等)。

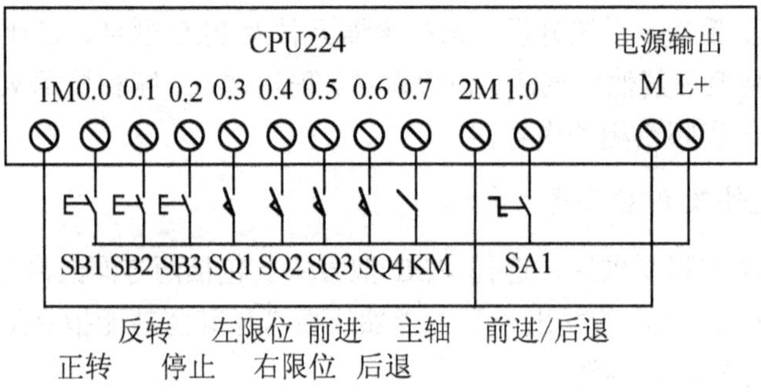

图 1.7 PLC 与开关等输入信号的连接

2) PLC 与输出信号的连接

根据接触器线圈、电磁阀线圈、指示灯等负载的电压性质与等级不同，把负载分成直流负载与交流负载。PLC 的输出接线端子是分组的，不同性质与电压等级的负载应接在不同组输出接线端子上。输出端负载的一般接法是，负载一端与 PLC 的输出端子连接，相同性质负载的另一端连接在一起，再连接到电源的一端，PLC 的输出公共端与电源的另一端相连。图 1.8 为 CPU 224 继电器输出型负载的一种连接方法。图中 Q0.0～Q0.3 为一组，连接的是直流负载，公共端为 1L。Q0.4～Q0.6 为一组，公共端为 2L，Q0.7、Q1.1 为一组，公共端为 3L，这两组连接的是交流负载。本组没使用的端子地址不能分配给不同性质的另一组负载使用，如图中的 Q0.3 没用，交流负载不能接在 Q0.3 端子上。是否要分组，完全根据负载的电压性质及类别来决定。如果输出负载都为直流负载或交流负载，则各组的公共端可以连在一起。对于感性负载，应采用保护电路和浪涌吸收电路。对于 PLC 输出不能直接带负载的情况下，如接触器线圈电压为 380V，就不能直接与输出端子相连，可通过中间继电器进行状态转换，如图中 KA 与 KM1。每一个输出元件也应标示文字符号与功能，如图中的“YV1”、“前进”等。

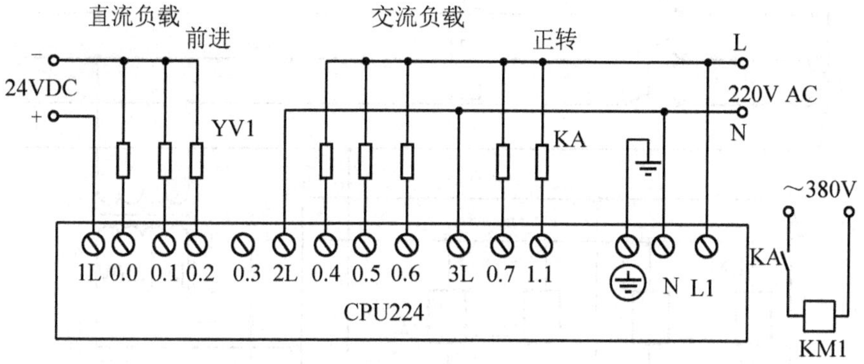

图 1.8　PLC 与输出信号的连接

3) 输出端接感性负载的设计处理方法

输出端接接触器线圈、电磁阀线圈时，这些负载为感性负载，根据所接电源为直流或交流的不同，又分为直流感性负载与交流感性负载。输出端负载为感性负载时，要加入抑制电路来限制输出关断时电压的升高。抑制电路可保护输出端不会因为高感抗开关电流而过早地损坏，同时可限制感性负载开关时产生的电子噪声。

(1) 对于晶体管直流输出或负载为大电感或频繁开关的直流感性负载，可用续流二极管来抑制。连接时一定要注意二极管的极性。二极管正极接负载端电压负端，负极接负载端电压正端。即应在负载两端反向并接续流二极管。图 1.9 是其典型应用，续流二极管可选 IN4001、IN4007 或类似器件。

(2) 当使用继电器或交流输出开关接 115V/230V 交流感性负载时，应当在交流感性负载两端并联阻容吸收器，电阻取 100～200Ω，电容取 0.1～0.47μF。也可采用 MOV(金属氧化物压敏电阻)来限制峰值电压，但一定要保证 MOV 的工作电压比正常的线电压至少高出 20%。如图 1.10 所示。

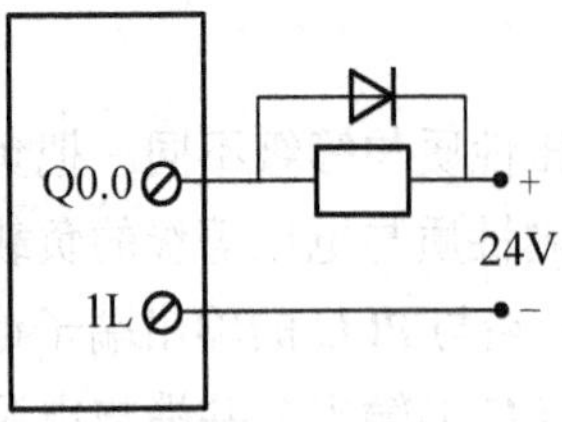

图 1.9 直流感性负载抑制电路

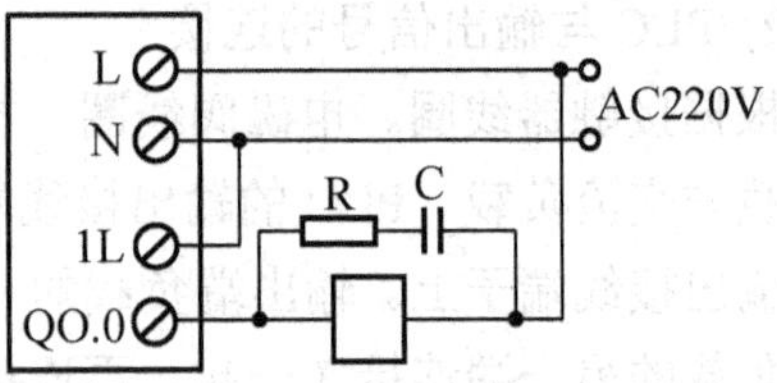

图 1.10 交流感性负载抑制电路

4) PLC 电源的连接

PLC 的供电电源分两种电压等级，一种是采用单相交流 AC85～240V，一般取交流 220V 电源给 PLC 供电，另一种是采用直流 DC24V 供电。交流供电时，供给 PLC 的电源，最好通过隔离变压器后再接入 PLC。如果电网电压波动较大或附近有大的电磁干扰源，则应加滤波器进行高频滤波，以滤除高频干扰。在设计接线时，应采用具有短路和过载保护的器件控制供给电源，以保证出现短路与过载故障时，能够同时切断 S7-200 输入电路和输出电路的所有供电。如图 1.11 所示，图中用 QF 进行短路和过载保护，也可用刀开关将电源与 PLC 隔离开来，用熔断器进行短路保护。

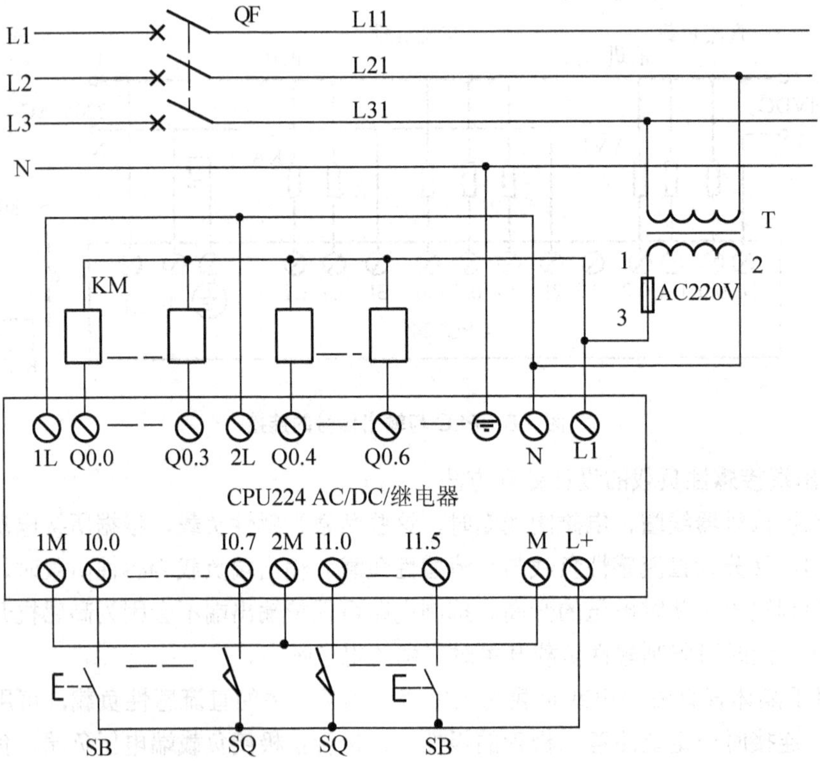

图 1.11 输出为交流、电源通过变压器供电示例

CPU 输入信号电源用 CPU 本身提供的传感器电源，输出为继电器形式时，可接交、直流负载。接直流负载时，其负载电源一般由外接开关电源来提供，如图 1.12 所示输出接线部分。

设计的电气原理图上除了要标示清楚元器件的功能外，还要用数字(如 1、2)或符号(如 L11、L21 等)作标记，便于以后连线与检修方便。

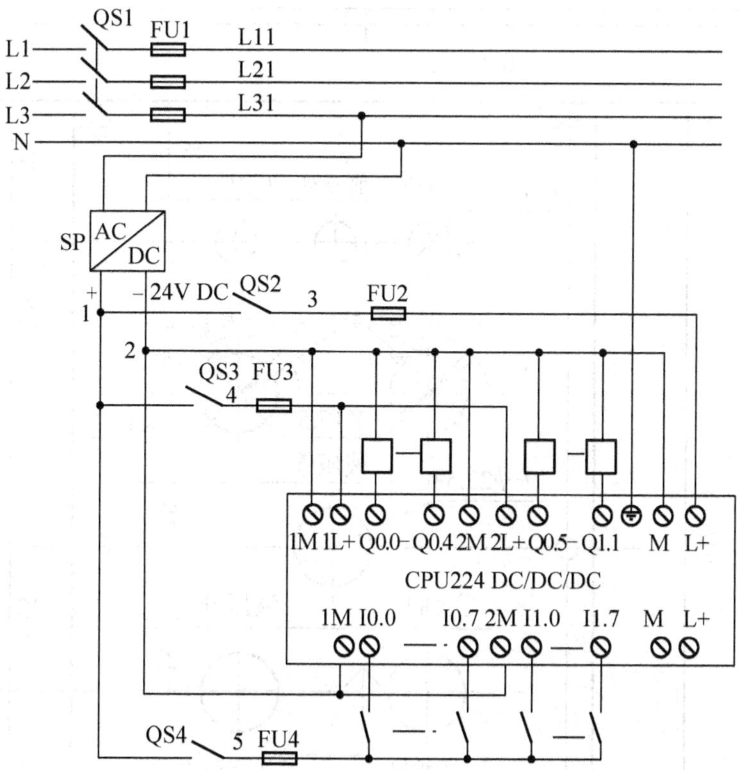

图 1.12 输入、输出接外接直流电示例

3. 设计控制程序

根据设计的电气原理图设计控制程序。控制程序不是唯一的，可用不同的指令编程实现同一个控制要求。初学者一定要养成一个良好的编程习惯，尽量用最简单的程序达到所需的控制目的。能采用功能指令的地方尽量采用功能指令。一些复杂的程序还要采用子程序、流转程序综合编程。编写的程序要有可读性，做到让别人看得懂，也为自己以后修改、升级程序打下好的基础，同时也会降低 PLC 的扫描时间，使系统更加可靠、稳定。

4. 设计控制柜、操作面板等其他电气图

电气原理图设计好后，为了安装电器元件，使其成为一完整的产品，需设计电气控制柜，同时应设计类似图 1.13 所示的操作面板布置图，以便安装按钮、指示灯等器件。复杂的系统还要设计电器元件安装位置图和电器元件连线图等。这部分工作可与控制程序设计同步进行，这样可以缩短设计周期。

5. 接线、模拟调试程序

按电器元件安装位置图(如果有)安装电器件，按电气原理图或电器元件连线图进行接线，用开关、指示灯等元器件模拟现场信号，调试编写的控制程序。程序满足要求后，再到现场进行实地联机调试。

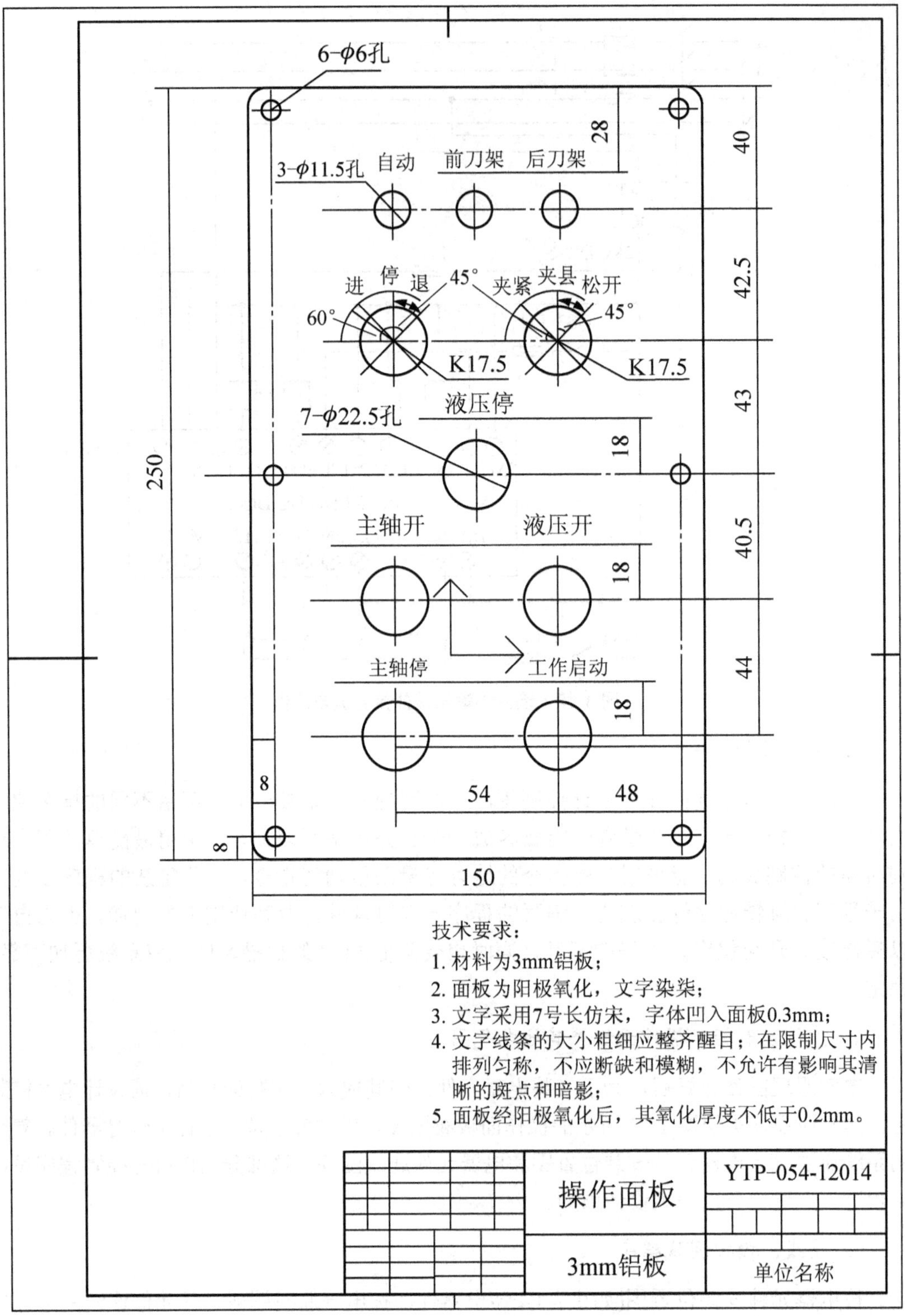

图 1.13　操作面板布置图示例

6. 现场接线、联机现场调试程序

模拟调试好的控制程序，必须在控制现场进行实地调试，同时要对系统中所用的各种接近开关、行程开关的位置进行调整。机电结合，调试机械动作部分是否符合要求。机电一体全部达到要求后，才算调试完毕。

7. 编制技术文件

系统安装调试完毕，应编制与整理技术文件，以备存档及为用户或维修人员提供必要的产品说明等。技术文件一般包括设计说明书、电气控制原理图、控制程序、所需元器件清单、外购标准件清单及产品使用说明书等。

二、系统配线方法与 PLC 的安装

1. PLC 的电源及输入输出回路的配线

PLC 的电源和输入输出回路的配线，必须使用压接端子或单股线，不能用多股绞合线直接与 PLC 的接线端子连接，否则易出现火花。PLC 输入输出端子可采用 0.5～1.5mm^2 的导线连接电器元件，并应尽量使用短导线，如果使用非屏蔽线，最长不超过 300m，使用屏蔽线，最长不超过 500m。

2. 正确敷线

输入输出连接线、PLC 的电源线、动力线最好放在各自的线槽中。输入输出连接线绝不允许与动力线捆在一起敷设。模拟量输入输出连接线最好加屏蔽，且屏蔽层应一端接地。

3. 正确的接地

为了抑制干扰，PLC 应设有独立的、良好的接地装置。接地电阻要小于 100Ω。接地线的截面积应大于 2mm^2。PLC 应尽量靠近接地点，其接地线不能超过 20m。PLC 的接地端子应单独接到接地装置上，不应与其他设备连接后再接到接地装置上，如图 1.14(a)所示。如果有扩展单元等，则 CPU 单元应与它们具有共同的接地体，而且任一接地电阻都不能大于 100Ω，如图 1.14(b)所示。

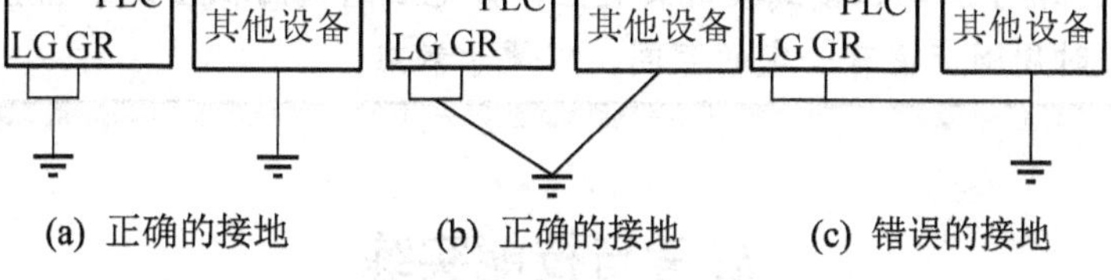

图 1.14　PLC 与其他设备的接地

主机板上有一个噪声滤波的中性端子(有的 PLC 标为 LG)，通常不要求接地，但当电气干扰严重时，这个端子必须与保护接地端子(有的 PLC 标为 GR)短接在一起后接地。噪声滤波的中性端子符号是⏚，接地端子符号是⏚。

4. PLC 的安装

PLC 可用两种方法进行安装。一种是用螺钉直接安装在配电板上，旋紧螺钉加以固定。另一种是安装在标准的 7.5×35mm 的 DIN 导轨上，导轨再安装在配电板上。PLC 一般采用水平方向安装，扩展模块装在 CPU 右边，通过总线连接电缆与 CPU。互相连接安装时 PLC 周围应留有一定的空间。CPU 和扩展模块采用自然对流散热方式，在每个单元的上方或下方都必须留有至少 25mm 的空间，以便于正常散热。前面板与背板之间至少应留有 75mm 以上的距离，如图 1.15 所示。

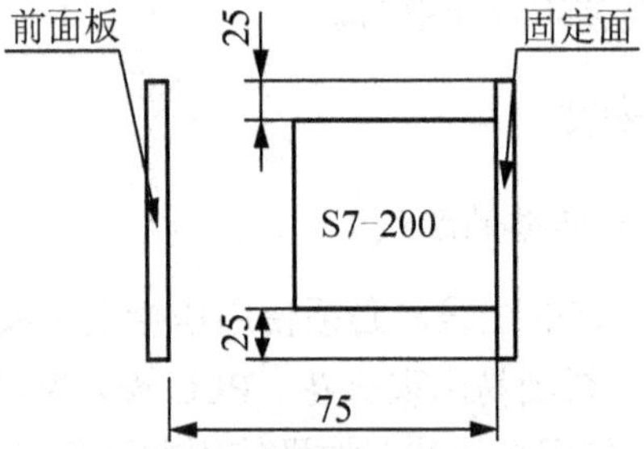

图 1.15 安装位置示意图

任 务 小 结

本任务主要讲述了 PLC 控制系统开发的一般步骤及 PLC 系统配线方法。完成 PLC 控制系统开发的一般步骤是：系统分析、选择电器元件及 PLC 型号、设计电气原理图、设计控制程序、设计控制柜等其他电气图、模拟调试、现场调试、编制技术文件。设计电气原理图与设计控制程序是学习 PLC 应用技术的重点。设计 PLC 控制电路电气原理图时主要考虑输入输出信号、电源的连接，同时要采取各种保护措施。

对感性负载的处理方法：对直流感性负载应在负载两端反向并接续流二极管；对交流感性负载应在负载两端并联阻容吸收器，目的是抑制电路通断瞬间产生的过电压与过电流。

PLC 输入输出端子可采用 0.5～1.5mm^2 的导线连接电器元件，并应尽量使用短导线。PLC 的接地端子应单独接到接地装置上，接地线的截面积应大于 2mm^2。

安装 PLC 时周围应留有一定的空间，以便于散热。

思考与技能实练

1．简述 PLC 控制系统开发步骤。

2．如何处理感性负载？

3．如何连接不同性质的负载？

4．选择 PLC 型号时应考虑哪几方面的内容？

项目2

数字量的控制

重点内容	1. 触点线圈指令、置位复位指令、子程序调用指令、跳转与跳转标号指令的应用； 2. 定时器与比较指令的应用； 3. 计数器指令的应用； 4. 顺序控制继电器指令的应用； 5. 各种移位指令的应用。

项目导读

对数字量信号进行控制是 PLC 的基本控制功能。通过利用 PLC 触点指令的串并联连接及定时、计数功能和程序控制功能，可以很容易地实现各种生产设备的基本控制要求。运料车的控制、物料传送带的控制(图 2.1)、刀架旋转控制、自动控制门的控制(图 2.2)、本体车床控制、霓虹灯、各式喷泉的控制等，控制的信号都是数字量。下面用 5 个实例学习和掌握 PLC 对数字量信号控制的实现方法。

图 2.1　传送带

图 2.2　自动控制门控制机构

任务 2.1 运料车控制系统的设计与模拟调试

任务目标	1. 能正确设计运料车控制电气原理图； 2. 能正确使用触点线圈指令编程； 3. 能正确使用置位复位指令编程； 4. 能正确使用跳转与跳转标号指令编程； 5. 能正确使用子程序调用指令编程； 6. 能对运料车控制系统进行调试。

任务引入

运料车由三相交流异步电动机拖动，可左右运行，如图 2.3 所示。控制要求如下。

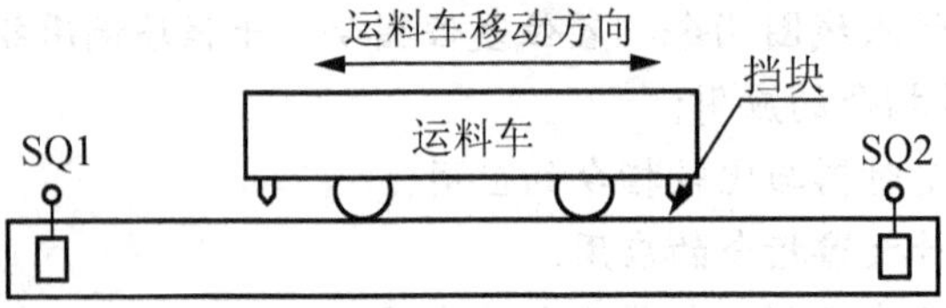

图 2.3 运料车动作原理示意图

1．点动控制时，按点动正转按钮，电动机正转点动运行，运料车左行；按点动反转按钮，电动机反转点动运行，运料车右行。

2．连续控制时，按正转按钮，电动机连续正转，运料车连续左行；按反转按钮，电动机连续反转，运料车连续右行；按停止按钮，运料车随时停止。

3．运料车应有软、硬件互锁控制功能。

要求用以下几种指令编程。

(1) 用触点线圈指令编程；

(2) 用置位复位指令编程；

(3) 用跳转与跳转标号指令编程；

(4) 用主程序、子程序方法编程。

任务分析

运料车主要用于搬运加工工件，在工矿企业的生产车间是比较常见的运输设备。运料车由三相交流异步电动机进行驱动。其运动方向的改变主要是通过电动机的正反转来实现。图 2.3 中 SQ1、SQ2 起限位保护作用，为降低学习难度，在此不予讨论。控制系统正常运行时，一般设为连续运行(自动控制)状态。但在调试系统或设备维修过程中，往往需把系统设为点动控制(手动控制)，所以运料车的控制实际上就是电动机点动、连续正反转控制。

相关知识

一、S7-200 系列 PLC 的编程语言的种类

SIMATIC S7-200 系列 PLC 的编程语言有 3 种，分别为梯形图语言、语句表语言和功能块图。3 种编程语言之间可以互相转换，梯形图语言和语句表语言是 PLC 最常用的编程语言。

1. 梯形图(LAD)

梯形图是借助类似于继电器的动合、动断触点、线圈以及串、并联等术语和符号，根据控制要求连接而成的表示 PLC 输入和输出之间逻辑关系的图形，直观易懂。基本元素是触点、线圈和功能框，如图 2.4(a)所示。

2. 语句表(STL)

语句表是一种用指令助记符来编制 PLC 程序的语言。语句表由操作码和操作数组成，可根据梯形图来编写，它类似于计算机的汇编语言，但比汇编语言易懂易学，是 PLC 的可执行程序，如图 2.4(b)所示。

3. 功能块图(FBD)

功能块图用类似于与门、或门的方框来表示逻辑运算关系，方框的左侧为逻辑运算的输入变量，右侧为输出变量，输入、输出端的小圆圈表示“非”运算，方框被“导线”连接在一起，信号自左向右流动。它的优点是一些复杂的功能用指令框来表示，有数字电路基础的人很容易掌握，如图 2.4(c)所示。

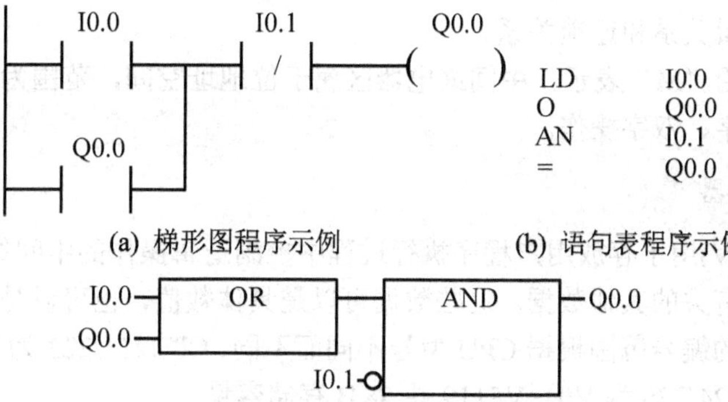

(a) 梯形图程序示例　　(b) 语句表程序示例

(c) 功能块图程序示例

图 2.4　3 种编程语言

二、编程元件介绍

编程元件是一些软元件，是 PLC 内部由电子电路和寄存器及存储单元等组成的具有一定功能的器件。这些软元件看不见摸不着，但其功能却和继电接触器系统的物理元器件功能一样，也有线圈和触点之分，并且其触点可以无限多次使用。

1. 输入继电器

输入继电器(I)用于存放 CPU 在输入扫描阶段采样输入端子的结果。每个 PLC 的输入端子都对应一个输入继电器，它用于接收外部的开关信号。只有当外部的开关信号接通 PLC 的相应输入端子的回路，对应的输入继电器的线圈才“得电”，在程序中其常开触点闭合，常闭触点断开。这些触点可以在编程时任意使用，使用次数不受限制。

数字量输入继电器用“I”表示，如 I0.0、I0.1。输入继电器区属于位地址空间，范围为 I0.0～I15.7，可进行位、字节、字、双字操作。实际输入点数不能超过 PLC 所提供的具体外部接线端子的输入继电器的数量。未用的输入继电器区可以做其他编程元件使用，如可以当通用辅助继电器或数据寄存器。但这只有在寄存器的整个字节的所有位都未占用的情况下才可以，否则会出现错误的执行结果，所以建议不把这些未用的输入继电器区作为它用。

2. 输出继电器(Q)

每个 PLC 的输出端子都对应一个输出继电器。当通过程序使得输出继电器线圈“得电”时，PLC 上的输出端“开关”闭合，它可以作为控制外部负载的开关信号，同时在程序中其常开触点闭合，常闭触点断开。这些触点可以在编程时任意使用，使用次数不受限制。

数字量输出继电器用“Q”表示，如 Q0.0、Q0.1。输出继电器区属于位地址空间，范围为 Q0.0～Q15.7，可进行位、字节、字、双字操作。其用法与输入继电器区相同。实际输出点数不能超过 PLC 所提供的具体外部接线端子的输出继电器的数量。

3. 中间继电器

中间继电器(M)位于 PLC 存储器的位存储器区，与继电器—接触器控制系统的中间继电器的作用相同，用于存放控制逻辑的中间状态和其他控制信息。中间继电器在 PLC 中没有输入输出端子与之对应，只能用于内部逻辑运算。借助于中间继电器，可使输入输出之间建立复杂的逻辑关系和连锁关系。

中间继电器用“M”表示，中间继电器区属于位地址空间，范围为 M0.0～M31.7，可进行位、字节、字、双字操作。

4. 变量存储器

变量存储器(V)用于存放用户程序执行过程中控制逻辑操作的中间结果，也可以用来保存与工序或任务有关的其他数据。这些数据可以是具体数值，也可以是逻辑“0”或“1”。

变量存储器的编号范围根据 CPU 型号不同而不同，CPU221/222 为 V0～V2047 共 2KB 存储容量，CPU224/226 为 V0～V5119 共 5KB 存储容量。

5. 局部变量存储器

局部变量存储器(L)用来存放局部变量，它和变量存储器(V)很相似，主要区别在于变量存储器中变量是全局变量，它是全局有效，即同一个变量可以被任何程序访问，而局部变量只在局部有效，即变量只和特定的程序相关联。S7-200 有 64 个字节的局部变量存储器，其中 60 个字节可以作为暂时存储器，或给子程序传递参数。

在带参数的子程序调用过程中能用到局部变量存储器。

三、编程指令及指令功能

根据任务 2.1 的任务要求，在设计控制程序时要用到下列指令，下面学习这些指令的应用。

1. 触点线圈指令

1) 触点指令格式及功能

梯形图程序的触点指令有常开和常闭触点两类，类似于继电—接触器控制系统的继电器或接触器的触点。梯形图中常开触点用 bit ┤ ├ 表示，常闭触点用 bit ┤/├ 表示，bit 表示的是地址。触点可自由的串并联，具有与、或、取反逻辑功能。触点指令格式与指令功能见表 2-1。

表 2-1　触点指令的格式及功能

梯形图 LAD	语句表 STL	功　能
bit ┤ ├	LD　bit	常开触点 bit 与母线相连接
bit ┤/├	LDN　bit	常闭触点 bit 与母线相连接
I0.1 ┤ ├ bit ┤ ├	A　bit	常开触点 bit 与前一触点串联，可多次使用
I0.1 ┤ ├ bit ┤/├	AN　bit	常闭触点 bit 与前一触点串联，可多次使用
I0.1 ┤ ├ 并联 bit ┤ ├	O　bit	常开触点 bit 与上一触点并联，可多次使用
I0.1 ┤ ├ 并联 bit ┤/├	ON　bit	常闭触点 bit 与上一触点并联，可多次使用

2) 线圈输出指令格式及功能

线圈输出指令与输出端子相对应，驱动线圈的触点电路接通时，线圈流过“能流”，相应输出端子负载回路接通，负载动作。输出指令应放在梯形图的最右边。指令格式及功能见表 2-2。

表 2-2　线圈输出指令的格式及功能

梯形图 LAD	语句表 STL	功　能
bit —(　)	= bit	当能流流进线圈时，线圈所对应的操作数 bit 置“1”

在同一程序中，同一编号线圈一般只能使用一次。如果同一编号线圈在一个程序中使

用两次或两次以上，则称为线圈重复输出，线圈重复输出易引起误动作，所以应避免这样的操作，如图 2.5 所示。

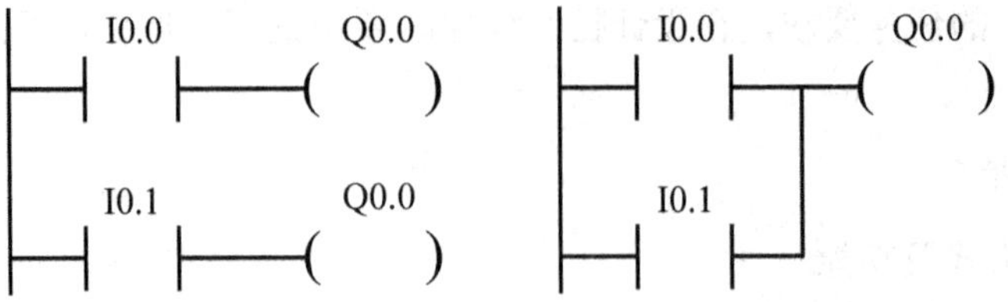

(a) 错误　　(b) 正确

图 2.5　线圈输出指令的正确使用

3) 触点线圈指令应用

程序如图 2.6 所示。

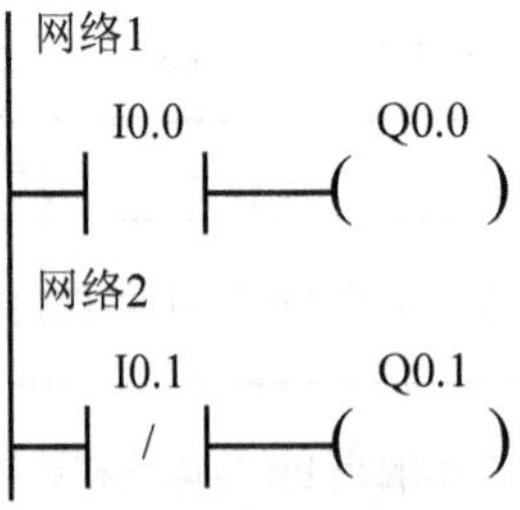

LDN	I0.1
=	Q0.1
LD	I0.0
=	Q0.0

梯形图程序　　语句表程序

图 2.6　触点线圈指令举例

网络 1 中，I0.0 为常开触点，I0.0 接通即为 1 时，则 Q0.0 接通，Q0.0 为 1；I0.0 断开即为 0 时，则 Q0.0 断开，Q0.0 为 0。

网络 2 中，I0.1 为常闭触点，此时 I0.1 接通，Q0.1 接通，如果 I0.1 的常闭触点断开，则 Q0.1 断开。

应用实例 2-1

与逻辑指令举例

有 2 只开关控制一盏灯，要求只有两只开关都接通时，灯才亮。设计控制程序。

假设两只开关分别接在 I0.0、I0.1 的输入端子上，灯接在 Q0.0 输出端子上，设计的控制程序如图 2.7 所示。I0.0、I0.1 状态均为 1 即都接通时，Q0.0 输出为 1，灯亮；当 I0.0、I0.1 两者有任何一个状态为 0 即断开时，Q0.0 输出为 0，灯灭。

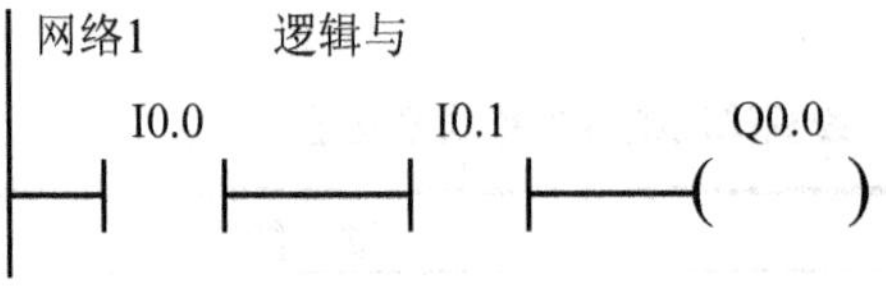

网络1　逻辑与

LD	I0.0
A	I0.1
=	Q0.0

梯形图程序　　语句表程序

图 2.7　与逻辑指令举例

应用实例 2-2

或逻辑指令举例

有 2 只开关控制一盏灯，要求只要有一只开关闭合，灯就亮，两只开关都断开时，灯灭。设计控制程序。

假设两只开关分别接在 I0.0、I0.1 的输入端子上，灯接在 Q0.1 输出端子上，设计的控制程序如图 2.8 所示。I0.0、I0.1 状态任意一个为 1 即接通时，Q0.1 输出为 1，灯亮；当 I0.0、I0.1 状态均为 0 即断开时，Q0.1 输出为 0，灯灭。

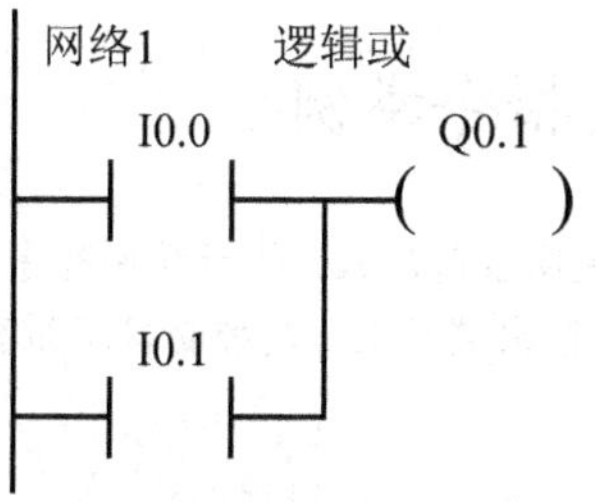

梯形图程序

网络1	逻辑或
LD	I0.0
O	I0.1
=	Q0.1

语句表程序

图 2.8　或逻辑指令举例

逻辑块与指令应用。图 2.9 中，I0.0 与 I0.3 为一逻辑块，I0.1 与 I0.4 为一逻辑块，两逻辑块的关系是与关系，在语句表中用 ALD 表示逻辑块与功能。

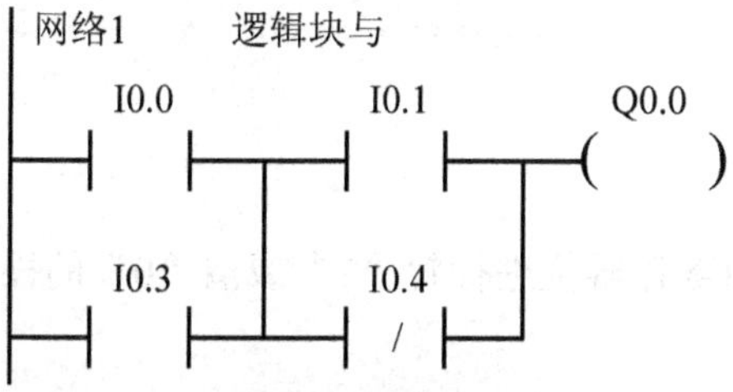

梯形图程序

网络1	逻辑块与
LD	I0.0
O	I0.3
LD	I0.1
ON	I0.4
ALD	
=	Q0.4

语句表程序

图 2.9　逻辑块与指令举例

逻辑块或指令应用。图 2.10 中，I0.0 与 I0.1 为一逻辑块，I0.2 与 I0.3 为一逻辑块，两逻辑块的关系是或关系，在语句表中用 OLD 表示逻辑块或功能。

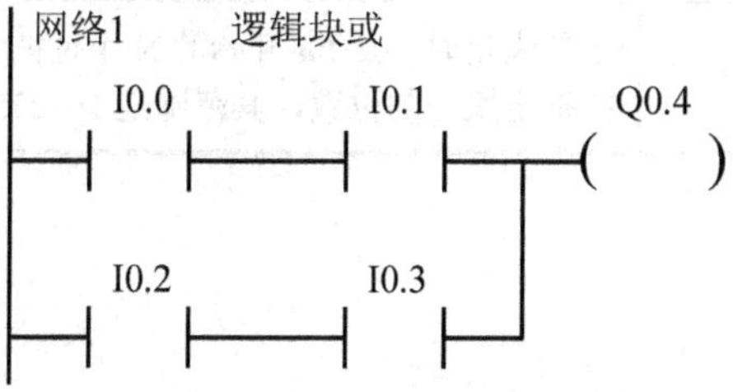

梯形图程序

网络1	逻辑块或
LD	I0.0
A	I0.1
LD	I0.2
A	I0.3
OLD	
=	Q0.4

语句表程序

图 2.10　逻辑块或指令举例

4) 逻辑取反指令格式及功能

逻辑取反指令的格式及功能见表 2-3。该指令在梯形图中编程时串联在需要取反的逻辑运算结果后面。

表 2-3 逻辑取反指令的格式及功能

梯形图 LAD	语句表 STL	功 能
—| NOT |—	NOT	对该指令前面的逻辑运算结果取反

应用实例 2-3

逻辑取反指令举例

有一只开关控制一盏灯，开关断开时灯亮，开关闭合时灯灭。设计控制程序。

假设开关接在 I0.0 的输入端子上，灯接在 Q0.0 输出端子上，其控制程序如图 2.11 所示。I0.0 断开，取反后，Q0.0 接通。反之，I0.0 接通，取反后，Q0.0 断开。

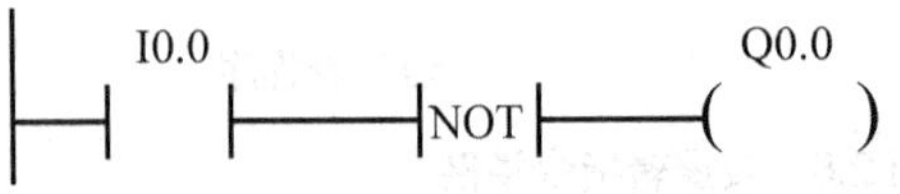

梯形图程序

```
LD      I0.0
NOT
=       Q0.0
```

语句表程序

图 2.11 逻辑取反指令举例

2. 置位复位指令

1) 置位复位指令格式及功能

置位复位指令可直接实现对指定的寄存器位进行置“1”或清“0”的操作。其格式及功能见表 2-4。

表 2-4 置位复位指令的格式及功能

	梯形图 LAD	语句表 STL	功 能
置位指令	bit —(S) N	S bit，N	条件满足时，从 bit 开始的 N 个位被置“1”并保持。N 指定操作的位数，其范围是 1～255
复位指令	bit —(R) N	R bit，N	条件满足时，从 bit 开始的 N 个位被清“0”并保持。N 指定操作的位数，其范围是 1～255

特别提示

Bit 指定操作的起始位地址，即寻址寄存器 I、Q、M、S、SM、V、T、C、L 的位值。

N 可立即数寻址，也可寄存器寻址(IB、QB、MB、SMB、SB、LB、VB、AC、*AC、*VD)，可以一次置位或者复位 1～255 个点。

当对同一元件进行操作，复位置位指令同时满足执行条件时，写在后面的指令被有效执行。
某元件用置位指令置位后，只能用复位指令进行复位，不能用触点指令进行复位。

2) 置位复位指令应用

程序如图 2.12 所示。网络 1 的 I0.0 接通时，Q0.0、Q0.1、Q0.2 同时置位接通，即使 I0.0 断开，Q0.0、Q0.1、Q0.2 也还保持接通状态。网络 2 中 I0.1 接通时，Q0.1、Q0.2 复位断开。

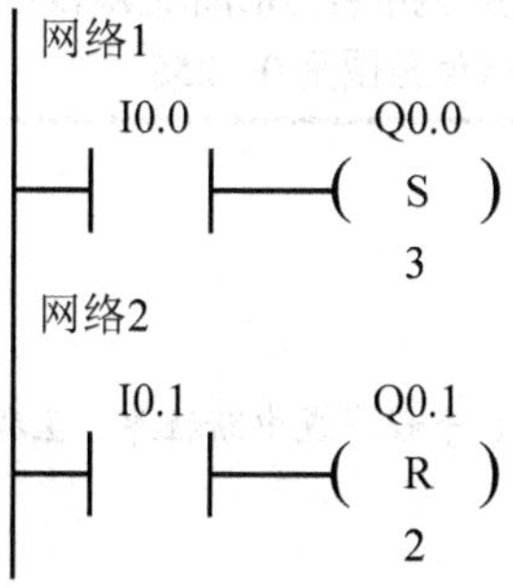

梯形图程序

```
网络1
LD    I0.0
S     Q0.0，3
网络2
LD    I0.1
R     Q0.1，2
```

语句表程序

图 2.12　置位复位指令举例

应用实例 2-4

两盏灯的同时亮灭控制

有两只开关控制两盏灯，一只开关接通时，两盏灯同时亮，即使开关断开，两盏灯也一直亮，只有另一只开关接通时，两盏灯才同时灭。设计控制程序。

假设开关分别接在 I0.0、I0.1 输入端子上，灯分别接在 Q0.0、Q0.1 输出端子上。其控制程序如图 2.13 所示。一只开关 I0.0 接通，则 Q0.0、Q0.1 同时接通，两盏灯同时亮，并一直保持，即使 I0.0 断开，Q0.0、Q0.1 也一直接通。当 I0.1 接通时，Q0.0、Q0.1 同时断开，两盏灯同时灭，满足要求。

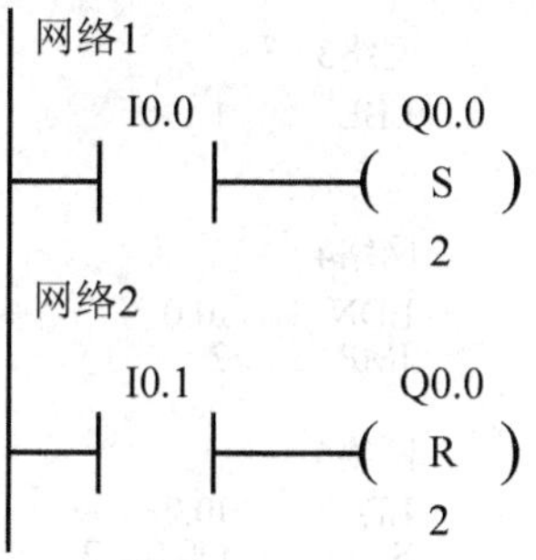

梯形图程序

```
网络1
LD    I0.0
S     Q0.0，2
网络2
LD    I0.1
R     Q0.0，2
```

语句表程序

图 2.13　两盏灯的同时亮灭控制程序

3. 跳转及跳转标号指令

1) 跳转及跳转标号指令格式及功能

跳转及跳转标号指令的格式及功能见表 2-5。

表 2-5　跳转与跳转标号指令的格式及功能

	梯形图 LAD	语句表 STL	指令功能
跳转指令	N –(JMP)	JMP　　N	条件满足时，程序跳转到同一程序的标号 N 处开始执行程序，跳转指令后面的程序不执行
跳转标号指令	N LBL	LBL　　N	跳转标号指令(LBL)标记跳转目的地的位置 N。跳转标号 N 的取值范围是 0～255

特别提示

跳转指令及跳转标号指令必须成对使用于主程序、子程序或中断程序。主程序、子程序或中断程序之间不允许相互跳转。

2) 跳转及跳转标号指令应用

图 2.14 中，网络 1 的 I0.0 接通，则跳转到标号为 1 的网络 3，执行网络 3 以后的程序，即执行网络 5 的程序。I0.2 接通时，Q0.0、Q0.1 同时接通，网络 2 的程序不执行。当 I0.0 断开，则执行网络 4 的跳转指令，网络 5 的程序不执行，而执行网络 2 的程序，I0.1 接通时，Q0.0、Q0.1 同时断开。

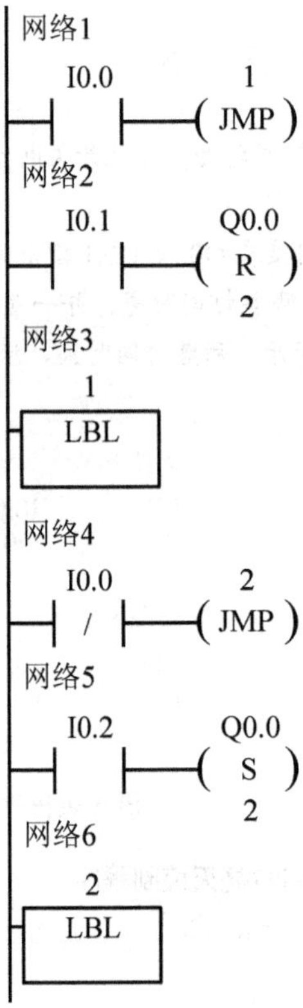


```
网络1
LD      I0.0
JMP     1

网络2
LD      I0.1
R       Q0.0, 2

网络3
LBL     1

网络4
LDN     I0.0
JMP     2

网络5
LD      I0.2
S       Q0.0, 2

网络6
LBL     2
```

梯形图程序　　　　　　语句表程序

图 2.14　跳转指令编程举例

4. 子程序调用指令

1) 指令格式及功能

PLC 程序结构包括主程序、子程序和中断程序。把具有特定功能并多次使用的程序单独编成一段，作为子程序，用一条调用指令由主程序来调用。当子程序指令全部执行结束后，再返回到主程序的子程序调用处，继续执行主程序。子程序中可以再调用另一个子程序，这种情况称为子程序的嵌套，嵌套深度最多为 8 层。子程序调用与子程序返回指令的格式及功能见表 2-6。

表 2-6　子程序调用与子程序返回指令的格式及功能

	梯形图 LAD	语句表 STL	指令功能
子程序调用指令	SBR_N —EN	CALL　SBR_N	当控制端有效，调用编号是 N 的子程序并执行，子程序调用指令放在主程序里
有条件子程序返回指令	—(RET)	CRET	当控制端有效，终止子程序的执行，返回到主程序继续执行主程序。在现行的编程软件中，子程序返回指令一般为无条件返回，为系统默认，不需要在子程序结束时输入任何代码

特别提示

子程序调用指令编写在主程序中，子程序返回指令编写在子程序中。

N 为子程序号，CPU221、CPU222、CPU224 范围为 0～63，CPU224XP、CPU226 范围为 0～127。

子程序可以不带参数调用，也可以带参数调用。

2) 带参数子程序的调用

带参数调用的子程序必须事先在局部变量表里对参数进行定义，最多可以传递 16 个参数，参数的变量名最多为 23 个字符。传递的参数有 IN、IN_OUT、OUT 这 3 类，IN(输入)是传入子程序的输入参数；IN_OUT(输入/输出)将参数的初始值传给子程序，并将子程序的执行结果返回给同一地址；OUT(输出)是子程序的执行结果，它被返回给调用它的程序。被传递参数的数据类型有 BOOL、BYTE、WORD、INT、DWORD、DINT、REAL、STRINGL 这 8 种。参数被调用时必须按照一定的顺序排列，先是输入参数，然后是输入输出参数，最后是输出参数和暂时变量。

调用带参数子程序时，要在变量表里输入参数，参数值分配给局部变量存储器，起始地址是 L0.0。使用编程软件时，地址分配是自动的，在局部变量表中要加入一个参数时，单击变量类型区可以得到一个选择菜单，选择“插入”，然后选择“下一行”即可。

应用实例 2-5

图 2.15 中，假定输入参数 I0.2，输入输出参数 VW10、VD20，输出参数 VW30 到子程序中，则在子程序 0 的局部变量表里定义 IN，其数据类型选为 BOOL，IN_OUT1、IN_OUT2，数据类型选为 WORD、DWORD，OUT 数据类型选为 WORD。在带参数调用子程序指令中，须将要传递到子程序中的数据 I0.2 与 IN 进行连接，VW10、VD20 分别与 IN_OUT1、IN_OUT2 进行连接，VW30 与 OUT 进行连接。这样，数据 I0.2、VW10、VD20、VW30 在主程序调用子程序 0 时就被传递到子程序的局部变量存储单元 L0.0、LW1、LD3、LW7 中，地址 L0.0、LW1、LD3、LW7 是自动分配的。子程序中的指令便可通过 L0.0、LW1、LD3、LW7 使用数据 I0.2、VW10、VD20、VW30。

带参数子程序调用指令应用

	符号	变量类型	数据类型
	EN	IN	BOOL
L0.0	IN	IN	BOOL
LW1	IN_OUT1	IN_OUT	WORD
LD3	IN_OUT2	IN_OUT	DWORD
LW7	OUT	OUT	WORD

用于 SBR_0 的局部变量

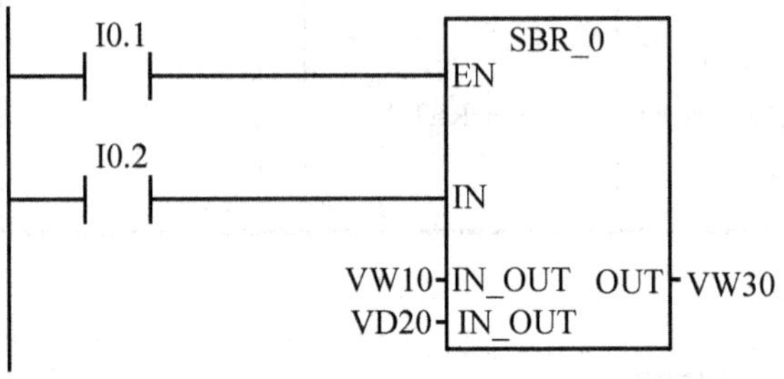

主程序

图 2.15 带参数子程序

5. 基本编程方法

为了提高编程质量和编程效率，必须了解编写梯形图的基本方法及技巧，如下所述。

(1) PLC 是采用循环扫描的工作方式进行工作的，程序是逐条执行的，梯形图程序必须符合顺序执行的原则，即从左到右，从上到下执行，所以不能把后动作的线圈放在先动作的线圈的前面，应按动作先后顺序逐条编写。

(2) 梯形图每一行都是从左母线开始，线圈不能直接与左母线相连。触点不能放在线圈的右边。

(3) 同一编号的线圈在一个程序中使用两次称为双线圈输出。双线圈输出容易引起误操作，应尽量避免线圈重复使用，如图 2.5 所示。

(4) 两个或两个以上的线圈可以并联输出。

(5) 触点组与单个触点并联时，应将单个触点放在下面，如图 2.16(b)所示，这样可以节省语句。

(6) 并联触点与几个触点相串联时，应将并联触点组放在左边。即图 2.17 应转换成图 2.18 的形式。

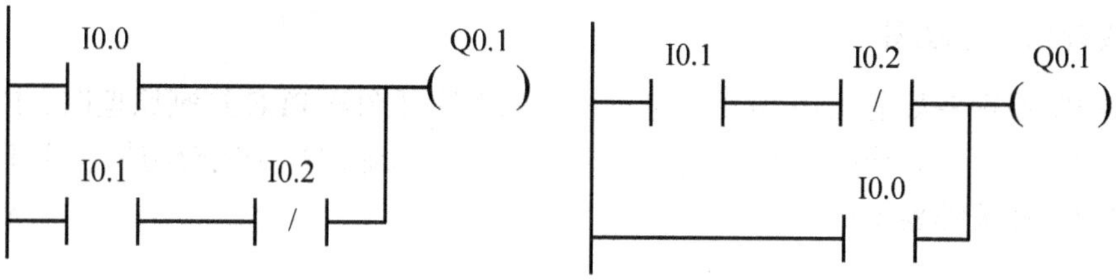


```
LD      I0.0
LD      I0.1
AN      I0.2
OLD
=       Q0.1
```

(a) 不推荐方法

```
LD      I0.1
AN      I0.2
O       I0.0
=       Q0.1
```

(b) 推荐方法

图 2.16　编程方法示例

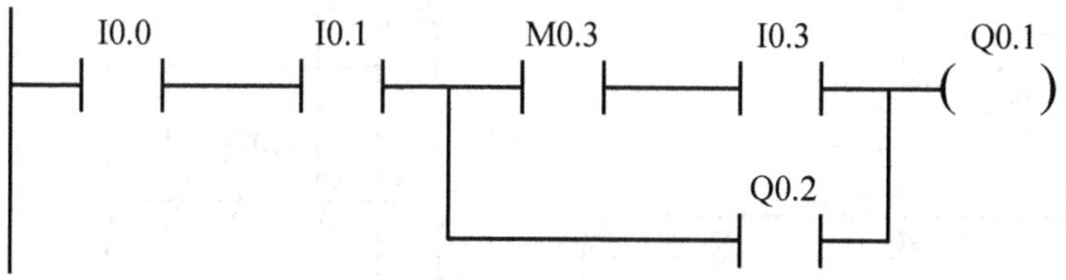


```
LD      I0.0
A       I0.1
LD      M0.3
A       I0.3
O       Q0.2
ALD
=       Q0.1
```

图 2.17　编程示例

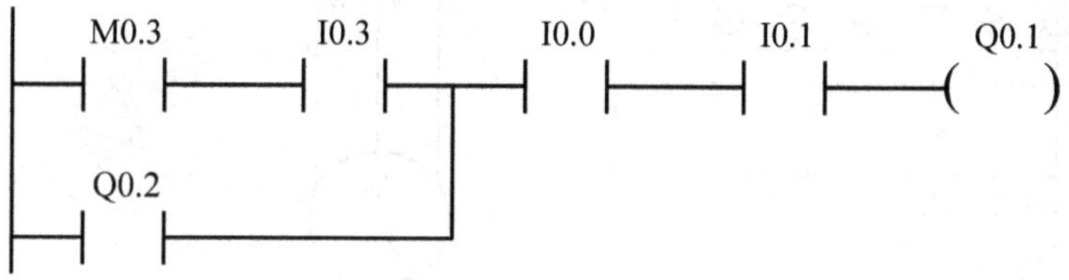


```
LD      M0.3
A       I0.3
O       Q0.2
A       I0.0
A       I0.1
=       Q0.1
```

图 2.18　编程示例

任务实施

一、设计电气原理图

1. 选择电器元件及 PLC 型号

输入信号：点动正转按钮 1 个、点动反转按钮 1 个、连续正转按钮 1 个、连续反转按钮 1 个、停止按钮 1 个，输入信号共 5 个，要占用 5 个输入端子，所以 PLC 输入至少需 5 点。

输出信号：正转接触器 1 个、反转接触器 1 个，占用 PLC 两个输出端子，所以 PLC 输出至少需 2 点。

查附录 1 可知，CPU221 主机输入 6 点、输出 4 点，能满足实际需求的输入 5 点输出 2 点的要求。PLC 控制电动机，继电器输出型的 PLC 就能满足要求，所以选择 CPU221 继电器输出型的 PLC。

2. 设计电气原理图

电气控制原理图如图 2.19 所示，包括光路电气原理图与 PLC 控制原理图。PLC 的 I/O 地址的分配是任意的。选择的 PLC 主机型号不同，输入输出端子的分组情况也不同。PLC 控制原理图设计关键要掌握以下 3 点。

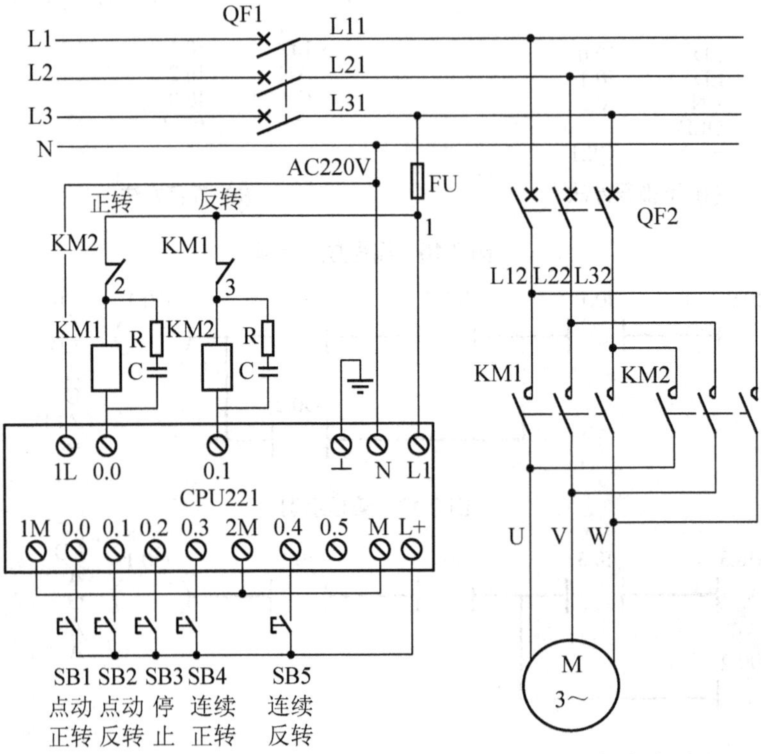

(a) PLC I/O 控制原理图　　(b) 主电路原理图

图 2.19　运料车电气控制原理图

(1) 输入信号。按钮类输入信号一般接 PLC 提供的电源，如图 2.19 中的 L+N 输入信号的功能要标示清楚，如点动正转、点动反转等。

(2) 输出信号。输出端要考虑负载性质，是直流负载还是交流负载，同时要考虑输出点的分组情况。不同性质的负载应放在不同组的输出点上。对线圈类交流感性负载用阻容吸收器抑制过高电压。输出负载电源要加熔断器进行短路保护，同样输出信号的功能也要标示清楚，如正转、反转等。

(3) 供电系统。PLC 的电源根据具体情况可通过隔离变压器供电，如果 PLC 本身电源供电质量满足使用要求，也可不用。本例中设通过隔离变压器供电。

二、设计控制程序

1. 用触点线圈指令编程

为便于学习理解，把任务进行分解，分成以下 3 步进行。

(1) 实现点动正反转控制；

(2) 实现连续正反转控制；

(3) 实现点动、连续正反转控制。

1) 点动正反转控制程序

点动正反转控制程序如图 2.20 所示。

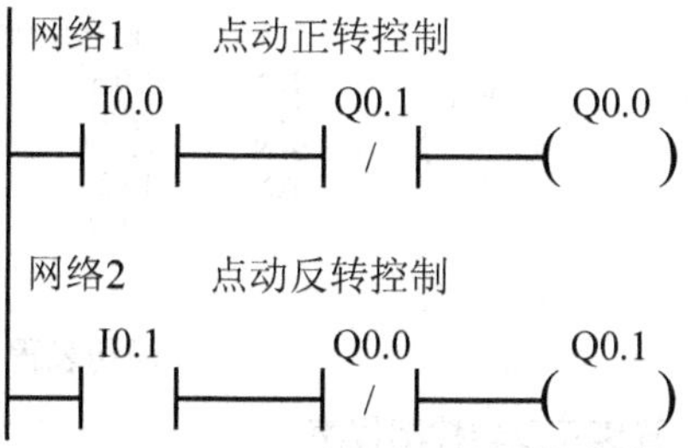

梯形图程序

```
网络1    点动正转控制
LD       L0.0
AN       Q0.1
=        Q0.0

网络2    点动反转控制
LD       L0.1
AN       Q0.0
=        Q0.1
```

语句表程序

图 2.20 点动控制程序

(1) 点动正转。启动按钮一般选用常开触点，点动正转时，点动正转按钮 SB1 的地址为 I0.0，在梯形图中用├┤ I0.0 ├表示，左边的竖线称为母线，第一个触点都是从母线开始画起，当按下点动正转按钮 SB1 时，I0.0 接通，电动机应点动正转，所以应使正转接触器线圈通电，正转接触器线圈地址为 Q0.0，即应使梯形图中—(Q0.0)接通，接到输出端子 Q0.0 的接触器线圈回路接通，接触器线圈 KM1 得电，电动机正转。松开 SB1 按钮，I0.0 触点断开，输出继电器 Q0.0 断开，正转接触器线圈 KM1 断电，电动机停转。常闭触点—┤ Q0.1 / ├—起互锁作用。

(2) 点动反转。点动反转时，点动反转启动按钮 SB2 的地址为 I0.1，在梯形图中用├┤ I0.1 ├表示，当按下点动反转按钮 SB2 时，输入继电器 I0.1 接通，电动机应点动反转，所以应使反转接触器线圈 KM2 通电，KM2 线圈地址为 Q0.1，即应使梯形图中对应的—(Q0.1)接通，接到输出端子 Q0.1 的接触器线圈回路接通，接触器线圈 KM2 得电，电动机反转。松开 SB2 按钮，I0.1 触点断开，输出继电器 Q0.1 断开，反转接触器线圈 KM2 断电，电动机停转。梯形图中—┤ Q0.0 / ├—为 Q0.0 的常闭触点，起至锁作用。

(3) 梯形图、语句表两种指令形式可以互相转换。设计程序时，一般采用梯形图指令编程。PLC 能执行的是语句表程序。如果用计算机向 PLC 输入程序，输入梯形图程序较方便。计算机通过软件自动把梯形图程序转换成可执行的语句表程序，不用人工进行转换。

2) 连续正反转控制

图 2.21 网络 1 中，I0.3 为连续正转启动按钮，一般为瞬动按钮，按下 I0.3 按钮后，Q0.0 接通，电动机正转，松开按钮 I0.3 后，要保证电动机一直运转，就应使 Q0.0 一直接通，用 Q0.0 的常开触点与 I0.3 并联来实现。Q0.0 常开触点起自保作用。网络 2 的设计方法与网络 1 相同，同样 Q0.1 常开触点也起自保作用。

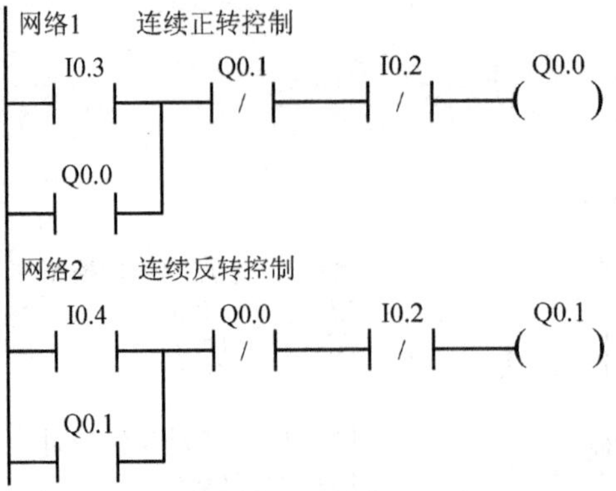

梯形图程序

```
网络1   连续正转控制
LD      L0.3
O       Q0.0
AN      Q0.1
AN      I0.2
=       Q0.0
网络2   连续反转控制
LD      L0.4
O       Q0.1
AN      Q0.0
AN      I0.2
=       Q0.1
```

语句表程序

图 2.21　连续正反转控制程序

电动机正转或反转后，要停止电动机，用停止按钮 I0.2 的常闭触点断开 Q0.0、Q0.1。网络 1 中 Q0.1 的常闭触点和网络 2 中 Q0.0 的常闭触点起互锁作用。

3) 点动、连续正反转控制

运料车的控制要求既有点动又有连续正反转控制功能，不能把点动控制程序与连续控制程序简单的放在一起，这时用中间继电器进行状态转换后就较易实现要求，如图 2.22 所示。网络 1、网络 3 实现了既能点动又能连续的正转控制。网络 2、网络 4 实现了既能点动又能连续的反转控制。

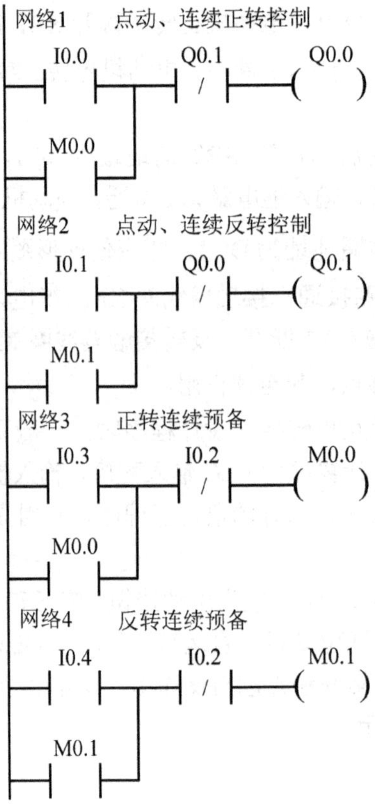

梯形图程序

```
网络1   点动连续正转控制
LD      L0.0
O       M0.0
AN      Q0.1
=       Q0.0
网络2   点动连续反转控制
LD      L0.1
O       M0.1
AN      Q0.0
=       Q0.1
网络3   正转连续预备
LD      L0.3
O       M0.0
AN      I0.2
=       M0.0
网络4   反转连续预备
LD      L0.4
O       M0.1
AN      I0.2
=       M0.1
```

语句表程序

图 2.22　控制程序—触点线圈指令

2. 用置位复位指令编程

用置位复位指令编程可以实现电动机连续控制，其运行程序如图 2.23(a)所示。点动控制不能用置位复位指令，只能用触点线圈指令编程，既有点动、又有连续控制功能的电动机运行程序如图 2.23(b)所示。

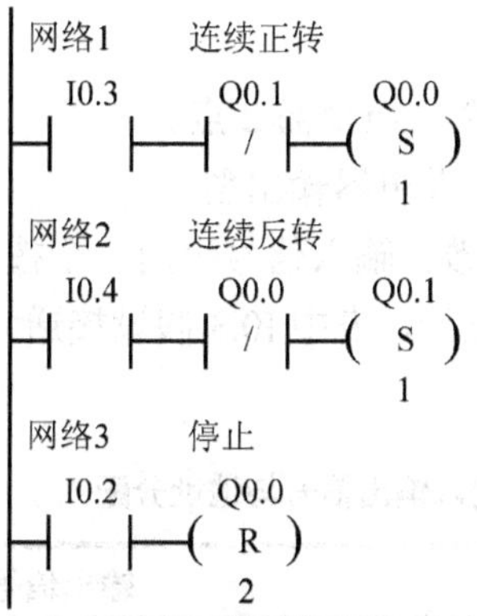


```
网络1　连续正转
LD　I0.3
AN　Q0.1
S　 Q0.0，1
网络2　连续反转
LD　I0.4
AN　Q0.0
S　 Q0.1，1
网络3　停止
LD　I0.2
R　 Q0.0，2
```

梯形图程序　　　　语句表程序

(a) 用置位复位指令控制电动机连续运行程序

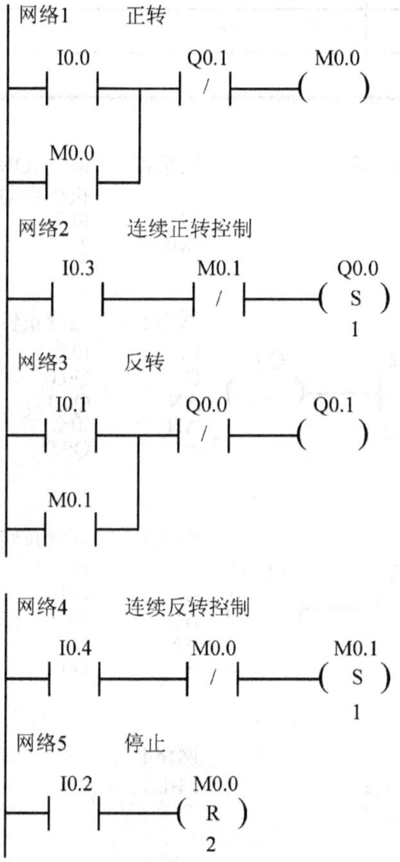


```
网络1　正转
LD　I0.0
O　 M0.0
AN　Q0.1
=　 Q0.0
网络2　连续正转控制
LD　I0.3
AN　M0.1
S　 M0.0，1
网络3　反转
LD　I0.1
R　 M0.1
AN　Q0.0
R　 Q0.1
网络4　连续反转控制
LD　I0.4
AN　M0.0
S　 M0.1，1
网络5　停止
LD　I0.2
R　 M0.0，2
```

梯形图程序　　　　语句表程序

(b) 点动、连续控制运行程序

图 2.23　运料车控制程序—置位复位指令

3. 用跳转与跳转标号指令编程

前面用 5 个按钮实现运料车点动、连续启停控制，其实点动连续控制方式也可用旋钮开关进行方式选择，这时正转反转停止按钮仍需要，电气原理图稍有变化。

输入信号：旋钮开关 1 个、正转启动按钮 1 个，反转启动按钮 1 个、停止按钮 1 个，输入至少需 4 点。

输出信号同前，正反转接触器线圈各 1 个，至少需 2 点。

仍选择 CPU221（输入 6 点、输出 4 点）继电器输出型。

电气原理图可在图 2.19 的基础上稍作修改，输入信号少用一个按钮，在此不再重画电气原理图，参考表 2-7 分配的地址进行程序设计，表中 I0.3 假设接通为点动，断开为连续。参考的控制程序如图 2.24 所示。

表 2-7 运料车控制输入输出信号与地址分配

输入信号		输出信号	
正转启动按钮 SB1	I0.0	正转接触器 KM1	Q0.0
反转启动按钮 SB2	I0.1	反转接触器 KM2	Q0.1
停止按钮 SB3	I0.2		
点动/连续旋钮开关 SA	I0.3		

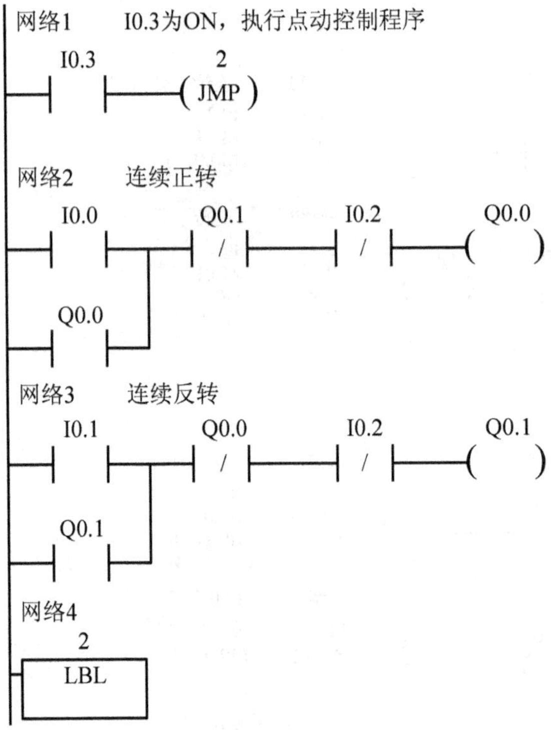


```
网络1   I0.3为ON，
        执行点动控制程序
LD      I0.3
JMP     2

网络2   连续正转
LD      I0.0
O       Q0.0
AN      Q0.1
AN      I0.2
=       Q0.0

网络3   连续反转
LD      I0.1
O       Q0.1
AN      Q0.0
AN      I0.2
=       Q0.1

网络4
LBL     2
```

图 2.24 运料车控制程序—跳转与跳转标号指令

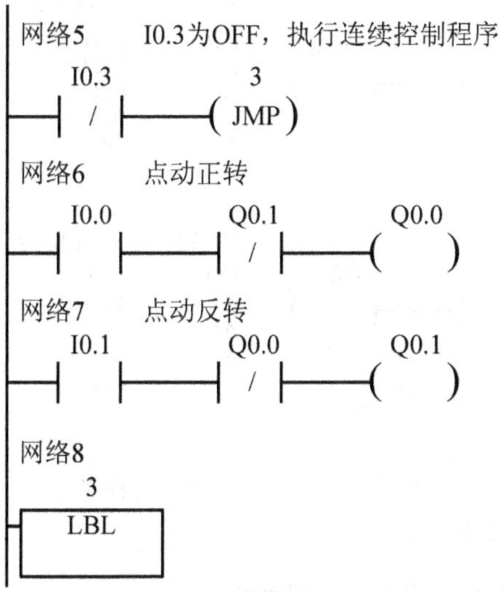


```
网络5    I0.3为OFF，
         执行连续控制程序
LDN      I0.3
JMP      3
网络6    点动正转
LD       I0.0
AN       Q0.1
=        Q0.0
网络7    点动反转
LD       I0.1
AN       Q0.0
=        Q0.1
网络8
LBL      3
```

梯形图程序　　　　语句表程序

图 2.24 运料车控制程序—跳转与跳转标号指令(续)

4. 用主程序、子程序方法编程

参考表 2-7 分配的地址，用子程序形式设计的控制程序如图 2.25 所示。程序结构分为主程序、子程序 0、子程序 1。主程序中 I0.3 接通，调用子程序 0，控制电动机点动运行。I0.3 断开时，调用子程序 1，控制电动机连续运行。

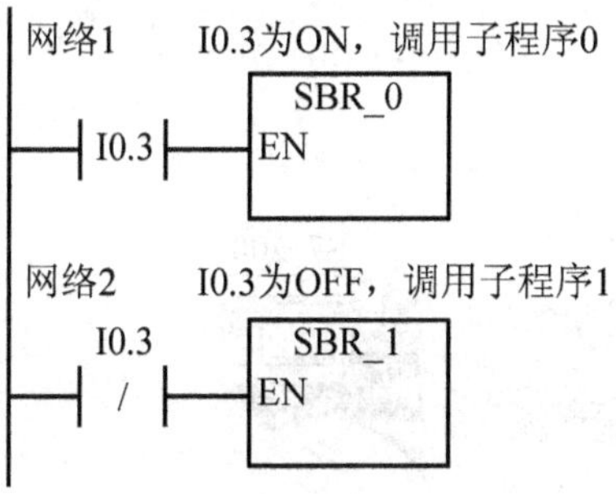


```
网络1    I0.3为ON，调用子程序0
LD       I0.3
CALL     SBR_0
网络2    I0.3为OFF，调用子程序1
LDN      I0.3
CALL     SBR_1
```

梯形图程序　　　　语句表程序

主程序

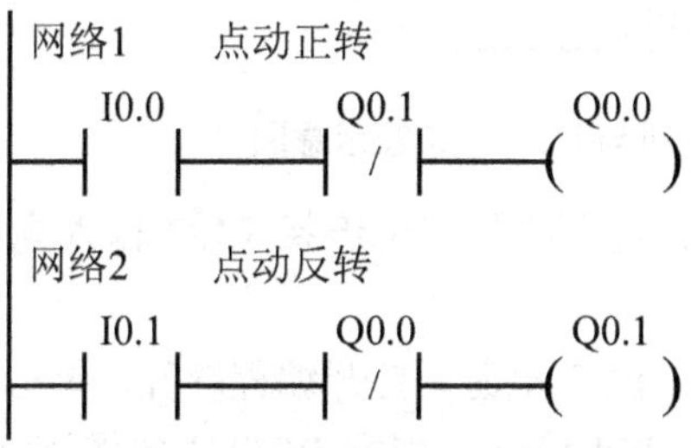


```
网络1    点动正转
LD       I0.0
AN       Q0.1
=        Q0.0
网络2    点动反转
LD       I0.1
AN       Q0.0
=        Q0.1
```

梯形图程序　　　　语句表程序

子程序 0

图 2.25 运料车控制程序—主程序、子程序

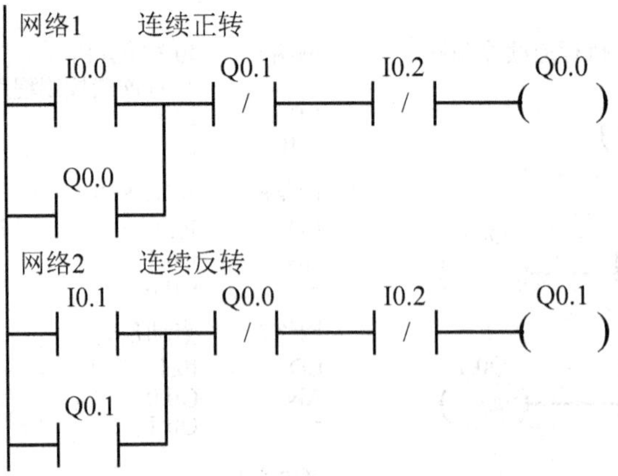


```
网络1    连续正转
LD      I0.0
O       Q0.0
AN      Q0.1
AN      I0.2
=       Q0.0
网络2    连续反转
LD      I0.1
O       Q0.1
AN      Q0.0
AN      I0.2
=       Q0.1
```

梯形图程序　　　　语句表程序

子程序 1

图 2.25　控制程序—主程序、子程序(续)

三、系统模拟调试

先不接电动机控制线路，只在 PLC 输入端子接上按钮，调试设计的控制程序，通过观察输出端子指示灯的运行情况，验证控制程序的正确与否。程序调试好后再接上电动机进行调试。

1. 程序调试

(1) 按图 2.26 连接上位计算机与 PLC。

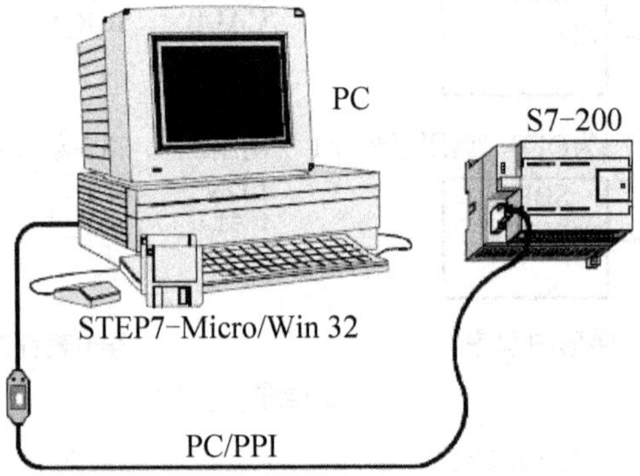

图 2.26　计算机与 PLC 的连接示意图

(2) 在断电的情况下，按电气控制原理图(图 2.19)连接 PLC 输入电路，输出部分先不接。

(3) 按电气操作规程依次接通计算机、PLC 电源，打开编程软件，单击，在弹出的对话框中，单击

，设置 PC/PPI 属性，根据 PC/PPI 电缆连接在计算机 PC 的 COM1 还是 COM2 口上，选择相应的通信接口，如图 2.27 所示，PC/PPI 电缆是连接在计算机 PC 的 COM1 上。设置好 PC/PPI 属性后，以后就不用再进行属性设置。

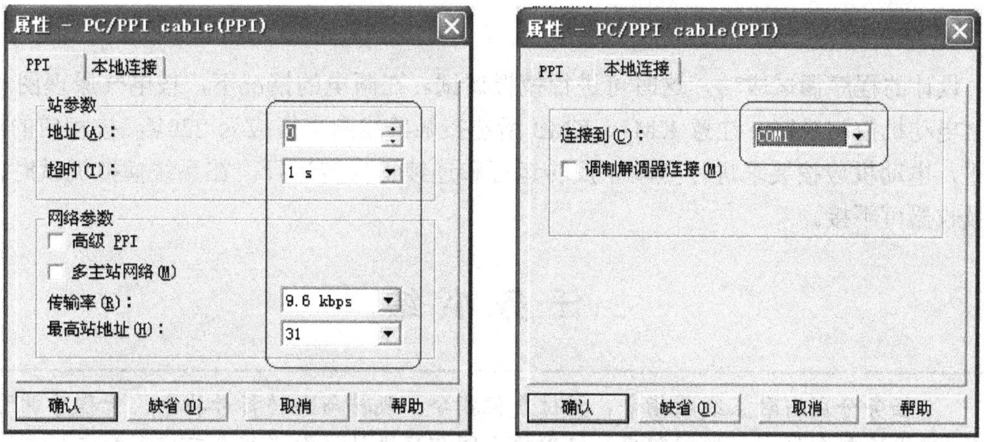

图 2.27　PC/PPI 属性设置方法

(4) 单击按钮，在弹出的对话框中双击 双击刷新，搜寻 PLC 地址。寻找到 PLC 地址后，选择该 PLC 地址，至此，PLC 与上位计算机通信参数设置完成。以后调试程序时，如果 PLC 与 PC 不能进行正常通信，先考虑进行此操作，再查找其他原因。

(5) 输入点动程序，单击按钮，编译程序。如果程序没有语法等错误，单击按钮，将程序下载至 PLC 中。下载完毕后，单击按钮，将 PLC 模式选择开关设置为 RUN 状态。单击按钮，使程序处于监控状态。按正转点动按钮，Q0.0 高亮显示，PLC 上的 Q0.0 指示灯亮；按反转点动按钮，Q0.1 高亮显示，PLC 上的 Q0.1 指示灯亮。如果不符合控制要求，应重新修改程序，重新下载，重新运行，直至达到控制要求为止。

(6) 输入正反转连续控制程序，按步骤(5)的方法调试程序。

(7) 输入点动、连续正反控制程序，按步骤(5)的方法调试程序。

(8) 输入用置位复位指令编写的程序，按步骤(5)的方法调试程序。

(9) 按表 2-7 分配的地址接线，输入用跳转与跳转标号指令编写的程序，按步骤(5)的方法调试程序。方式选择开关可用自锁按钮或钮子开关代替。

(10) 按表 2-7 分配的地址接线，在指令指令树中选择调用子程序，出现 SBR_0(SBR0)。没有子程序 1 的标识时，双击程序块，把鼠标光标放在 SBR_0(SBR0) 上，单击鼠标右键插入子程序，软件自动加上子程序 1。在主程序、子程序 0、子程序 1 画面分别输入编写的程序，按步骤(5)的方法调试程序。

步骤(6)、步骤(7)的程序也可省去不用调试，直接调试步骤(8)的程序即可，为了学习理解，安排了上述内容。

特别提示

每次修改程序后，都要重新下载，下载后才能按修改后的程序运行。下载到 PLC 的程序，即使 PLC 断电，程序一直保存在 PLC 中，以后运行时，不用再下载。

2. 模拟调试

设计的程序调试成功，这时可进行模拟调试。在断电的情况下，按电气原理图 2.19 接上电动机控制线路。注意 KM1、KM2 所选接触器线圈电压应为 220V，按相应的控制按钮，电动机应按要求进行点动正反转运行和连续正反转运行。在系统模拟调试时，阻容吸收器可不接。

任 务 小 结

本任务分别用触点线圈指令、置位复位指令、跳转与跳转标号指令、子程序调用指令完成运料车控制。控制程序一般用梯形图程序设计。触点指令可实现触点的与、或、取反运算；线圈指令、置位复位指令用于电路输出；跳转指令 JMP、标号指令 LBL 可以实现程序的跳转，完成分支控制；子程序调用指令 CALL、子程序有条件返回指令 CRET 可以实现主程序对子程序的操作，简化程序的编写。同样的控制要求，可用不同指令编程来实现，设计的程序也不是唯一的，具体可根据个人对指令的掌握情况进行选择。

思考与技能实练

1. 两台电动机分时启动控制，一台要求连续正反转，另一台只单方向旋转，要求同时停车。试设计电气原理图，并分别用触点线圈指令、置位复位指令设计控制程序。

2. 某车床主轴由三相交流异步电动机 M1 驱动，液压电动机 M2 启动后产生液压动力驱动刀架移动。启动时，液压电动机 M2 先启动，M2 启动后，主轴电动机 M1 才能启动；停止时，只有在主轴电动机 M1 停止后，液压电动机 M2 才能停止。试设计控制程序。

3. 液压等分转台的控制。液压等分转台是为专用机床而设计的一种液动机械式分度装置。它通过液压实现转台的松开、刹紧、转位和齿条复位。

先启动液压电动机，然后启动转台控制系统。液压电动机不开，转台不能进行动作。系统启动后，松开电磁阀 YV1 得电，转台抬起松开，松开到位后，松开接近开关 SQ1 动作，电磁阀 YV2 得电，转台回转，回转到位后，到位接近开关 SQ2 动作，使电磁阀 YV3 得电，控制转台落下并刹紧，刹紧接近开关 SQ3 动作后，复位电磁阀 YV4 得电，齿条回到原始驱动位置，复位接近开关 SQ4 动作后，转台的一次转位动作完成。其动作顺序为：松开→转位→刹紧→复位，原理示意图如图 2.28 所示。试分配 I/O 地址，设计控制程序，要求用手动、自动两种控制方式控制转台。

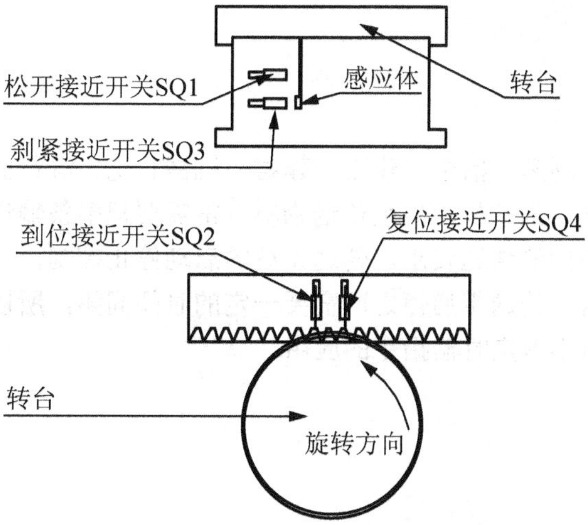

图 2.28　液压等分转台原理示意图

任务 2.2　物料传送系统的设计、模拟调试

任务目标	1. 能正确设计传送控制系统的电气原理图； 2. 能正确应用定时器指令进行编程； 3. 能排除程序调试过程中出现的软硬件故障； 4. 能用简单方法实现传送带类工程项目的控制； 5. 掌握输入信号用常闭触点的处理方法。

任务引入

某物料传送系统由 3 台电动机 M1、M2、M3 驱动的 3 条传送带组成，如图 2.29 所示。系统启动时，启动顺序为 M1、M2、M3，时间间隔为 10 秒。系统停止时，停止顺序为 M3、M2、M1，时间间隔为 5 秒，当某条传送带发生过载故障时，该传送带及其后面的传送带立即停止，该传送带前面的物料运送完后方可停止。例如 M2 出现故障，则 M2、M3 立即停止，5 秒后 M1 停止。紧急情况时，按下急停按钮，3 条传送带同时停止。要求用以下两种指令编程。

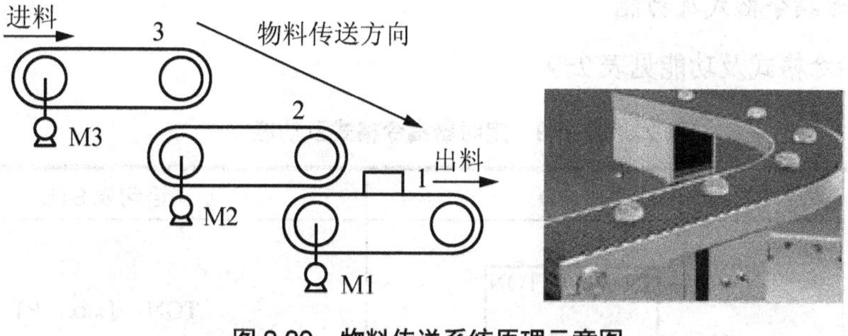

图 2.29　物料传送系统原理示意图

(1) 用定时器指令编程；

(2) 用定时器与比较指令编程。

任务分析

传送系统在食品、制药、冶金、化工、建材、机械、电力等行业得到广泛应用，传送系统主要由电动机驱动。为了长距离地传送物料，常需要把多条输送机组合在一起，用不同的控制方法，满足不同的传送要求。传送系统的启动停止控制，一般按一定的顺序来进行。根据控制要求分析，传送带启停之间需要一定的时间间隔，所以要用到定时器，下面来完成系统控制并重点学习定时器指令的应用。

相关知识

一、定时器指令

PLC 的软定时器的定时功能与物理定时器类似，但软定时器不对外进行控制，只在 PLC 内部起作用。PLC 的定时器有 3 种类型，分别是接通延时定时器 TON、断电延时定时器 TOF、保持型接通延时定时器 TONR。定时器号为 T0～T255，共 256 个定时器。定时分辨率为 1ms、10ms、100ms。定时分辨率与定时器号之间的对应关系见表 2-8。

表 2-8　定时分辨率与定时器号

定时器类型	分辨率/ms	最长定时值/s	定时器号
TONR	1	32.767	T0，T64
	10	327.67	T1～T4，T65～T68
	100	3276.7	T5～T31，T69～T95
TON、TOF	1	32.767	T32，T96
	10	327.67	T33～T36，T97～T100
	100	3276.7	T37～T63，T101～T255

从表 2-8 可以看出，定时器号与定时器类型确定后，定时分辨率就是唯一的。例如，如果 T37 为接通延时定时器，则其分辨率为 100ms。确定了分辨率就可确定定时时间。定时时间 T=PT×分辨率，其中 PT 为定时器指令的设定值，设定的最大值为 32 767。

1. 定时器指令格式及功能

定时器指令格式及功能见表 2-9。

表 2-9　定时器指令格式及功能

	梯形图 LAD	语句表 STL
接通延时定时器 TON	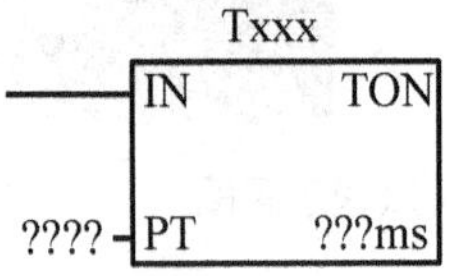	TON　Txxx，PT

续表

TON 指令功能	接通延时定时器 TON (On-Delay Timer)，用于通电后的单一时间间隔的定时。开始时，定时器当前值为 0，定时器的位为 OFF。当输入端 IN 接通时，定时器开始计时，当定时器的当前值等于设定值时，定时器的位为 ON，即定时器常开触点闭合，常闭触点断开，定时器继续计时，一直到最大值 32767。当输入端 IN 断开，定时器自动复位，即定时器的值为 0，定时器的位为 OFF，其常开触点断开，常闭触点闭合	
	梯形图 LAD	语句表 STL
断开延时定时器 TOF	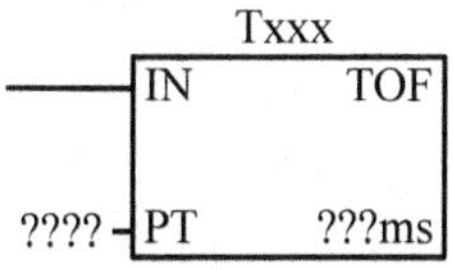	TOF Txxx，PT
TOF 指令功能	断开延时定时器 TOF (Off-Delay Timer)，用于断电后的单一时间间隔的定时。开始时，定时器当前值为 0，定时器的位为 OFF。当输入端 IN 接通时，定时器的位为 ON，其常开触点接通，常闭触点断开，定时器的当前值仍为 0。当输入端由 ON 变为 OFF 时，定时器开始计时，当达到设定值时，定时器的位为 OFF，其常开触点断开，常闭触点闭合，当前值等于设定值，定时器停止计时。如果输入端的断开时间小于设定值，则定时器的位始终为 ON	
	梯形图 LAD	语句表 STL
保持型接通延时定时器 TONR	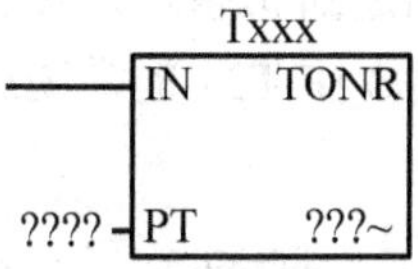	TONR Txxx，PT
TONR 指令功能	保持型接通延时定时器 TONR (Retentive On-Delay Timer)，用于对多次输入接通时间的累加。当输入端接通时，开始计时，如果当前值小于设定值时输入端断开，TONR 的当前值保持不变，等到输入端再次接通时，TONR 在当前值的基础上继续计时。定时器的当前值等于设定值时，定时器的位为 ON，其常开触点接通，常闭触点断开。定时器继续计时，直到最大值 32 767。TONR 定时器只能用复位指令进行复位。复位后，定时器的位为 OFF，当前值为 0	

特别提示

表 2-9 中，3 种定时器指令的 IN 为定时器的控制端，PT 为定时器的预设值，取值范围在 1～32 767 之间。

2. 定时器指令的应用

1) 原理应用一接通延时定时器 TON

如图 2.30 所示，网络 1 中，当 I0.0 接通并一直保持时，定时器 T37 开始定时，当定时时间等于 10s 时，网络 2 中 T37 的常开触点闭合，Q0.0 接通，网络 3 中 T37 的常闭触点断开，Q0.1 断开。当 I0.0 断开时，T37 复位，其值为 0，其常开触点断开，Q0.0 断开，常闭触点闭合，Q0.1 接通。

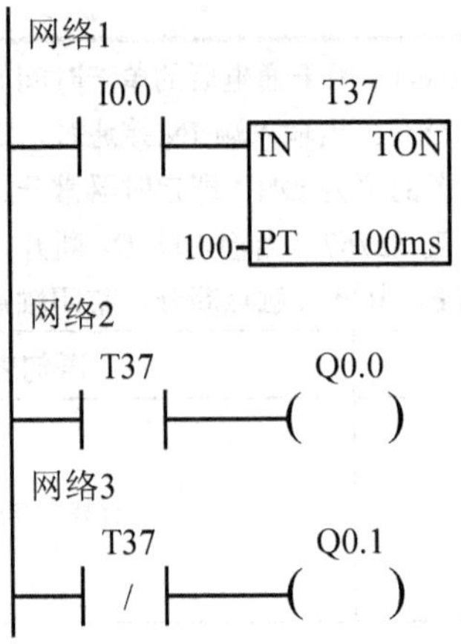

(a) 梯形图

网络1
LD I0.0
TON T37，100

网络2
LD T37
= Q0.0

网络3
LDN T37
= Q0.1

(b) 语句表

图 2.30 接通延时定时器应用举例

2) 原理应用—断开延时定时器 TOF

如图 2.31 所示，网络 1 中，当 I0.0 接通并一直保持时，网络 2 中 T37 常开触点立即接通，Q0.0 接通。网络 3 中 T37 常闭触点立即断开，Q0.1 断开。当 I0.0 断开时，定时器 T37 开始定时，此时 T37 常开、常闭触点还保持原来的通断状态。只有当定时时间等于 10s 时，网络 2 中 T37 的常开触点才断开，Q0.0 断开。网络 3 中 T37 的常闭触点才闭合，Q0.1 接通，此时 T37 的值为 100。

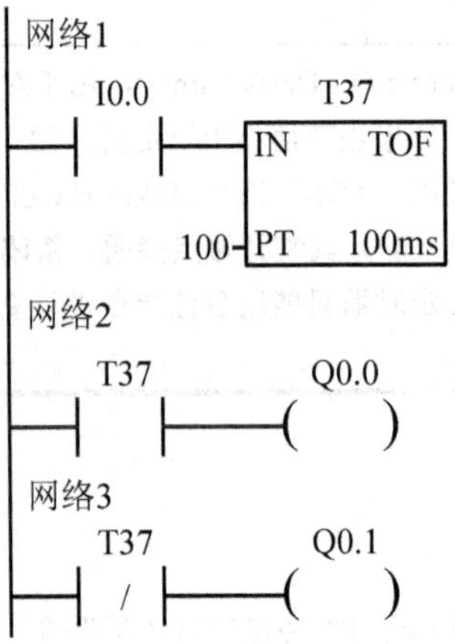

(a) 梯形图

网络1
LD I0.0
TOF T37，100

网络2
LD T37
= Q0.0

网络3
LDN T37
= Q0.1

(b) 语句表

图 2.31 断开延时定时器应用举例

3) 原理应用—保持型接通延时定时器 TONR

如图 2.32 所示，网络 1 中，当 I0.0 接通时，T5 开始定时，当 I0.0 断开，T5 的定时值不回 0 而一直保持。当 I0.0 又接通时，T5 又在保持的时间的基础上继续定时。当定时时间等于 10s 时，网络 2 中 T5 的常开触点闭合，Q0.0 接通。网络 3 中 T5 的常闭触点断开，Q0.1 断开。要想断开 Q0.0，必须用网络 4 中的复位指令。网络 4 中，I0.1 接通，Q0.0 断开。

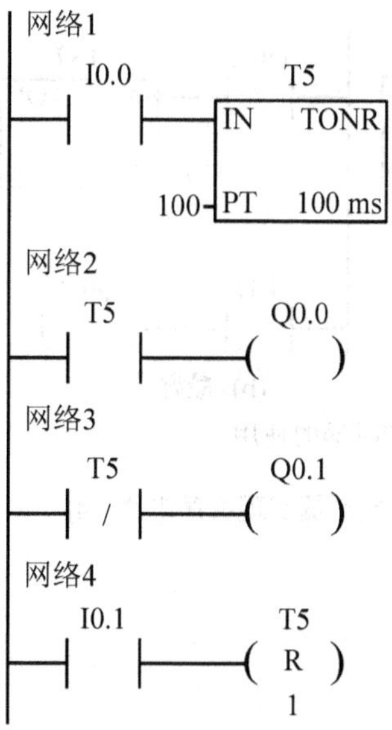

(a) 梯形图

```
网络1
LD      I0.0
TONR    T5，100

网络2
LD      T5
=       Q0.0

网络3
LDN     T5
=       Q0.1

网络4
LD      T0.1
R       T5，1
```

(b) 语句表

图 2.32 保持型接通延时定时器应用举例

应用实例 2-6

振 荡 电 路

在实际设计 PLC 控制系统时，经常使用具有自复位功能的定时器，组成振荡电路。如图 2.33(a)所示的程序，定时时间到后，其常开触点使 Q0.0 接通，同时定时器的常闭触点又断开定时器的输入端。这样可能造成定时器永远为 OFF 状态，要解决这个问题，可把图 2.33 的所有(a)图变为(b)图。

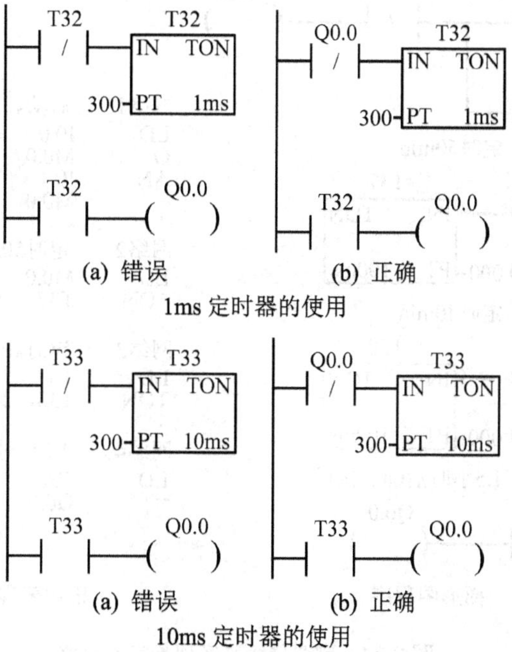

图 2.33 自复位功能定时器实现振荡电路

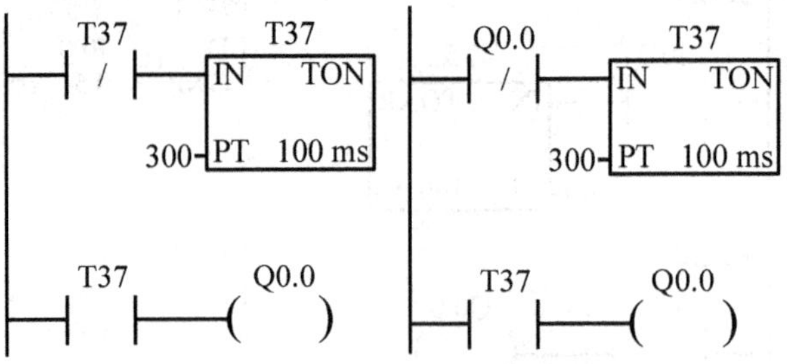

(a) 正确　　(b) 最好

100ms 定时器的使用

图 2.33　自复位功能定时器实现振荡电路(续)

应用实例 2-7

长定时电路

接通启动按钮，开始定时，1.5h 后，指示灯亮。接通停止按钮，停止定时，同时指示灯灭。要求设计控制程序。

假设启动、停止按钮分别接在输入端子 I0.0、I0.1 上，指示灯接在输出端子 Q0.0 上。S7-200 PLC 中的定时器最长定时时间为 3 276.7s，不到 1h。而在实际应用中，可能要求几小时或更长时间的定时，这时可采用定时器级联或定时器与计数器(后面讲)组合应用来实现。按要求设计的控制程序如图 2.34 所示。

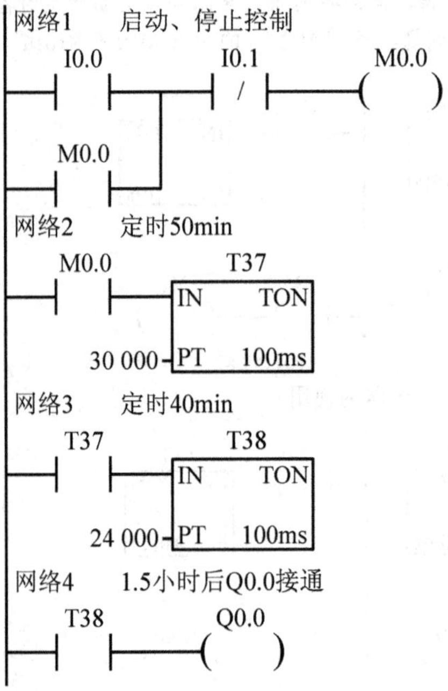


```
网络1    启动、停止控制
LD       I0.0
O        M0.0
AN       I0.1
=        M0.0

网络2    定时50min
LD       M0.0
TON      T37，30 000

网络3    定时40min
LD       T37
TON      T38，24 000

网络4    1.5小时后Q0.0接通
LD       T38
=        Q0.0
```

梯形图程序　　　　语句表程序

图 2.34　定时器级联实现长定时电路

应用实例 2-8

闪烁报警电路

很多工程项目在提示出现故障或动作完成时要用到报警功能，报警可用报警电铃或蜂鸣器实现声音报警，也可用报警指示灯进行灯光闪烁报警。闪烁报警的实质是给报警灯一脉冲信号，对灯进行通断控制，用定时器可以方便地实现闪烁报警功能，如图 2.35 所示，图中 I0.0 为启动按钮，I0.1 为停止按钮。报警灯亮 5s、灭 3s，实现闪烁报警。

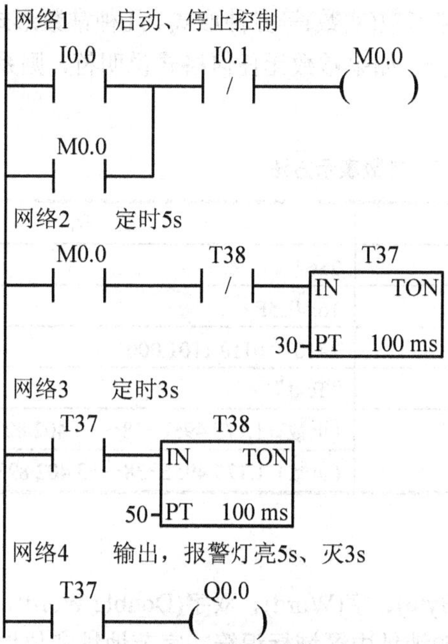

梯形图程序

```
网络1    启动、停止控制
LD       I0.0
O        M0.0
AN       I0.1
=        M0.0

网络2    定时50s
LD       M0.0
AN       T38
TON      T37, 30

网络3    定时3s
LD       T37
TON      T38, 50

网络4    输出，报警灯
         亮5s、灭3s
LD       T37
=        Q0.0
```

语句表程序

图 2.35 闪烁报警电路

二、寻址方式

1. 数据类型

S7-200 系列 PLC 的基本数据类型见表 2-10。

表 2-10 数据类型、长度及范围

数据类型	无符号数据表示范围		有符号数据表示范围	
进制	十进制	十六进制	十进制	十六进制
布尔型(1 位)	0, 1			
字节型 B (8 位)	0～255	0～FF	-128～127 (只用于 SHRB 指令)	80～7 F

续表

数据类型	无符号数据表示范围		有符号数据表示范围	
字型 W (16 位)	0～65 535	0～FFFF		
双字型 D(32 位)	$0 \sim 2^{32}-1$	0～FFFF FFFF		
整型 I (16 位)			-32 768～32 767	8 000～7FFF
双字整型 DI (32 位)			$-2^{32} \sim 2^{32}-1$	80 000 000～7FFFFFFF
实数型 R(32 位)	ANSI/IEEE 754—1985 标准		(正数)+1.175 495E-38～+3.402 823E+38 (负数)-1.175 495E-38～-3.402 823E+38	

在编程中经常会使用常数。在机器内部的数据都以二进制存储，但常数的书写可以用二进制、十进制、十六进制、ASCII 码或浮点数(实数)等多种形式。几种常数形式见表 2-11。注意表中的“#”为常数的进制格式说明符，如果常数无任何格式说明符，则系统默认为十进制数。

表 2-11　常数表示方法

进　制	书写格式	举　例
十进制	十进制数值	2562
十六进制	16#十六进制	16#4E5F
二进制	2#二进数值	2#1010 0110 1101 0001
ASCII 码	“ASCII 码文本”	“Text”
实数	ANSI/IEEE 754—1985 标准	(正数)+1.175 495E-38～+3.402 823E+38
		(负数)-1.175 495E-38～-3.402 823E+38

2. 编址方式

存储器的单位可以是位(bit)、字节(Byte)、字(Word)、双字(Double Word)，编址方式也可以是位、字节、字、双字。存储单元的地址由区域标识符、字节地址和位地址组成。

位编址：寄存器标识符+字节地址+位地址。如 I0.0、Q0.0。

字节编址：寄存器标识符+数据长度 B+字节号。如 VB100，表示由 V100.0～V100.7 组成。

字编址：寄存器标识符+数据长度 W+起始字节号。如 VW20，表示由 VB20 与 VB21 这两个字节组成的字，VB20 为高 8 位，VB21 为低 8 位。

双字编址：寄存器标识符+数据长度 D+起始字节号。如 VD20，表示由 VW20、VW22 组成，也由 VB20、VB21、VB22、VB23 这 4 个字节组成的。

字、双字的组成如图 2.36 所示。

VB100 由 V100.0～V100.7 组成，V100.0 为最低位，V100.7 为最高位；

VW100 由 VB100 和 VB101 组成，VB100 是高 8 位，VB101 是低 8 位；

VD100 由 VW100 和 VW102 组成，VW100 是高 16 位，VW102 是低 16 位。

例如：VB100=11，VB101=22，VB102=33，VB103=44，则 VW100=1122，VW102=3 344，VD100=11 223 344。

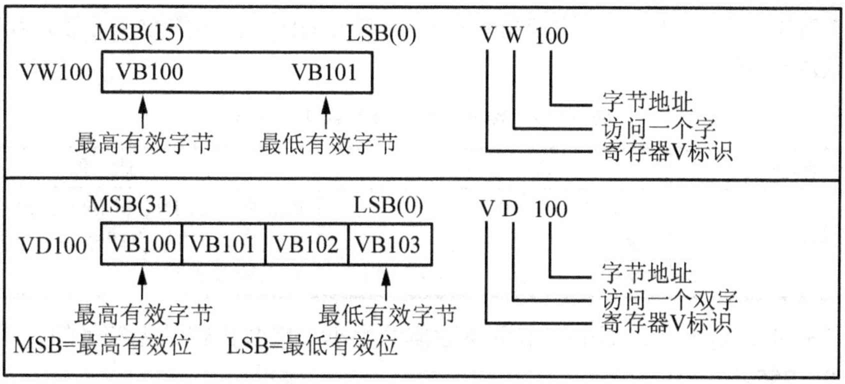

图 2.36　两种长度数据的比较

3. 寻址方式

1) 直接寻址方式

直接寻址方式是指在指令中直接使用存储器或寄存器的元件名称和地址编号，根据这个地址可以立即到指定的区域读取或写入数据。如 I0.0、MB20、VW100 等。

2) 间接寻址

间接寻址方式是指数据存放在存储器或寄存器中，在指令中只出现数据所在单元的内存地址的地址(称为地址指针)，通过使用地址指针来存取存储器中的数据。在 S7-200 系列 PLC 中允许使用指针对 I、Q、M、V、S、T(仅当前值)、C(仅当前值)寄存器进行间接寻址，而对于独立的位值和模拟量值不能进行间接寻址。间接寻址在处理内存连续地址中的数据时非常方便，使编程更加灵活。使用间接寻址方式存取数据的过程如下。

(1) 建立指针。使用间接寻址之前，要先创建一个指向该位置的指针，指针为双字值，用来存放一个存储器的地址，只能用 V、L 或 AC 做指针。必须用双字传送指令(MOVD)将需要间接寻址的存储器地址送到指针中。

例如：MOVD &VB202，AC1

其中“&”为地址符号，&VB202 表示 VB202 的地址，而不是 VB202 的值，指令的含义是将 VB202 的地址送入累加器 AC1 中。

(2) 用指针来存取数据。指针建立好了之后，用指针存取数据时，操作数前加“*”号，表示该操作数为一个指针。

例如：MOVW *AC1，AC0

表示将 AC1 中的内容为起始地址的一个字长的数据(即 VB202，VB203 的内容)送到累加器 AC0 中。

三、比较指令

比较指令用于两个相同数据类型的有符号数或无符号数的比较判断操作。

1. 比较指令格式及功能

在梯形图中，比较指令是以动合触点的形式编程的。在动合触点的中间注明比较参数和比较运算符，当比较的结果为真时，该动合触点闭合，见表 2-12。在应用比较指令时，

IN1 与 IN2 数据类型必须一致。比较指令包括：字节(B)比较，字整数(I)比较，双字整数(D)比较，实数(R)比较。

表 2-12　数据比较指令的格式及功能

梯形图 LAD	语句表 STL		功　能
IN1 ─┤F X├─ IN2	LDXF AXF OXF	IN1 , IN2 IN1 , IN2 IN1 , IN2	比较两个数 IN1 和 IN2 的大小，若比较式为真，则该触点闭合。F 为比较运算符，X 为数据类型

字节比较指令用于比较两个字节型整数值的大小，字节比较是无符号的，其十进制数的范围是 0～255。

整数比较用于比较两个字长为一个字的整数值的大小，其十进制数范围是-32 768～32 767，整数比较是有符号数。

双字整数比较用于比较两个字长为双字长的整数值的大小，为有符号数，其十进制数范围为$-2^{32}\sim2^{32}-1$。

实数比较用于比较两个双字长实数值的大小，为有符号数，其十进制数据范围为：正数，+1.175 495E-38～+3.402 823E+38；负数，-1.175 495E-38～-3.402 823E+38。

特别提示

表中 F 为比较运算符。比较运算符有：=(等于)、>=(大于等于)、<=(小于等于)、<>(不等于)、>(大于)、<(小于) 6 种。

X 为数据类型，分别为 B (字节)、I(字整数)、D(双字整数)、R(实数) 4 种。

2. 比较指令的应用

图 2.37 为比较指令的用法。网络 1 中 IB0 的数等于 255 时，Q0.0 为 ON；网络 2 中定时器 T37 的定时时间大于等于 30s 或者 VD20 中的值大于 VD10 中的值小于等于 VD30 中的值时，M0.0 为 ON；网络 3 中 VD40 的实数值不等于 25.6 时，M0.1 为 ON。

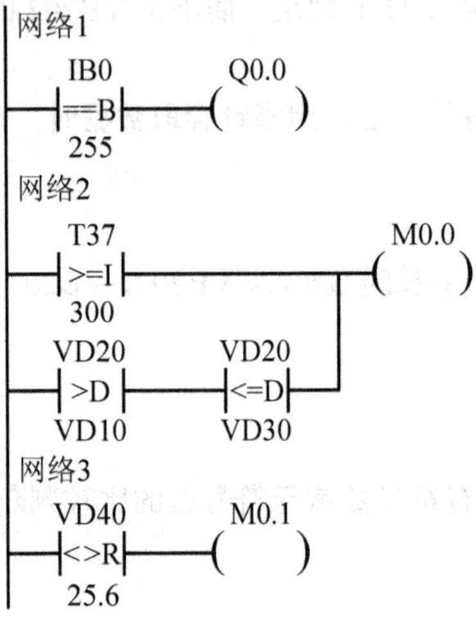


```
网络1
LDB=    IB0, 255
=       Q0.0
网络2
LDW>=   T37, 300
LDD>    VD20, VD10
AD<=    VD20, VD30
OLD
=       M0.0
网络3
LDR<>   VD40, 25.6
=       M0.1
```

语句表程序

图 2.37　比较指令举例

四、输入信号用常闭触点的处理方法

1. 输入信号用常闭触点的处理原则

前面所学内容中，在进行 PLC 原理图设计时，输入信号一般采用常开触点与输入端子连接。但在实际应用中，有时输入信号用常闭触点与输入端子连接，例如在继电器控制线路中，停止按钮一般是用常闭触点来控制线路。在电动机控制线路中，用于过载保护的热继电器，也是用其常闭触点来断开线路。如果某输入信号用常闭触点，可以按输入为常开触点来设计梯形图，然后将梯形图中对应的触点改为相反的类型，即梯形图中的常开触点改为常闭触点，常闭触点改为常开触点。

2. 输入信号用常闭触点应用举例

前面讲的运料车控制系统中要求电动机能连续正反转，现在停止按钮用的是常闭型，图 2.58 控制程序说明了其处理方法。停止按钮为 OFF 时，I0.2 为 ON，梯形图中 I0.2 的常开触点闭合，电动机正反转运行。如果停止按钮为 ON，I0.2 为 OFF，梯形图中 I0.2 的常开触点断开，旋转的电动机就停止。所以，与停止按钮用常开触点时的处理方式不同。

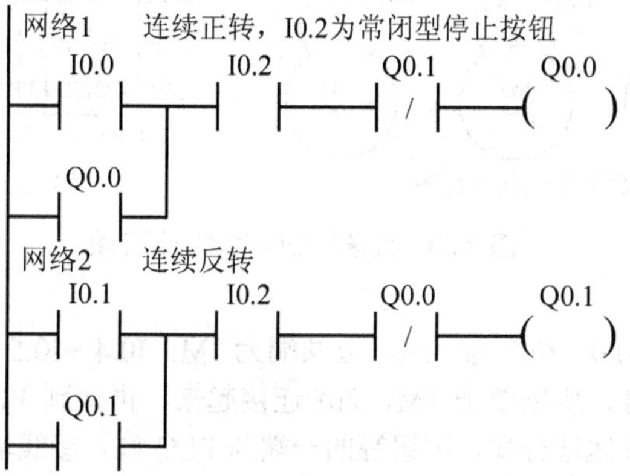

图 2.38 停止按钮用常闭触点的运料车连续控制程序

任务实施

一、设计电气原理图

1. 选择电器元件及 PLC 型号

输入信号：启动按钮 1 个、停止按钮 1 个、急停按钮 1 个、传送带共 3 条，出现过载时，热继电器动作，所以故障信号有 3 个，输入信号总共 6 个，需占用 PLC 6 个输入端子，所以 PLC 输入端至少需 6 点。

输出信号：3 台电动机只单方向旋转，共需要接触器 3 个，不考虑 3 台电动机状态指示情况下，需占用 PLC 3 个输出端子，所以 PLC 输出端至少需 3 点。

查附录 1 可知，CPU221 主机输入 6 点、输出 4 点，能满足输入 6 点输出 3 点的要求。PLC 控制电动机，继电器输出型的 PLC 就能满足要求，所以选择 CPU221 继电器输出型的 PLC。

2. 分配 I/O 信号地址、设计电气原理图

按选择的电器元件进行地址分配，设计如图 2.39 所示的电气控制原理图。图中包括 PLC 控制原理图和主电路原理图。

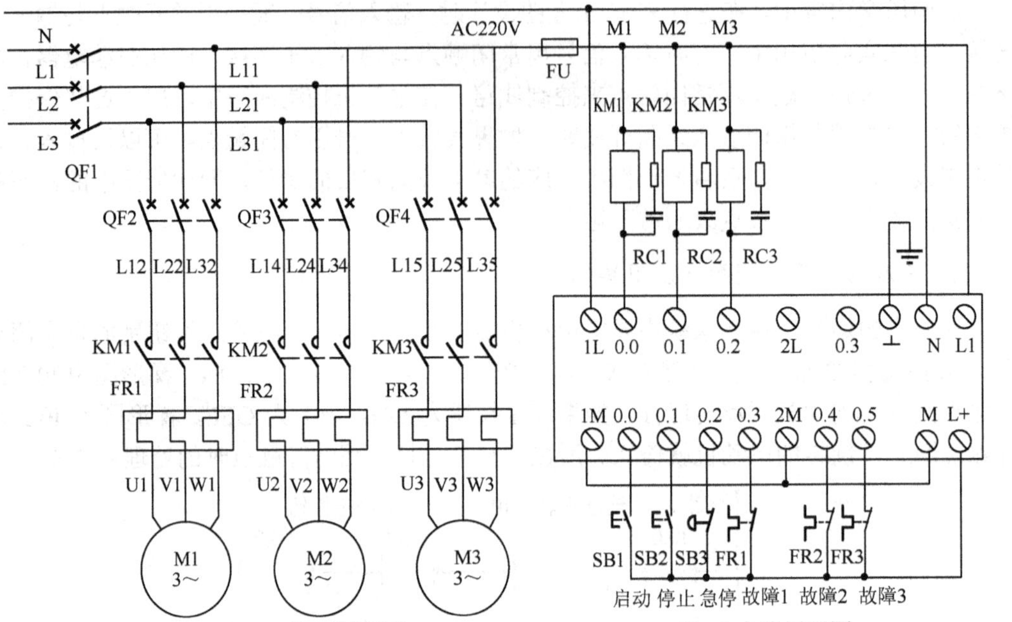

(a) PLC I/O 控制原理图　　(b) 主电路原理图

图 2.39　传送系统电气控制原理图

在图 2.39(a)中，

输入端：输入端 I0.0～I0.3 为一组，公共端为 1M；I0.4～I0.5 为一组，公共端为 2M，两组输入端子都接信号，所以要把 1M、2M 连接起来，再接到 PLC 提供电源的 M 端，6 个输入信号按顺序进行地址分配，按钮等的一端与 PLC 输入接线端子相连，另一端全部接在一起后，再与 L+相连。

输出端：输出端 Q0.0～Q0.2 为一组，公共端为 1L；Q0.3 单独为一组，公共端为 2L，3 个输出信号分别接到 Q0.0～Q0.2 的端子上，Q0.3 没用悬空处理。公共端 IL 接到零线 N 上，三个接触内线圈相连后通过 FU 连接到 L11 上。公共端 1L 也可接在 L11 相线上。如果接在 L11 相线上，输出信号接在一起的部分应接在零线上。交流感性负载在负载两端并联阻容吸收器抑制过高电压。

二、设计控制程序

1. 用定时器指令编程

程序设计时，可分两步进行考虑。第一步实行顺序启动、逆序停止、急停控制。第二步，在第一步的基础上，实现出现故障 1、故障 2、故障 3 时的控制，也就是完成任务 2.2 的全部控制要求。

1) 传送系统顺序启动、逆序停止、急停控制

下面介绍用 TON、TOF 两种定时器实现传送系统顺序启动、逆序停止、急停控制的程序设计方法。

(1) 用 TON 定时器编写的控制程序如图 2.40 所示。

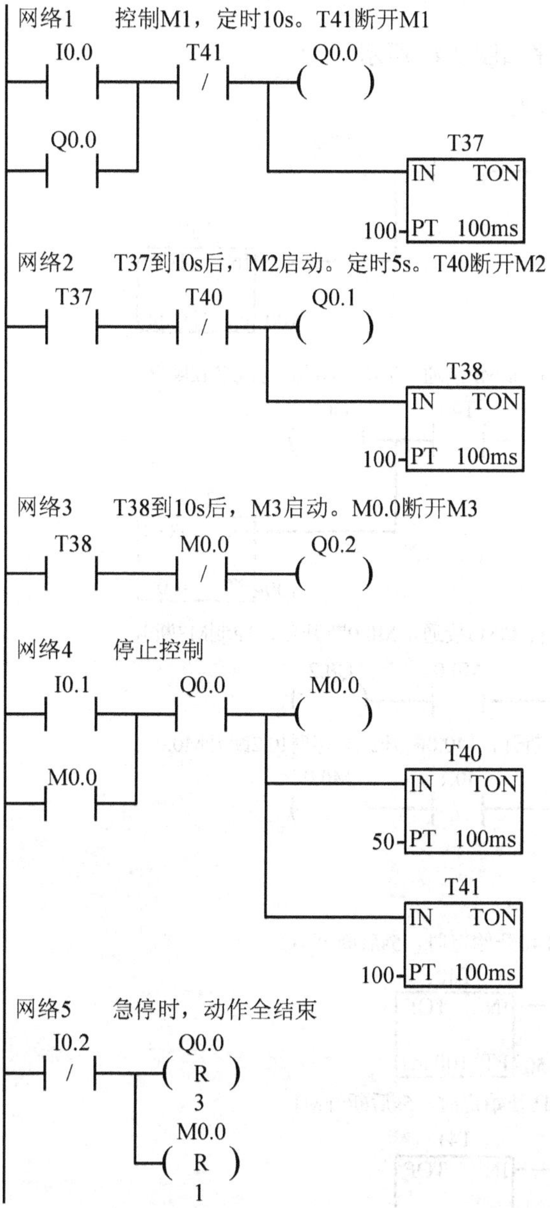

网络1 控制M1，定时10s。T41断开M1

```
LD    I0.0
O     Q0.0
AN    T41
=     Q0.0
TON   T37，100
```

网络2 T37到10s后，M2启动。定时5s。T40断开M2

```
LD    I0.0
AN    T40
=     Q0.1
TON   T38，100
```

网络3 T38到10s后，M3启动。M0.0断开M3

```
LD    T38
AN    M0.0
=     Q0.2
```

网络4 停止控制

```
LD    I0.1
O     M0.0
A     Q0.0
=     M0.0
TON   T40，50
TON   T41，100
```

网络5 急停时，动作全结束

```
LDN   I0.2
R     Q0.0，3
R     M0.0，1
```

图 2.40 传送系统顺序启动、逆序停止、急停控制程序(TON 编程)

① 顺序启动控制。先进行顺序启动控制，并按照先通后断的原则设计每一网络程序。网络 1 至网络 3 实现顺序启动控制。网络 1 中，按钮 I0.0 为 ON 时，让 M1 电动机的接触器线圈 Q0.0 为 ON，并自保，M1 电动机运行，同时用 T37 定时。网络 2 中，10s 后 Q0.1 为 ON，M2 电动机运行，以此类推，电动机实现顺序启动。

② 逆序停止控制。网络 4 中，停止按钮 I0.1 为 ON 时，M0.0 为 ON 并自保，断开网络 3 中的 Q0.2，同时 T40、T41 定时，5s 时间到，T40 为 ON，其常闭触点断开网络 2 的 Q0.1，再过 5s，T41 为 ON，其常闭触点断开网络 1 的 Q0.0，同时断开 M0.0，实现逆序停止控制。

③ 急停控制。图 2.40 中急停按钮 I0.2 为 ON 时，复位 Q0.0、Q0.1、Q0.2 及 M0.0，3 台电动机全部停止运行。

(2) 用 TOF 定时器编写的控制程序如图 2.41 所示。

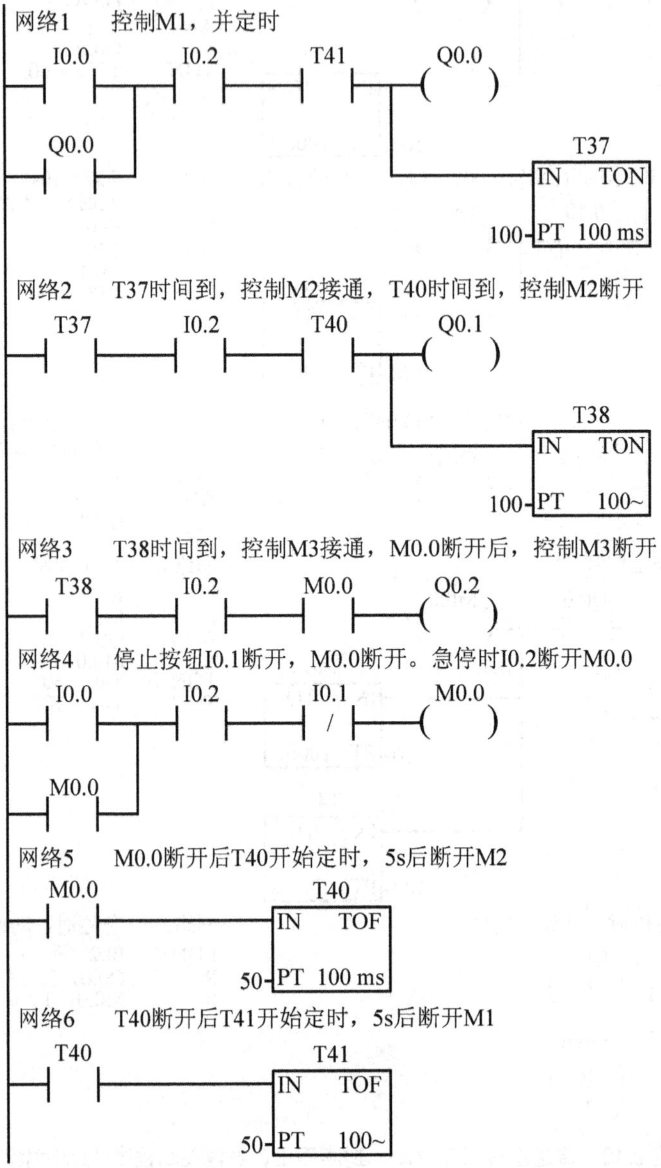

图 2.41 传送系统顺序启动、逆序停止、急停控制程序(TOF 编程)

特别提示

TOF 定时器与 TON 定时器在程序中的处理方法不同，注意区别。

2) 传送系统控制程序

在第一步的基础上，根据任务控制要求，在程序中逐项加入传送系统出现故障情况时的控制。根据控制要求分析，出现故障情况时的控制关系如下。

(1) M1 出现故障(I0.3) 时，M1(Q0.0)、M2(Q0.1)、M3 (Q0.2)全停。

(2) M2 出现故障(I0.4) 时，M2、M3 停止，5s 后 M1 停止。

(3) M3 出现故障(I0.5) 时，M3 停止，5s 后 M1 停止，再隔 5s 后 M2 停止。

完整的控制程序如图 2.42 所示。例如，若第二条传送带 M2 出现故障，网络 5 中 I0.4 为 ON，用 M0.1 的常闭触点断开 Q0.1、Q0.2，同时线圈 M0.1 为 ON 并自保，定时器 T43 定时，5s 后 T43 常闭触点断开 Q0.0。以此类推，完成出现其他故障情况的控制。

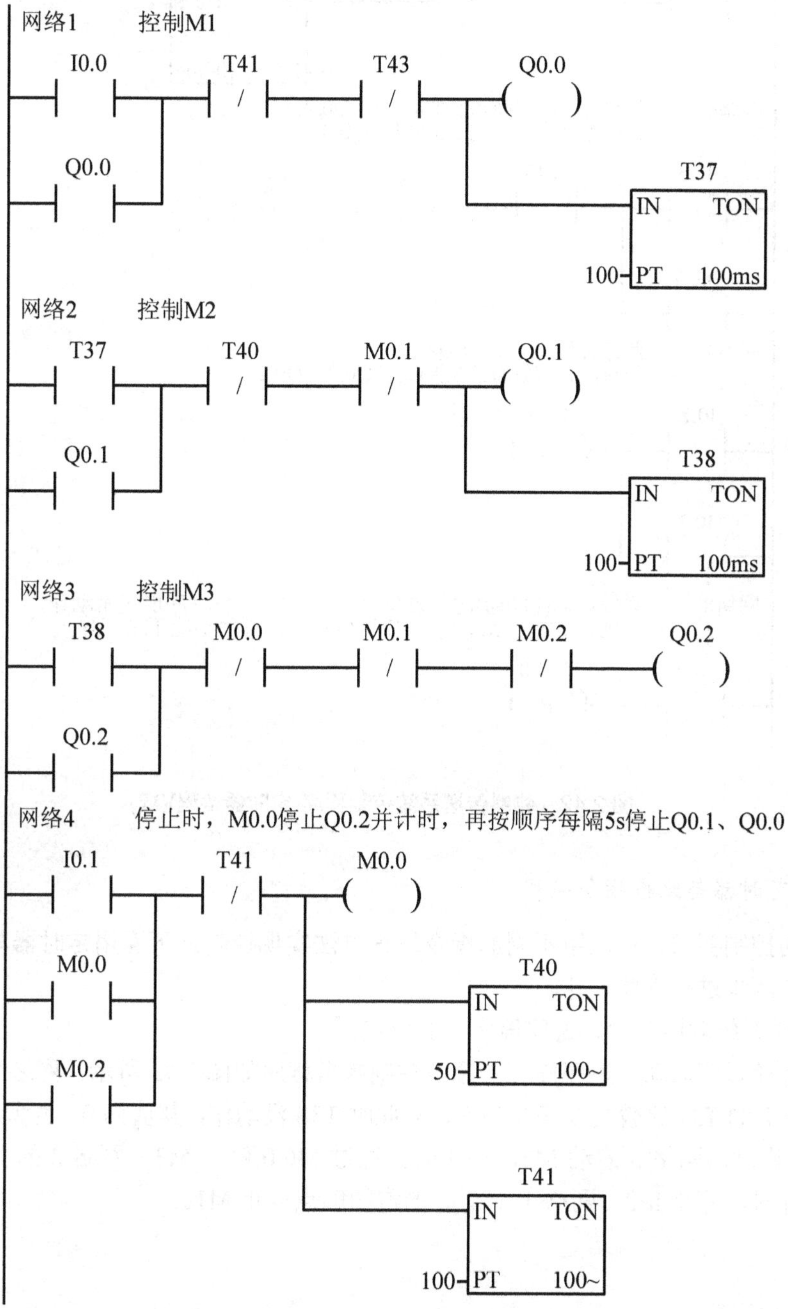

图 2.42　物料传送系统控制程序(定时器编程)(续)

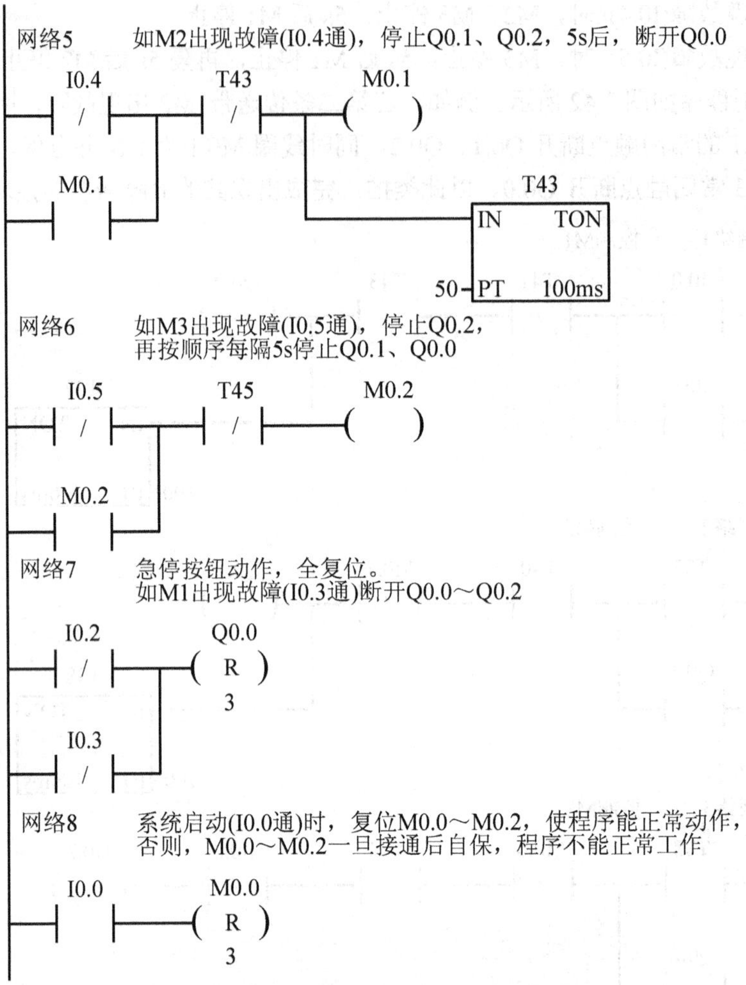

图 2.42 物料传送系统控制程序(定时器编程)(续)

2. 用定时器与比较指令编程

同样的控制要求，可以用不同的指令编程方法实现控制。下面用定时器与比较指令编程，同样分两步进行程序设计。

1) 传送系统顺序启动、逆序停止、急停控制

传送系统顺序启动、逆序停止、急停控制参考程序如图 2.43 所示。网络 1 启动 M1 并定时。网络 2 的 T37 比较指令满足条件时，此时 T38 没动作，其值为 0，也满足条件，Q0.1 接通，M2 启动。网络 3 启动 M3。停止时，通过 M0.0 停止 M3。网络 2 的 T38 比较指令不满足条件时，停止 M2。网络 1 中 T38 的常闭触点停止 M1。

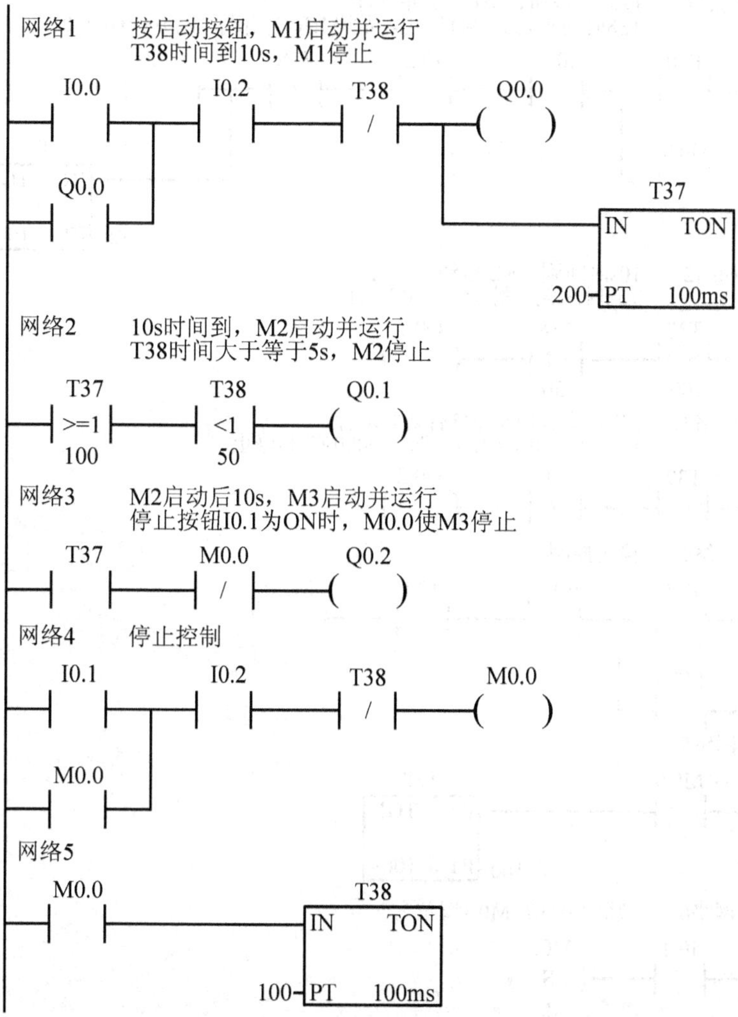

图 2.43　传送系统顺序启动、逆序停止、急停控制程序(定时器比较指令编程)

2) 传送系统控制程序

在第一步的基础上，根据任务控制要求，在程序中逐项加入传送系统出现故障情况时的控制。完整的控制程序如图 2.43 所示。

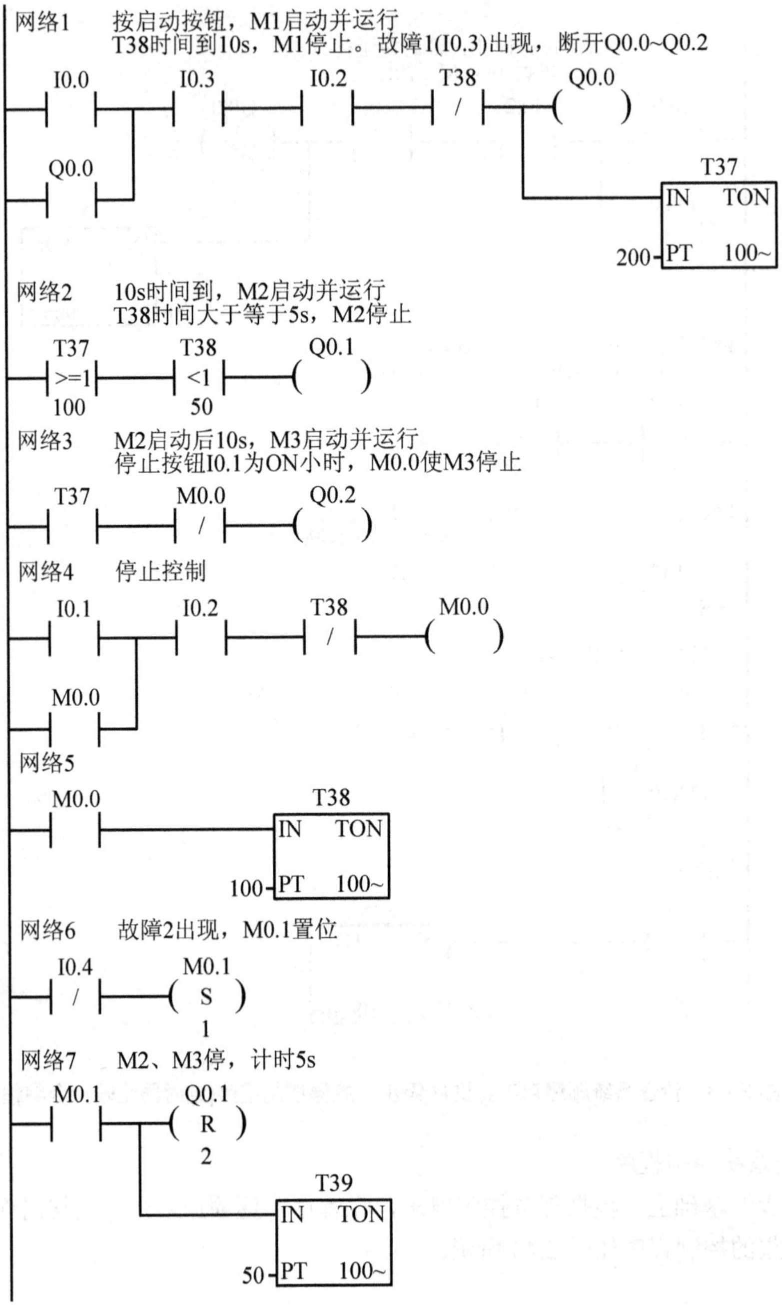

图 2.44 传送系统控制程序(定时器比较指令)(续)

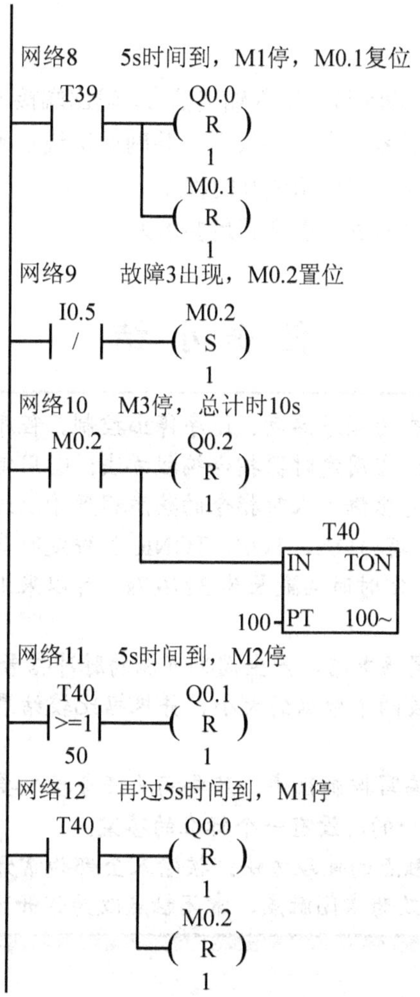

图 2.44　传送系统控制程序(定时器比较指令)

三、系统模拟调试

先不接电动机控制线路，只在 PLC 输入端子接上按钮，调试设计的控制程序，通过观察输出端子指示灯的运行情况，验证控制程序的正确与否。程序调试好后再接上电动机进行调试。

1．程序调试

(1) 断电情况下，按图 2.39(a)接入输入信号，故障信号用开关代替输出端子不接。

(2) 接完线并检查接线正确后，按电气操作规程通电。

(3) 分别输入图 2.40～图 2.44 所示的控制程序，按编译→下载→监控→运行顺序做好程序调试准备。

(4) 按任务控制要求调试控制程序，直到达到要求为止。

2. 模拟调试

(1) 断电情况下，按图 2.39(a)接入输入输出信号，输出端接入接触器 KM1、KM2、KM3。

(2) 按图 2.39(b)连接传送系统主电路线路，并确保接线正确。

(3) 按电气操作规程通电，下载调试好的程序。

(4) 按任务控制要求模拟调试，直到满足要求为止。

任务小结

有许多控制过程可归类为顺序启动、逆序停止控制。程序上有多种方法实现这类控制，这节讲了两种方法：①用定时器指令编程方法；②用定时器与比较指令编程方法。到底用哪一种方法，可根据个人对指令的熟悉程度予以选择。

(1) S7-200 系列 PLC 有 TON、TOF、TONR 3 种定时器指令，其定时分辨率有 1ms、10ms、100ms 3 种，定时时间最长为 3276.7s。可以采用定时器级联的方式实现长定时功能。

(2) 可用定时器组成震荡电路，产生周期可调的脉冲信号，用于闪烁报警电路。

(3) 比较指令用于比较两个数据的大小，并根据比较结果使触点闭合或断开，进而实现某种控制要求。

(4) 不管用何种指令编写控制程序，只要满足任务控制要求就算正确，并且能满足要求的控制程序不是唯一的，没有一个标准的答案。

(5) 输入信号用常闭触点的处理方法：按输入全部为常开触点来设计梯形图，然后将梯形图中的常开触点改为常闭触点，常闭触点改为常开闭点。

思考与技能实练

1. S7-200 PLC 中共有几种类型的定时器？对它们执行复位指令后，它们的当前值和位的状态是什么？

2. 试根据图 2.45 所示的时序图设计控制程序。

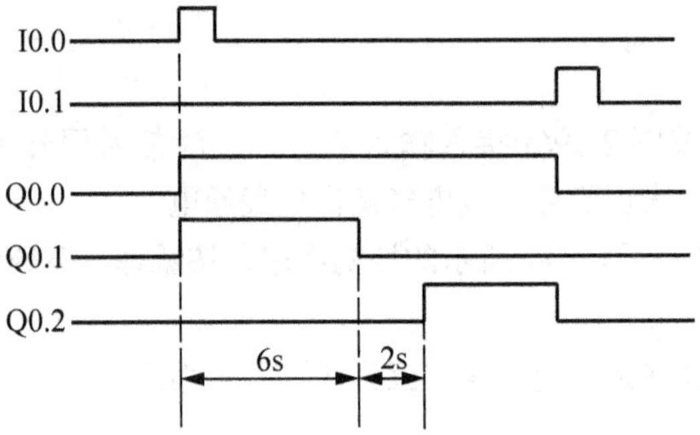

图 2.45　题 2 控制时序图

3．有一自动生产线，分别用 3 台电动机 M1、M2、M3 进行控制，要求：M3 启动后，M2 才能启动，M2 启动 5s 后，M1 启动。停止时 M1 先停止，10s 后 M2、M3 同时停止。试设计电气原理图与控制程序。

4．用梯形图设计一个 2 小时 30 分钟的长定时报警电路程序。该定时电路的启动信号是 I0.0，复位信号是 I0.1，定时时间到后 Q0.0 输出报警。报警灯亮 2 秒、灭 3 秒，灯亮灭总时间为 10s 后定时报警结束。

5．在十字路口上设置的交通信号灯，假设东西方向的车流量较小，南北方向的车流量较大，所以南北方向的放行(绿灯亮)时间较长为 30s，东西放行的时间较短为 20s。当在东西(或南北)方向的绿灯灭时，该方向的黄灯与南北(或东西)方向的红灯一起以 1Hz 的频率闪烁 5s，以提醒司机和行人注意，闪烁 5s 之后，立即开始另一个方向的放行。要求用两个开关对系统进行启停控制。

任务 2.3　数控 4 工位刀架工位显示与控制

任务目标	1. 能正确连接接近开关类输入元件； 2. 会正确应用计数器指令进行编程； 3. 能对刀架控制系统正确接线、模拟调试、操作； 4. 能正确处理软硬件故障。

任务引入

4 工位刀架的旋转由三相交流异步电动机控制，有两种控制方式：①单动，为刀架的正常工作方式；②连续运行，连续运行的目的是对刀架进行性能实验。控制要求如下。

(1) 单动时，用拨码开关设定每次旋转的工位数，可设定为 1 工位、2 工位、3 工位。按启动按钮，电动机正转(刀架逆时针方向旋转)，旋转到设定工位后，所在工位上的霍尔接近开关(NPN 常开型)动作，电动机停止正转并开始反转，反转 1.8s 后，刀架到达至锁紧位置，转位结束。

(2) 连续运行时，按启动按钮，电动机正转，运行 4 个工位为一圈，连续运行 3000 圈后，工位上的霍尔接近开关动作，电动机停止正转并开始反转，反转 1.8s 后刀架至锁紧位置，转位结束。

(3) 如果刀架没锁紧，2s 后没锁紧状态指示灯亮，表示出现故障，同时停止旋转。

(4) 异常情况下，按停止按钮，电动机停止。

(5) 刀架所在工位号通过数码管显示。

任务分析

数控刀架是数控车床的关键配套件，用于安装车床切削加工刀具。通过它实现数控车床刀具的自动切换，以实现多种切削方式，满足工件加工需要。可保证通过一次装夹自动完成多工序工件的加工，节约非加工工时，提高生产效率。数控刀架有 4 工位、6 工位、8 工位、12 工位等不同系列产品，4 工位刀架表示一次可以装夹 4 把刀具。这里以 4 工位刀架为例介绍其控制，如图 2.46 所示。数控刀架可由机床主机控制系统进行控制，也可通过本节介绍的方法用 PLC 单独进行控制，为车床改造提供了有效途径。图 2.46(b)为霍尔开关印刷线路板图，安装在刀架内部，接近开关连接线通过走线孔引出，便于与外部设备连接。

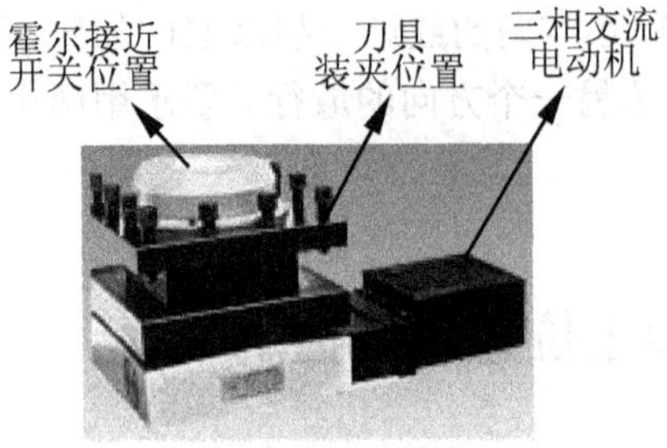

(a) 刀架实物图

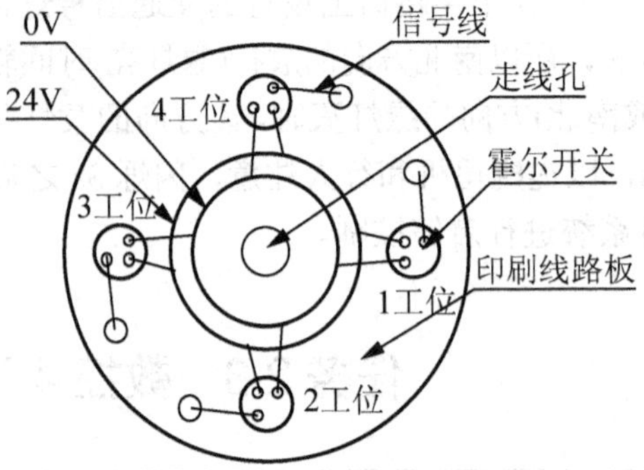

(b) 霍尔开关线路板示意图

图 2.46　4 工位刀架霍尔开关位置示意图

刀架旋转，每次转到设定工位后停止，转的工位数可用计数器计数，计数到了电动机停止，并反转，刀架锁紧。所以要学习计数器的使用，同时要学习霍尔接近开关、拨码开关与 PLC 的连接以及工位号显示方面的知识。

相关知识

一、PLC 与接近开关类、拨码开关输入信号的连接

1. PLC 与接近开关类输入信号的连接

接近开关在与 PLC 进行连接时，要根据不同的输出形式，作出不同的连接。

1) 接近开关介绍

接近开关又称无触点开关。它能在一定的距离(几毫米至几十毫米)内检测有无物体靠近。当物体与其接近到设定距离时，就可以发出“动作”信号，输出高电平或低电平。

接近开关的种类很多，根据原理分类有电涡流式、电容式、霍尔式、光电式、微波式、超声波式等。

根据输出形式不同有两线式、三线式、四线式等。较常用的三线式接近开关中，两线为电源线，另一线为信号输出线，线与线之间通过颜色进行区分。接近开关的外形有方形、圆形、槽型等多种，如图 2.47 所示。

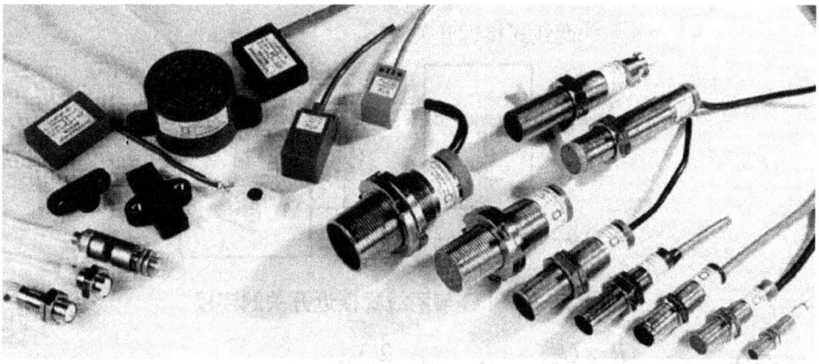

图 2.47　接近开关实物图

根据输出信号的高低电平不同，有 PNP 型和 NPN 型，PNP 型和 NPN 型又有常开常闭之分，即 PNP 常开型、PNP 常闭型、NPN 常开型、NPN 常闭型。

接近开关的工作电压有交流与直流两种形式，交流工作电压为 90～250V，直流工作电压为 10～30V，一般直流 24V 较常用。

2) 接近开关与负载的连接

接近开关的电路图如图 2.48 所示，电路文字符号用 SQ 表示。

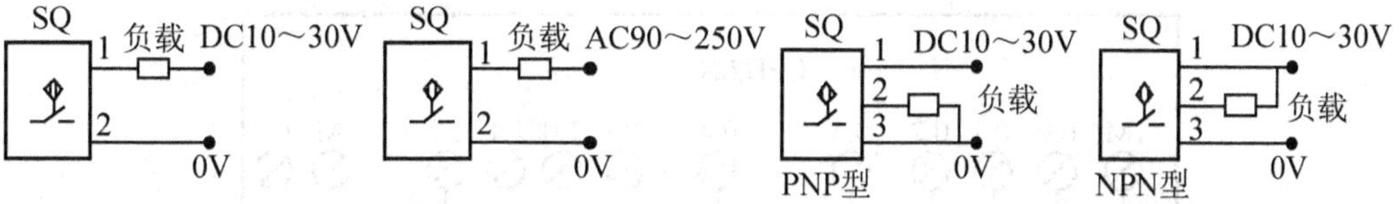

(a) 两线式接近开关与负载的连接　　(b) 三线式接近开关与负载的连接

图 2.48　接近开关与负载的连接

为方便说明，图 2.48 中的接近开关引线用 1、2、3 序号进行标示。(a)图为交流、直流两线式接近开关与负载的连接。1 号线既是电源线又是信号线。直流两线式接近开关具有 0.5～1mA 的静态泄漏电流，在一些对泄漏电流要求较高的场合下，可改用直流三线式接近开关。(b)图为直流三线式 PNP、NPN 型接近开关与负载的连接，1 号、3 号线为电源线，2 号线为信号线。

对 PNP 常开型接近开关而言，当检测物体到达接近开关设定距离时，信号端输出高电平；对 PNP 常闭型接近开关而言，当无检测物体时，信号端输出高电平。

对 NPN 常开型接近开关而言，当检测物体到达接近开关设定距离时，信号端输出低电平；对 NPN 常闭型接近开关而言，当无检测物体时，信号端输出低电平。

3) PLC 与两线式接近开关的连接

两线式接近开关的漏电流较大时，即使接近开关在 OFF 状态，负载上仍有残余电压，可能出现错误的输入信号而导致 PLC 误动作。这时可在 PLC 的输入端并联一个电阻 R，如图 2.49 所示。

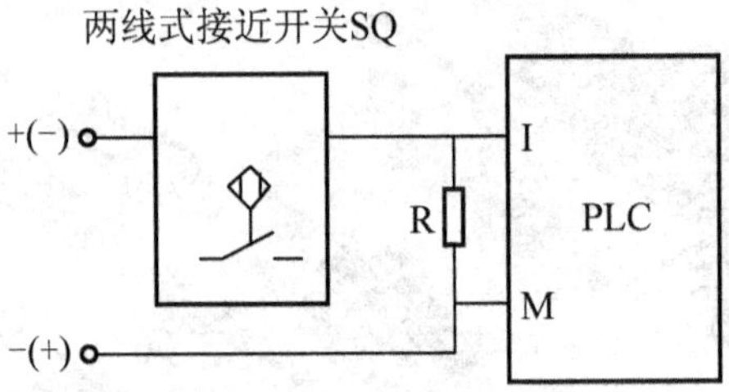

图 2.49　PLC 与两线式接近开关的连接

R 的估算方法：$R < \dfrac{R_c \times U_{off}}{I \times R_c - U_{off}} \text{k}\Omega \quad P > \dfrac{2.3}{R} W$

其中 R_c 是 PLC 的输入阻抗，U_{off} 是 PLC 输入电压低电平的上限值，可取 5V，I 为接近开关的漏电流，P 为电阻 R 的功率。

4) PLC 与三线式接近开关的连接

对于 PNP 常开型接近开关，接近开关动作时输出高电平，所以 PLC 其他输入端信号都应是高电平有效。图 2.50 为三线式 PNP 型接近开关与 PLC 的连接方法。图中三线式接近开关的信号端接 PLC 的输入端子，接近开关的电源正端接按钮等其他输入信号的公共连接线，然后与外接 24V 的“+”端相连，接近开关的电源负端接外接电源 24V 的“-”端。

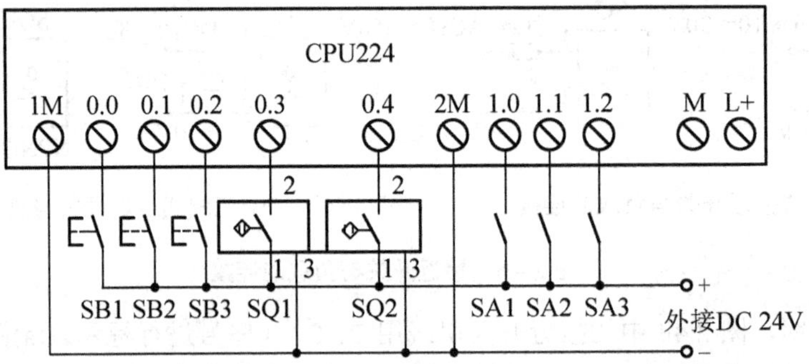

图 2.50　三线式 PNP 型接近开关与 PLC 的连接

对于 NPN 常开型接近开关，接近开关动作时输出低电平，所以 PLC 与其他输入端信号都应是低电平有效。接法基本与图 2.50 一样，但要把外接 DC 24V 正负极性调换一下。

当输入连接的接近开关数量较多，信号功率比较大，PLC 内部输出电源不能满足要求时，应连接外部电源。外部电源一般选用一定功率的开关电源，开关电源输入 220V，输出 DC 24V。

2. PLC 与拨码开关的连接

如果系统中有些数据需要经常修改，对于较复杂的控制系统，一般可用触摸屏进行参数的设定与显示，而对于较简单的系统，使用拨码开关就很方便，例如可用于某些数据的预置。图 2.51 是一片 BCD 码拨码开关的示意图。一片拨码开关可输入一位十进制数 0～9。把每片拨码开关组合在一起，可形成多位十进制数。与 PLC 连接时，把每片拨码开关的 COM 端连接在一起，与 CPU 的 L+(或 M)相接，CPU 的 1M 或 2M 与 M(或 L+)相接。如果输入信号接外接电源，连接方法与此相同。每片拨码开关的 8、4、2、1 端各占用一个输入点，分别与 CPU 的输入端相接。如果 3 片拨码开关组合在一起，可组成百位数，最大数为 999，这样需要 12 个输入点。图 2.52 是 2 位拨码开关与 PLC 的连接示意图。连接时个位数应接在 I_0 的低 4 位，十位数应接在 I_0 的高 4 位，并注意 8421 码的 1 接在 I_0 的最低位。

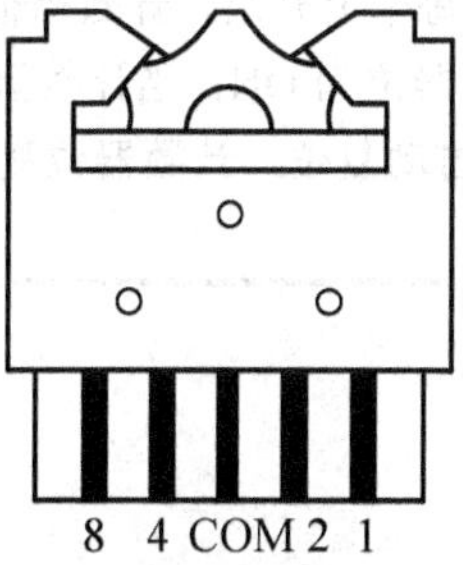

图 2.51　一位拨码开关示意图

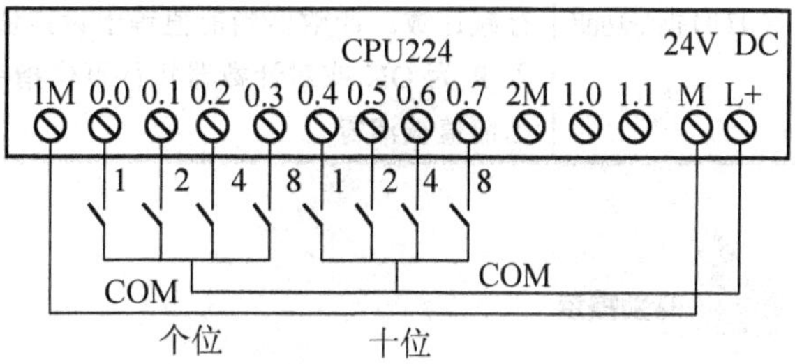

图 2.52　2 位拨码开关与 PLC 的连接示意图

二、计数器指令及应用

1. 计数器指令格式与功能

计数器用来累计输入脉冲的个数。S7-200 系列 PLC 有 3 种计数器：加计数器 CTU (Counter up)、减计数器 CTD(Counter down)和加减计数器 CTUD(Counter updown)。计数器指令格式及功能见表 2-13。

表 2-13　计数器指令格式及功能

名　称	加计数器 CTU	减计数器 CTD	加减计数器 CTUD
梯形图 LAD	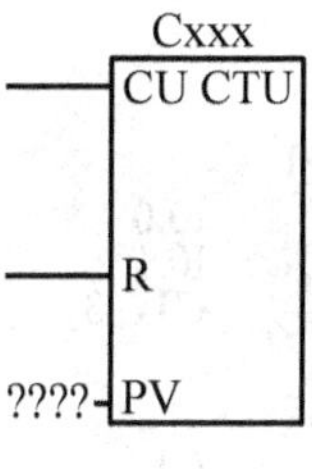	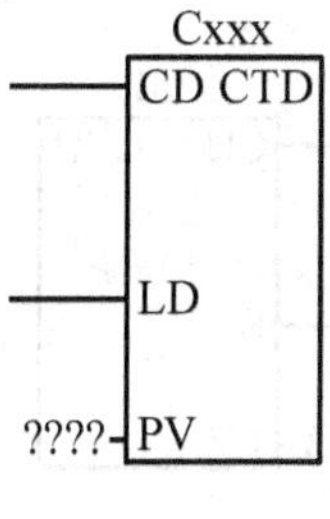	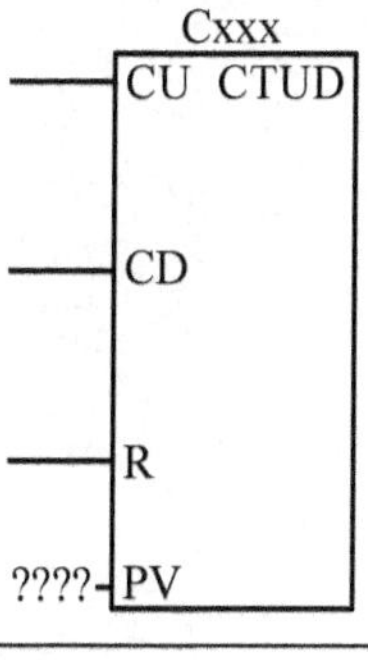
语句表 STL	CTU　Cxxx，PV	CTD　Cxxx，PV	CTUD　Cxxx，PV
加计数器 CTU 指令功能	初始状态，计数器位为 OFF，当前值为 0，在输入端 CU 输入脉冲的每个上升沿，计数器值加 1，进行加计数；当前值等于设定值 PV 时，计数器位为 ON；当计数器的复位输入 R 为 ON 或对计数器执行复位指令时，计数器自动复位，计数器位变为 OFF，当前值被清零		
减计数器 CTD 指令功能	初始状态，计数器位为 OFF，当前值为 PV 设定值，在输入端 CD 输入脉冲的每个上升沿，计数器值减 1，进行减计数，当前值减为 0 时，计数器位为 ON；当计数器的复位输入端 LD 为 ON 或对计数器执行复位指令时，计数器自动复位，计数器位变为 OFF，当前值复位为设定值		

续表

名　称	加计数器 CTU	减计数器 CTD	加减计数器 CTUD
加减计数器 CTUD 指令功能	加减计数器有两个脉冲输入端，CU 为加计数输入端，CD 为减计数输入端。初始状态，计数器位为 OFF，当前值为 0，在输入端 CU 输入脉冲的每个上升沿，计数器值加 1，进行加计数；在输入端 CD 输入脉冲的每个上升沿，计数器值减 1，进行减计数。计数器当前值等于设定值 PV 时，计数器位为 ON；当计数器的复位输入 R 为 ON 或对计数器执行复位指令时，计数器自动复位，计数器位变为 OFF，当前值被清零		

特别提示

表 2-13 中，CU、CD 为计数器的脉冲输入端；R、LD 为计数器的复位端；PV 为计数器的预设值，取值范围在 1～32 767 之间。

计数器的号 Cxxx 在 0～255 范围内任选，如 C10。

计数器也可通过复位指令为其复位。

对于加减计数器，当计数器的值达到最大计数值 32767 后，下一个 CU 上升沿将使计数器当前值变为最小值-32768；当计数值达到最小计数值-32768 后，下一个 CD 输入上升沿将使当前值变为最大值 32767。

2. 计数器指令应用

(1) 原理应用—加计数器。图 2.53 中，在每个脉冲 I0.0 的上升沿，C1 计数 1 次，当计数值等于 3 时，网络 2 中 C1 的常开触点闭合，Q0.1 接通。当 I0.1 接通时，C1 复位，其值为 0，其常开触点 C1 断开，Q0.1 断开。

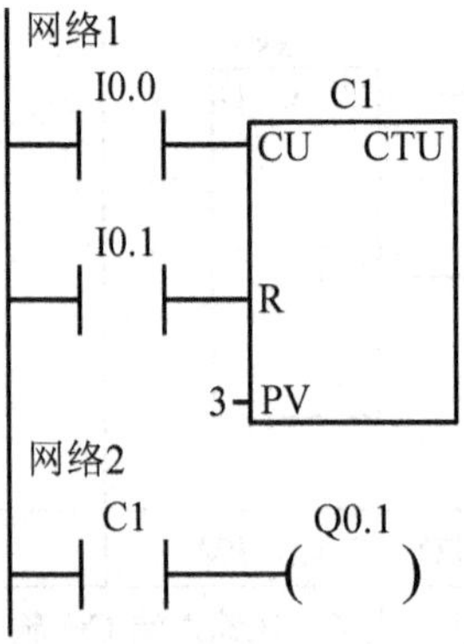


```
网络1
LD      I0.0
LD      I0.1
CTU     C1, 3

网络2
LD      C1
=       Q0.1
```

梯形图程序　　　　语句表程序

图 2.53　加计数器指令应用举例

(2) 原理应用—减计数器。图 2.54 中，在每个脉冲 I0.0 的上升沿，C2 计数值减 1，当计数值等于 0 时，网络 2 中 C2 的常开触点闭合，Q0.1 接通。当 I0.1 接通时，C2 复位，其值为 5，其常开触点 C2 断开，Q0.1 断开。

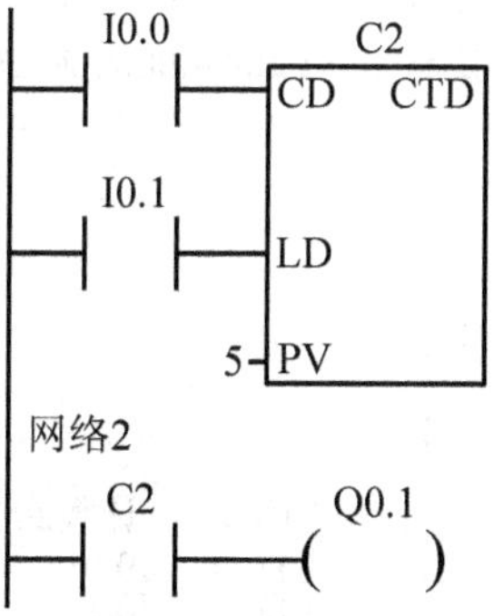


```
网络1
LD      I0.0
LD      I0.1
CTD     C2，5

网络2
LD      C2
=       Q0.1
```

梯形图程序　　　　语句表程序

图 2.54　减计数器指令应用举例

(3) 原理应用—加减计数器。图 2.55 中，在每个脉冲 I0.0 的上升沿，C10 加计数 1 次，在每个脉冲 I0.1 的上升沿，C10 减计数 1 次，当 C10 的计数值等于 4 时，网络 2 中 C10 的常开触点闭合，Q0.1 接通。当 I0.3 接通时，C10 复位，其值为 0，其常开触点 C10 断开，Q0.1 断开。

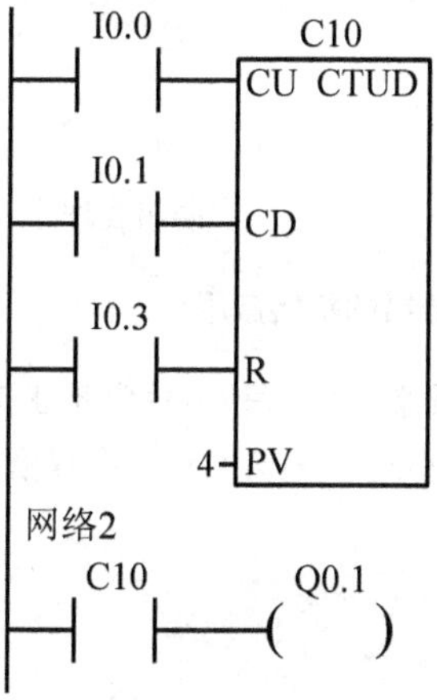


```
网络1
LD      I0.0
LD      I0.1
LD      I0.3
CTUD    C10，4

网络2
LD      C10
=       Q0.1
```

梯形图程序　　　　语句表程序

图 2.55　加减计数器指令应用举例

应用实例 2-9

入库产品计数

某仓库对入库产品进行计数，当计数到 40 000 个时，指示灯亮，表示仓库已满停止入库。设计控制程序。

分析：计数器最大计数值为 32 767，此例计数范围已超过此值，用单个计数器无法进行计数控制，可对计数器进行扩展使用，扩大计数范围。

设计的参考程序如图 2.56 所示。网络 1 中，I0.0 为脉冲输入信号，每一个脉冲上升沿 C0 计数 1 次，计数到 200 时，网络 2 中的 C0 常开触点闭合，C1 计数 1 次，同时 C0 复位，C0 又开始计数。C1 计数到 200 时，C1 常开触点闭合，Q0.0 为 ON，所以总计数为 200 × 200=40000 时 Q0.0 才输出。I0.1 为 ON 时，C0、C1 复位，Q0.0 为 OFF。

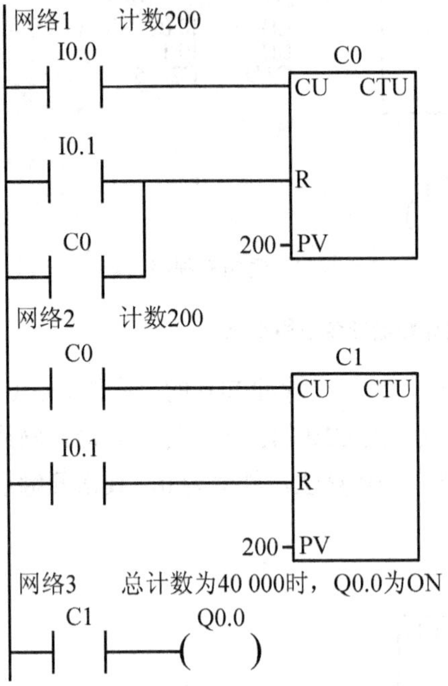

梯形图程序

```
网络1    计数200
LD      I0.0
LD      I0.1
O       C0
CTU     C0，200

网络2    计数200
LD      C0
LD      I0.1
CTU     C1，200

网络3    总计数为40 000时，
         Q0.0为ON
LD      C1
=       Q0.0
```

语句表程序

图 2.56 计数器的扩展应用

使用计数器时，计数输入端信号是脉冲信号。网络 1 中，用 C0 的常开触点进行自复位，C1 才能正常计数。网络 2 中的复位端没用 C1 进行自复位，这样 Q0.0 才能为 ON，并一直保持，当 I0.1 为 ON 时，Q0.0 才为 OFF。

应用实例 2-10

长定时电路

系统启动后，开始延时 10 小时 8 分钟，延时时间到，指示灯亮，灯亮 10s 后，系统停止。设计控制程序。

分析：前面用定时器级联的方法实现长定时电路，对于更长时间的定时，用起来较麻烦，电路可能很复杂，这里用定时器与计数器实现长定时电路就比较简单。

假设启动、停止按钮分别接在输入端子 I0.0、I0.1 上，指示灯接在输出端子 Q0.2 上，设计的控制程序如图 2.57 所示。网络 2 产生 1 分钟的时钟脉冲信号，网络 3 产生 1 小时的定时时间，用 C10 自复位，产生 C11 的计数脉冲。10 小时时间到，把 M0.0 进行复位，断开前面的定时，同时使 T38 开始计时，8 分钟计时到，Q0.2 指示灯亮，亮 10s 后，系统停止工作。总定时时间为 10 小时 8 分钟。

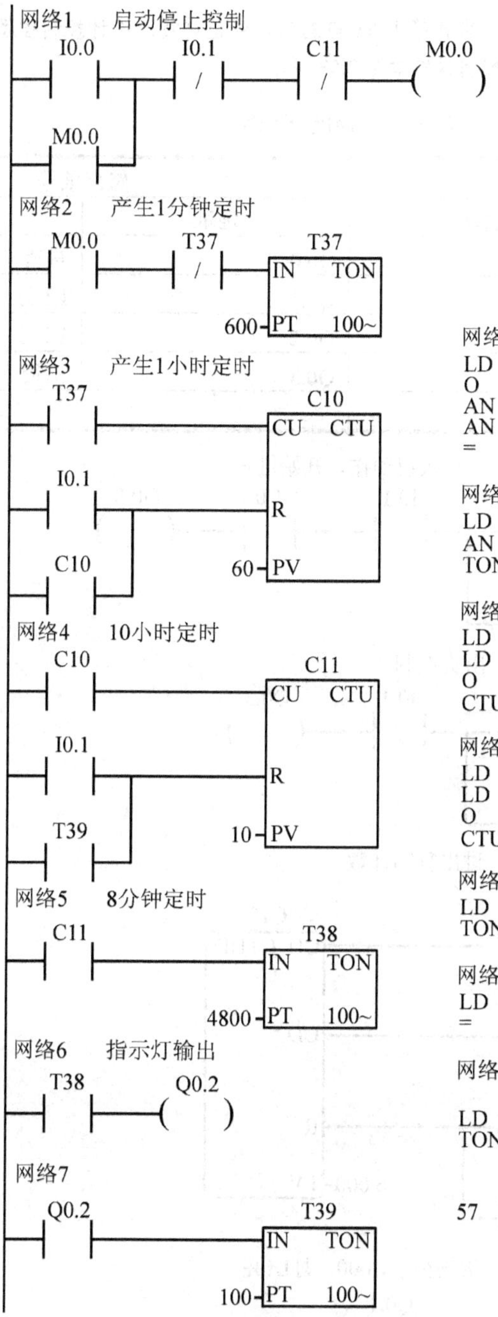


```
网络1    启动停止控制
LD       I0.0
O        M0.0
AN       I0.1
AN       C11
=        M0.0

网络2    产生1分钟定时
LD       M0.0
AN       T37
TON      T37, 600

网络3    产生1小时定时
LD       T37
LD       I0.1
O        C10
CTU      C10, 60

网络4    10小时定时
LD       C10
LD       I0.1
O        T39
CTU      C11, 10

网络5    8分钟定时
LD       C11
TON      T38, 4800

网络6    指示灯输出
LD       T38
=        Q0.2

网络7    灯亮10s后，
         复位C11，灯灭
LD       Q0.2
TON      T39, 100

57
```

图 2.57 定时器与计数器设计的长定时电路

应用实例 2-11

仓库进出货物自动控制

一自动仓库存放某种货物，最多 6 000 箱，需对所存的货物进行计数控制。仓库进口与出口各安装一接近开关，每有一货物进出，接近开关动作一次。货物少于 1 000 箱，灯 L1 亮，表示存货较少；货物多于 5 000 箱，灯 L2 亮，表示存货较多；货物等于 6 000 箱时，停止进货。设计控制程序。

假设地址分配见表 2-14。设计的控制程序如图 2.58 所示。

表 2-14　地址分配表

输入信号		输出信号	
地址	功能	地址	功能
I0.0	启动进货	Q0.0	进货
I0.1	停止	Q0.1	L1 灯
I0.2	进口开关	Q0.2	L2 灯
I0.3	出口开关	Q0.3	出货
I0.4	启动出货		

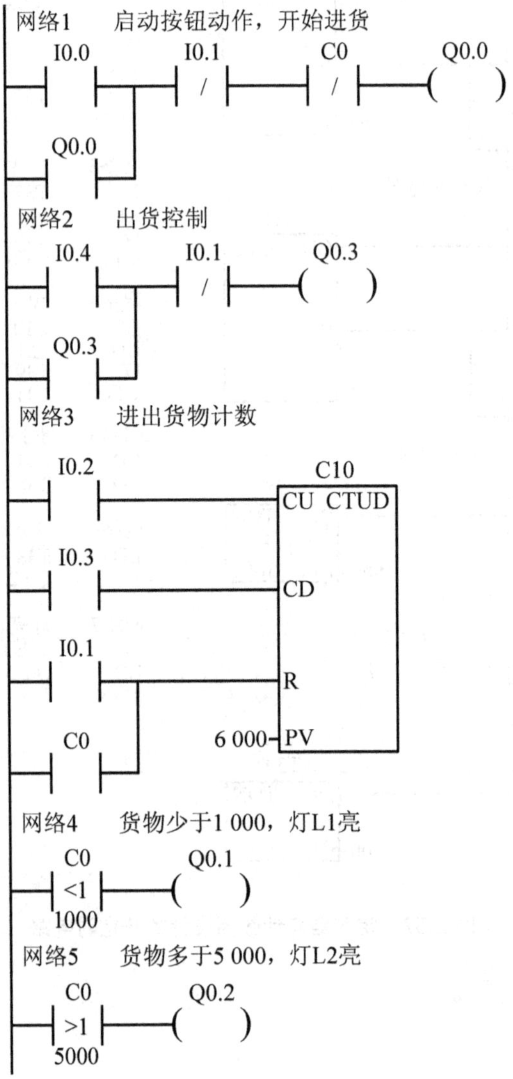

图 2.58　仓库进出货物自动控制程序

任务实施

一、设计电气原理图

1. 选择电器元件及 PLC 型号

(1) 输入信号：旋钮开关 1 个，启动按钮 1 个，带灯停止按钮 1 个，各占用 1 点，共 3 点。4 工位刀架共 4 个霍尔接近开关，占 4 点。4 工位刀架，旋转的工位数最大设定值是 3，所以 1 片拨码开关就能满足要求。1 片拨码开关的 1/2 端连接到输入端子，占用 2 点即可。所以输入至少需 9 点。

(2) 输出信号：电动机正转接触器 1 个，反转接触器 1 个，报警指示灯 1 个(装在按钮里)，各占用 1 点，共 3 点。要实现工位显示，需通过译码器驱动数码管电路来完成。译码驱动器选择 CC14547，占用 4 个输出点，实际用 3 点即可(参见表 2-15)。数码管 1 个(不占用输出端子)，限流电阻 7 个(不占用输出端子)，所以输出至少需 6 点。

CPU224 输入为 14 点，输出为 10 点，所以 PLC 可选 CPU224 AC/DC 继电器输出型。

2. 设计电气原理图

电气原理图包括图 2.59 所示的主电路原理图和图 2.60 所示的 PLC 控制原理图。设计 PLC 控制原理图时，先对输入输出信号分配地址，再进行电气原理图设计。

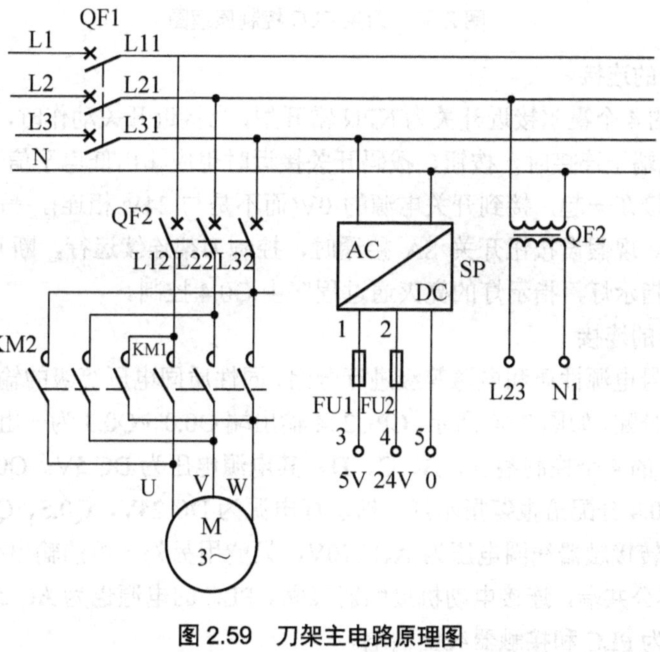

图 2.59 刀架主电路原理图

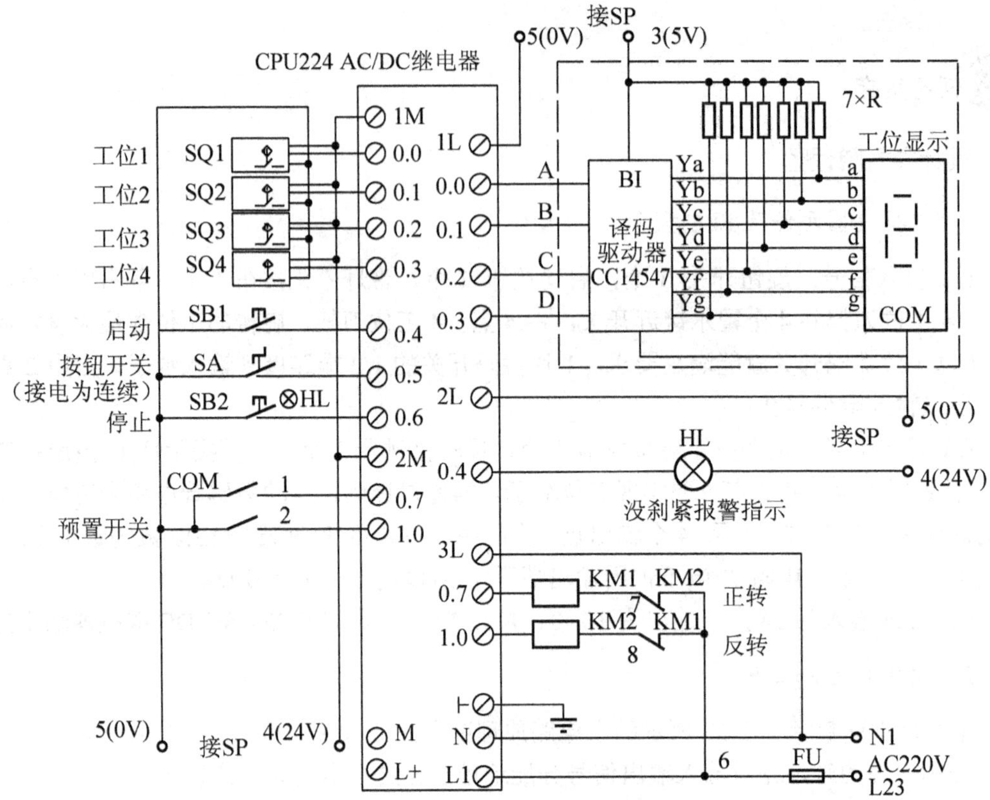

图 2.60　刀架 PLC 控制原理图

1) 输入信号的连接

4 工位刀架的 4 个霍尔接近开关为 NPN 常开型，当接近开关动作时，输出低电平信号，在进行 PLC 输入端子连接时，按钮、拨码开关接近时也应输出低电平信号，所以把按钮、拨码开关的一端接在一起，接到开关电源的 0V(而不是与 24V 相连)，另一端与 PLC 的输入端子进行连接。现假设按钮开关 SA 接通时，控制刀架连续运行，断开时为单动运行。SB2 停止按钮带指示灯，指示灯的亮灭通过程序由 Q0.4 控制。

2) 输出信号的连接

根据输出信号电源性质和电源等级进行分组，同性质同电压等级的输出信号分在一组，按地址顺序进行分配，如图 2.60 所示。CPU224 输出端 Q0.0～Q0.3 为一组，其公共端为 1L，分配给 CC14547 的 4 个控制端 A、B、C、D，其电源电压为 DC 5V。Q0.4～Q0.6 为一组，公共端为 2L，Q0.4 分配给报警指示灯，指示灯电源为 DC 24V，Q0.5、Q0.6 没用，悬空处理。电动机正反转接触器线圈电压为 AC 220V，只能用另外一组的输出端子。Q0.7、Q1.0 为一组，3L 为其公共端，连接电动机接触器线圈。PLC 的电源也为 AC 220V，所以可用同一电源 L22、N 为 PLC 和接触器线圈供电。

二、设计控制程序

1. 程序设计关键要解决的几个问题

1) 4 个霍尔开关的动作过程

假设选择的刀具在 1 工位，则 1 工位的霍尔开关接通，其他工位的霍尔开关断开。刀架旋转还未到设定工位时，4 个霍尔开关全部断开。当到达设定工位时，如 3 工位，则 3 工位的霍尔开关接通，其他的则断开。电动机反转使刀架锁紧后，3 工位的霍尔开关一直接通。以此类推。

2) 实际旋转工位数的确定

要旋转的工位数可通过拨码开关进行设定。例如假设现在 1 工位，想选 2 工位的刀具，则拨码开关设定为 1，刀架旋转 1 个工位即可。若想选 3 工位的刀具，则拨码开关设定为 2，刀架旋转 2 个工位。设定的工位数就是实际要旋转的工位数。

3) 输出端子 Q0.0～Q0.3 与显示的工位号之间的对应关系

设计程序时，要弄清楚输出端子 Q0.0～Q0.3 与显示的工位号之间的对应关系，其对应关系见表 2-15。

表 2-15　输出端子与显示的工位号之间的对应关系

输出端子及其输出值				显示的工位号
Q0.3(D)	Q0.2(C)	Q0.1(B)	Q0.0(A)	
0	0	0	1	1
0	0	1	0	2
0	0	1	1	3
0	1	0	0	4

由表 2-15 可知，如果 Q0.0 为 1，则数码管显示的工位号为 1。Q0.1 为 1，则数码管显示为 2。若 Q0.0、Q0.1 都为 1，则数码管显示为 3。若 Q0.2 为 1，则数码管显示为 4。4 工位刀架，最大数为 4，所以在图 2.60 中，Q0.3 也可不用与 D 端连接，可悬空处理。

2. 设计控制程序

根据任务要求，刀架有单动与连续两种工作方式，设计程序时，可先按单动方式进行设计并调试，单动控制完成后，再按相同的程序格式加上连续工作方式的控制程序。

设计的控制程序如图 2.61 所示。网络 1 到网络 3 为电动机正转控制。网络 4 的作用是保证刀架旋转以后，到下一个工位的霍尔开关动作时，计数器 C0～C3 才开始计数。刀架一旋转，所有的霍尔开关断开，使 M0.1 为 1，到下一个工位的霍尔开关接通时，计数器开始计数，程序中 M0.1 与 M0.2 为计数器的计数控制信号。网络 5 表示单动或连续方式时，系统不工作对 M0.1 复位。网络 7 到网络 10 对旋转的工位数进行计数。计数到，网络 11 执行电动机反转，网络 12 进行反转定时，时间到，表示刀架锁紧，可进行切削加工，同时要断开反转输出的 Q1.0。网络 14 到网络 17 为工位显示控制。

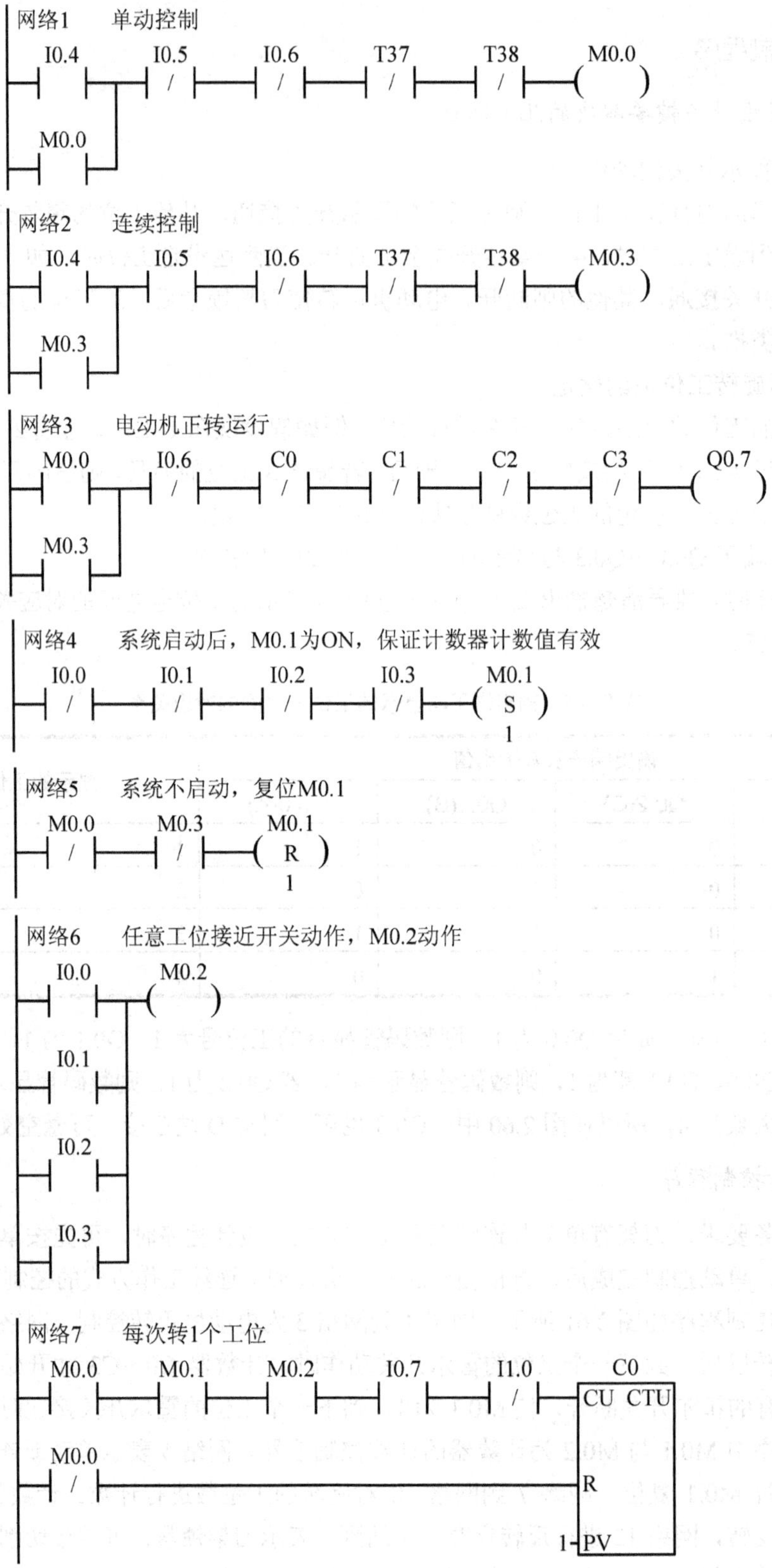

图 2.61 刀架控制参考程序

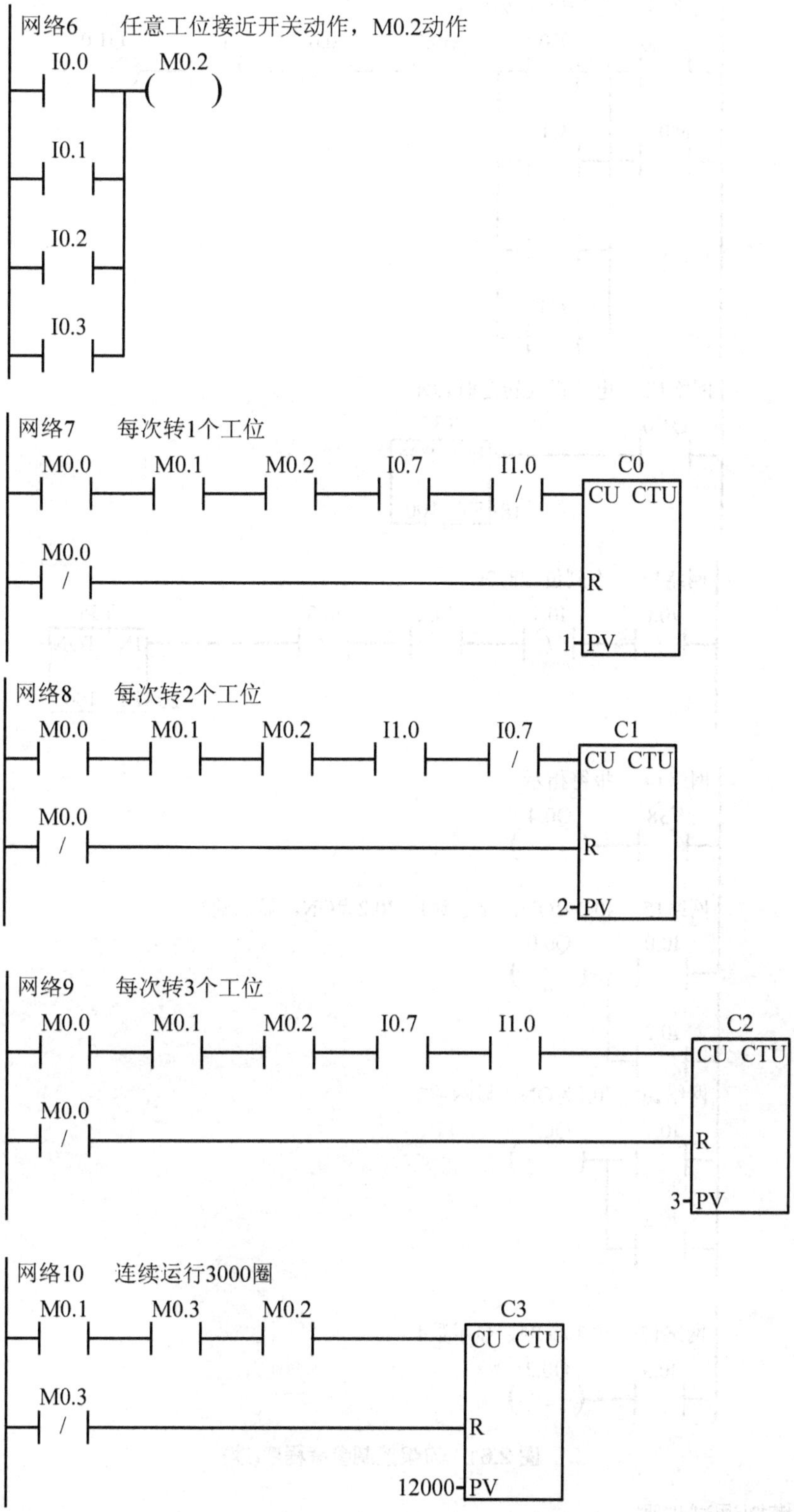

图 2.61　刀架控制参考程序(续)

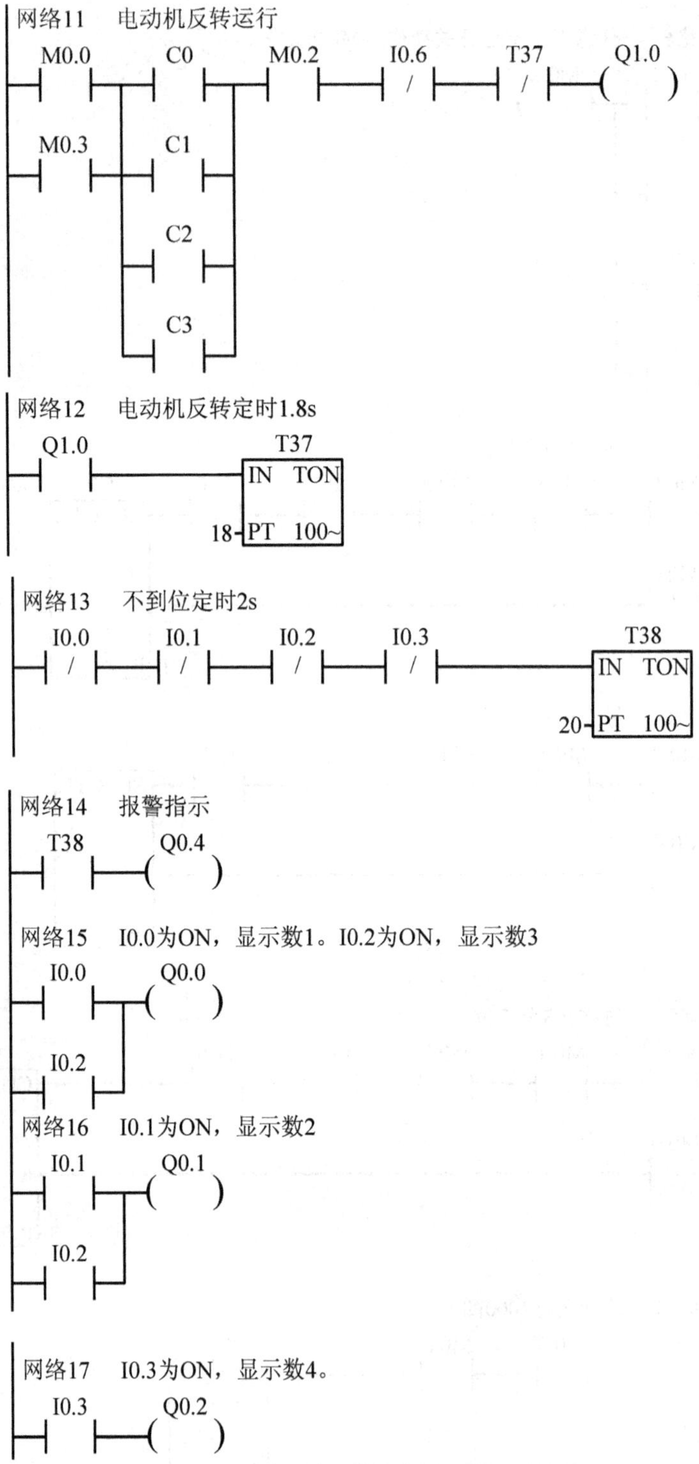

图 2.61 刀架控制参考程序(续)

三、系统模拟调试步骤

(1) 断电情况下，按图 2.60 接线，输入信号如果没有拨码开关，可用一般扭子开关代替。如果没有接近开关，可用一般小按钮模拟。输出信号不接，工位的显示输出可通过Q0.0～Q0.3的指示灯进行模拟。

(2) 接完线并检查接线正确后，按电气操作规程通电。

(3) 输入图2.61的控制程序，按编译→下载→监控→运行顺序做好程序调试准备。

(4) 按任务要求逐项调试设计的程序，程序动作符合要求后，再按图2.60接上完整的线路进行调试。先调试单动部分控制程序，再调试连续部分控制程序。调试程序时，应把定时器的时间设定的大一些，如T37设定PT=50，T38的PT=100。程序模拟调试符合要求后，再设定为要求的时间值。

单动控制程序具体操作顺序：假设刀架现在1工位，想旋转到2工位，则设定拨码开关数为1，把方式选择开关设定为单动，按启动按钮，刀架旋转1个工位到达2工位后，反转定时，定时时间到表示刀架锁紧，同时数码管显示数为2。如果动作不符合要求，要重新修改程序，直到动作符合要求为止。再按启动按钮，刀架应从2工位旋转到3工位，数码管显示数为3，以此类推，每次只旋转1个工位，并只能单方向旋转。

假设刀架现在3工位，想选择1工位的刀具，则要把拨码开关设定为2，按启动按钮后，刀架旋转2个工位到达1工位后，反转锁紧，数码管显示数为1。以此类推，进行其他控制类型的调试。

连续控制时，拨码开关不起作用。把方式选择开关设定为连续，按启动按钮后，刀架连续旋转到设定的圈数后，反转定时并锁紧。

如果刀架没有旋转到设定工位或旋转到设定工位，但没有反转到设定时间，则报警灯亮，此时要排除故障，然后设定为单动方式，使刀架旋转一个工位，并处于锁紧状态，这样才能使刀架正常工作。

(5) 停止按钮使用常闭触点，再调试修改后的程序。

任 务 小 结

(1) 接近开关在与PLC进行连接时，要根据不同的输出形式，作出不同的连接。

输入端连接三线式PNP常开型接近开关时，按钮等其他输入信号连在一起的公共线应接电源的正极，PLC的1M、2M等接电源的负极。

输入端连接三线式NPN常开型接近开关时，按钮等其他输入信号连在一起的公共线应接电源的负极，PLC的1M、2M等接电源的正极。

连接PLC与两线式接近开关时，可在PLC的输入端并联一个电阻R，降低残余电压，提高可靠性。

(2) 计数器用来累计输入脉冲的个数。S7-200系列PLC有3种计数器：加计数器CTU、减计数器CTD和加减计数器CTUD。可通过计数器扩展扩大计数数值，与定时器一起使用可组成长定时电路。

(3) 调试程序时，有些元器件没有时，可用其他类似元器件代替。

思考与技能实练

1．S7-200 PLC 中共有几种类型的计数器？对它们执行复位指令后，它们的当前值和位的状态是什么？

2．一系统启动后，开始延时 8 小时 20 分钟，延时时间到，指示灯亮，灯亮 5s、灭 3s，亮灭 3 次后，系统停止，设计控制程序。

3．一电动自动门，当有人员由内到外或由外到内通过光电检测开关 SQ1 或 SQ2 时，电动机正转，门自动打开。到达开门限位开关 SQ3 位置时，电动机停止运行。自动门在开门位置停留 8s 后，电动机反转，门自动关闭，当门移动到关门限位开关 SQ4 位置时，电动机停止运行。在关门过程中，当有人员由外到内或由内到外通过光电检测开关 SQ2 或 SQ1 时，应立即停止关门，并自动进入开门过程。在门打开后的 8s 等待时间内，若有人员由外至内或由内至外通过光电检测开关 SQ2 或 SQ1 时，必须重新开始等待 8s 后，再自动进入关门过程，以保证人员安全通过。试设计电气原理图与控制程序。

4．一工业自动洗衣机，系统启动后，进水阀 YV1 自动打开，洗衣机进水，高水位开关 SQ1 动作时，开始洗涤。正转洗涤 20s，暂停 3s 后反转洗涤 20s，暂停 3s 再正向洗涤，如此循环 3 次，洗涤结束，然后排水阀 YV2 打开进行排水。当水位下降到低水位时，低水位开关 SQ2 动作，进行脱水。脱水时，电磁离合器合上，洗涤电动机正转进行甩干同时排水，脱水时间 10s，这样完成一个大循环。经过 3 次大循环后洗衣结束，进行闪烁报警。报警灯亮 5s、灭 2s，亮灭 10 次后全过程结束，自动停机。任何时刻按下停止按钮，所有动作停止。原理示意图如图 2.62 所示。试设计电气原理图与控制程序。

提示： 工业洗衣机洗涤电动机为三相交流异步电动机。离合器、电磁阀线圈电压为 220V。

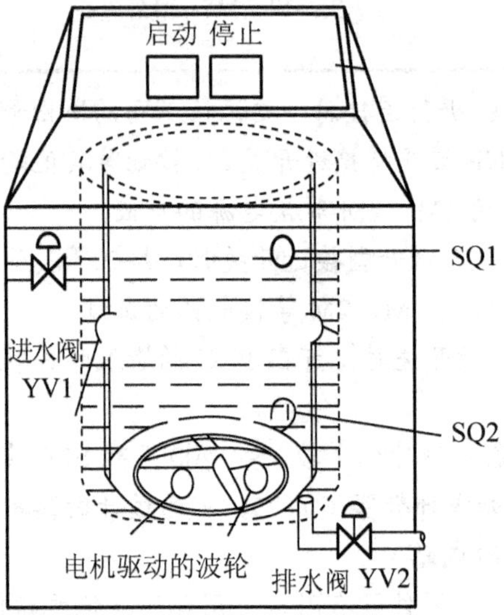

图 2.62　洗衣机原理示意图

任务 2.4　本体锥孔车床控制系统的设计、模拟调试

任务目标	1. 能理解液压传动系统、离合器等的工作原理； 2. 能设计功能流程图； 3. 能用顺序控制继电器指令编程； 4. 能对顺序控制类项目进行控制； 5. 能解决系统设计调试过程中出现的问题。

任务引入

本体锥孔车床控制过程与要求如下。

(1) 车床工作时，先启动液压电动机(图 2.63 中没画)，再开主轴电动机。液压电动机不开，主轴电动机不能启动。主轴电动机启动后，刀架才能启动。电动机皆为三相交流异步电动机，只需单方向旋转。(这部分用继电器—接触器控制方法进行控制，以下部分用 PLC 进行控制。)

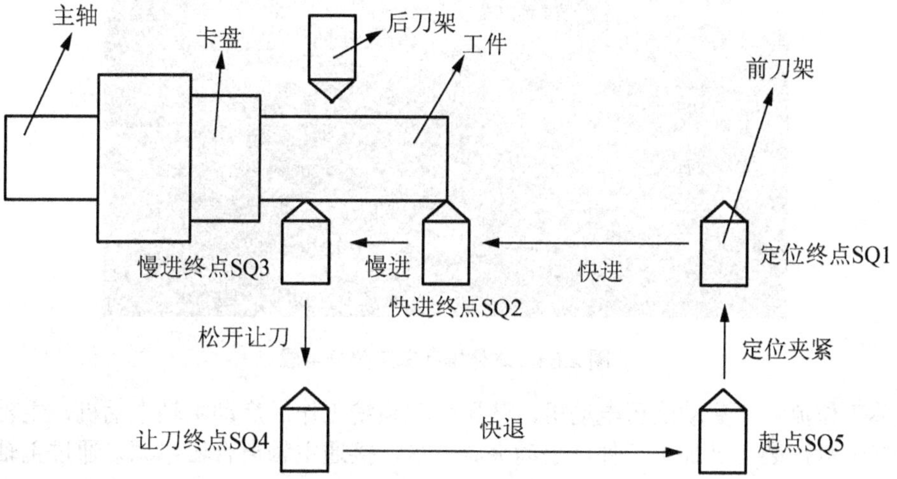

图 2.63　本体锥孔车床刀架工作原理示意图

(2) 夹持工件的卡盘由液压驱动，有夹紧松开两种手动工作方式，液压电磁阀失电为夹紧，得电为松开。正常情况下，卡盘处于加紧状态。主轴离合器得电，工件随主轴旋转时，也必须确保卡盘处于夹紧状态。

(3) 刀架的动作过程如图 2.63 所示。起点位置，SQ5 压上，把前进后退旋钮开关设在前进位置，按启动按钮，主轴电磁离合器得电，工件随主轴旋转，同时定位夹紧电磁阀得电，进行定位夹紧。定位终点，压上 SQ1，快进电磁阀得电，刀架快进。快进终点压上 SQ2，慢进电磁阀得电，刀架慢进(工进)。慢进终点压上 SQ3，断开定位夹紧、快进、慢进电磁阀，刀架让刀后退。让刀后退终点 SQ4 动作，快退电磁阀得电，刀架快退。退到终点，SQ5 动作，断开主轴电磁离合器，工件停转，所有的动作结束，完成一个循环过程。在刀架处

于定位夹紧或前进过程中，如果把前进后退旋钮开关设在后退位置，则断开定位夹紧电磁阀，同时断开快进、慢进电磁阀，刀架让刀后快退到起点位置。

(4) 供电系统，除了给 PLC 提供必要的交流电源外，还要为机床照明灯提供 AC36V，总电源指示灯 AC6.3V。

任务分析

本体锥孔车床是用于加工分度头本体的专用车床，主要由主轴机构、液压传动系统、前后刀架、床身等组成，如图 2.64 所示。主轴机构包括主轴、主轴电动机、卡盘等。主轴的旋转由主轴电动机控制，单方向运行。卡盘用于夹持被加工工件，通过液压驱动松开或夹紧，加工工件时必须保证卡盘在夹紧状态。启动液压电动机，液压系统产生压力，通过液压阀控制、驱动执行机构，所以在车床工作开始，先要启动液压电动机。前后刀架放置切削刀具，通过一次装夹，完成切端面、切外圆、钻孔等加工工序，前后刀架也由液压驱动。

图 2.64　本体锥孔车床部分组成

具体工作流程：启动液压电动机，液压传动系统工作。启动主轴电动机，主轴旋转。手动松开卡盘，装上被加工工件，手动夹紧卡盘，接通主轴离合器电源，通过主轴离合器使卡盘、工件随主轴一起旋转。按刀架启动按钮，前刀架按定位夹紧、快进、慢进、松开让刀、快退的顺序动作，对工件进行切削加工，然后后刀架再动作，工件加工完成后，断开主轴离合器电源，卡盘停转，松开卡盘，取下加工好的工件，重新装夹新工件又进行新的切削加工。

本体锥孔车床的控制涉及电力驱动与液压驱动两方面内容，同时包括电磁阀、电磁离合器的有关内容，所以有必要对此进行学习与理解。主轴电动机与液压电动机的启动与停止可以考虑用接触器—继电器控制方法来控制。前后刀架的控制原理基本相同，为了降低难度，便于学习与掌握，在此只考虑前刀架的控制，后刀架与此基本相同，关键是要考虑前后刀架控制的衔接问题。实际的控制同时要考虑刀架工作状态的指示问题，以便了解刀架所处的工作状态。本体锥孔车床的控制是典型的简单顺序控制问题，通过本实例学习顺序控制的相关知识。

相关知识

一、液压传动系统及本体锥孔车床用电磁执行机构介绍

1. 液压传动系统

机床传动系统除电力传动系统外，还有气压传动系统和液压传动系统。液压传动系统是以液体作为工作介质，利用液体压力来传递动力和进行控制的一种传动方式，能提供较大驱动力矩，且运动传递平稳，冲击力小，便于频繁的换向工作。

通常液压传动系统主要包括动力装置(液压泵和驱动电动机)、执行机构(液压缸)、控制调节装置(压力阀、调速阀、换向阀等)和辅助装置(油箱、油管、过滤器等) 4 部分。动力装置将机械能转换为液压能用以推动油缸等执行元件运动；执行机构将液压能转换为机械能并分别输出直线运动和旋转运动；控制调节装置控制液体压力、流量和流动方向；辅助装置输送液体，贮存液体，对液体进行过滤等。图 2.65 为一种液压传动系统。启动电动机，液压泵开始工作，通过控制换向阀改变液体油的流向及流速。液压缸在压力油的作用下推动缸中活塞作直线进给和后退运动。各种液压器件和辅助装置一起构成一个完整的液压传动系统。

图 2.65　液压传动系统示例

2. 电磁执行机构介绍

1) 电磁阀

电磁阀种类很多，在机械制造业，用的较多的是液压阀、气动阀。液压阀、气动阀是在液、气路系统中用来实现液、气路的通断控制或液、气流方向的改变。电磁阀一般由电磁部件和阀体组成。电磁部件由固定铁芯、动铁芯、线圈等部件组成。阀体由滑阀芯、滑阀套、弹簧底座等组成。阀芯的工作位置有几个，该电磁阀就叫几位电磁阀，阀体上的接口，也就是电磁阀的通路数，有几个通路口，该电磁阀就叫几通电磁阀。在生产中常用的电磁阀有二位二通、二位三通等。二位二通电磁阀是一进一出(二个通道，最普通常见)，二位三通电磁阀，控制液压是一进一出一回油；控制气压是一进一出一排气，排气口一般安装消声器，也可不装。

电磁阀线圈电压等级一般采用 DC 24V 或 AC 220V，当线圈通电或断电时，液、气路通或断，从而产生压力，驱动负载动作。图 2.66 为电磁阀的电气图符、电气接线及实物。

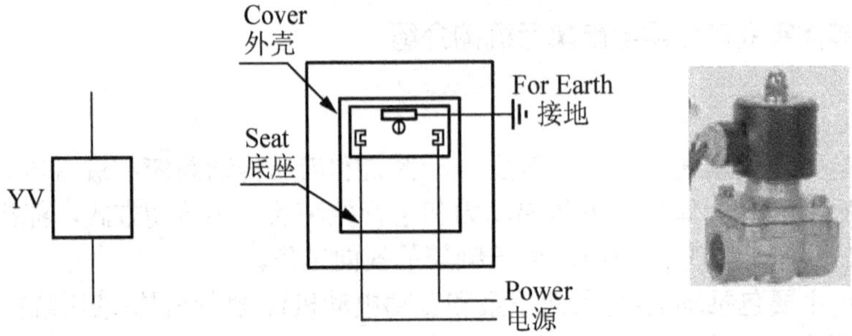

(a) 电气图符　(b) 电气接线　(c) 实物

图 2.66　电磁阀示例

2) 电磁离合器

电磁离合器是利用表面摩擦和电磁感应在两个作旋转运动的物体之间传递转矩的执行电器，是靠励磁线圈的通电产生的电磁力来实现离合器的结合和分离的。广泛应用于各类机床、冶金设备、包装机械、印刷机械、纺织机械等机械传动系统中，起到离合、换向、变速等作用。其结构如图 2.67 所示，主要由激磁线圈、铁芯、衔铁、摩擦片及连接件等组成，线圈一般采用 DC 24V 作为供电电源。其电气图符与实物如图 2.68 所示。

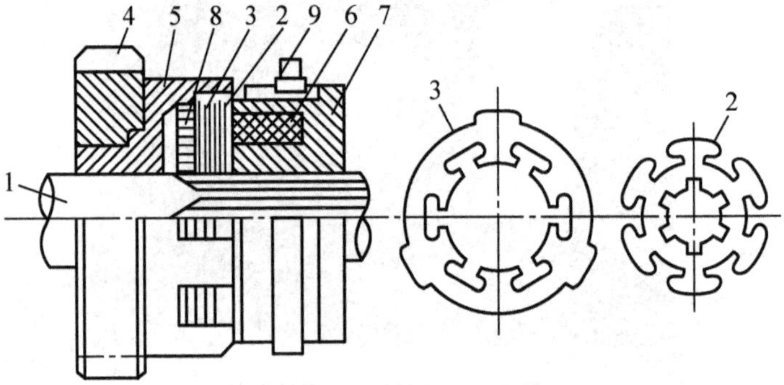

图 2.67　电磁离合器的结构

1—主轴；2—主动摩擦片；3—从动摩擦片；4—从动齿轮；
5—套筒；6—线圈；7—铁芯；8—衔铁；9—滑环

(a) 电气图符　(b) 实物

图 2.68　电磁离合器电气图符与实物

电磁离合器按工作方式可分为通电传动和断电传动。通电传动主要用于机械的传动，断电传动主要用于机械的制动。

二、特殊存储器及正负跳变指令功能

设计本体锥孔车床控制系统程序时，要用到特殊存储器及正负跳变指令，下面先学习相关内容。

1. 特殊存储器 SM 的功能

特殊存储器 SM 用于 CPU 与用户之间交换信息，其特殊存储器位提供大量的状态和控制功能。CPU224 的特殊存储器 SM 编址范围为 SM0～SM179，共 180 个字节，其中 SM0～SM29 的 30 个字节为只读型区域，其地址编号范围随 CPU 的不同而不同。

特殊存储器 SM 的只读字节 SMB0 为状态位，在每个扫描周期结束时，由 CPU 更新这些位。各位的定义如下。

SM0.0：运行监视。SM0.0 始终为“1”状态，当 PLC 运行时可以利用其触点驱动输出继电器。

SM0.1：初始化脉冲，仅在执行用户程序的第一个扫描周期为 1 状态，可以用于初始化程序。

SM0.2：当 RAM 中数据丢失时，导通 1 个扫描周期，用于出错处理。

SM0.3：PLC 上电进入 RUN 方式，导通一个扫描周期，可用在启动操作之前给设备提供一个预热时间。

SM0.4：该位是一个周期为一分钟、占空比为 50%的时钟脉冲。

SM0.5：该位是一个周期为 1s、占空比为 50%的时钟脉冲。

SM0.6：该位是一个扫描时钟脉冲。本次扫描时置 1，下次扫描时置 0。可用作扫描计数器的输入。

SM0.7：该位指示 CPU 工作方式开关的位置。在 TERM 位置时为 0，可同编程设备通信；在 RUN 位置时为 1，可使自由端口通信方式有效。

特殊存储器 SM 字节 SMB28 和 SMB29 用于存储模拟量电位器 0 和模拟量电位器 1 的调节结果。

2. 正负跳变指令格式及功能

当信号从 0 变 1 时，将产生一个上升沿(或正跳沿)，而从 1 变 0 时，则产生一个下降沿(或负跳沿)，如图 2.69 所示。

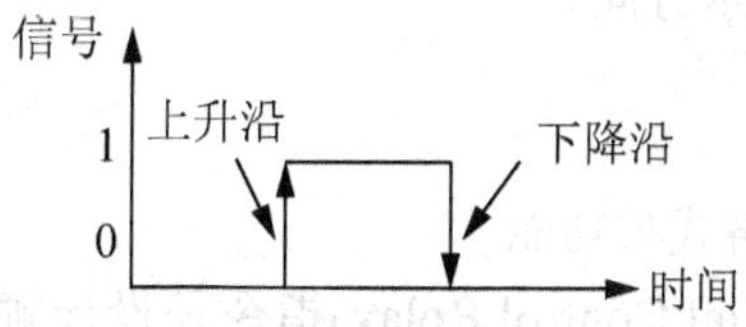

图 2.69　跳变沿

正负跳变指令检测到信号的上升沿或下降沿时将使输出产生一个扫描周期宽度的脉冲。其指令的格式及功能见表 2-16。

表 2-16　正负跳变指令的格式及功能

梯形图 LAD	语句表 STL	功　能
┤ P ├	EU	正跳变指令：检测到每一次输入的上升沿出现时，将使电路接通一个扫描周期
┤ N ├	ED	负跳变指令：检测到每一次输入的下降沿出现时，将使电路接通一个扫描周期

三、顺序控制继电器指令功能

对于顺序控制问题，特别是对于具有并发顺序与选择顺序的问题用前面学的基本指令与设计方法就不易处理了，有必要学习解决顺序控制问题的程序设计方法，可用顺序控制继电器指令编程控制。对于复杂的控制过程，一般先设计功能流程图，然后根据功能流程图设计控制程序。

1. 功能流程图的设计

功能流程图又称顺序功能图、状态转移图。是专门用于顺序控制程序设计的一种功能性说明语言，它能完整地描述控制系统的控制过程，是用顺序控制继电器指令设计梯形图程序的中间环节。对于简单控制系统可不用设计功能流程图。

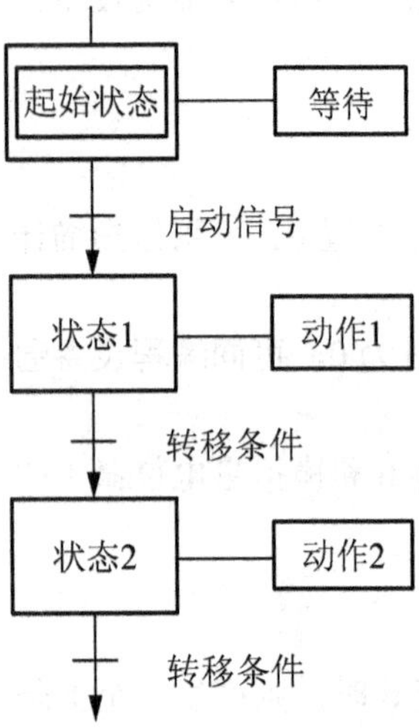

图 2.70　功能流程图

功能流程图主要由“状态”、“转移”和有向线段等元素组成，如图 2.70 所示。

起始状态：功能图运行的起点，用双框线表示，有时用单线框表示，有时画一条横线表示功能图的开始。

状态：控制系统正常运行的状态，通过状态寄存器 S0.0～S31.7 的通断控制状态的执行。在每个状态下，一般会有相应的动作。

转移条件：当转移条件满足时，由当前状态转移到下一个运行状态。转移条件可以是按钮、行程开关等的通断信号，也可以是程序运行中定时器、计数器的触点通断信号，还可能是若干个信号的逻辑运算组合。转移的方向由有向线段表示，自上而下画时，箭头可省略。但在其他情况下，必须画上箭头，表示方向。

2. 顺序控制继电器指令

1) 顺序控制继电器指令格式与功能

顺序控制继电器(Sequential Control Relay)指令是设计顺序控制程序用的专门指令，包括段开始指令 LSCR、段转移指令 SCRT 及段结束 SCRE 指令。其指令的格式及功能见表 2-17。

表 2-17 顺序控制继电器指令的格式及功能

梯形图 LAD	语句表 STL	功 能
Sbit SCR	LSCR Sbit	**段开始**指令。当顺序控制继电器位 Sbit 为 1 时，SCR(LSCR)指令被激活，其后的程序被执行
Sbit —(SCRT)	SCRT Sbit	**段转移**指令。当满足条件使 SCRT 指令执行时，复位本控制程序段，使该段停止工作，同时置位下一顺序控制程序段，使下一个程序段开始工作
—(SCRE)	SCRE	**段结束**指令。执行 SCRE 指令，结束由 SCR(LSCR)开始到 SCRE 之间控制程序段的工作

特别提示

Sbit 为顺序控制继电器 S 的位，S 的范围为 S0.0～S31.7。顺序控制继电器指令仅对状态寄存器 S 有效，S 也具有一般继电器的功能，其他指令可以使用 S。

在 SCR 段之间不能使用 JMP 和 LBL 指令，即不允许跳入或跳出 SCR 段。可以使用跳转和跳转标号指令在 SCR 段内跳转。

不能在 SCR 段中使用 FOR、NEXT 和 END 指令。

2) 顺序控制继电器指令应用

图 2.71 中，I0.0 接通使 S0.0 置 1，执行网络 2 到网络 5 的程序，Q0.0 接通。当 I0.1 接通时，本段程序结束，Q0.0 断开。

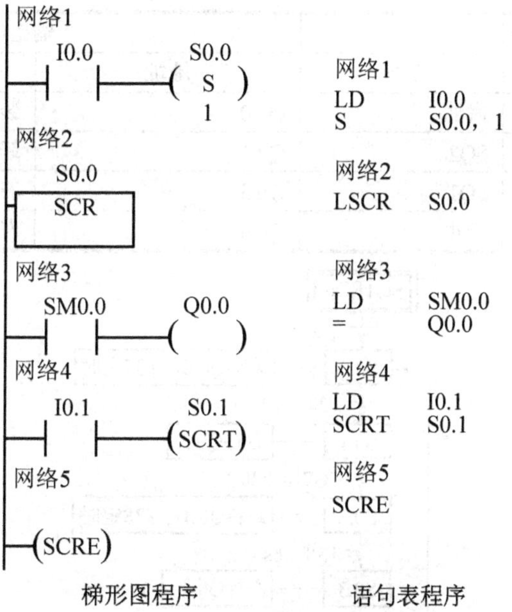

图 2.71 顺序控制继电器指令举例

应用实例 2-12

装卸料车控制

控制要求：起始位置，装卸料车在左端，SQ1 被压下。按启动按钮，装卸料车开始装料。10s 后装料结束，料车自动右行，碰到 SQ2 后，装卸料车开始卸料，6s 后卸料结束，装卸料车自动左行，碰到 SQ1 后，停止左行，开始装料……如此循环，直到按下停止按钮。其动作原理示意图如图 2.72 所示。试设计功能流程图及控制程序。

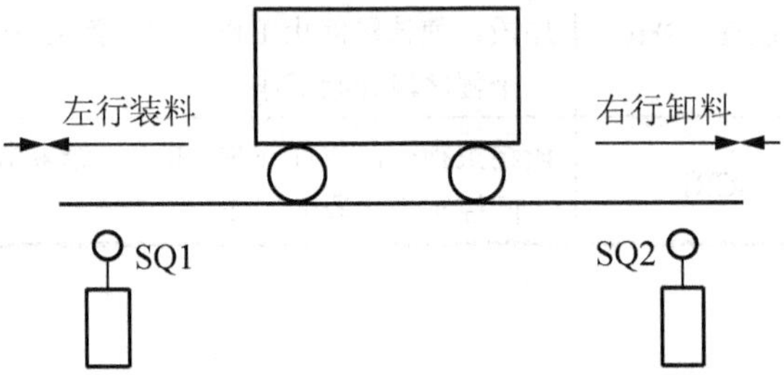

图 2.72　装卸料车动作原理示意图

在设计功能流程图之前，应选择所需电器元件，设计电气原理图。装卸料动作通过电磁阀控制，料车的左右行由电动机正反转控制实现，所以输入信号有启动按钮、停止按钮、SQ1、SQ2 行程开关。输出信号有装料电磁阀、卸料电磁阀、电动机正反转接触器。料车控制较简单，在此省略电气原理图的设计，但要对输入输出信号分配地址，地址分配见表 2-18。地址分配好后，根据控制要求设计的功能流程图如图 2.73 所示。根据流程图设计的梯形图程序如图 2.74 所示。

表 2-18　料车控制地址分配表

输入信号		输出信号	
地址	功能	地址	功能
I0.0	启动	Q0.0	装料
I0.1	SQ2	Q0.1	卸料
I0.2	SQ1	Q0.3	右行
I0.3	停止	Q0.4	左行

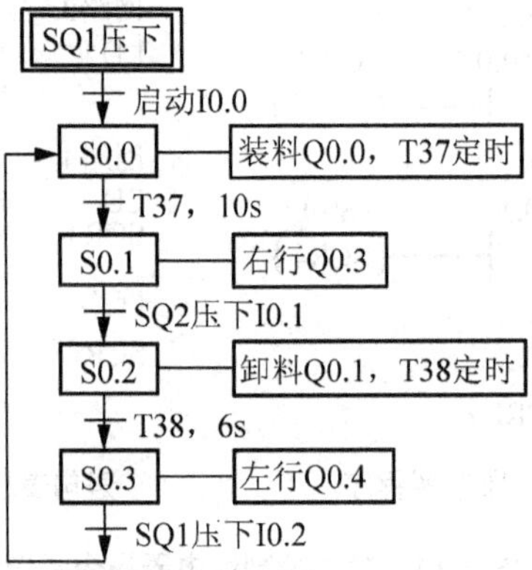

图 2.73　料车功能流程图

考虑一下，能否把 Q0.2 分配给电动机正反转接触器的线圈，控制小车左右行？为什么？

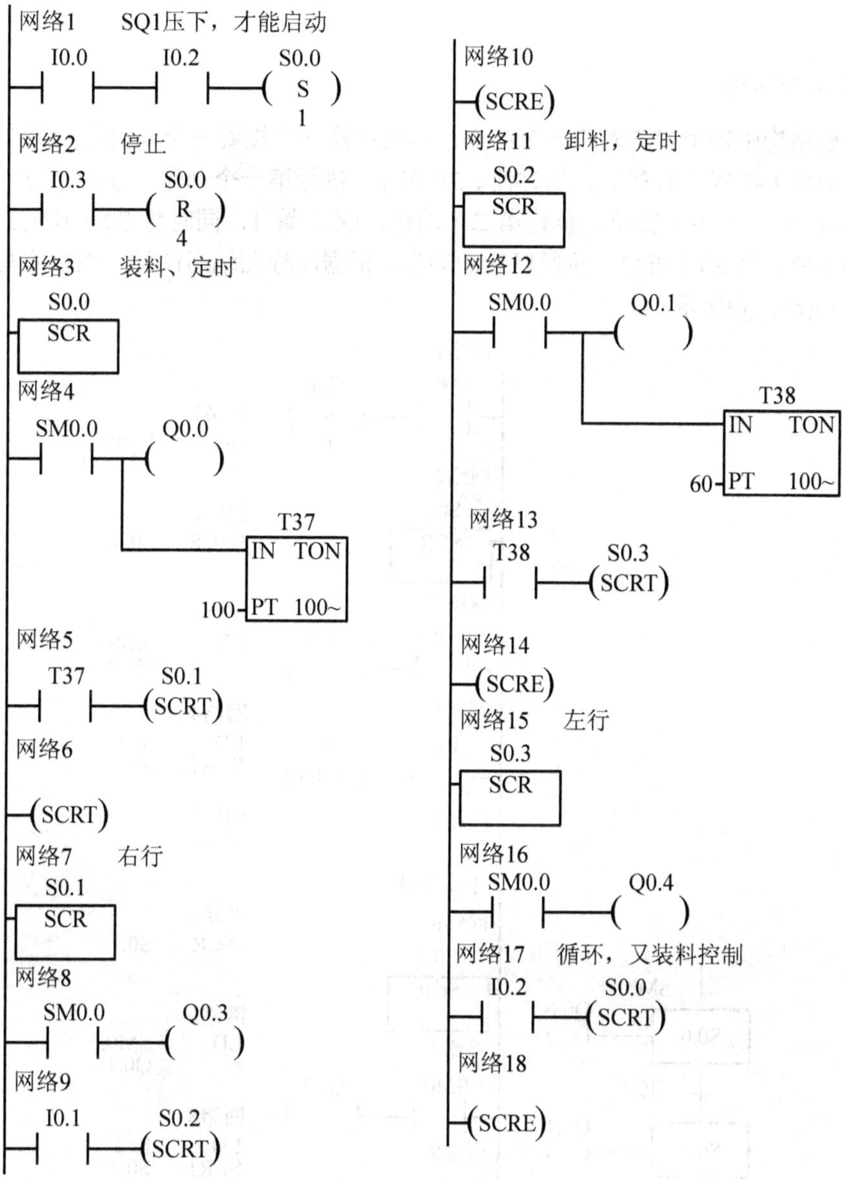

图 2.74　料车控制程序

四、流程图主要结构类型及其编程方法

流程图主要结构类型有单流程结构、可选择分支结构、并行分支结构、循环流程结构等。

1. 单流程结构

单流程结构中每个状态对应一个动作，其动作是一个接着一个地执行。图2.75(a)为单流程图，SM0.1在程序的首次扫描时使S0.0置1，执行第一个动作，Q0.0置1。当转移条件I0.1为1时，将S0.1置位，执行第二个动作，Q0.1置1，同时将S0.0复位。当转移条件I0.2为1时，将S0.2置位，执行以后的动作。根据流程图编写的梯形图程序与语句表程序如图2.75(b)、(c)所示。

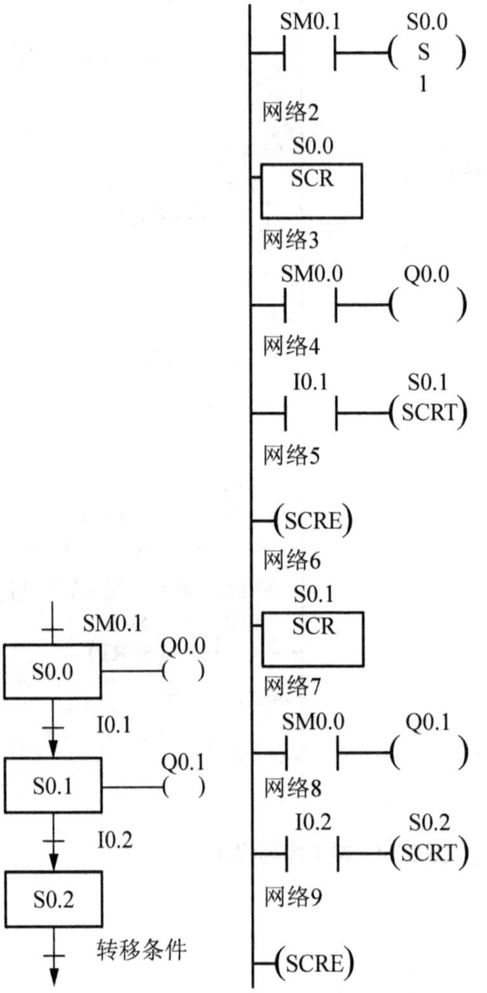


```
网络1
LD      SM0.1
S       S0.0，1
网络2
LSCR    S0.0
网络3
LD      SM0.0
=       Q0.0
网络4
LD      I0.1
SCRT    S0.1
网络5
SCRE
网络6
ISCR    S0.1
网络7
LD      SM0.0
=       Q0.1
网络8
LD      I0.2
SCRT    S0.2
网络9
SCRE
```

(a) 单流程图　　(b) 梯形图　　(c) 语句表

图2.75　单流程结构举例

2. 可选择分支结构

在实际工程项目中，有时会出现分支控制流程。当某一条件满足时，执行一定的控制流程，当另一条件满足时，又执行另一个控制流程，根据不同条件选择不同的控制流程。这种可选择分支结构的控制其流程图与梯形图如图 2.76 所示。根据流程图编写控制程序时，关键是分支结构中程序的处理，具体的编程方法参看图 2.76 中网络 2 至网络 6、网络 13、网络 21。

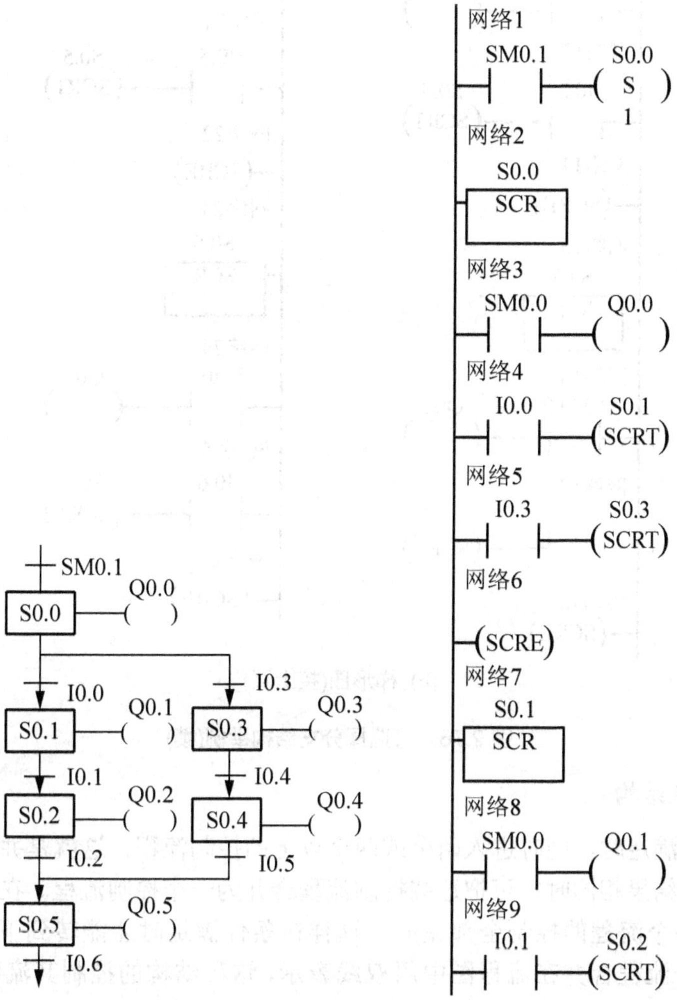

(a) 可选择分支流程图　　　(b) 梯形图(接下页)

图 2.76　可选择分支结构举例

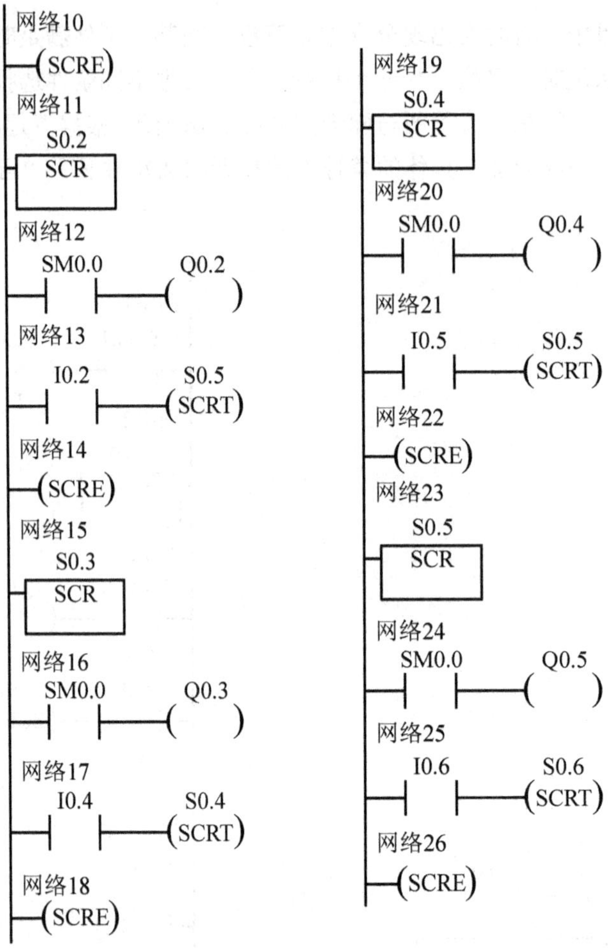

(b) 梯形图(接上页)

图 2.76　可选择分支结构举例(续)

3. 并行分支结构

当某一条件满足时，同时进入两个或两个以上的控制流程，这就是并行分支。当多个控制流程产生的结果相同时，可把这些控制流程合并为一个控制流程。在合并多个控制流程时，必须是多个流程的控制全部完成，这样在条件满足时才能转到下一个控制状态。并行分支与多个流程合并在流程图中用双线表示，这种结构的控制其流程图与梯形图如图 2.77 所示。

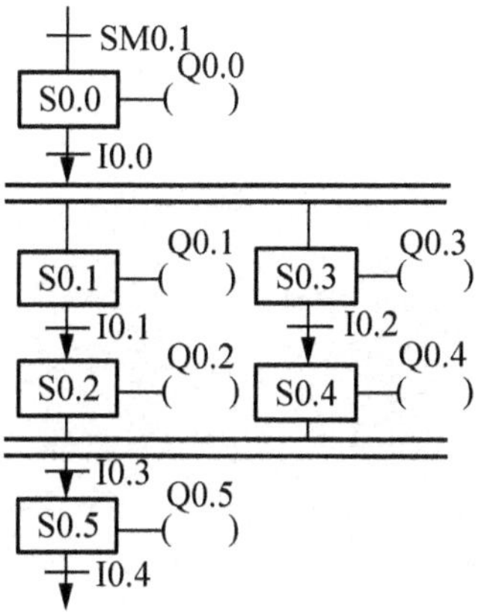

(a) 并行分支流程图

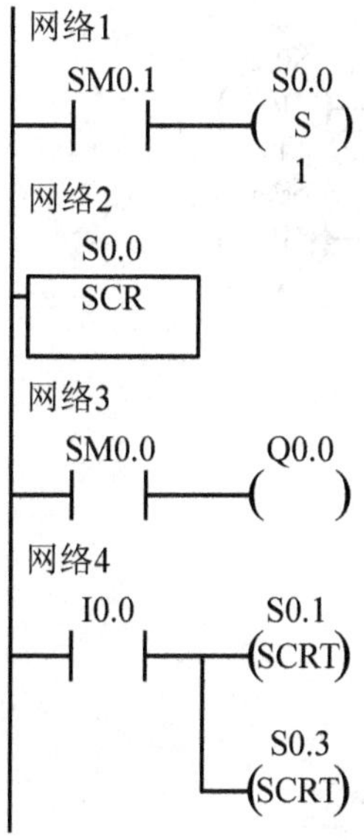

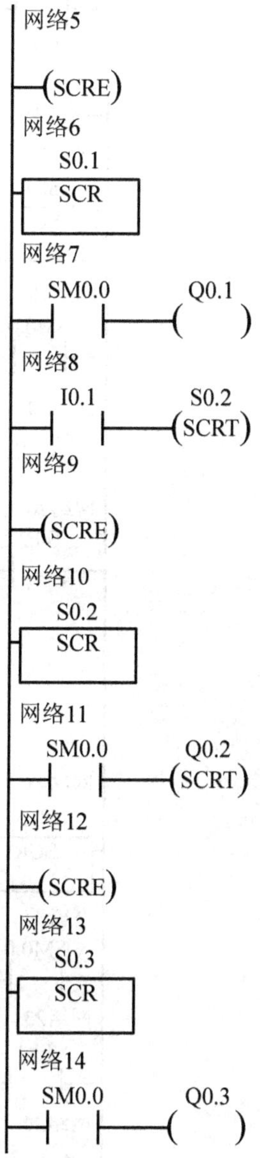

(b) 梯形图

图 2.77　并行分支结构举例

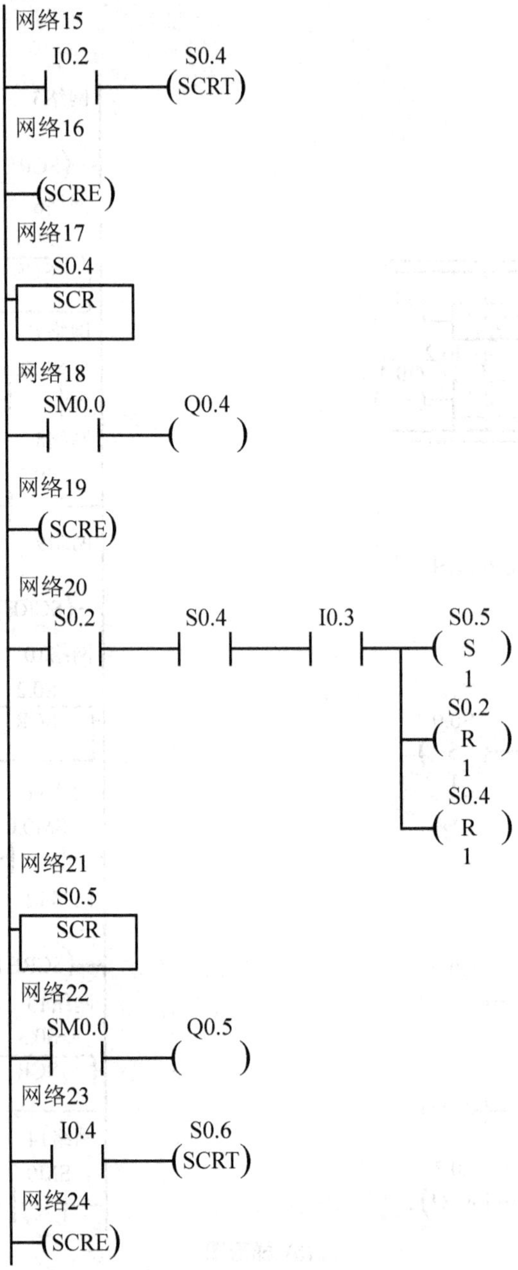

(b) 梯形图(续)

图 2.77　并行分支结构举例(续)

4. *循环流程结构*

循环流程是一个控制流程结束后，又返回到起始控制位置。一个控制项目的自动工作方式一般要用到循环流程结构，其流程图与梯形图如图 2.78 所示。前面图 2.73 所示的料车控制流程图就是一种循环流程结构。

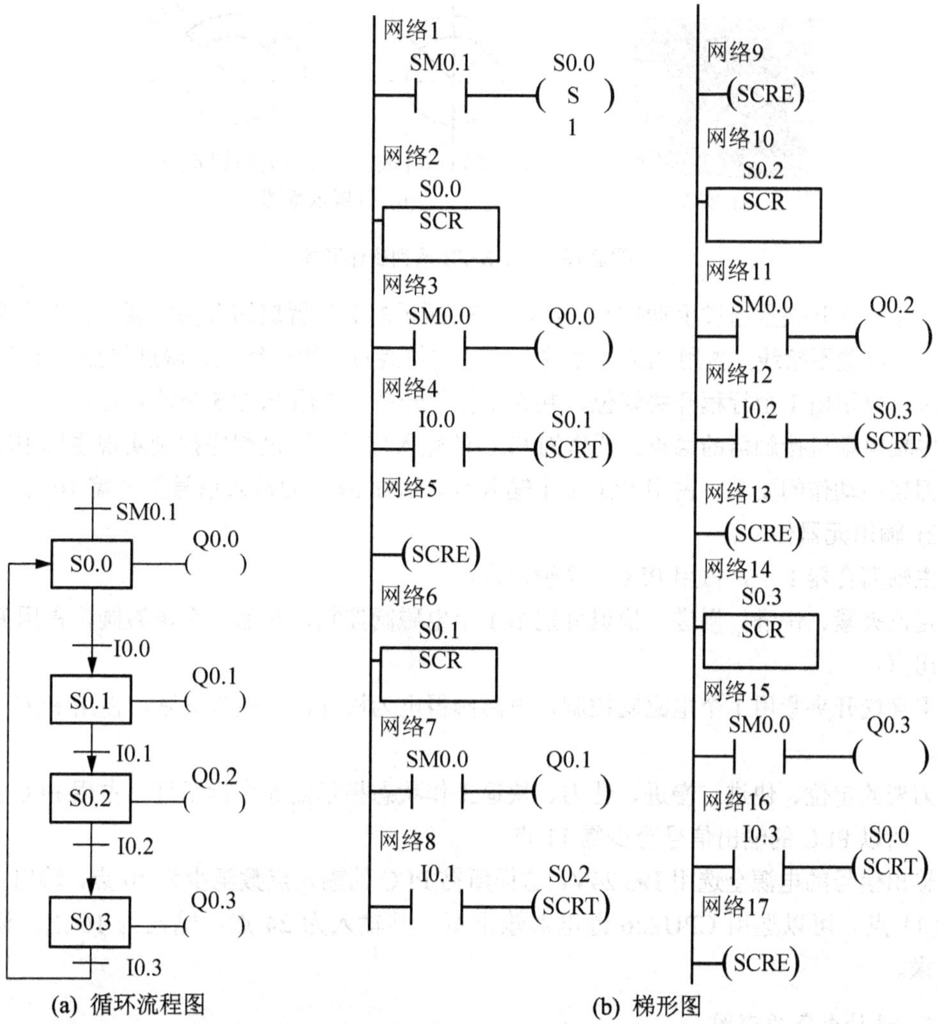

图 2.78 循环流程结构举例

任务实施

一、设计电气原理图

1. 选择电器元件与 PLC 型号

1) 输入信号

启动按钮，占用 PLC 1 个输入点。

前进让刀后退开关选用带有 2 个常开触点的 3 位置旋钮开关，分别手动控制前进、让刀后退、停止，如图 2.79 所示，占用 PLC 2 个输入点。

(a) 实物

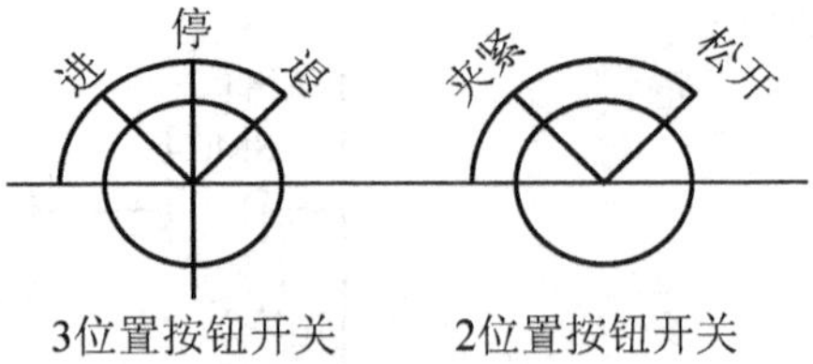

(b) 位置示意图

图 2.79 LA18-22 系列旋钮开关

卡盘的松开夹紧通过手动控制，用图 2.79 所示的 2 位置旋钮开关实现，接 1 个常闭触点，另一位置不接线，占用 PLC 1 个输入点。定位终点、快进终点、慢进终点、让刀终点、快退终点分别由 1 个行程开关限位，共 5 个行程开关，占用 PLC 5 个输入点。

主轴电动机接触器的触点，要作为 PLC 的输入信号，通过程序控制实现主轴电动机不开，刀架不动作的要求，占用 PLC 1 个输入点。这样 PLC 的输入信号至少需 10 点。

2) 输出元器件

主轴离合器 1 个，占用 PLC 1 个输出点。

定位夹紧、快进、慢进、快退分别由 1 个电磁阀控制，共需 4 个电磁阀，占用 PLC 4 个输出点。

卡盘松开夹紧用 1 个电磁阀控制，电磁阀得电为松开，失电为夹紧，占用 PLC 1 个输出点。

刀架的定位、快进、慢进、让刀、快退工作状态指示需 5 个指示灯，占用 PLC 5 个输出点。所以 PLC 的输出信号至少需 11 点。

输出信号的电源全选用 DC 24V，这样所需 PLC 的输入点数至少为 10 点，输出点数至少为 11 点。可以选用 CPU226 继电器输出型，其输入为 24 点，输出为 16 点，满足点数要求。

2. 设计电气原理图

电气原理图包括主电路原理图和 PLC 控制原理图。主电路原理图包括电动机主回路、变压器供电回路和主轴与液压电动机控制回路，如图 2.80 所示。刀架的动作由 PLC 控制，设计 PLC 控制原理图是学习的重点。根据选择的电器元件及所选的 CPU226 的地址分组情况，分配输入输出信号地址，按标准规定的图形符号的画法，设计 PLC 控制原理图，如图 2.81 所示。输入信号电源用 PLC 本身的传感器电源，也可接用开关电源的输出。输出信号电源用开关电源。由于选用的输出负载电源都为 DC 24V，在连接输出信号时，要把 1L、2L 连在一起，接开关电源的 0V。输出信号一端接 PLC 的输出端子，另一端接在一起，接在开关电源的 24V 上，如图 2.81 所示的电磁阀与指示灯的连接。电磁阀、电磁离合器的线圈电压选用直流，所以是直流感性负载，用反向并接二极管(二极管的负极接电源的正极，二极管的正极接电源的负极)拟制过电压保护 PLC 的输出电路。PLC 的电源通过变压器进行供电。

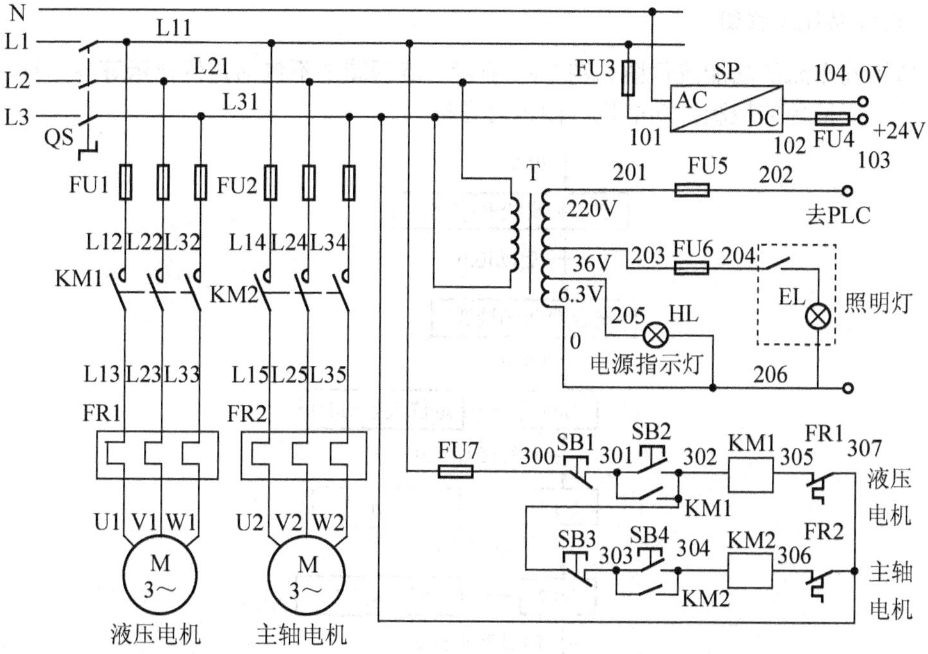

图 2.80　主电路原理图

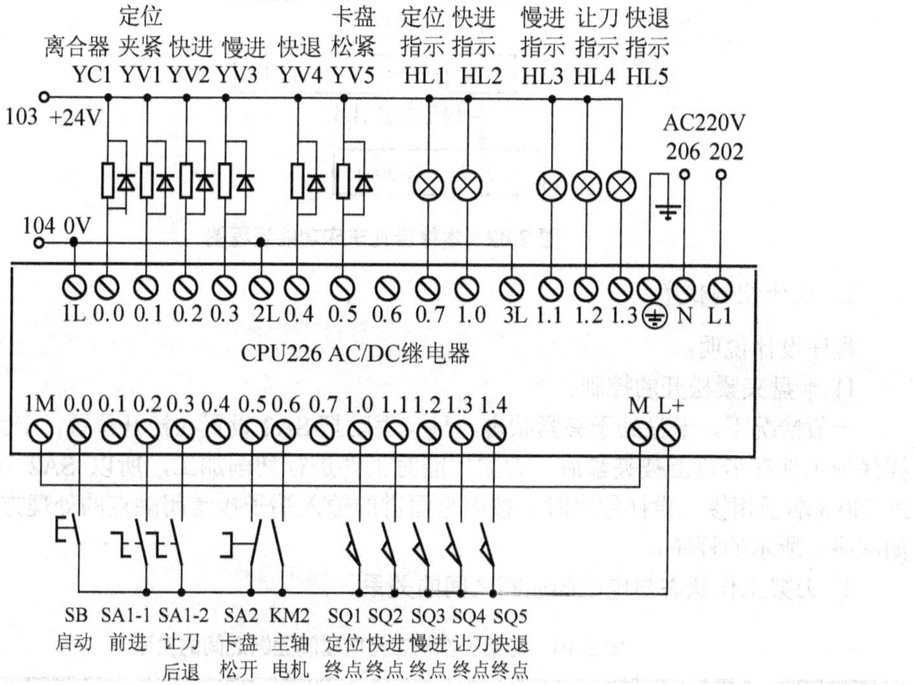

图 2.81　PLC 控制原理图

二、设计控制程序

对于复杂的顺序控制项目，在设计程序之前，应根据电气原理图和任务控制要求，设计功能流程图，根据功能流程图再设计控制程序，就比较容易完成程序的设计。

1. 设计功能流程图

本体锥孔车床的功能流程图如图 2.82 所示。流程图中不包括定位指示等各运行状态指示功能。对于简单的控制，功能流程图也可省略。

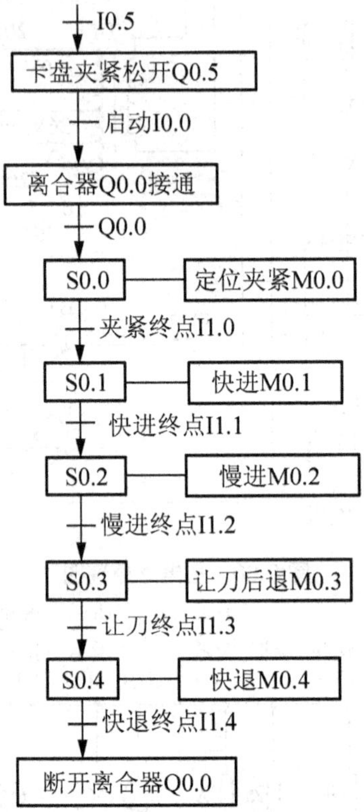

图 2.82　本体锥孔车床功能流程图

2. 设计控制程序

程序设计说明：

1) 卡盘夹紧松开的控制。

一般情况下，卡盘处于夹紧状态，只有手动把 SA2 设置在松开位置，卡盘才松开，这样保证工件在卡盘上被夹紧后，刀架才能对工件进行切削加工，所以 SA2 用常闭触点与 PLCI0.5 端子相接。设计程序时，按照全面讲的输入端子接常闭触点的处理方法进行考虑，如网络 1 所示的程序。

2) 刀架工作状态与电磁阀通断之间的关系。

表 2-19　刀架工作状态与电磁阀通断之间的关系

电磁阀刀架工作状态	主轴电磁离合器	夹紧电磁阀	快进电磁阀	慢进电磁阀	快退电磁阀
定位夹紧	ON	ON	OFF	OFF	OFF
快进	ON	ON	ON	OFF	OFF
慢进	ON	ON	ON	ON	OFF
让刀后退	ON	OFF	OFF	OFF	OFF
快退	ON	OFF	OFF	OFF	ON

设计程序时，根据表 2-19 中的刀架工作状态与电磁阀通断之间的关系来确定电磁阀的通断。例如刀架定位夹紧时，主轴电磁离合器、夹紧电磁阀同时接通。刀架快进时，主轴电磁离合器、夹紧电磁阀保持接通，快进电磁阀接通，以此类推。

3）有两种及两种以上控制方式时，用顺序控制继电器指令设计程序时的处理方法

顺序控制继电器在执行转移指令（SCRT）时，本段程序中的各元件的状态复位，所以有两种及两种以上控制方式或本段程序结束后,输出状态要求一直保持接通时，输出元件不能在程序段中直接输出，可通过中间继电器 M 进行状态转换，在程序段外再进行输出。仔细分析流程图与控制程序，综合来理解顺序控制继电器指令的功能。

根据流程图设计控制程序，参考程序如图 2.83 所示。

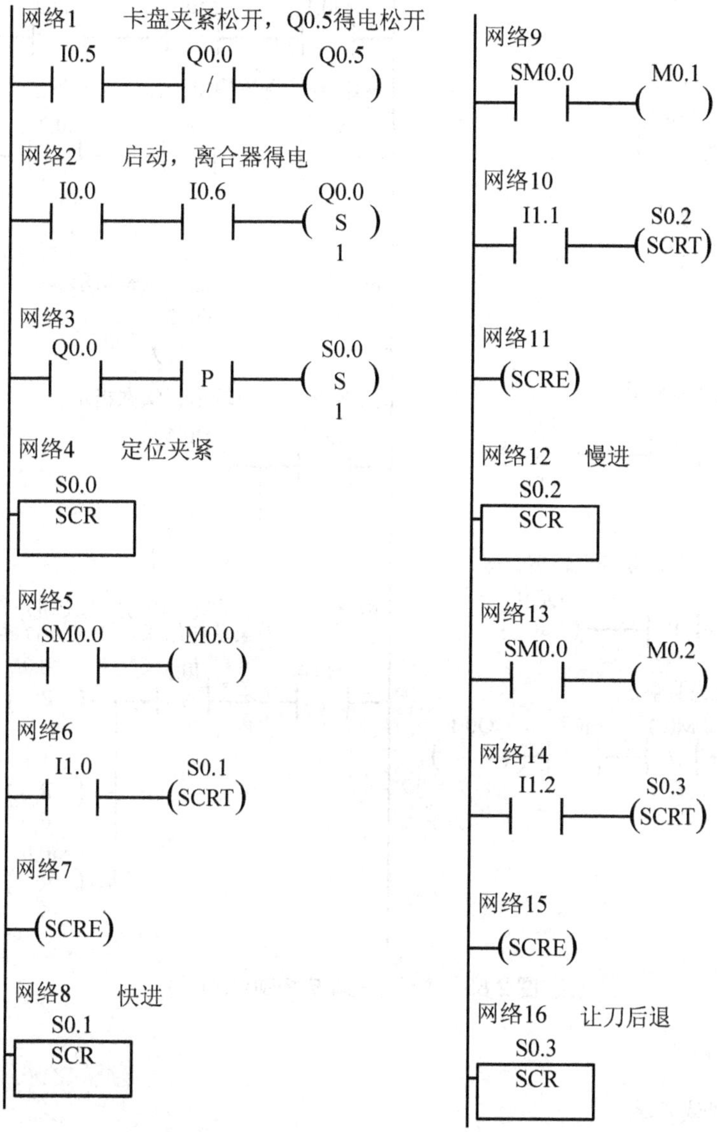

图 2.83　本体锥孔车床控制程序

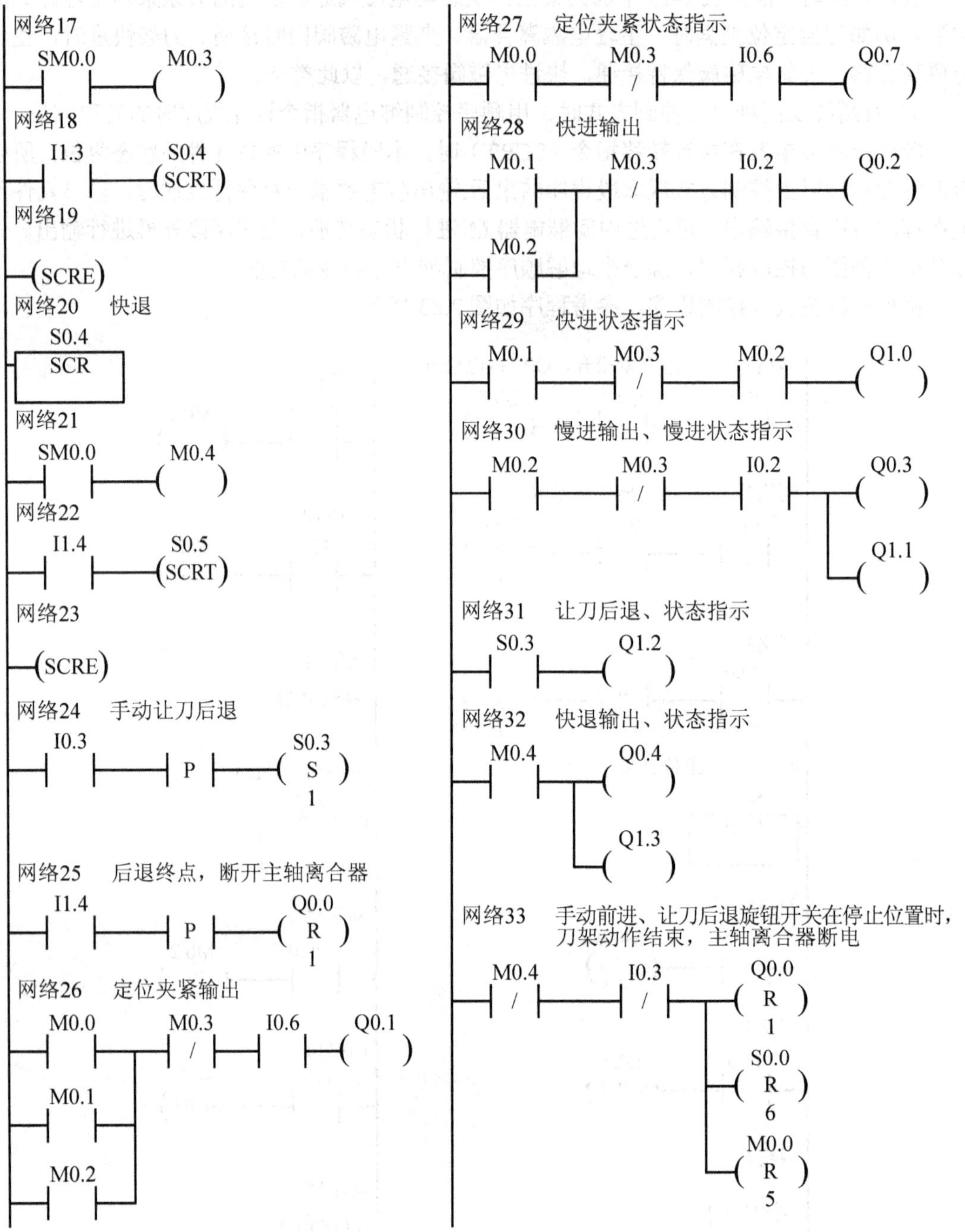

图 2.83　本体锥孔车床控制程序(续)

三、系统模拟调试

1. 系统调试步骤

(1) 断电情况下，按图 2.81 PLC 控制原理图接上输入信号，SA1-1、SA1-2、SA2、KM2，用 4 个钮子开关模拟，行程开关可用按钮来模拟。输出信号不接。

(2) 接完线并检查接线正确后，按电气操作规程通电。

(3) 输入图 2.83 所示的控制程序，按编译→下载→监控→运行顺序，做好程序调试准备。

(4) 按任务要求逐项调试设计的程序。先调试卡盘松开夹紧控制，接通 I0.5，卡盘松开，断开 I0.5，卡盘夹紧。再调试刀架动作，先接通 I0.6，表示主轴已开。

① 把 SA1 设为前进位置，即接通 I0.2，按启动按钮 I0.0，Q0.0、Q0.1 应同时接通，进行定位夹紧且 Q0.7 接通进行夹紧指示。手动接通 I1.0，表示定位终点，Q0.2 应接通进行快进，同时 Q1.0 接通进行快进指示。手动接通 I1.1，表示快进终点，Q0.3 应接通进行慢进，同时 Q1.1 接通进行慢进指示。手动接通 I1.2，表示慢进终点，Q0.1、Q0.2、Q0.3 应同时断开进行让刀后退，同时 Q1.2 接通进行让刀后退指示。手动接通 I1.3，表示让刀后退到终点，Q0.4 应接通进行快退，Q1.3 接通进行快退指示。接通 I1.4，表示快退到终点，Q0.4、Q0.0 断开，刀架动作全部结束。

② 无论刀架处于何种工作状态，把 SA1 设为停止位置，即 I0.2、I0.3 都断开，这时 Q0.0~Q1.3 应全断开。

③ 刀架在前进状态，如果把 SA1 设为后退位置，即接通 I0.3，则刀架让刀后退，后退到终点，又进行快退，快退到终点，刀架停止，主轴离合器断电。

为了调试程序控制顺序的正确性，也可用定时器代替行程开关的动作，实现自动顺序控制。如果动作顺序满足任务控制要求，再把作为转移条件的定时器部分换成行程开关，再进行调试，直到满足要求为止。

2. 模拟调试

(1) 程序动作符合要求后，再按图 2.80、图 2.81 接上输出元器件及主回路电路进行调试，直到程序调试满足任务控制要求为止。

(2) 对调试现象与结果进行总结，对调试中出现的问题进行分析。

任 务 小 结

(1) 本体锥孔车床刀架由液压传动系统驱动，主轴电动机旋转时，主轴与卡盘一起旋转，同时卡盘夹紧。按启动按钮后，前刀架完成切削加工后，后刀架进行切削加工。其刀架控制是一个顺序控制问题。

(2) PLC 进行顺序控制时可以使用顺序控制指令，对于较复杂的控制系统，应先设计顺序功能流程图，用顺序控制继电器指令可以将顺序功能流程图转换成梯形图程序。

(3) 用顺序控制继电器指令设计程序时，用 SM0.0 进行状态控制很方便。文中给出了其他常用特殊存储器位的功能。

(4) 有两种及以上控制方式时，应把实际输出的元器件控制放在段程序之外。

思考与技能实练

1．顺序控制继电器指令有哪些功能？

2．红黄绿灯循环点亮控制。要求按下启动按钮，绿灯点亮 5s 后熄灭，同时黄灯点亮；黄灯点亮 2s 后熄灭，同时红灯点亮，红灯点亮 4s 后，绿灯又点亮，不断循环直至按下停止按钮。试设计控制系统的功能图、梯形图程序。

3．装卸料小车的自动控制，如图 2.84 所示。起始位置，小车在右端，SQ2 被压下，按启动按钮，小车左行，压下行程开关 SQ3 后，进行第一次装料。10s 后第一次装料结束，小车自动继续左行，碰到 SQ1 后，小车开始第二次装料，6s 后第二次装料结束，小车自动右行，碰到 SQ2 后，停止右行，开始卸料，5s 后卸料结束，小车又自动左行，开始第二次装、卸料过程，如此循环，直到按下停止按钮，动作过程才结束。小车在任意位置，都能手动到达希望的装卸料位置。

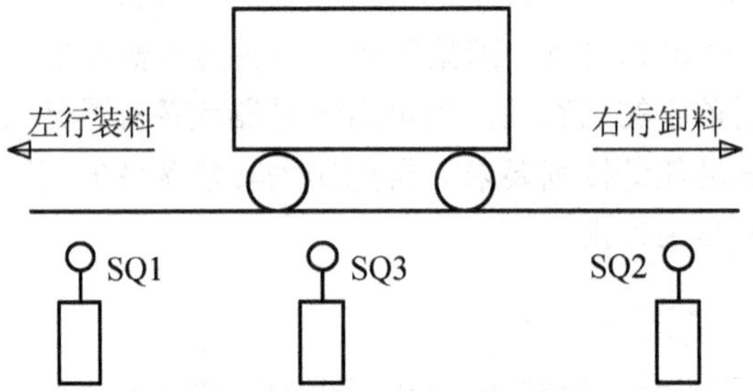

图 2.84　装卸料小车原理示意图

4．根据任务 2.4 本体锥孔车床控制系统任务要求，用 PLC 的其他指令设计控制程序，试比较其他指令、顺序继电器指令两种设计方法及其设计结果的异同。

任务 2.5　花式喷泉控制系统的设计、模拟调试

任务目标	1. 能用移位寄存器指令编程； 2. 能用移位指令编程； 3. 能掌握喷泉类控制系统的设计技巧； 4. 能对控制系统进行正确接线、模拟调试、准确操作。

任务引入

按下启动按钮，喷泉装置开始工作，喷泉控制有单步循环和连续循环两种工作方式。当单步/连续开关设在单步位置时，喷泉按照 1→2→3→…→8 的顺序，依次间隔 1s 喷头喷水，并一直循环下去。按下停止按钮，喷泉控制装置停止工作，如图 2.85 所示。

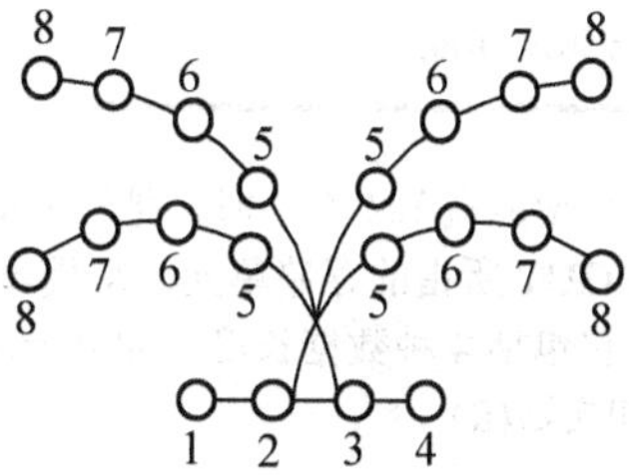

(a) 喷泉示意图

(b) 喷泉示例

图 2.85　花式喷泉示意图及示例

当单步/连续开关设在连续位置时，喷泉按照 1→2→3→…→8→1、2→3、4→5、6→7、8→1、2、3→4、5、6→7、8→1、2、3、4→5、6、7、8→1、2、3、4、5、6、7、8→1→2→…的顺序，依次间隔 1s 喷头喷水，并一直循环下去。按下停止按钮，喷泉控制装置停止工作。要求如下。

(1) 用移位寄存器指令编程(连续控制方式)；

(2) 用移位指令编程(单步/连续控制方式)。

任务分析

很多场所如公园、酒店、商场、会馆、舞厅等设有喷泉景观，景观规模可大可小，射程可高可低，喷出的水，大者如珠，细者如雾，变化万千，引人入胜。喷泉种类繁多，有音乐喷泉、程控喷泉、摆动喷泉、跑动喷泉、光亮喷泉、游乐喷泉、超高喷泉、激光水幕电影等。喷泉的控制对象比较复杂，包括灯光、音响、水泵、电磁阀、各种传动机械等，在此只考虑用电磁阀控制喷头的启停控制。控制系统是喷泉工程的关键部分，其控制系统可采用 PLC 作为控制核心，也可采用工控机作为控制核心或者用单片机作为控制核心。装饰宾馆饭店的霓虹灯的控制、舞台灯光控制等都可归结为这一类控制。其控制特点是间隔一定时间按一定的规律控制负载通断，如果用前面学习的指令编程控制，程序较复杂，用移位等指令解决此类问题比较容易，所以通过本节的内容重点学习各种移位指令、数据传送指令的应用。

相关知识

一、传送类指令功能

传送类指令的主要作用是将常数或某存储器中的数据传送到另一存储器中。它包括单一数据传送及成组数据传送两大类。通常用于设定参数、协助处理有关数据以及建立数据或参数表格等。

1. 单个传送指令

1) 单个传送指令格式及功能

单个传送包括字节传送、字传送、双字传送和实数传送，其指令格式及功能见表 2-19。

表 2-19　单个传送指令的格式及功能

梯形图 LAD	MOV_X EN　ENO ????-IN　OUT-????	功　能：当使能端 EN 为 1 时，把输入的数据 IN 传送到输出 OUT 所指的存储单元。X 代表被传送数据的长度，它包括 4 种数据长度，即字节(B)、字(W)、双字(D)和实数(R)
语句表 STL	MOV_X　IN，OUT	

特别提示

IN、OUT 的数据类型须与 X 指定长度的数据类型一致。其中字节传送时不能寻址专用的字及双字存储器，如 T、C 及 HC 等；OUT 寻址不能寻址常数。

2) 单个传送指令应用

图 2.86 中，I0.0 为 ON 时，把 IB0 中的数据传送到 MB0 中存储；VW0 中的数据传送到 VW2 中存储；VD10 中的数据传送到 VD20 中存储；数据 12.5 传送到 VD40 中存储。

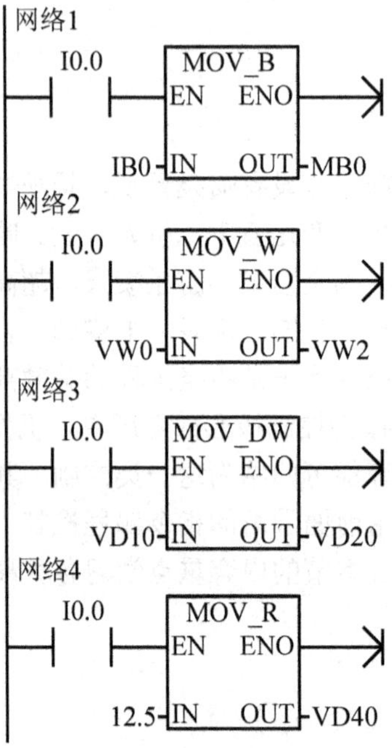


```
网络1
LD      I0.0
MOVB    IB0，MB0
网络2
LD      I0.0
MOVW    VW0，VW2
网络3
LD      I0.0
MOVD    VD10，VD20
网络4
LD      I0.0
MOVR    12.5，VD40
```

梯形图程序　　　　语句表程序

图 2.86　单个传送指令编程举例

应用实例 2-13

电动机同时启停控制

有 4 台电动机要求同时启动，同时停止，用传送指令编程控制。

假设启动按钮接在输入端子 I0.0 上，停止按钮接在输入端子 I0.1 上。控制电动机的接触器线圈分别接在输出端子 Q0.0、Q0.1、Q0.2、Q0.3 上，其控制程序如图 2.87 所示。

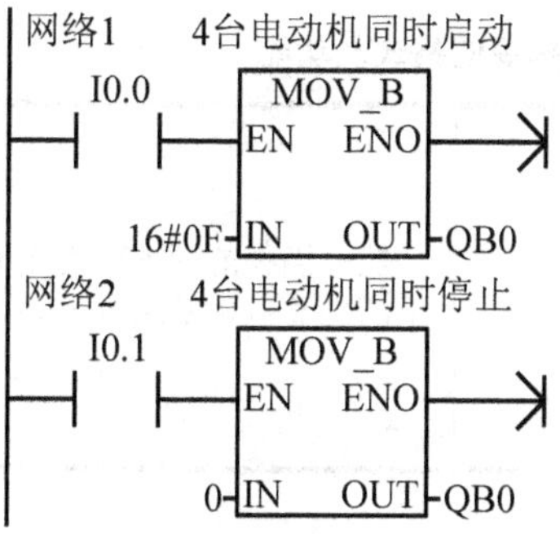

梯形图程序

网络1　4台电动机同时启动

```
LD      I0.0
MOVB    16#0F，QB0
```

网络2　4台电动机同时停止

```
LD      I0.1
MOVB    0，QB0
```

语句表程序

图 2.87　4 台电动机的同时启停控制程序

十六进制数 0F 送到 QB0 中，相当于把 Q0.0～Q0.3 同时置 1，Q0.0～Q0.3 输出端接接触器线圈，接触器线圈同时得电，4 台电动机同时启动。把数 0 送到 QB0 中，相当于把 Q0.0～Q0.3 同时置 0，接触器线圈同时失电，4 台电动机同时停止。

考虑一下，用其他指令如何实现 4 台电动机的同时启停控制？若 4 台电动机分别采用 Q0.4、Q0.5、Q0.6、Q0.7 驱动，则应如何编写控制程序？

2. 块传送指令

块传送指令可进行一次最多 255 个数据的传送，包括字节块传送(B)、字块传送(W)、双字块传送(D)。其指令格式及功能见表 2-20。

表 2-20　块传送指令的格式及功能

梯形图 LAD	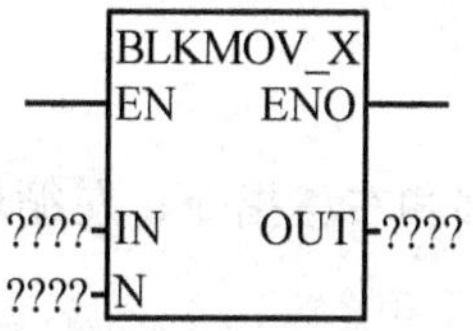	功能：当使能端 EN 为 1 时，把从 IN 存储单元开始的连续 N 个数据传送到从 OUT 开始的连续 N 个存储单元中。操作码中的 X 表示数据类型，分为字节(B)、字(W)、双字(D) 3 种
语句表 STL	BMX IN，OUT，N	

特别提示

操作数 IN、OUT 不能寻址常数，它们的寻址范围要与指令码中的 X 一致。其中字节块和双字块传送时不能寻址专用的字及双字存储器，如 T、C、及 HC 等。

3. 字节交换指令

1) 字节交换指令格式及功能

字节交换指令的格式及功能见表 2-21。

表 2-21　字节交换指令的格式及功能

梯形图 LAD	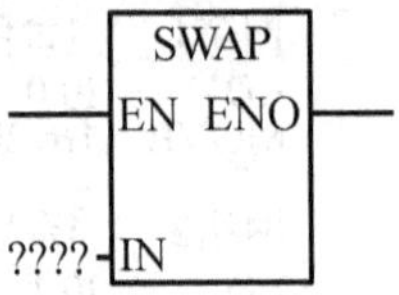	功能：当使能端 EN 为 1 时，将输入 IN 中字的高 8 位字节与低 8 位字节交换
语句表 STL	SWAP　　IN	

特别提示

操作数 IN 不能寻址常数，只能对字地址寻址。

2) 字节交换指令应用

如图 2.88 所示，若 VW2 中的内容为 1001 0111 0000 0001，则执行程序后，高 8 位与低 8 位的数据进行交换，VW2 的内容变为 0000 0001 1001 0111。

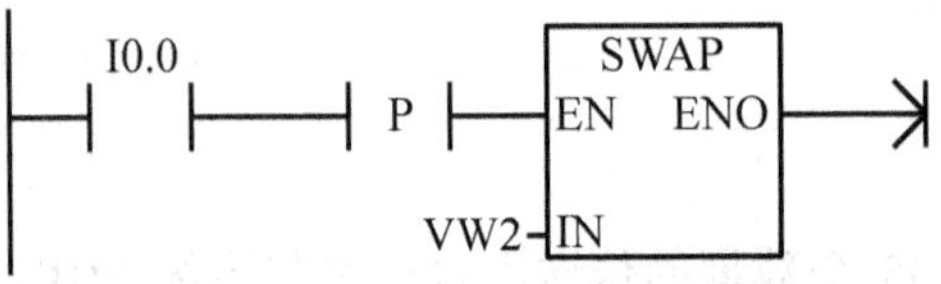

梯形图程序

```
LD      I0.0
EU
SWAP    VW2
```

语句表程序

图 2.88　字节交换指令编程举例

二、移位类指令功能

移位类指令包括移位寄存器指令、左移和右移指令、左循环移位和右循环移位指令。

1. 移位寄存器指令

1) 移位寄存器指令的格式及功能

移位寄存器指令的格式及功能见表 2-22。

表 2-22　移位寄存器指令的格式及功能

梯形图 LAD	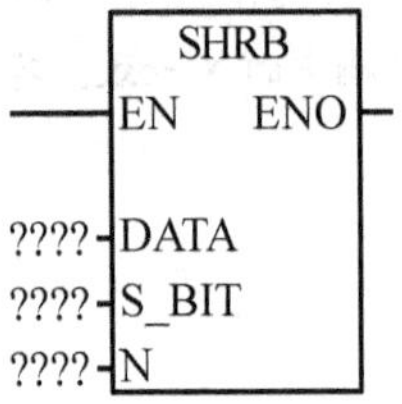	功能：EN 有效时(上升沿) N>0 时，则在每个 EN 的上升沿将数据输入 DATA 的状态移入寄存器的最低位 S_BIT，其他位依次**左移** 1 位。从最高字节的最高位移出，移出位进入 SM1.1。由低位向高位移动。N<0 时，则在每个 EN 的上升沿将数据输入 DATA 的状态移入寄存器的最高位，其他位依次**右移** 1 位，从最低位 S_BIT 移出，移出的数据进入溢出标志位 SM1.1。由高位向低位移动
语句表 STL	SHRB DATA，S_BIT，N	

特别提示

EN 为移位控制端或称使能端，为一脉冲信号；DATA 为数据输入端，为 BOOL 型数据即 0 或 1；N 为移位寄存器的长度及移位方向，最大为 64。S_BIT 为寄存器的最低位。

最高位的计算方法：[N 的绝对值−1+(S_BIT 的位号)]/8，余数是最高位的位号，商与 S_BIT 的字节号之和即是最高位的字节号。

例如，如果 S_BIT 是 V10.2，N 是 12，则(12−1+2)/8=1 余 5，所以，最高位字节号是 10+1=11，位号为 5，即移位寄存器最高位是 V11.5。

2) 移位寄存器指令应用

图 2.89 中，I0.0 为脉冲信号，I0.4 先为 1 后为 0，N 为 4，寄存器的最低位为 V100.0，第一次移位，把 I0.4 的 1 信号移入 V100.1，第二次移位，把 I0.4 的 0 信号移入 V100.1 把 V100.1 的 1 信号移入 V100.2。第三次移位，I0.4 的 0 移入 V100.1，V100.1 的 0 移入 V100.2，V100.2 的 1 移入 V100.3，第四次移位 V100.4 为 1，其他全为 0。由此可知，第二次移位后，V100.2 为 1，Q0.0 得电输出为 1 信号。

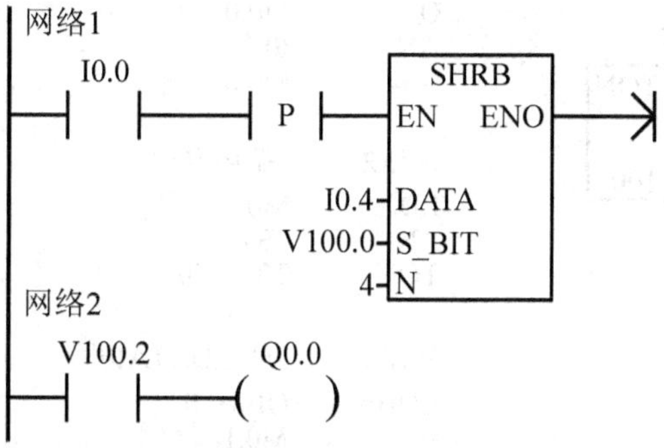

(a) 梯形图程序

```
网络1
LD      I0.0
EU
SHRB    I0.4, V100.0, +4

网络2
LD      V100.2
=       Q0.0
```

(b) 语句表程序

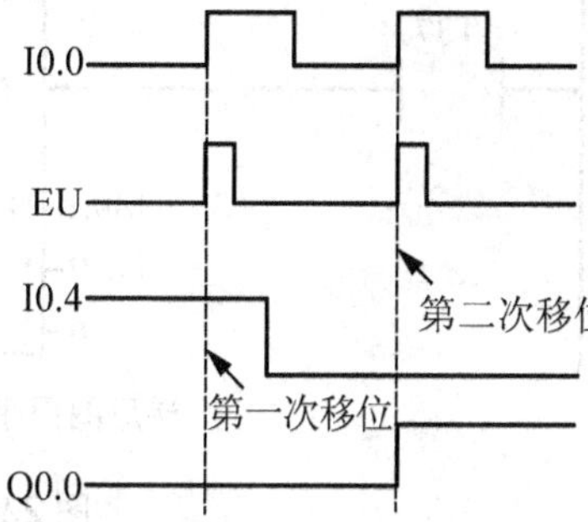

(c) 时序图

图 2.89 移位寄存器指令编程举例及相应的时序图

应用实例 2-14

广告灯的控制

今有广告灯 6 盏，按下启动按钮后，广告灯向左或向右依次循环点亮，一次只有一盏灯亮，灯亮的时间间隔为 2s，按停止按钮，广告灯停止移位。试设计控制程序。

如果输入输出地址分配为：I0.0 为启动按钮，I0.1 为停止按钮，6 盏广告灯地址为 Q0.0～Q0.5，广告灯向左依次循环点亮的参考控制程序如图 2.90 所示。

如果 N 设定为-6，则 6 盏广告灯循环点亮的顺序会是怎样呢？读者自行分析。

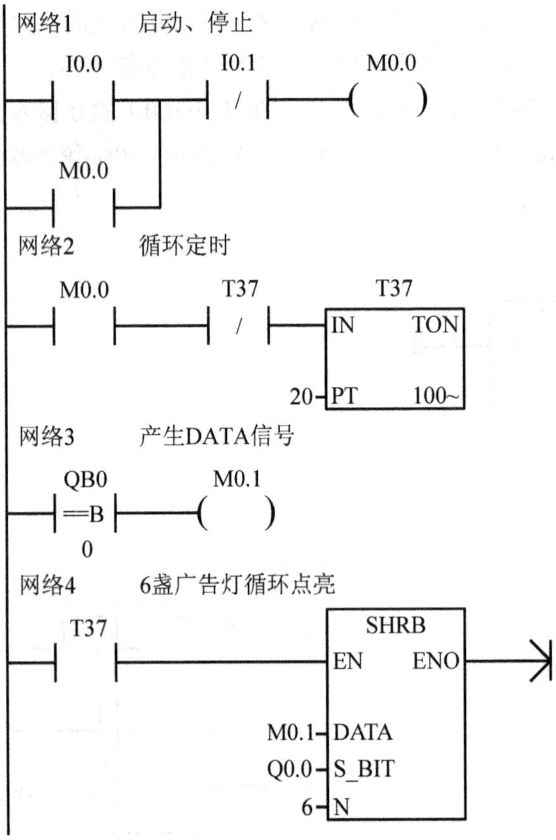

梯形图程序

```
网络1     启动、停止
LD        I0.0
O         M0.0
AN        I0.1
=         M0.0

网络2     循环定时
LD        M0.0
AN        T37
TON       T37，20

网络3     产生DATA信号
LDB=      QB0，0
=         M0.1

网络4     6盏广告灯循环点亮
LD        T37
SHRB      M0.1，Q0.0，6
```

语句表程序

图 2.90　6 盏广告灯控制程序

2. *左右移位指令*

移位指令根据左右移位数据的长度不同，可分为字节型、字型、双字型。根据移位方向可分为左移和右移。右移时，移位数据最右端的位移入 SM1.1，左端补 0。左移时，移位数据最左端的位移入 SM1.1，右端补 0。SM1.1 始终存放最后一次被移出的位。

1) 左右移位指令的格式及功能

左右移位指令的格式及功能见表 2-23。

表 2-23　左右移位指令的格式及功能

	左　移	右　移	功　能
梯形图 LAD	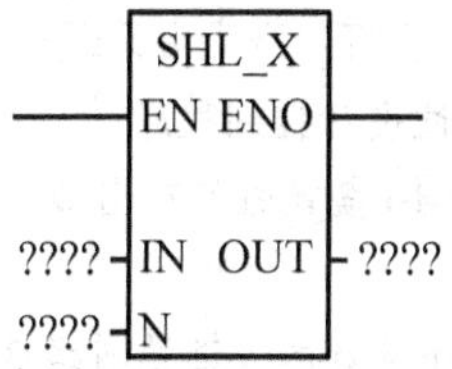	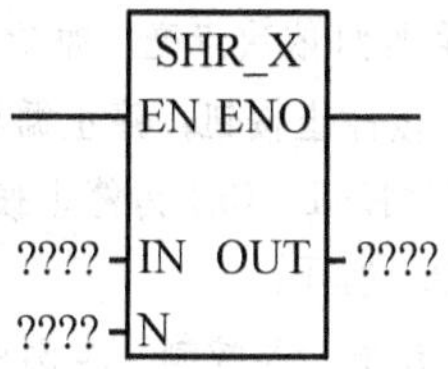	当使能端 EN 为 1 时，把输入数据 IN 左移或右移 N 位后，再把结果输出到 OUT。左移时，移出的高位数据丢失，低位数据用 0 补。右移时，移出的低位数据丢失，高位数据用 0 补
语句表 STL	SLX OUT，N	SRX OUT，N	

特别提示

IN、OUT 的寻址范围要与指令码中的 X 一致。

X 为移位数据长度，分为字节(B)、字(W)、双字(D) 3 种。

N 为数据移位位数，对字节、字、双字的最大移位位数分别为 8、16、32。

2) 左右移位指令应用

图 2.91 中，若 VW10 中的起始内容为 0011 0101 0011 0101，在 I0.0 的每个上升沿，右移 1 次，每次右移 3 位，右移 1 次后 VW10 中的内容变为 0000 0110 1010 0110。具体的移位过程及移位后的结果见表 2-24。左移指令移位原理同右移指令，只是移位方向不同。

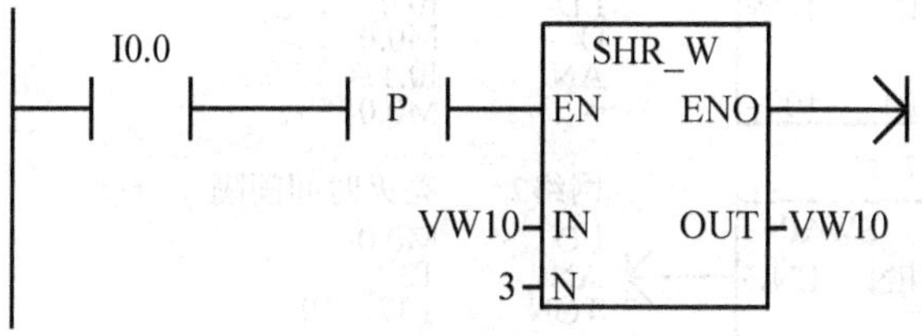


```
LD      I0.0
EU
SRW     VW10，3
```

梯形图程序　　　　语句表程序

图 2.91　右移位指令编程举例

表 2-24　右移位指令移位过程

移位次数	VW0 中的内容	说明
0	0011 0101 0011 0101	假设 VW0 中的初始内容
1	0000 0110 1010 0110	每次右移 3 位，移出的最低 3 位丢失，空出的最高位用 0 补，其他位依次右移 3 位
2	0000 0000 1101 0100	
3	0000 0000 0001 1010	

应用实例 2-15

10盏霓虹灯逐一全亮逐一全灭控制

具体要求是：按启动按钮后，10盏霓虹灯依次点亮，每次亮1盏灯，全亮后又逐一全灭，然后又逐一全亮，亮灭时间间隔为1s，如此循环，按停止按钮，停止循环。试设计控制程序。

如果输入输出地址分配为：I0.0为启动按钮，I0.1为停止按钮，10盏霓虹灯输出地址为Q0.0～Q0.7、Q1.0～Q1.1，霓虹灯参考控制程序如图2.92所示。

程序分析：控制灯逐一接通和逐一断开是一类控制。本例中程序设计的关键是网络3、网络5、网络9。网络3中，QW0为16位数据，由QB0、QB1组成，其中QB0为高8位，QB1为低8位。用SWAP指令进行高低位数据的转换后，QB0变为低8位数据，QB1变为高8位数据，10盏霓虹灯可从Q0.0～Q1.1开始进行控制。网络5使Q0.0一直为1信号，执行左移指令后，使霓虹灯逐一点亮。调试程序时，至Q0.7灯亮后，不移位，需通过网络6和网络8，延时后使Q1.0置1，继续执行左移指令。网络9中Q1.2灯亮后，10盏霓虹灯全亮，这时通过网络9的M0.1断开网络5的Q0.0，灯逐一灭，如果没有网络7，Q0.7与Q1.0同时灭，网络7实现Q0.7灯灭后，Q1.0再灭，实现霓虹灯逐一灭，全灭后Q1.2为0，M0.1断开，又使Q0.0接通，如此循环。

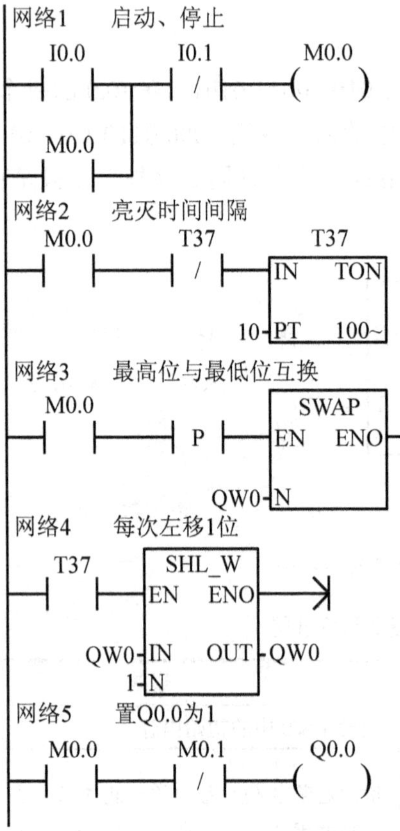


```
网络1   启动、停止
LD      I0.0
O       M0.0
AN      I0.1
=       M0.0

网络2   亮灭时间间隔
LD      M0.0
AN      T37
TON     T37, 10

网络3   最高位与最低位互换
LD      M0.0
EU
SWAP    QW0

网络4   每次左移1位
LD      T37
SLW     QW0, 1

网络5   置Q0.0为1
LD      M0.0
AN      M0, 1
=       Q0.0
```

图2.92　霓虹灯控制程序

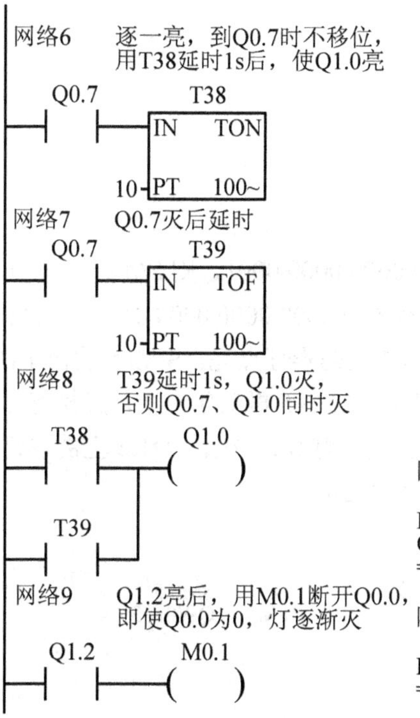


```
网络6    逐一亮，到Q0.7时不移位，
         用T38延时1s后，使Q1.0亮
LD       Q0.7
TDN      T38，10

网络7    Q0.7灭后延时
LD       Q0.7
TOF      T39，10

网络8    T39延时1s，Q1.0灭，
         否则Q0.7、Q1.0同时灭
LD       T38
O        T39
=        Q1.0

网络9    Q1.2亮后，用M0.1断开Q0.0，
         即使Q0.0为0，灯逐渐灭
LD       Q1.2
=        M0.1
```

梯形图程序　　　　语句表程序

图 2.92　霓虹灯控制程序(续)

3. 循环左右移位指令

循环移位指令根据左右移位数据的长度不同，可分为字节型、字型、双字型。根据移位方向可分为循环左移和循环右移。循环右移时，移位数据最右端的位移入最左端。循环左移时，移位数据最左端的位移入最右端。

1) 循环左右移位指令的格式及功能

循环左右移位指令的格式及功能见表 2-25。

表 2-25　循环左右移位指令的格式及功能

	循环左移	循环右移	功　能
梯形图 LAD	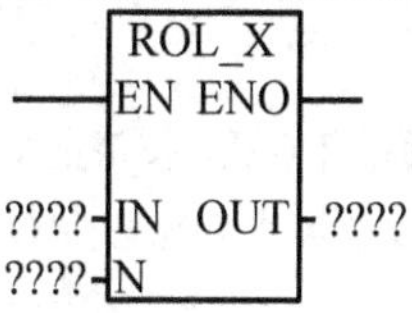 ROL_X EN ENO ????-IN OUT-???? ????-N	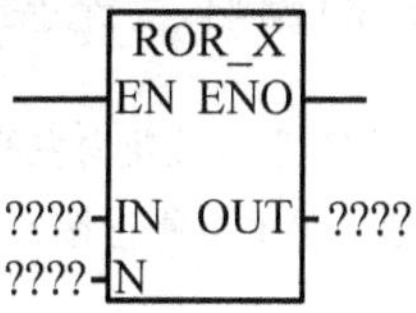 ROR_X EN ENO ????-IN OUT-???? ????-N	当使能端 EN 为 1 时，把输入数据 IN 循环左移或右移 N 位后，再把结果输出到 OUT。X 为移位数据长度，分为字节(B)、字(W)、双字(D) 3 种。N 为数据移位位数，对字节、字、双字的最大移位位数分别为 8、16、32
语句表 STL	RLX OUT，N	RRX OUT，N	

特别提示

IN、OUT 的寻址范围要与指令码中的 X 一致。

2) 循环左右移位指令应用

图 2.93 中，若 QW0 中的起始内容为 1000 0000 0000 0001，则 SM0.5 动作 1 次，执行 1 次循环左移指令，每次移 2 位，QW0 中的内容变为 0000 0000 0000 0110，时间间隔为 1s。若 QW0 输出端子接 16 只彩灯，开始 Q1.0、Q0.7 接的彩灯点亮。SM0.5 动作 1 次，移位 2 位后，Q1.1、Q1.2 上的彩灯亮，Q1.0 上的彩灯灭。SM0.5 再动作 1 次，又执行 1 次循环左移指令，QW0 的内容移 2 位后，Q1.3、Q1.4 上的彩灯亮，Q1.1、Q1.2 上的彩灯灭。以此类推，可控制彩灯循环点亮。具体移位过程见表 2-26。

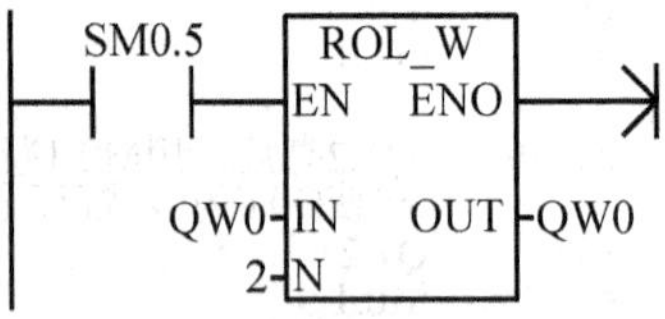

梯形图程序

```
LD      SM0.5
RLW     QW0, 2
```

语句表程序

图 2.93 循环左移位指令编程举例

表 2-26 循环左移位指令移位过程

移位次数	QW0 中的内容	说　明
0	1000 0000 0000 0001	假设 QW0 中的初始内容
1	0000 0000 0000 0110	每次左移 2 位，移出的最高 2 位移入最低 2 位，其他位依次左移 2 位
2	0000 0000 0001 1000	
3	0000 0000 0110 0000	

应用实例 2-16

流水灯两两循环点亮控制

按下启动按钮，8 个流水灯自 Q0.0、Q0.1 开始每隔 1s 依次向左两两循环点亮，按停止按钮后，循环停止。

如果输入输出地址分配为：I0.0 为启动按钮，I0.1 为停止按钮，8 个流水灯地址为 Q0.0～Q0.7，则参考控制程序如图 2.94 所示。

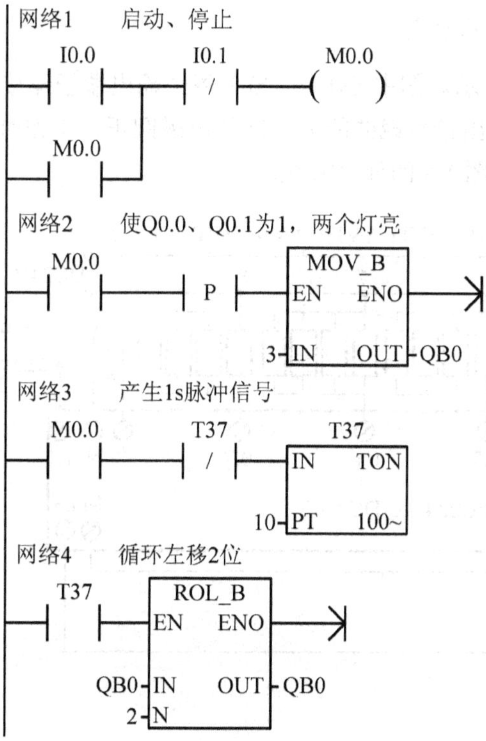

梯形图程序

```
网络1    启动、停止
LD       I0.0
O        M0.0
AN       I0.1
=        M0.0

网络2    使Q0.0、Q0.1为1，
         两个灯亮
LD       M0.0
EU
MOVB     3，QB0

网络3    产生1s脉冲信号
LD       M0.0
AN       T37
TON      T37，10

网络4    循环左移2位
LD       T37
RLB      QB0，2
```

语句表程序

图 2.94　流水灯两两循环点亮控制

任务实施

一、设计电气原理图

1. 选择电器元件及 PLC 型号

输入信号：启动按钮 1 个、停止按钮 1 个，2 位置旋钮开关 1 个，旋钮开关有两个常开触点，可以选择连接 1 个常开点或两个常开点，在此连接 2 个常开点。这样输入信号共 4 个，要占用 4 个输入端子，所以 PLC 输入至少需 4 点。

输出信号：共有 20 个喷头，其中 1、2、3、4 这 4 个喷头各由 1 个电磁阀控制，共 4 个电磁阀，占用 PLC 4 个输出端子。5、6、7、8 每组有 4 个喷头，共由 16 个电磁阀控制，但每组的 4 个电磁阀的动作是同时进行的，所以每一组占用 PLC 1 个输出端子，5、6、7、8 共占用 4 个输出端子，PLC 输出总计至少需 8 点。

查附录 1 可知，CPU224 主机输入 14 点、输出 10 点，能满足实际需求的输入 4 点输出 8 点的要求。PLC 控制电磁阀负载，继电器输出型的 PLC 就能满足要求，所以选择 CPU224 继电器输出型。

2. 分配 I/O 信号地址、设计电气原理图

喷泉控制电气原理图如图 2.95 所示。图中 Q0.4～Q0.7 每个输出端子连接了 4 个电磁阀，如果电磁阀功率比较大，PLC 输出带负载的能力不能使电磁阀正常工作时，可通过中间继电器进行转换。可参考项目 1 中图 1.8 的处理方法。

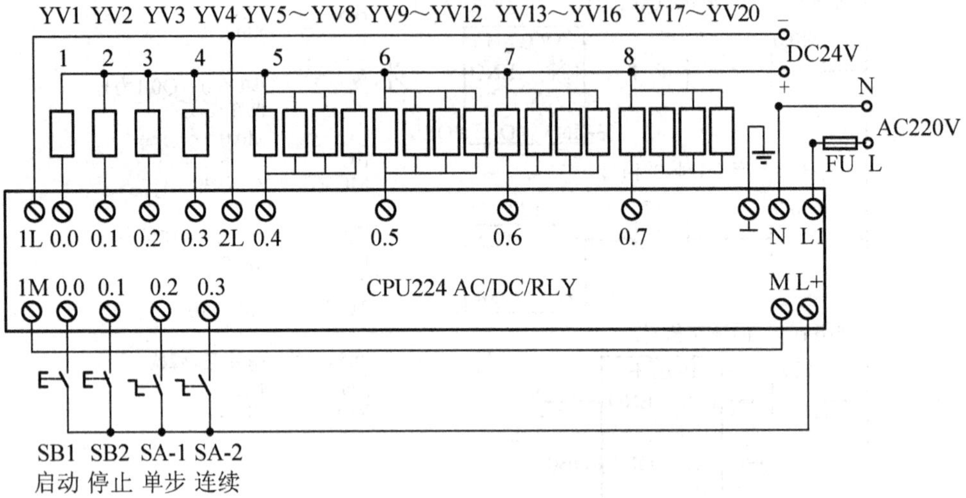

图 2.95 喷泉控制电气原理图

二、设计控制程序

对于具有两种控制方式的控制系统，采用主程序、子程序结构方式编程，容易实现控制要求。对于较复杂的控制过程，可分解成几个简单的控制过程进行程序设计。花式喷泉程序设计的关键是如何实现不同数量阀门控制之间的转换，即单个阀门循环接通后，如何实现两个及两个以上阀门同时循环接通。先设计单动控制程序，实现阀门按 1→2→3→…→8 顺序的控制，再实现 1→2→3→…→8→1、2→3、4→5、6→7、8 的控制，其他控制程序以此类推，从而完成整个控制程序。

1. 用移位存储器指令编程(连续控制方式)

用移位存储器指令编程，可以很容易地分别实现单步或连续方式控制，在此只介绍连续控制方式时用移位存储器指令的编程方法。控制程序如图 2.96 所示。按照这种程序设计方法，也很容易实现单步和连续两种方式的控制，如感兴趣，读者可自行做进一步的研究。

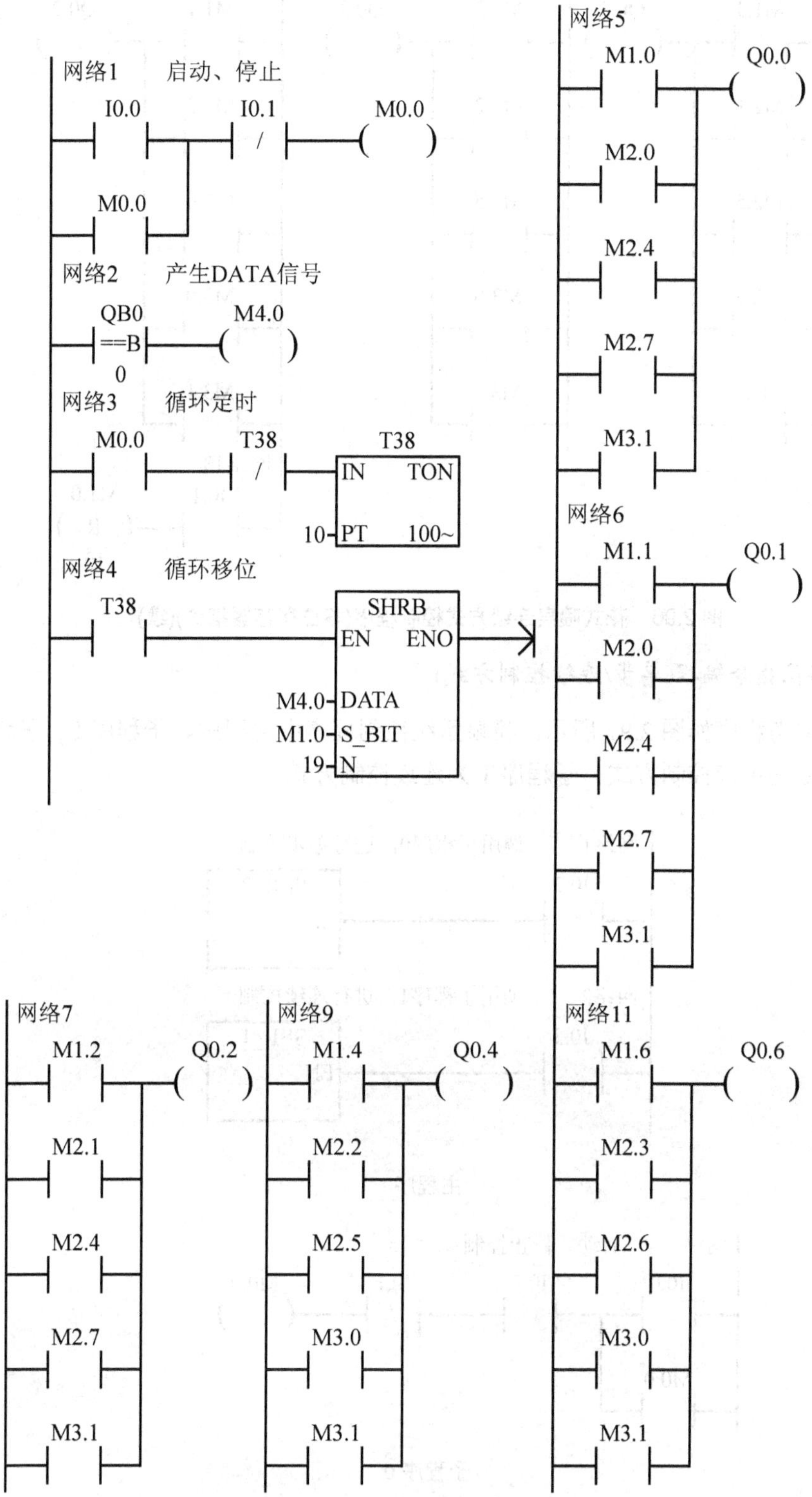

图 2.96　花式喷泉连续方式控制程序(移位寄存器指令)

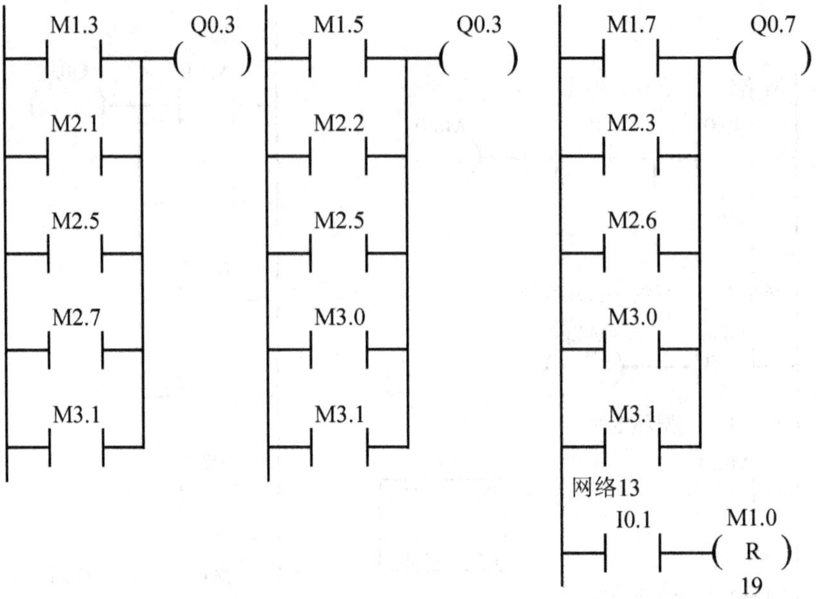

图 2.96　花式喷泉连续方式控制程序(移位寄存器指令)(续)

2. 用移位指令编程(单步/连续控制方式)

设计的参考程序如图 2.97 所示。喷泉系统控制程序由主程序、子程序 0、子程序 1 组成。子程序 0 为单步控制方式，子程序 1 为连续控制方式。

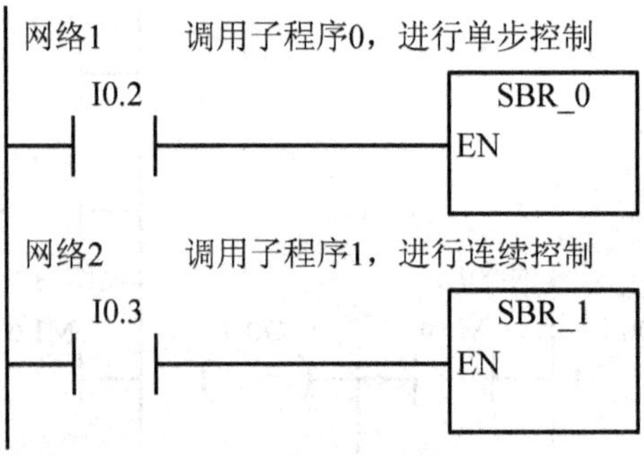

主程序

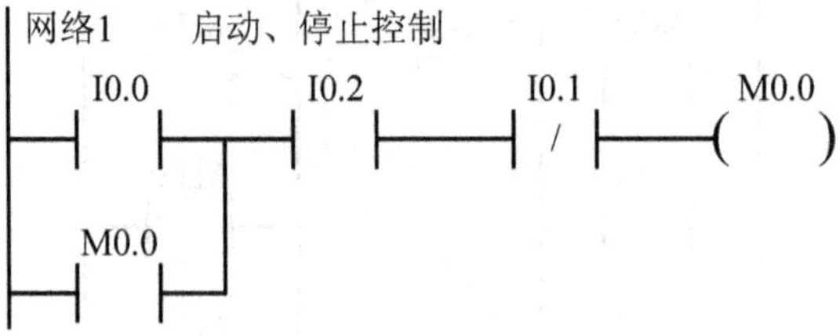

子程序 0

图 2.97　花式喷泉控制程序(移位指令)

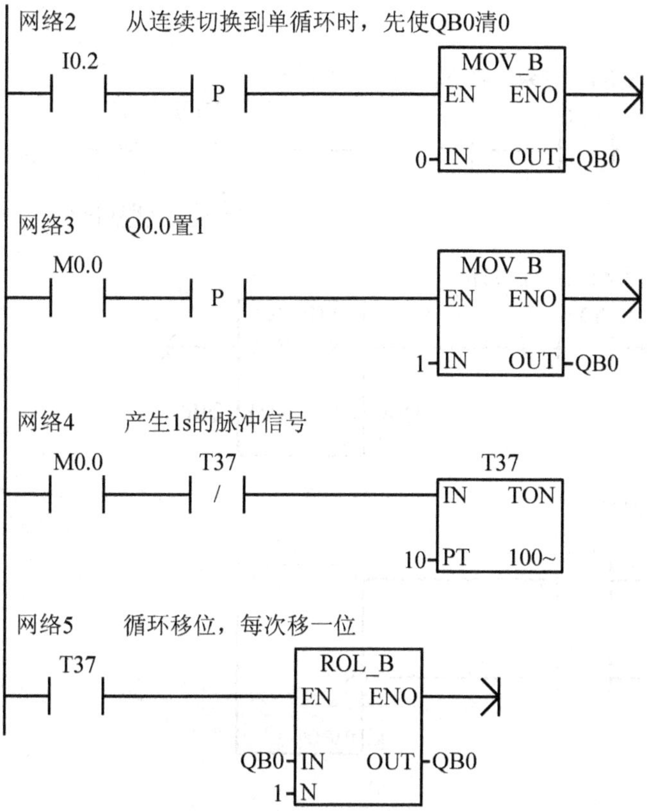

子程序 0(续)

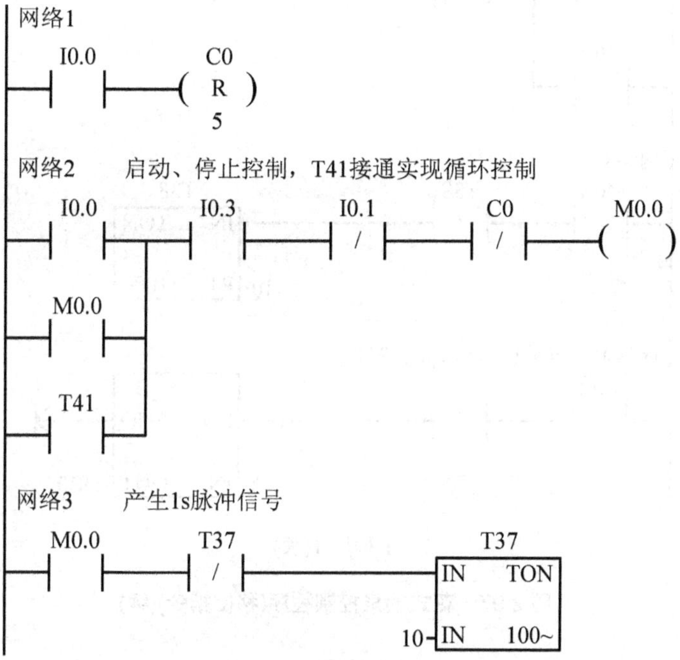

子程序 1

图 2.97　花式喷泉控制程序(移位指令)(续)

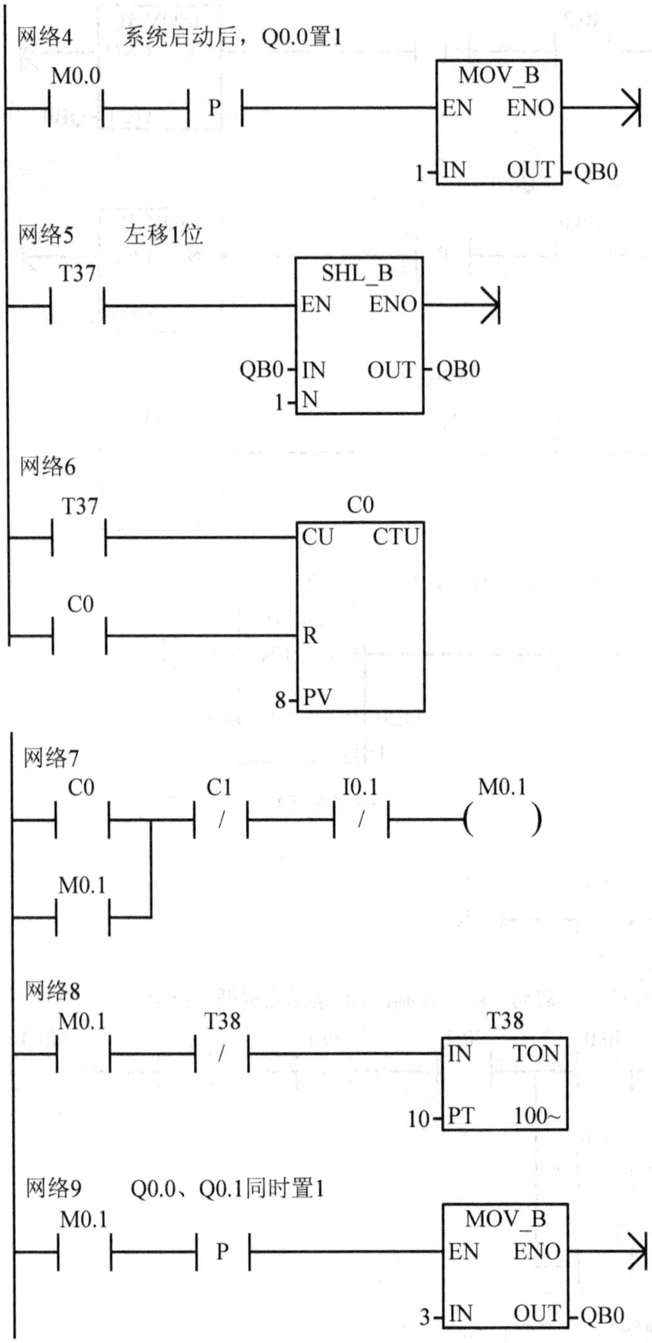

子程序 1(续)

图 2.97 花式喷泉控制程序(移位指令)(续)

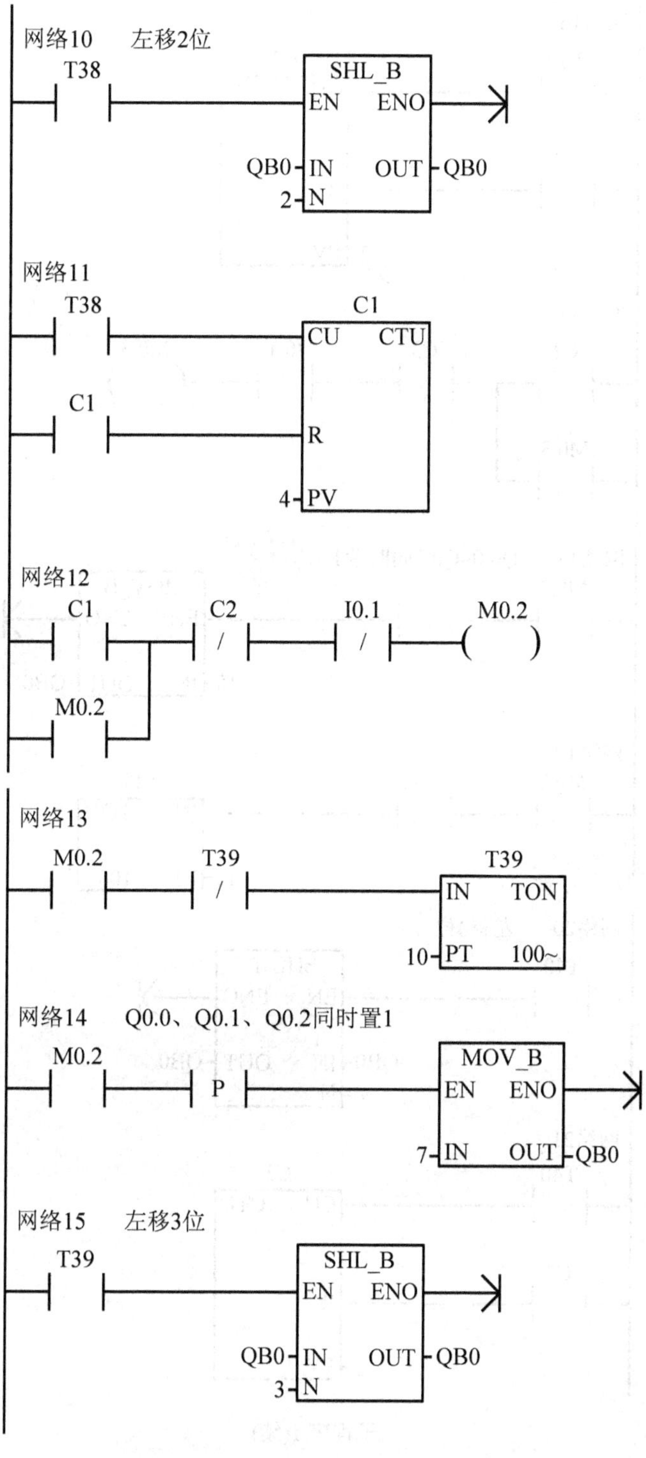

子程序 1(续)

图 2.97 花式喷泉控制程序(移位指令)(续)

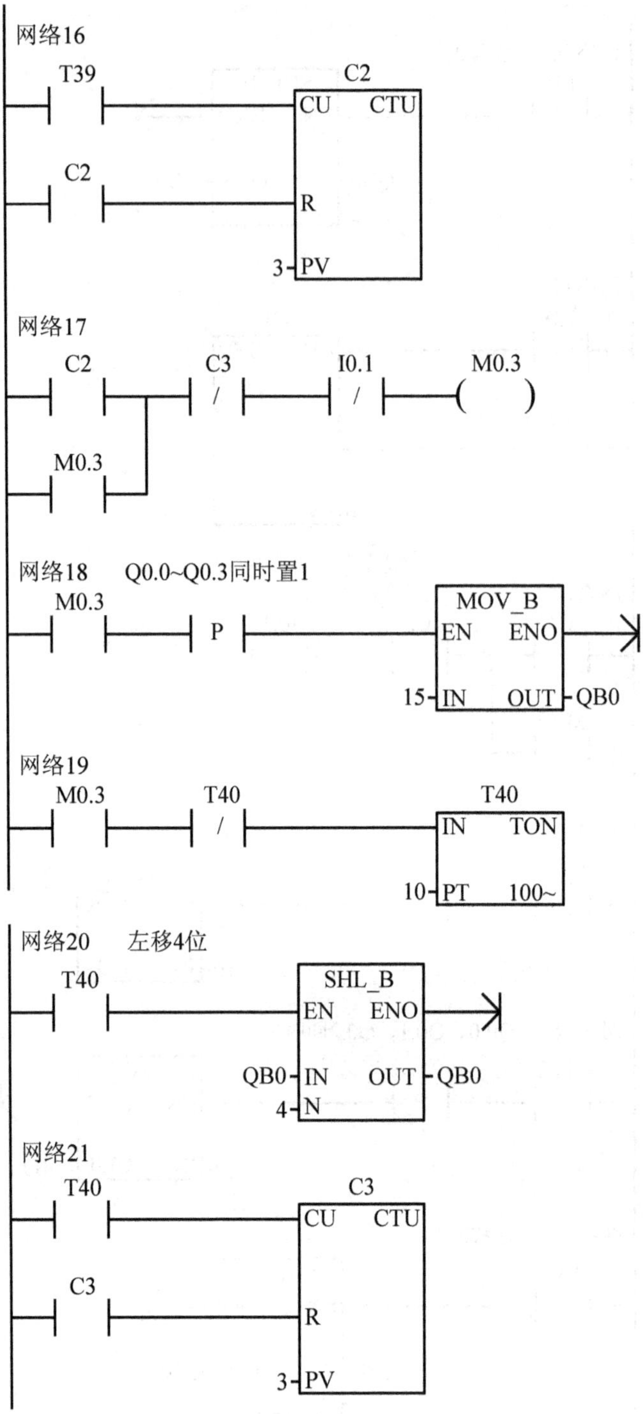

子程序 1(续)

图 2.97 花式喷泉控制程序(移位指令)(续)

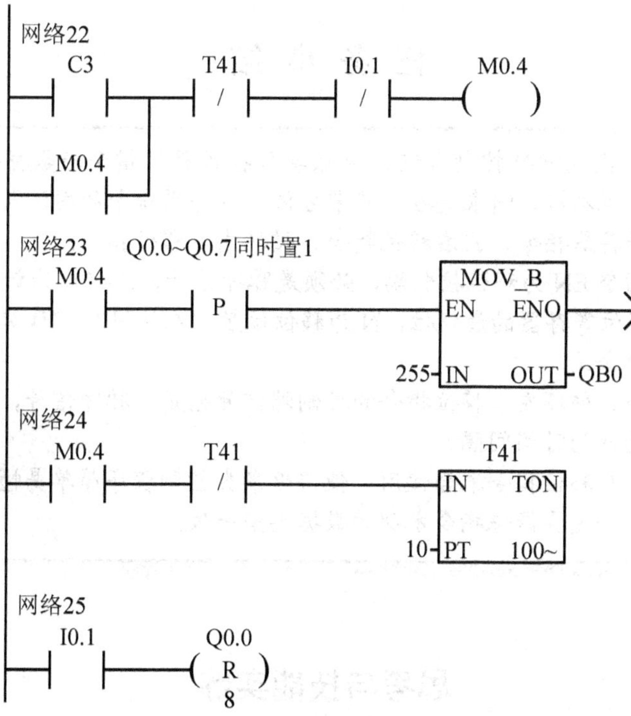

子程序 1

图 2.97　花式喷泉控制程序(移位指令)(续)

三、系统模拟调试及步骤

喷泉控制没有考虑其他机械传动、灯光、水流等的控制，只通过简单的接线，调试设计的控制程序，通过观察输出端子指示灯的运行情况，验证控制程序的正确与否。

程序调试步骤如下。

(1) 断电情况下，按图 2.95 电气控制原理图接线，输出端子接指示灯代替电磁阀。

(2) 接完线并检查接线正确后，按电气操作规程通电。

(3) 分别输入图 2.96、图 2.97 所示的控制程序，按编译→下载→监控→运行顺序，做好程序调试准备。

(4) 先调试单动程序，再调试连续程序。把旋钮开关设为单动位置(I0.2 接通)，按启动按钮 I0.0，指示灯应按 1→2→3→…→8 的顺序，依次间隔 2s 循环点亮，如果不正确，重新修改程序，每次修改程序后，都要重新下载程序并重新调试程序，直到满足要求为止。按停止按钮 I0.1，单动循环停止。

(5) 把旋钮开关设为连续位置(I0.3 接通)，按启动按钮 I0.0，指示灯按要求的顺序，依次间隔 1s 循环点亮，如果不正确，重新修改程序，直到满足要求为止。按停止按钮 I0.1，连续循环停止。每次进行方式变换时，先按停止按钮，再重新启动系统。

任务小结

本节通过简单花式喷泉控制系统，重点学习各种移位指令与数据传送指令的应用，移位指令对于流水灯、喷泉类控制非常方便，应弄懂指令的用法与使用技巧。移位指令包括移位寄存器指令、左右移位指令、循环左右移位指令。

移位寄存器指令 EN 为移位控制端，必须是脉冲信号，DATA 为数据端，是 0、1 信号，S_BIT 为移位寄存器的最低位，N 为移位位数。在使用 SHRB 编程时，一定要弄懂这几种信号的含义。

左右移位指令、循环左右移位指令的控制端信号也是一脉冲信号，脉冲信号的周期就是移位指令动作的时间间隔。

数据传送指令与移位指令配合使用，使得喷泉类控制程序简单易懂。传送指令、移位指令在编程时一定要保证指令本身的数据类型一致。

思考与技能实练

1. 6 盏广告灯，按下启动按钮，6 盏灯按正方向顺序逐个点亮并一直亮，直至全亮。按下停止按钮，6 盏灯按反方向顺序逐个灭，直至全灭。灯亮或灯灭位移间隔为 3s。分别用移位寄存器指令和移位指令实现。

2. 广告灯为 10 盏，用 Q0.0～Q1.1 控制广告灯的循环左移，每次只有一盏灯亮，移位时间间隔为 4s，试编程。

3. 如图 2.98 所示，喷泉共有 1、2、3 路喷头。工作原理为：按下启动按钮，2 路先喷 5s 后停喷，1、3 路同时喷，又 5s 后，1 路停止，而 2、3 路同时喷，2s 后，1 路也喷，持续 5s 后全部停喷。经过 3s 后，2 路喷又重复上述过程，试编程。

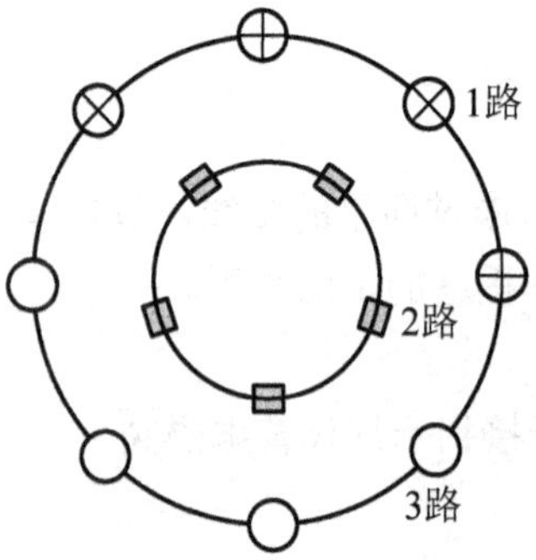

图 2.98　喷泉工作示意图

4. 编写程序，将 VW100 开始的 20 个字型数据传送到 VW200 开始的存储区。

5. 某一温度控制系统，温度的预设值分别为 300、600、1 000，现通过旋钮开关进行设定，旋钮开关的地址为 I0.0、I0.1、I0.2，试用数据传送指令通过编程来实现。

6. 按下启动按钮，流水灯控制系统开始工作，流水灯控制有单步循环和连续循环两种工作方式，当单步/连续开关设在单步位置时，流水灯按照 1→2→3→…→8 的顺序，依次间隔 3s 循环点亮，并一直循环下去。当单步/连续开关设在连续位置时，流水灯按照 1、2、3→4、5、6→7、8 的顺序，依次间隔 3s 循环点亮，并一直循环下去。按停止按钮，喷泉控制装置停止工作。再按启动按钮，喷泉控制装置又开始从停止位置继续工作，试编程。

项目3

模拟量的控制

重点内容	1. 数据运算与逻辑运算指令应用; 2. 数据转换指令应用; 3. 模拟量模块功能; 4. 模拟量模块与主机的连接; 5. PID 调节功能; 6. 中断处理功能。

项目导读

本项目主要学习 PLC 对温度、压力等模拟量信号的控制方法，而 PLC 主机本身只能处理数字量信号，所以要进行模拟量信号与数字量信号之间的相互转换。其过程是：通过传感器把温度、压力等非电量转换为标准电压信号或电流信号，通过模拟量输入模块把电压或电流信号转换为数字量，根据生产实际要求，通过程序对数据进行转换和处理。如果被控对象为温度或压力等，则通过模拟量输出模块再转换成电压或电流信号，进行实际控制。模拟量信号的控制涉及很多内容，下面以电炉恒温控制为例，学习和掌握 PLC 对模拟量信号控制的实现方法。

任务 3.1　电炉恒温控制系统的设计、模拟调试

任务目标	1. 能正确选用和连接模拟量输入输出模块； 2. 能正确灵活使用运算指令编程； 3. 能用 PID 调节功能实现闭环控制； 4. 能编写中断程序，实现某些控制功能； 5. 能对温度控制系统进行软硬件设计； 6. 能正确接线、调试系统。

任务引入

一电炉对某物体进行加热，要求加热温度保持在 40℃，进行恒温控制。控制过程及要求如下。

(1) 打开电炉电源(220V)及 PLC 电源开关，系统开始工作。

(2) 在室温时模拟量模块输出一个电压值(<5V)，通过驱动模块对物体加热。随着温度的上升，测温铂热电阻 Pt100 检测到温度的变化，通过温度变送器反馈给 PLC 一个电压信号(0～5V)，通过控制系统的 PID 调节作用，实现电炉恒温控制。

假设采用下列控制参数值：K_C=0.15，T=1s，T_i=30min，T_d=0。

任务分析

在实际工程应用中，常需对温度、压力、流量、速度等模拟量进行控制，如电炉的恒温控制、水箱水压恒定控制等。模拟量的控制比较复杂，涉及的知识面较广，温度控制相对来说较易理解。通过模拟量输入模块把模拟量电信号电压或电流转换为数字信号，并存入模拟量输入寄存器 AIW 中，通过程序对数据进行处理。如果要进行模拟量信号输出，则应把暂存在 AQW 中的数字量信号经模拟量输出模块转换成模拟量信号，然后去驱动执行机构。

温度测量可通过热敏电阻、热电偶、红外线传感器等来实现。电炉的温度用铂热电阻测量，通过温度变送器把温度转变成电压信号，通过模拟量输入模块再转换成数字量，根据恒温控制要求，经 PLC 程序运算处理，其数字量信号再通过模拟量输出模块转换成电压值，对加热元件进行加热。

相关知识

一、数据运算指令及应用

对模拟量进行控制，需对数据进行运算处理。运算指令包括加、减、乘、除、函数等

数据运算指令及逻辑与、逻辑或、逻辑异或、逻辑取反等逻辑运算指令。在数据运算指令中，数据类型为整数 INT，双字整数 DI 和实数 R。

1. 数据运算指令

1) 加减法指令

加减法指令的格式及功能见表 3-1。

表 3-1 加减法指令的格式及功能

	加 法	减 法
梯形图 LAD	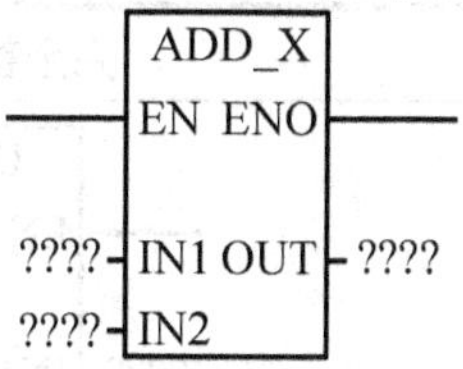	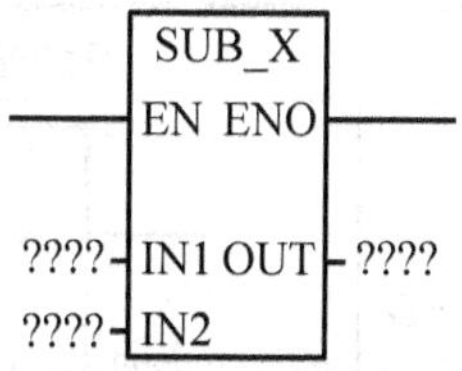
语句表 STL	+X IN1，OUT	−X IN1，OUT
功 能	当使能端 EN 为 1 时，在 LAD 中执行加法 IN1+IN2=OUT 操作。在 STL 中，则执行加法 IN1+OUT=OUT 操作	当使能端 EN 为 1 时，在 LAD 中执行减法 IN1−IN2=OUT 操作。在 STL 中，则执行 OUT−IN1=OUT 操作

特别提示

在进行加、减运算时，IN1、IN2、OUT 数据类型必须一致。

X 指定数据的长度，分为整数(I)、双字整数(DI)、实数(R)。

2) 乘除法指令

乘除法指令包括整数乘除法、双字整数乘除法、实数乘除法、整数乘除到双字整数(完全整数乘除法)指令。

(1) 整数乘除法、双字整数乘除法、实数乘除法指令的格式及功能见表 3-2。

表 3-2 整数、双字整数、实数乘除指令的格式及功能

	乘 法	除 法
梯形图 LAD	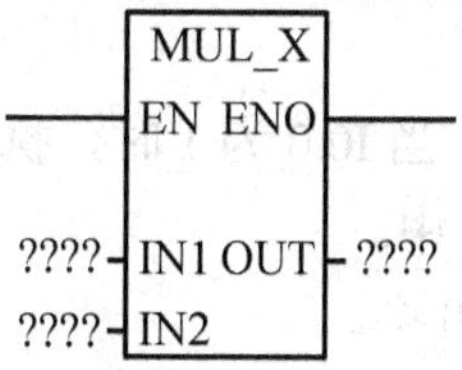	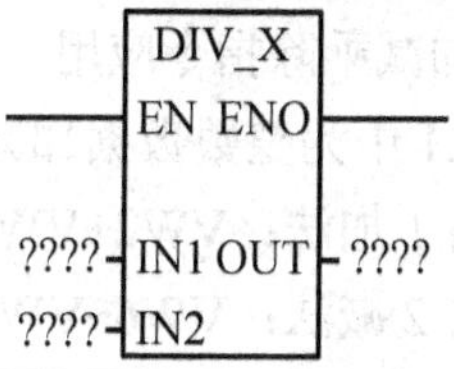
语句表 STL	*X IN1，OUT	/X IN1，OUT
功 能	当使能端 EN 为 1 时，在 LAD 中执行 IN1*IN2=OUT 操作。在 STL 中则执行 IN1*OUT=OUT 操作	当使能端 EN 为 1 时，在 LAD 中执行 IN1/IN2=OUT 操作，不保留余数。在 STL 中则执行 OUT/IN1=OUT 操作

特别提示

在进行乘、除运算时，IN1、IN2、OUT 数据类型必须一致。
X 指定数据长度，分为整数(I)、双字整数(DI)、实数(R)。

(2) 完全整数乘除法指令的格式及功能见表 3-3。

表 3-3 完全整数乘除指令的格式及功能

	完全整数乘法	完全整数除法
梯形图 LAD	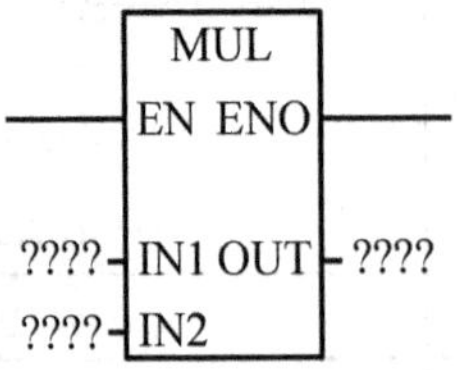	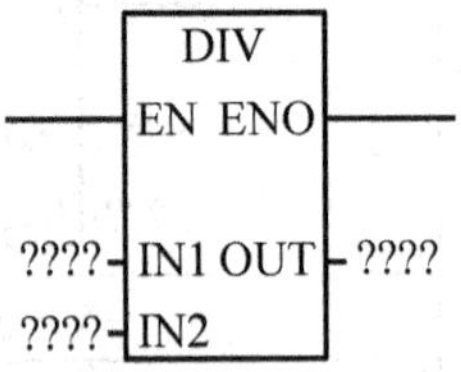
语句表 STL	MUL IN1，OUT	DIV IN1，OUT
功 能	当使能端 EN 为 1 时，把两个 16 位整数相乘，得到一个 32 位积。在 STL 中则执行 IN1*OUT=OUT 操作	当使能端 EN 为 1 时，把两个 16 位整数相除，得到 32 位结果(OUT)，该结果的低 16 位是商，高 16 位是余数。在 STL 中则执行 OUT/IN1=OUT 操作

3) 字节、字、双字加 1/减 1 指令格式及功能

字节、字、双字加 1/减 1 指令的格式及功能见表 3-4。

表 3-4 字节、字、双字加 1/减 1 指令的格式及功能

	加 1	减 1	功 能
梯形图 LAD	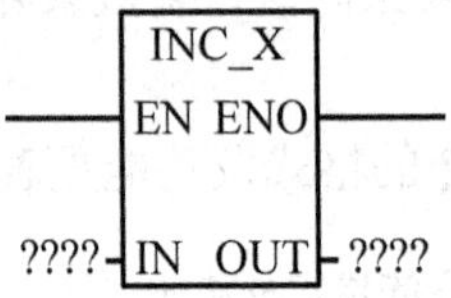	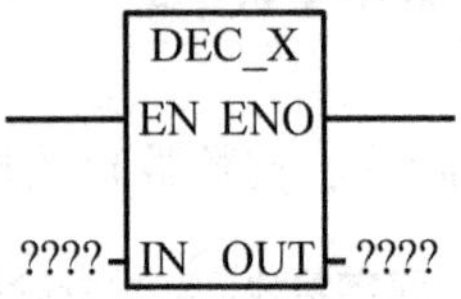	当使能端 EN 为 1 时，INC_X 对输入 IN 执行加 1 操作，DEC_X 对输入 IN 执行减 1 操作。X 指定数据长度，分为字节(B)、字(W)和双字(DW) 3 种
语句表 STL	INCX OUT	DECX OUT	

4) 加减乘除指令应用

图 3.1 中为整数数据加减乘除运算的例子。当 I0.0 为 1 时，执行如下运算。

网络 1 加法：VW2+VW4，结果存在 VW6 中。

网络 2 减法：VW6-VW8，结果存在 VW10 中。

网络 3 乘法：VW20*VW22，结果存在 VW24 中。

网络 4 除法：VW20/VW22，结果存在 VW26 中。

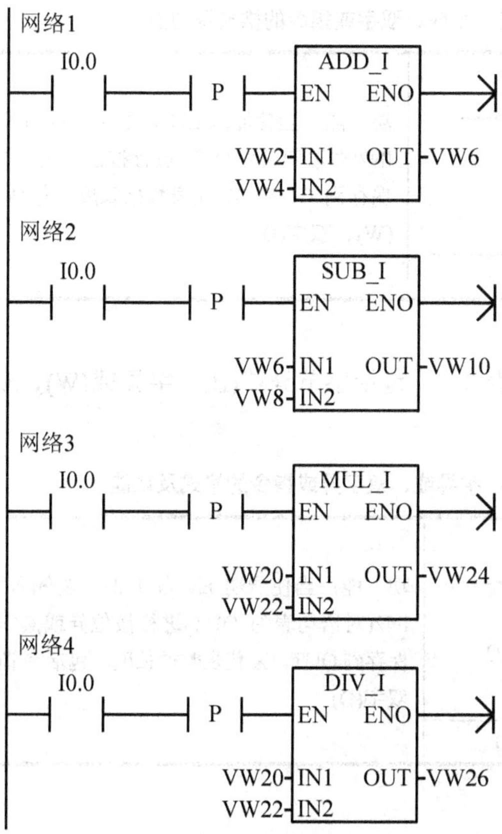

梯形图程序

```
网络1
LD      I0.0
EU
MOVW    VW2，VW6
+I      VW4，VW6
网络2
LD      I0.0
EU
MOVW    VW6，VW10
-I      VW8，VW10
网络3
LD      I0.0
EU
MOVW    VW20，VW24
*I      VW22，VW24
网络4
LD      I0.0
EU
MOVW    VW20，VW26
/I      VW22，VW26
```

语句表程序

图 3.1　加减乘除运算举例

2. 逻辑运算指令

逻辑运算指令是对逻辑数进行处理，包括逻辑与、逻辑或、逻辑异或、逻辑取反。

1) 逻辑与指令

逻辑与指令的格式及功能见表 3-5，包括字节与(B)、字与(W)、双字与(D)指令。

表 3-5　字节与、字与、双字与指令的格式及功能

梯形图 LAD	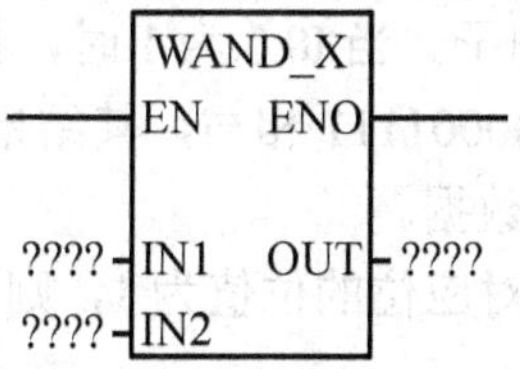	功　能：当使能端 EN 为 1 时，将输入数据 IN1 与 IN2(对语句表为 OUT)进行按位相与操作，并将结果保存到 OUT。X 为数据长度，包括字节(B)、字(W)、双字(D)
语句表 STL	ANDX　IN1，OUT	

2) 逻辑或指令

逻辑或指令的格式及功能见表 3-6，包括字节或(B)、字或(W)、双字或(D)指令。

表 3-6　字节或、字或、双字或指令的格式及功能

梯形图 LAD	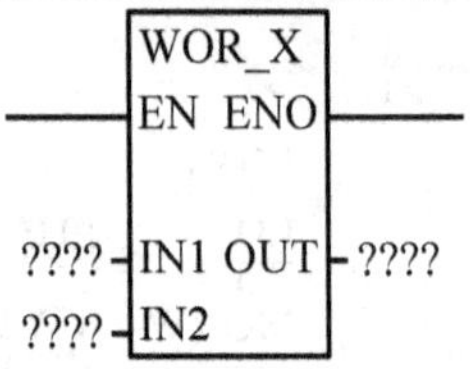	功　能：当使能端 EN 为 1 时，将输入数据 IN1 与 IN2(对语句表为 OUT)进行按位相或操作，并将结果保存到 OUT。X 代表数据长度，包括字节(B)、字(W)、双字(D)
语句表 STL	ORX　IN1，OUT	

3) 逻辑异或指令

逻辑异或指令的格式及功能见表 3-7，包括字节异或(B)、字异或(W)、双字异或(D)指令。

表 3-7　字节异或、字异或、双字异或指令的格式及功能

梯形图 LAD	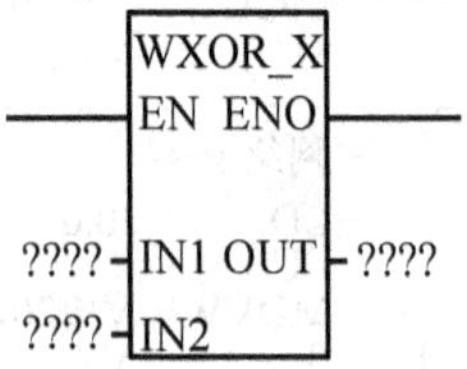	功　能：当使能端 EN 为 1 时，将输入数据 IN1 与 IN2(对语句表为 OUT)进行按位异或操作，并将结果保存到 OUT。X 代表数据长度，包括字节(B)、字(W)、双字(D)
语句表 STL	XORX　IN1，OUT	

4) 逻辑取反指令

逻辑取反指令的格式及功能见表 3-8，包括字节取反(B)、字取反(W)、双字取反(D)指令。

表 3-8　字节取反、字取反、双字取反指令的格式及功能

梯形图 LAD	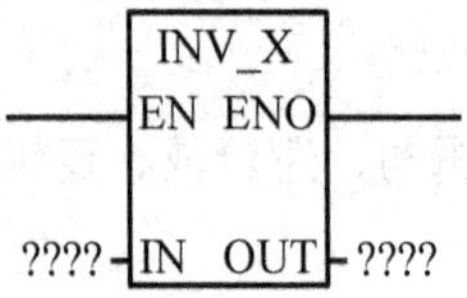	功　能：当使能端 EN 为 1 时，把输入数据 IN 按位取反后保存到 OUT。X 为取反指令的数据长度，包括字节(B)、字(W)、双字(D)
语句表 STL	INVX　OUT	

5) 逻辑运算指令应用

图 3.2 中为逻辑运算与、或、异或、取反的例子。当 I0.0 为 1 时，执行如下指令。

网络 1 中为逻辑与指令，IB0 中的数据与 2#00001111 相与，其结果是 I0.4～I0.7 的输入状态被屏蔽，即不起作用，只得到 I0.0～0.3 的数据。

网络 2 是或指令，只要 VW20 与 VW30 中的对应位的位值为 1，则 VW40 相应的位值为 1。

网络 3 为异或指令，其结果是对 VD50 进行清 0。

网络 4 为取反指令，假设 MB0 中的数据为 2#0100 1110，指令执行后 MB2 中的数据为 2#1011 0001。

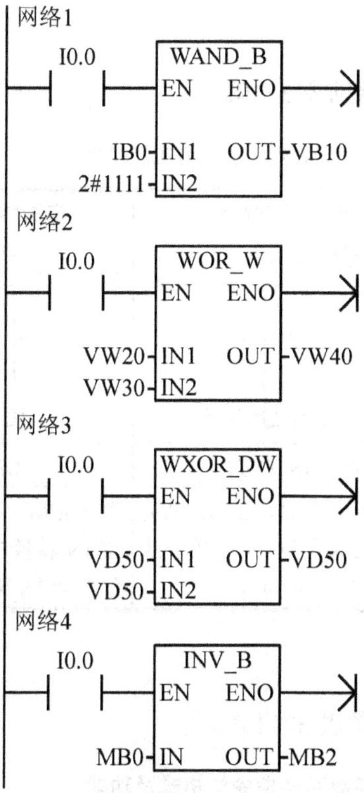


```
网络1
LD      I0.0
MOVB    IB0，VB10
ANDB    2#1111，VB10

网络2
LD      I0.0
MOVW    VW20，VW40
ORW     VW30，VW40

网络3
LD      I0.0
XORD    VD50，VD50

网络4
LD      I0.0
MOVB    MB0，MB2
INVB    MB2
```

梯形图程序　　　　　　　　语句表程序

图 3.2　逻辑运算指令举例

二、数据转换指令

转换指令的作用是对数据格式进行转换，它包括字节数与整数的互换、整数与双字整数的互换、双字整数与实数的互换、BCD 码与整数的互换等。它们主要用于数据处理时的数据匹配及数据显示。

1. 字节数与整数、整数与双字整数互换指令

字节数与整数、整数与双字整数互换指令的格式及功能见表 3-9。

表 3-9　字节数与整数、整数与双字整数互换指令的格式及功能

转换类型	字节数 转换为整数	整数 转换为字节数	整数 转换为双字整数	双字整数 转换为整数
LAD	B_I EN ENO ???? -IN OUT- ????	I_B EN ENO ???? -IN OUT- ????	I_DI EN ENO ???? -IN OUT- ????	DI_I EN ENO ???? -IN OUT- ????
STL	BTI IN, OUT	ITB IN, OUT	ITD　IN，OUT	DTI　IN，OUT
功　能	当使能端 EN 为 1 时，将字节数 IN 转换为整数值，结果存放到指定的存储器 OUT	当使能端 EN 为 1 时，将整数值 IN 转换为字节数，结果存放到指定的存储器 OUT	当使能端 EN 为 1 时，将整数值 IN 转换为一个双字整数值，结果存放到指定的存储器 OUT	当使能端 EN 为 1 时，将双字整数值 IN 转换为一个字整数值，结果存到指定的存储器 OUT

2. 双字整数与实数互换指令

双字整数与实数互换指令的格式及功能见表 3-10。

表 3-10 双字整数与实数互换指令的格式及功能

转换类型	双字整数转换为实数	实数转换为双字整数（小数四舍五入）	实数转换为双字整数（小数舍去）
LAD	DI_R EN ENO ???? - IN OUT - ????	ROUND EN ENO ???? - IN OUT - ????	TRUNC EN ENO ???? - IN OUT - ????
STL	DTR IN, OUT	ROUND IN, OUT	TRUNC IN，OUT
功 能	当使能端 EN 为 1 时，把 32 位有符号整数 IN 转换为 32 位实数，结果存入 OUT	当使能端 EN 为 1 时，把 32 位实数 IN 转换成双字整数，小数点四舍五入，结果存入 OUT	当使能端 EN 为 1 时，把 32 位实数 IN 转换成双字整数，小数部分被舍去，结果存入 OUT

3. BCD 码与整数互换指令

BCD 码与整数互换指令的格式及功能见表 3-11。

表 3-11 BCD 码与整数互换指令的格式及功能

	BCD 码转换成整数	整数转换成 BCD 码	功 能
LAD	BCD_I EN ENO ???? - IN OUT - ????	I_BCD EN ENO ???? - IN OUT - ????	当使能端 EN 为 1 时，把输入的 BCD 码转换成整数 I，或把输入的整数 I 转换成 BCD 码，并将转换结果存入 OUT
STL	BCDI IN，OUT	IBCD IN，OUT	

特别提示

操作数要按字寻址，其中 OUT 不能寻址 AIW 及常数。
两种指令，输入数据 IN 的范围为 0～9 999。

4. 数据运算与转换指令应用

应用实例 3-1

用模拟电位器设定定时时间

在 I0.0 的上升沿，用 CPU 主机上的模拟电位器 1 来设置定时器 T37 的定时时间，设置的范围为 2.5～11s，I0.1 为 ON 时 T37 开始定时，设计程序。

分析：在 S7-200 CPU 主机上有 1 或 2 个模拟电位器，标示为 0 和 1。CPU221 和 CPU222 有一个模拟电位器 0，其他的 CPU 都有 0 和 1 两个模拟电位器。CPU 将电位器 0 和电位器 1 的位置转换为 0～255 的数字值，分别存入特殊存储器字节 SMB28 和 SMB29 中。用螺丝刀调整电位器的位置，即可改变 SMB28 和 SMB29 中的值。

假设模拟电位器的值用 N 表示，T37 定时时间用 T 表示，根据要求，电位器 1 数值 0～255 对应定时器 T37 的时间为 2.5～11s，根据图 3.3 可确定 N 与 T 之间的关系，如下式：

$$\frac{N}{255}=\frac{T-2.5}{11-2.5}$$

$$得出\ T=\frac{8.5N}{255}+2.5$$

$$定时器设定值\ PT=10T\frac{85N}{255}+25$$

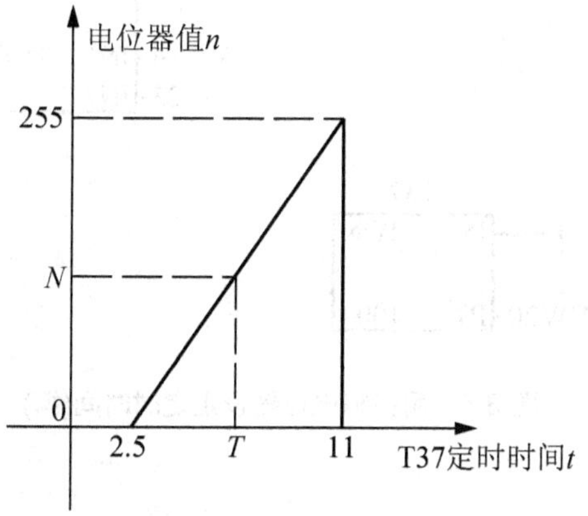

图 3.3　T 与 N 的关系图

对应的梯形图程序如图 3.4 所示。

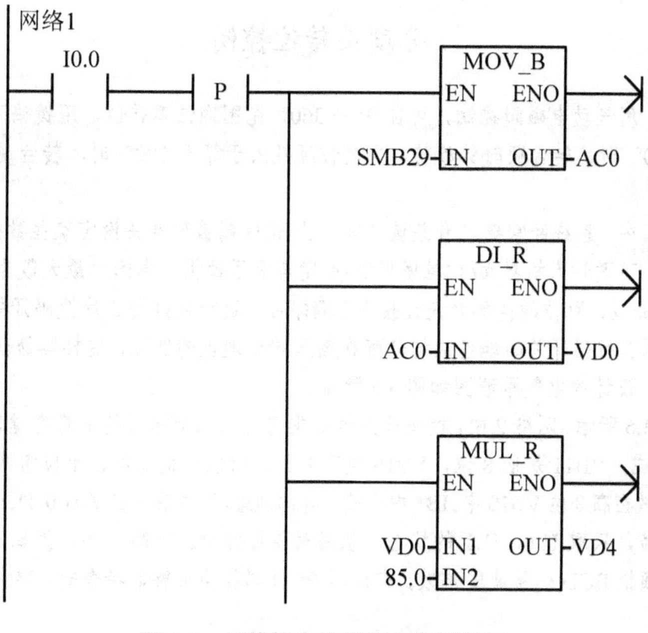

图 3.4　用模拟电位器设定定时时间

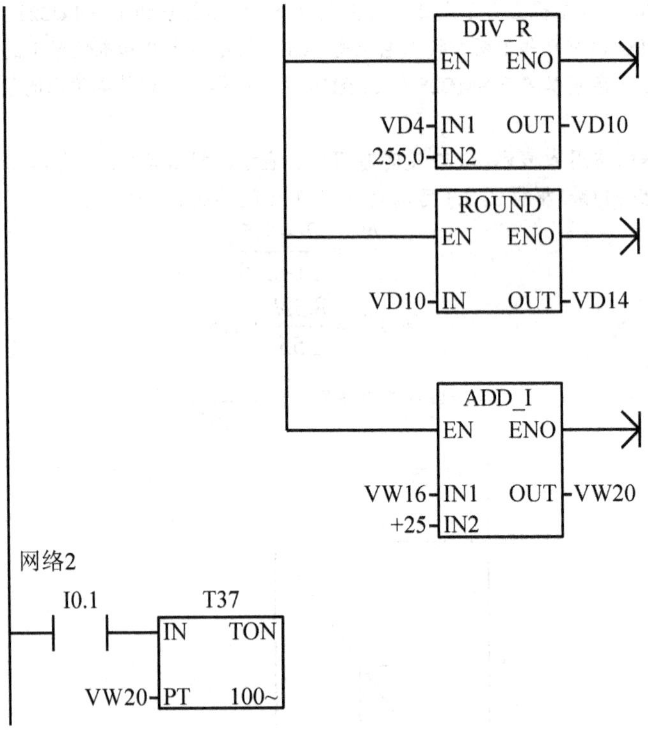

图 3.4 用模拟电位器设定定时时间(续)

应用实例 3-2

分度头转位控制

一气动分度头，用气动电磁阀控制，可在 0°～360° 范围内任意转位，用拨码开关设定转位的度数，当转位度数小于 180° 时，转台顺时针旋转，当转位度数大于等于 180° 时，转台逆时针旋转。设计电气原理图与程序。

在实际工程项目中，系统经常要求有预置功能。用 BCD 码拨码开关设定某些数据是一种简单的方法。对于较复杂的系统，可通过人机界面(如触摸屏等)设定与显示数据。本例中最大数为 360，所以可用 3 片 BCD 码拨码开关来完成，百位的拨码开关连接 1/2 端即可，这样连接的 3 片拨码开关最大数为 399，满足最大数为 360 的要求。拨码开关的地址最好分配在输入端子地址的低位，这样容易获取拨码开关数据。否则要进行移位处理。设计的电气原理图如图 3.5 所示。

控制程序如图 3.6 所示。网络 2 中，拨码开关的数据可存在任何地址的变量存储器里，但要注意 VW10 由 VB10、VB11 组成，VB11 是低 8 位，VB10 是高 8 位，所以应把个位、十位组成的 IB0 数放在低 8 位即 VB11 中，百位数放在高 8 位 VB10 中。IB1 中有按钮等的地址，百位数只占用 I1.0、I1.1，用 IB1 与 2#00000011 相与，屏蔽掉其他位，只取 I1.0、I1.1 的状态，从而获得百位数。网络 3 中，拨码开关的数为 BCD 码，要与整数比较，必须把 BCD 码转换成整数。在应用 BCD 码转换成整数指令时，要注意 IN/OUT 数据为字型数据。

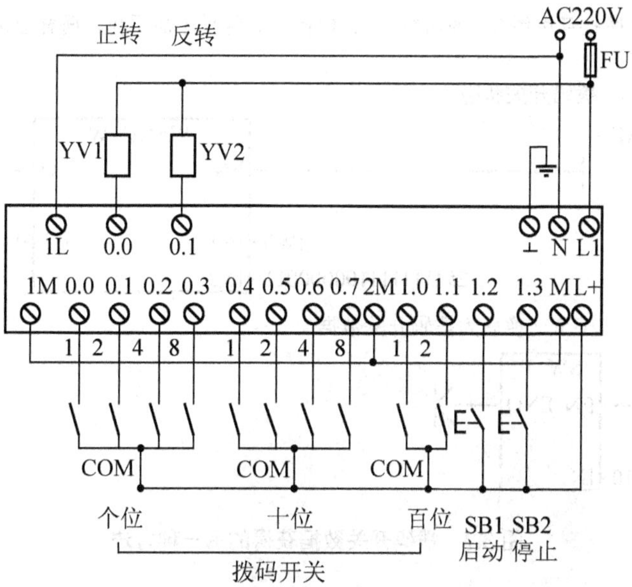

图 3.5 气动分度头控制电气原理图

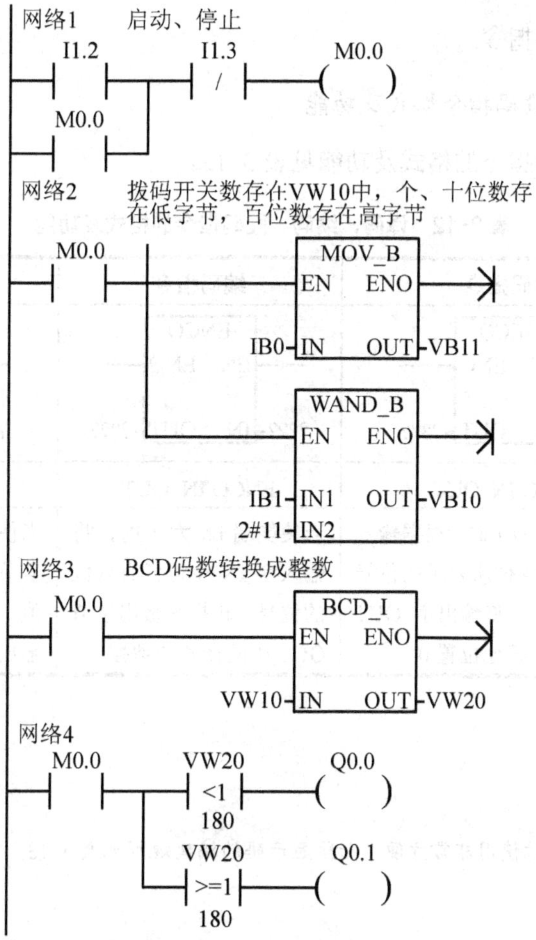

图 3.6 转台控制程序

图 3.6 网络 2 的程序也可用图 3.7 的网络 2、3 代替，其他程序都不变，同样能满足控制要求。

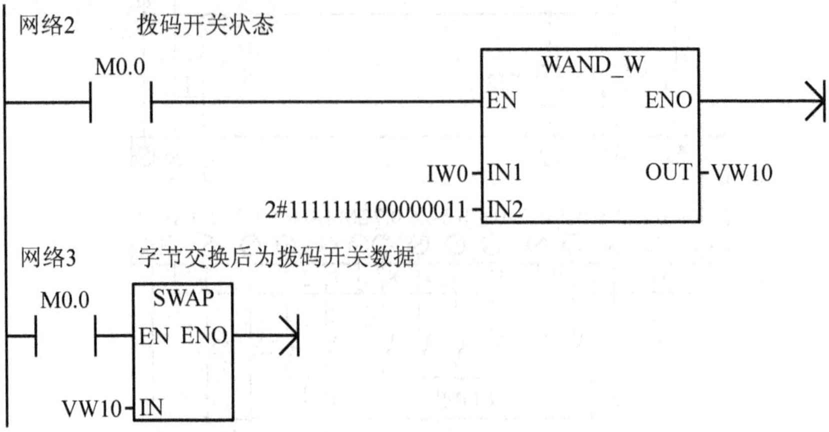

图 3.7 拨码开关数据获得的另一种方法

三、译码、编码、段码指令

1. 译码、编码、段码指令格式及功能

译码、编码、段码指令的格式及功能见表 3-12。

表 3-12 译码、编码、段码指令的格式及功能

	译码指令	编码指令	段码指令
LAD	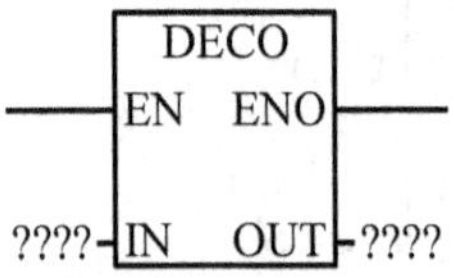	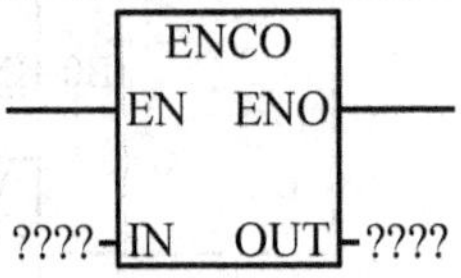	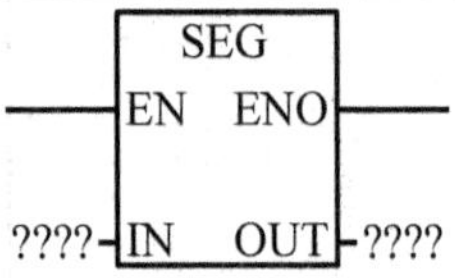
STL	DECO IN, OUT	ENCO IN, OUT	SEG IN, OUT
功　能	当使能端 EN 为 1 时，根据输入字节 IN 的低 4 位所表示的位号(十进制数)值，将输出字 OUT 相应位置 1，其他位置 0	当使能端 EN 为 1 时，将输入字 IN 中最低有效位的位号，转换为输出字节 OUT 中的低 4 位数据	当使能端 EN 为 1 时，将输入字节 IN 的低 4 位有效数字值，转换为七段显示码，并输出到字节 OUT

特别提示

段码指令在数码显示时使用非常方便。七段显示码的编码规则见表 3-13。

表 3-13　七段显示码的编码规则

IN	OUT	段码显示	IN	OUT
	. g f e　d c b a			. g f e　d c b a
0	0 0 1 1　1 1 1 1	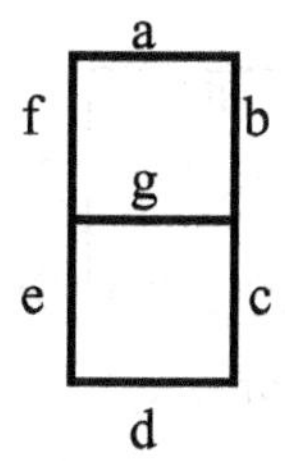	8	0 1 1 1　1 1 1 1
1	0 0 0 0　0 1 1 0		9	0 1 1 0　0 1 1 1
2	0 1 0 1　1 0 1 1		A	0 1 1 1　0 1 1 1
3	0 1 0 0　1 1 1 1		B	0 1 1 1　1 1 0 0
4	0 1 1 0　0 1 1 0		C	0 0 1 1　1 0 0 1
5	0 1 1 0　1 1 0 1		D	0 1 0 1　1 1 1 0
6	0 1 1 1　1 1 0 1		E	0 1 1 1　1 0 0 1
7	0 0 0 0　0 1 1 1		F	0 1 1 1　0 0 0 1

2. 译码、编码、段码指令应用

1) 译码指令应用

如图 3.8 所示，如果 VB2 中存有一数据为 16#08，即 VB2 的低 4 位十进制数为 8，则执行 DECO 译码指令后，把 MW2 的第 8 位置 1，其他位置 0，则 MW2 的数据为 2#0000 0001 0000 0000。

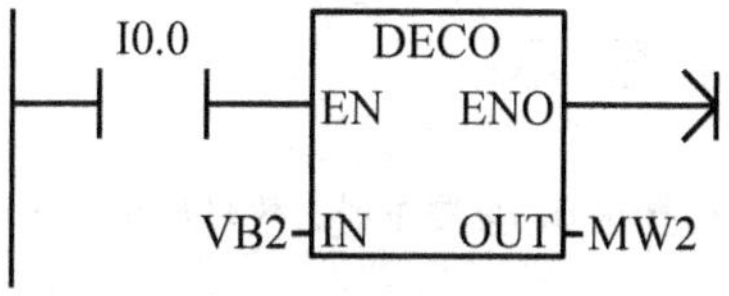

(a) 梯形图

```
LD      I0.0
DECO    VB2，MW2
```

(b) 语句表

	地址	格式	当前值
1	VB2	十六进制	16#08
2	MW2	二进制	2#0000_0001_0000_0000

(c) 执行结果

图 3.8　译码指令编程举例

2) 编码指令应用

如图 3.9 所示，如果 MW3 中存有一数据为 2#0000 0000 0000 1100，即 MW3 的最低有效位的位号为 2，则执行 ENCO 编码指令后，转换为低 4 位数据，则 VB3 中的数据为 16#02。

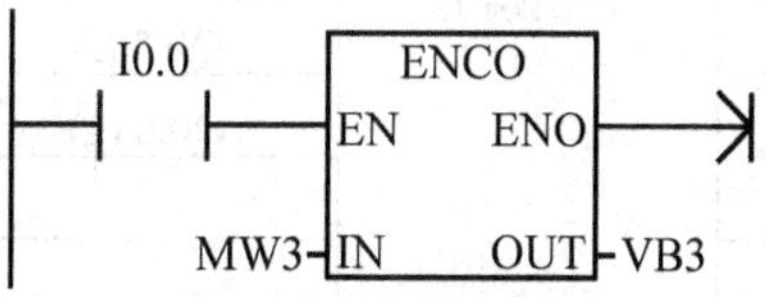

(a) 梯形图

```
LD      I0.0
ENCO    MW2，VB3
```

(b) 语句表

	地址	格式	当前值
1	MW3	二进制	2#0000_0000_0000_1100
2	VB3	十六进制	16#02

(c) 执行结果

图 3.9　编码指令编程举例

3) 段码指令应用

设 VB10 字节中存有十进制数 8，当 I0.0 得电时对其进行段码转换，在 Q0.0～Q.7 上可以输出 01111 1111，如果输出端子连接数码管，数码管上就显示数字 8。其程序及执行结果如图 3.10 所示。

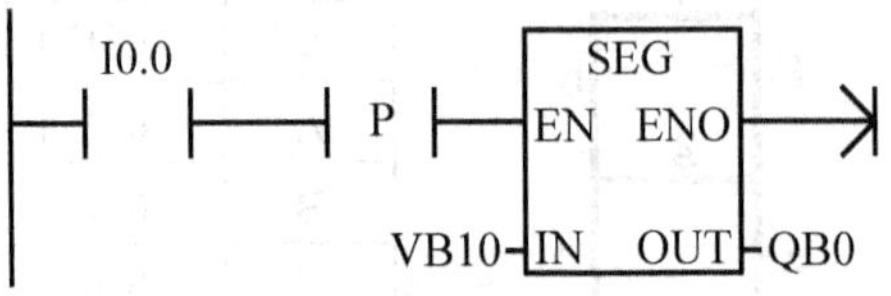

(a) 梯形图程序

```
LD     I0.0
EU
SEG    VB10，QB0
```

(b) 语句表程序

	地址	格式	当前值
1	VB10	二进制	2#0000_1000
2	QB0	二进制	2#0111_1111

(c) 执行结果

图 3.10　段码指令编程举例

应用实例 3-3

数 码 显 示

用 10 个按钮控制数码显示，当按 0 按钮时，数码显示 0，当按 1 时，数码显示 1……按 9 时数码显示 9。设计原理图及程序。

按控制要求，进行合理的 PLC I/O 地址分配，地址分配见表 3-14。

表中 I0.0～I1.1 分别与数字 0～9 按钮连接，Q0.0～Q0.6 分别对应数码管的 a～g。

表 3-14　输入/输出端子地址分配

输入端子	I0.0	按钮（0）	输出端子	Q0.0 (a)	段码显示
	I0.1	按钮（1）		Q0.1 (b)	段码显示
	I0.2	按钮（2）		Q0.2 (c)	段码显示
	I0.3	按钮（3）		Q0.3 (d)	段码显示
	I0.4	按钮（4）		Q0.4 (e)	段码显示
	I0.5	按钮（5）		Q0.5 (f)	段码显示
	I0.6	按钮（6）		Q0.6 (g)	段码显示
	I0.7	按钮（7）			
	I1.0	按钮（8）			
	I1.1	按钮（9）			

根据分配的地址，设计出 PLC 原理图，如图 3.11 所示。梯形图程序如图 3.12 所示。

图 3.11 中如果用数码管来显示数字，则 CPU 应选用晶体管输出型，图示为接共阴极数码管时的接线原理图，R 为限流电阻。根据输入、输出点数选择 PLC 的具体型号为 CPU224DC/DC/DC。在实验过程中如果没有晶体管输出型 PLC，而是继电器输出型的，则可用输出指示灯来模拟数码显示。例如如果显示数

字3，Q0.0～Q0.3和Q0.6接的指示灯就应亮，同样地，如果Q0.1、Q0.2亮，就表示显示的数字是1。其他可根据七段显示码依此类推。

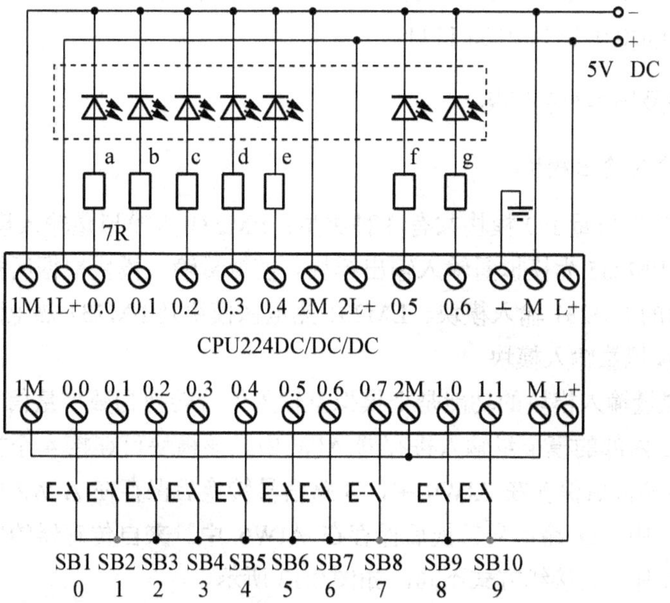

图3.11　数码显示控制PLC原理图

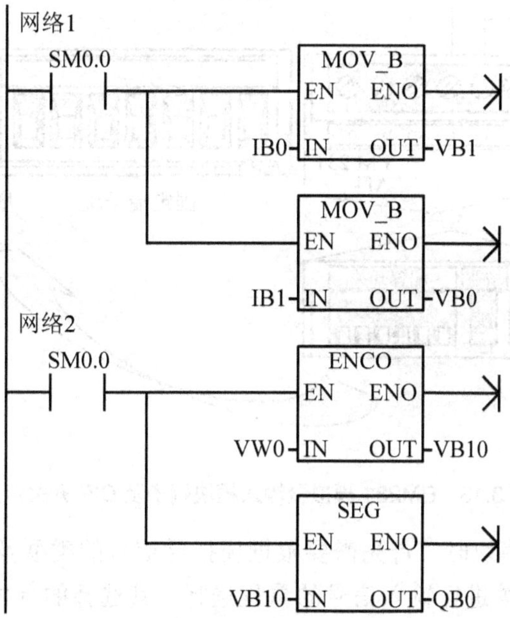

图3.12　数码显示控制梯形图程序

图 3.12 中，如果按 SB4 键，应显示数字 3。程序执行过程是，VB1 中的数据为 0000 1000，VW0 中的数据为 0000 0000 0000 1000，执行编码指令后，VB10 中的内容为 0000 0011，执行段码指令后，QB0 输出为 0100 1111。

四、模拟量模块及与主机的连接

1. 模拟量输入输出模块

S7-200 PLC 模拟量 I/O 模块共有 3 种类型：EM231 为模拟量输入模块；EM232 为模拟量输出模块；EM235 为模拟量输入输出模块。模拟量输入模块根据所接输入信号的不同又分为一般用途的 EM231 输入模块、EM231 热电偶模块及 EM231 热电阻模块。

1) EM231 模拟量输入模块

EM231 模拟量输入模块的功能是把模拟量输入信号转换为数字量信号，转换后的数字量直接送入 PLC 内部的模拟量输入寄存器 AIW 中。该模块可连接 4 个模拟量回路的输入信号。A 路信号转换后保存在 AIW0 中，B 路信号转换后保存在 AIW2 中，C 路信号转换后保存在 AIW4 中，D 路信号转换后保存在 AIW6 中。来自传感器的电压或电流信号与 EM231 端子连接时，其接线方式不同，如图 3.13 所示。

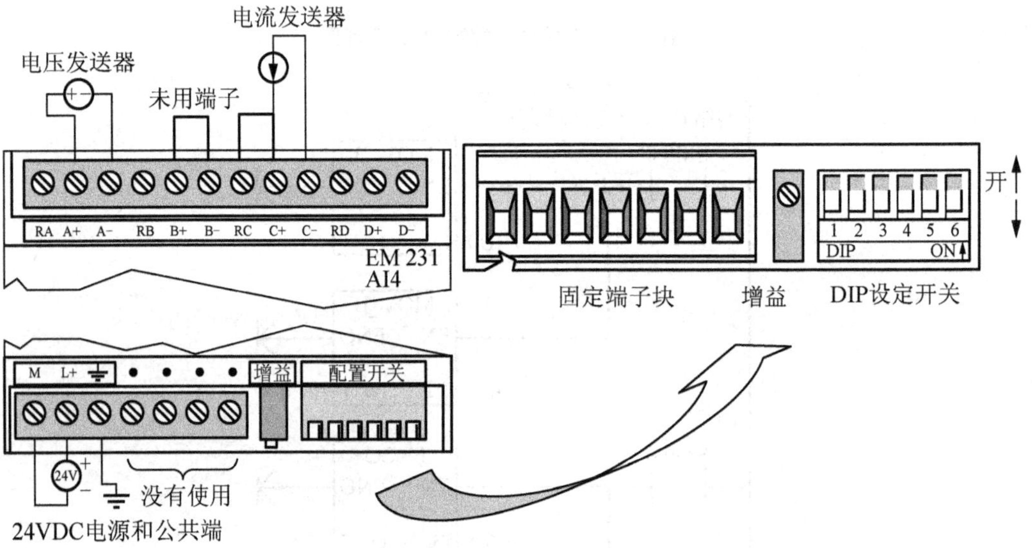

图 3.13　EM231 模拟量输入模块端子及 DIP 开关示意图

使用模拟量输入模块时，首先需要根据模拟量信号的类型及范围，通过模拟量模块右下侧的 DIP 设置开关进行输入信号的量程选择，其选择的具体操作见表 3-15。例如，若选择 0～10V 作为模拟量模块的输入信号，则 DIP 选择开关应选为 SW1 开、SW2 关、SW3 开。

表 3-15　EM231 选择模拟量输入范围的开关表

单极性			满量程输入	分辨率	双极型			满量程输入	分辨率
SW1	SW2	SW3			SW1	SW2	SW3		
ON	OFF	ON	0～10V	2.5mV					
	ON	OFF	0～5V	1.25mV	OFF	OFF	ON	±5V	2.5mV
			0～20mA	5μA		ON	OFF	±2.5V	1.25mV

输入模块的主要参数如下。

输入电压范围：对单极性为 0～5V 或 0～10V，对双极性为±5V 或±2.5V。

输入电流范围：0～20mA。

数据格式：对单极性为 0～32 000，对双极性为-32 000～+32 000。

前面讲的 EM231 为一般用途的模拟量输入模块，还有 EM231 热电偶输入模块及 EM231 热电阻输入模块。这两种模块可以把热电偶、热电阻直接连接在模块上，不需要使用变送器对其进行标准电流或电压信号的转换。EM231 热电偶输入模块可以连接 7 种类型的热电偶(J、K、E、N、S、T 和 R)，还可用于测量 0～±80mV 范围的低电平模拟信号。通过 DIP 开关设定所选热电偶的类型，其接线端子示意图如图 3.14 所示。EM231 热电阻输入模块是专门用于将热电阻信号转为数字量信号的智能模块，它可以连接 4 种类型的热电阻(Pt、Cu、Ni 和电阻)，其接线端子示意图如图 3.15 所示。

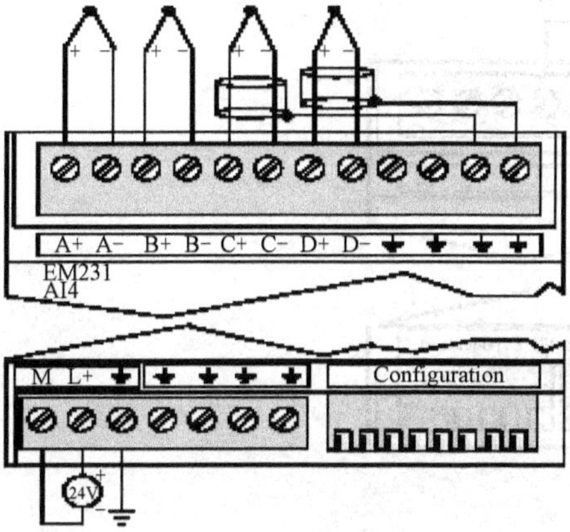

图 3.14　热电偶输入模块端子示意图

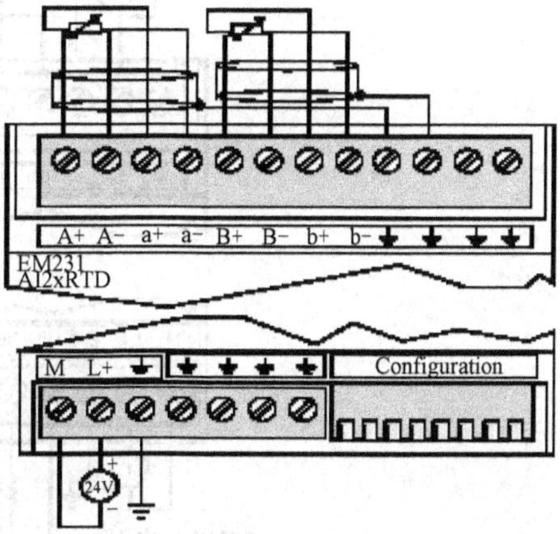

图 3.15　热电阻输入模块端子示意图

2) EM232 模拟量输出模块

EM232 模块模拟量输出的过程是将 PLC 模拟量输出寄存器 AQW 中的数字量转换为可用于驱动执行元件的模拟量。存储于 AQW 中的数字量经 EM232 模块中的数模转换器分为两路信号输出，一路经电压输出缓冲器输出标准的-10～+10V 电压信号，另一路经电压电流转换器输出标准的 0～20mA 电流信号，如图 3.16 所示。

EM232 模拟量输出模块输出电压±10V，对应的数字量为-32 000～+32 000。输出电流 0～20mA，对应的数字量为 0～+32 000。

3) EM235 模拟量输入输出模块

EM235 模拟量输入输出模块的端子功能如图 3.17 所示。由图可知，该模块可同时连接 4 路模拟量输入回路的输入信号及 1 路模拟量输出回路(占用 2 路输出地址)的输出信号。

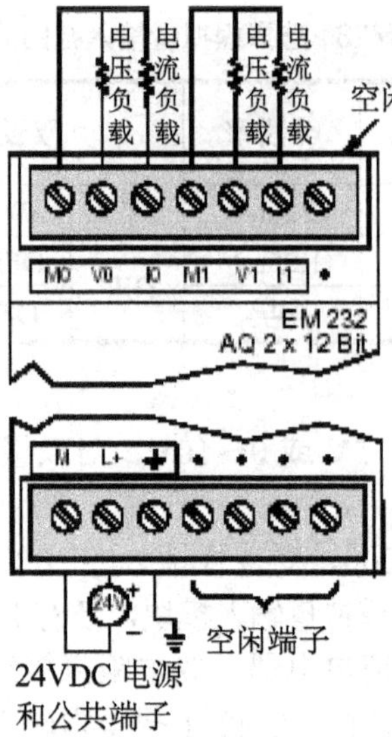

图 3.16　EM232 输出模块外部接线图

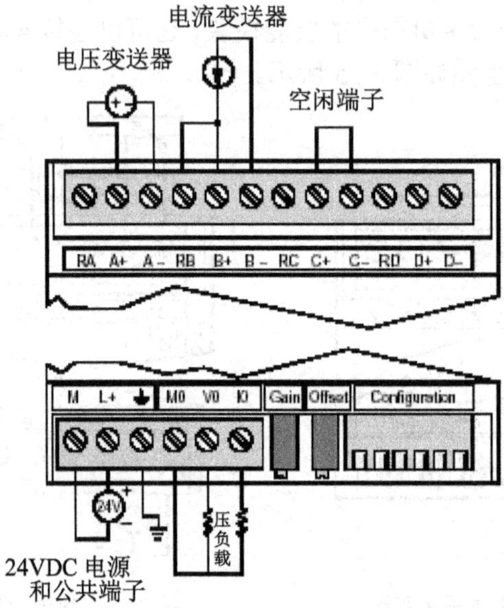

图 3.17　EM235 输入输出模块外部接线图

输入输出模块的主要参数有：

输入电压范围：见表 3-16。

输入电流范围：0～20mA。

数据格式：对双极性为-32000～+32000，对单极性为 0～32000。

输出电压范围：+/-10V。数据格式：-32000～+32000。

输出电流 0～20mA，数据格式：0～+32000。

根据输入信号的电压范围，设定 DIP 开关的通断状态，见表 3-16。

使用时，先根据扩展模块的安装接线方法进行连线，再根据电压等级设定 DIP 开关的状态，最后根据模拟量输入输出信号整定方法进行信号处理。

表 3-16　EM235 模拟量输入输出模块的 DIP 开关设置及分辨率

单极性						满量程输入	分辨率
SW1	SW2	SW3	SW4	SW5	SW6		
ON	OFF	OFF	ON	OFF	ON	0～50mV	12.5μV
OFF	ON	OFF	ON	OFF	ON	0～100mV	25μV
ON	OFF	OFF	OFF	ON	ON	0～500mV	125μV
OFF	ON	OFF	OFF	ON	ON	0～1V	250μV
ON	OFF	OFF	OFF	OFF	ON	0～5V	1.25mV
ON	OFF	OFF	OFF	OFF	ON	0～20mA	5μV
OFF	ON	OFF	OFF	OFF	ON	0～10V	2.5mV
双极性						满量程输入	分辨率
SW1	SW2	SW3	SW4	SW5	SW6		
ON	OFF	OFF	ON	OFF	OFF	±25mV	12.5μV
OFF	ON	OFF	ON	OFF	OFF	±50mV	25μV
OFF	OFF	ON	ON	OFF	OFF	±100mV	50μV
ON	OFF	OFF	OFF	ON	OFF	±250mV	125μV
OFF	ON	OFF	OFF	ON	OFF	±500mV	250μV
OFF	OFF	ON	OFF	ON	OFF	±1V	500μV
ON	OFF	OFF	OFF	OFF	OFF	±2.5V	1.25mV
OFF	ON	OFF	OFF	OFF	OFF	±5V	2.5mV
OFF	OFF	ON	OFF	OFF	OFF	±10V	5mV

2. 扩展模块与 CPU 主机的连接及其编址方式

1) S7-200 PLC 的 I/O 扩展与连接

当 CPU 主机的 I/O 点数不够或需要进行特殊功能如模拟量信号处理时，就要进行系统扩展。I/O 点数不够时，可把 CPU 主机与数字量扩展模块 EM221、EM222、EM223 连接起来。要处理模拟量信号时，要把 CPU 主机与模拟量扩展模块 EM231、EM232、EM235 连接起来。不同型号的 CPU，可连接的扩展模块的数量和种类也不同，见表 3-17。

表 3-17　S7-200 PLC 的 I/O 扩展能力

CPU 类型	最多扩展模板数	扩展点数
CPU221	无	
CPU222	2	40 入/38 出=78 数字量　模拟量 8 入或 4 出或 8 入/2 出
CPU224 或 CPU224XP	7	94 入/74 出=168 数字量　模拟量 28 入或 14 出或 28 入/7 出
CPU226	7	128 入/120 出=248 数字量　模拟量 28 入或 14 出或 28 入/7 出

EM221 为数字量输入扩展模块，有 3 种产品，即 8 点 24V DC、16 点 24V DC、8 点 AC。

EM222 为数字量输出扩展模块，有 5 种产品，即 8 点 DC、4 点 DC(5A)、8 点 AC、8 点继电器、4 点继电器(10A)。

EM223 为数字量输入输出扩展模块，有 6 种产品，包括 DC 4 入/4 出，DC 4 入/继电器 4 出，DC 8 入/8 出，DC 8 入/断电器 8 出，DC 16 入/16 出，DC 16 入/断电器 16 出。

扩展模块通过扩展接口与 CPU 主机连接，扩展模块应放在 CPU 的右边，如图 3.18 所示。

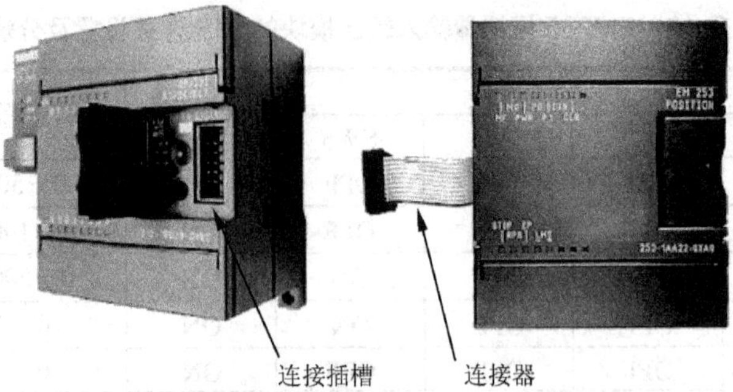

图 3.18　主机与扩展模块的连接

2) 扩展模块的编址方式及 I/O 点数配置

(1) 扩展模块编址原则。每种型号主机的点数一定，其地址是固定的。扩展后，扩展模块的地址取决于连接模块的类型和连接所处的位置。编址原则如下。

① 对同类型数字量 I/O 扩展模块，以 1 字节(8 位)为单位，按顺序进行编址。有时，尽管当前模块的最高实际位数未满 8 位，未用到的位数仍不能分配给后续的模块。

② 对模拟量扩展模块，是以 2 字节(1 个字)的递增的方式进行编址，本模块未使用的地址不能被后续的同类模块继续使用。

(2) 扩展模块编址实例。某控制系统主机用 CPU224，系统所需 I/O 点数为：数字量输入 24 点，数字量输出 20 点，模拟量输入 6 点，输出 2 点。通过右边的扩展口相连，可有多种配置方式，配置方式不同，模块地址就不同。图 3.19 是一种可行的连接方式与编址情况。

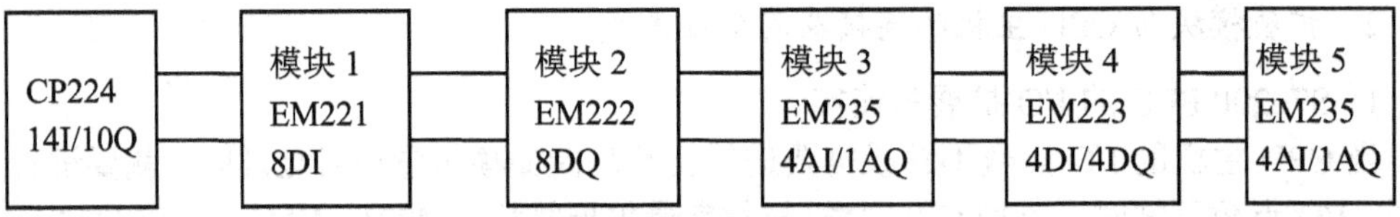

(a) 扩展模块 I/O 连接

主机 I/O	模块 1 I/O	模块 2 I/O	模块 3 I/O	模块 4 I/O	模块 5 I/O
I0.0 Q0.0	I2.0	Q2.0	AIW0　AQW0	I3.0 Q3.0	AIW8 AQW4
I0.1 Q0.1	I2.1	Q2.1	AIW2	I3.1 Q3.1	AIW10
I0.2 Q0.2	I2.2	Q2.2	AIW4	I3.2 Q3.2	AIW12
I0.3 Q0.3	I2.3	Q2.3	AIW6	I3.3 Q3.3	AIW14
I0.4 Q0.4	I2.4	Q2.4			
I0.5 Q0.5	I2.5	Q2.5			
I0.6 Q0.6	I2.6	Q2.6			
I0.7 Q0.7	I2.7	Q2.7			
I1.1 Q1.0					
I1.2 Q1.1					
I1.3					
I1.4					
I1.5					

(b) 编址情况

图 3.19　一种可行的连接方式与编址情况

模块 5 模拟量输出的地址为 AQW4，不是 AQW2。因为一路模拟量输出占用 2 路输出地址。

3．模拟量模块的整定

1) 模拟量输入信号的整定

以 EM235 为例，说明输入输出信号的整定方法。其步骤如下。

(1) 按图 3.20 所示连接图接线。把没有使用的电压输入端子短接，以防干扰。

(2) 断开模块电源，选择需要的输入范围。

因为本项目中温度变送器的输出电压为 0～5V，所以查表 3-16，先设定 DIP 开关 SW1 为 ON、SW6 为 ON、其余为 OFF，选择电压等级在 0～5V(DIP 开关不按为通，按下为断开)。

(3) 接通 CPU 和模块电源，预热 15min。

（4）准备标准可调电源，调节可调电源使输出电压为 0V，运行图 3.21 所示的程序，调节“OFFSET”，使输入值 AIW0 为 0；调节可调电源使输出电压为 5V，调节“GAIN”，使输入值 AIW0 为 32000。

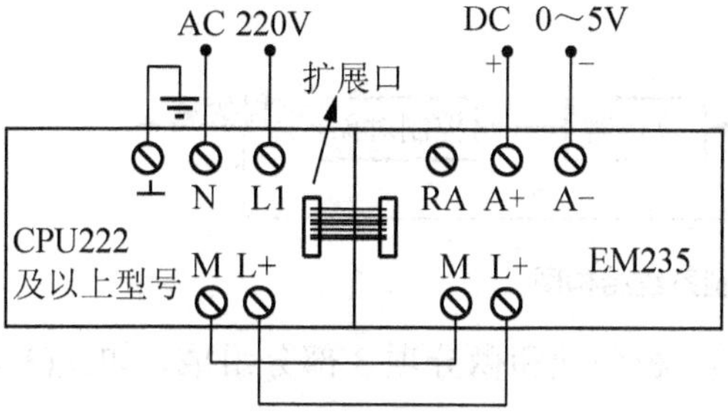

图 3.20　主机与输入模块的连接

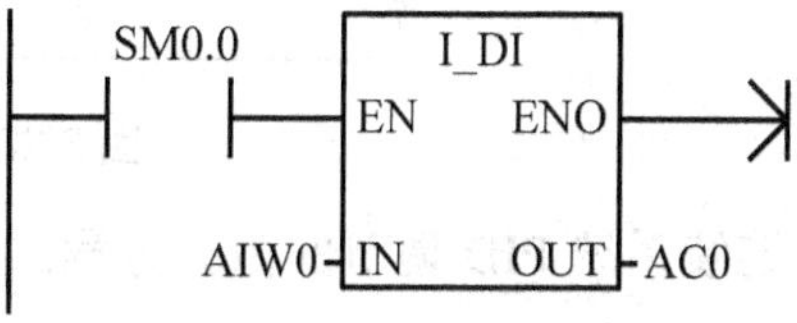

图 3.21　输入信号整定程序

(5) 反复执行第(4)步，使高端和低端都能得到满意的输入结果。

0～5V 对应的数字量为 0～32 000，模拟量与转换成的数字量应成正比例关系。如果电压接在 B 端，要查看 AIW2 中的值。

2) 模拟量输出信号的整定

按图 3.20 所示接线，运行图 3.22 所示的程序，EM235 模拟量输出的电压为-10～10V，即 AQW0 的值为-32 000～32 000 时，对应的输出电压应为-10～10V。

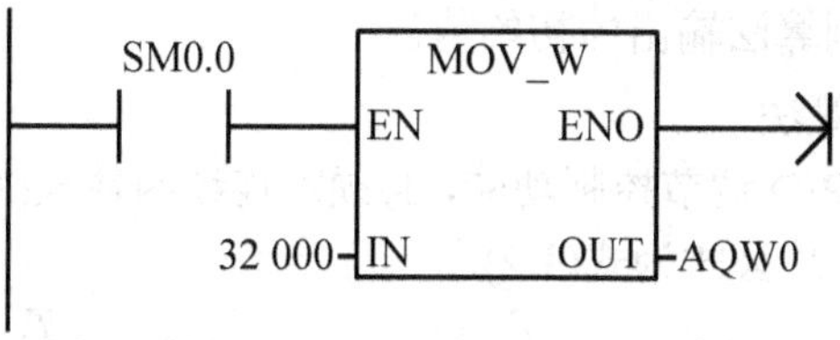

图 3.22　输出信号整定程序

五、PID 调节功能

1. PID 算法

在闭环控制系统中，常用 PID 控制算法使系统在稳定的前提下，控制输出与设定值的偏差最小。PID 调节指的是比例(Proportion)、积分(Integral)、微分(Differential)调节。其作用如下所述。

比例调节的作用是按比例反应系统的偏差，系统一旦出现了偏差，比例调节立即产生调节作用以减少偏差。比例作用大，可以加快调节，减少偏差，但是过大的比例，使系统的稳定性下降，甚至造成系统的不稳定。

积分调节作用是使系统消除稳态误差，提高无差度。积分作用的强弱取决于积分时间常数T_i，T_i越小，积分作用就越强，反之T_i大，则积分作用弱。加入积分调节可使系统稳定性下降，动态响应变慢。积分作用常与另外两种调节规律结合，组成 PI 或 PID 控制器。

微分调节作用是反映系统偏差信号的变化率，能产生超前的控制作用，在偏差还没有形成之前，已被微分调节作用消除，因此，可以改善系统的动态性能。在微分时间选择合适情况下，可以减少超调，减少调节时间。微分作用对噪声干扰有放大作用，因此过强的微分调节，对系统抗干扰不利。此外，微分反应的是变化率，而当输入没有变化时，微分作用输出为零。微分作用不能单独使用，需要与另外两种调节规律相结合，组成 PD 或 PID 控制器。

1) 连续系统的 PID 算法

PID 控制系统结构图如图 3.23 所示。

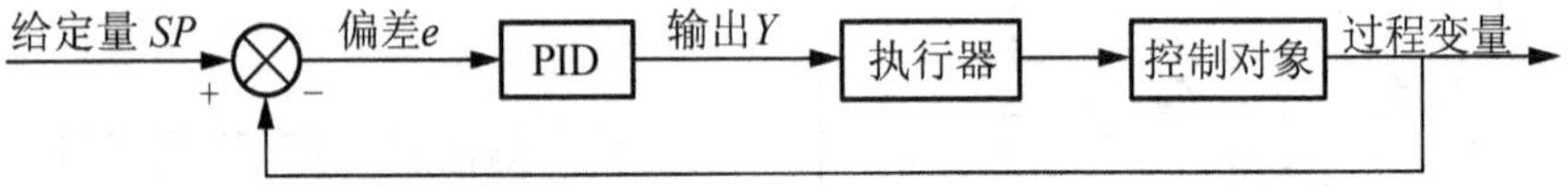

图 3.23　PID 控制系统结构图

连续系统 PID 调节的微分方程式由比例项、积分项和微分项 3 部分组成，如式(3-1)所示。

$$Y(t) = K_c e(t) + K_c \frac{1}{T_i}\int_0^t e(t)\mathrm{d}t + M_{\text{initial}} + K_c T_d \frac{\mathrm{d}e(t)}{\mathrm{d}t} \tag{3-1}$$

式中　$Y(t)$ ——回路控制算法的输出为时间的函数；

K_c ——回路增益；

T_i ——积分时间常数；

T_d ——微分时间常数；

$e(t)$ ——偏差(给定值与过程变量之差)；

M_{initial} ——回路控制算法输出的初始值。

2) 离散系统的 PID 算法

为了在 PLC 中实现 PID 调节控制功能，必须对连续函数式(3-1)通过周期性采样的方式进行离散化处理。处理后的公式为式(3-2)：

$$Y_n = K_c(SP_n - PV_n) + K_c \frac{T}{T_i}(SP_n - PV_n) + YX + K_c \frac{T_d}{T}(PV_{n-1} - PV_n) \tag{3-2}$$

式中　Y_n ——在采样时刻 n 计算出的回路控制输出值；

K_c ——回路增益；

SP_n ——在采样时刻 n 的给定值；

PV_n ——在采样时刻 n 的过程变量值；

PV_{n-1} ——在采样时刻 $n-1$ 的过程变量值；

T ——采样周期；

T_i ——积分时间常数；

T_d ——微分时间常数；

YX ——在采样时刻 $n-1$ 的积分项(也称为积分和)。积分和 YX 是所有采样时刻的积分项的总和。每计算一次积分项，积分和 YX 就更新一次。积分和的初始值通常调定为 $Y_{initial}$。

要进行 PID 运算，首先要确定以上 9 个参数，确定好参数后，用 PID 回路指令进行计算。在许多场合，不是 PID 算法中的每项都有用，有时用一项或二项。

若不需比例项，则 K_c 设为 0，但积分项和微分项的增益为 1。

若不需微分项，则微分时间常数设为 0。

若不需积分项，则将积分时间常数设为无穷大。

2. PID 调节指令

在过程控制中，经常涉及模拟量的控制，构成闭环控制系统。在闭环控制系统中，除了要对模拟量进行采样检测外，一般还要对采样值进行 PID 运算，根据运算结果，形成对模拟量的控制。在 S7-200 中，是通过 PID 回路指令来处理模拟量的。

1) PID 调节指令

PID 调节指令的格式及功能见表 3-18。

表 3-18　PID 调节指令的格式及功能

梯形图 LAD	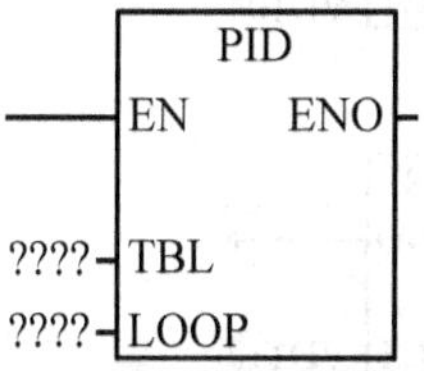	功　能：当使能端 EN 为 1 时，PID 调节指令对 TBL 为起始地址的 PID 参数表中的数据进行 PID 运算。TBL 为回路表的起始地址，可寻址的地址为 VB。LOOP 为回路号，可在 0～7 范围选取
语句表 STL	PID TBL，LOOP	

特别提示

用户程序中最多可有 8 条 PID 回路，即在一个过程中，PID 指令最多只能有 8 次，不同的 PID 指令应使用不同的回路号。

2) PID 调节指令的使用

使用 PID 调节指令有 3 步：①建立 PID 回路表；②对表中的输入量进行转换及标准化处理；③对输出数据进行工程量转换。

(1) 建立 PID 回路表。式(3-2)中包括 9 个参数，要建立一个回路表，需给这些参数分配一个存储的地址，回路表中的地址都是双字地址，其格式见表 3-19。如果 PID 调节指令的 TBL 的地址为 VB100，则表的起始地址为 VD100，过程变量当前值 PV_n 即反馈量存在 VD100 中，给定量存在 VD104 中，以此类推。

表3-19　PID回路表

地址偏移量	参　数	数据格式	输入输出类型	取值范围
0	过程变量当前值(PV_n)	双字实数	输入	在0.0～1.0之间
4	给定值(SP_n)	双字实数	输入	在0.0～1.0之间
8	输出值(Y_n)	双字实数	输入输出	在0.0～1.0之间
12	增益(K_c)	双字实数	输入	比例常数，可正可负
16	采样时间(T)	双字实数	输入	单位为s，正数
20	积分时间(T_i)	双字实数	输入	单位为min，正数
24	微分时间(T_d)	双字实数	输入	单位为min，正数
28	积分和或积分项前值(YX)	双字实数	输入输出	在0.0～1.0之间
32	过程变量前值(PV_{n-1})	双字实数	输入输出	最后一次执行PID指令的过程变量值

要将有关参数按照地址偏移量写入到变量寄存器中，一般是调用一个子程序。

应用实例3-4

PID回路表的首地址为VD100，SP_n为0.6，K_c为0.5，T为1s，T_i为10min，I_d为5min，则PID回路表的初始化程序如图3.24所示。

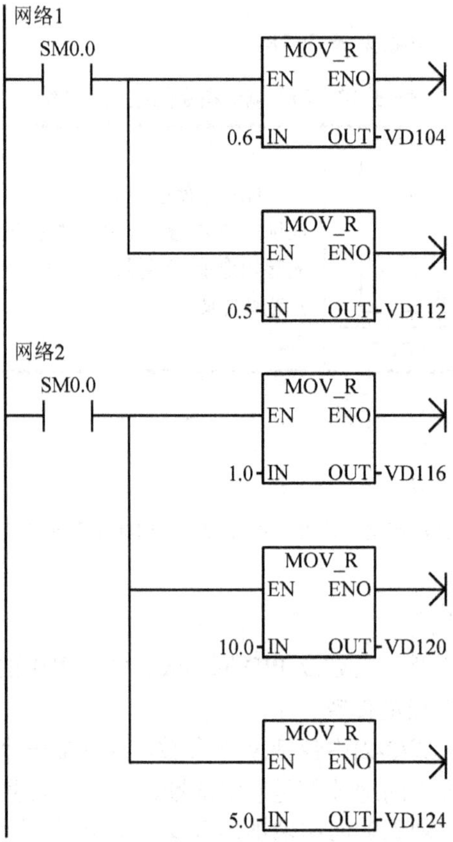

图3.24　PID回路表的初始化程序

(2) 输入量的转换及标准化处理。每个 PID 回路有 2 个输入量：给定量和过程变量，都是工程实际值。它们的取值范围和测量单位可能不一样，在进行 PID 运算前，必须将工程实际值标准化，转换成无量纲的相对值格式，即变成 0.0～1.0 之间的值。步骤如下。

① 将实际工程值由 16 位整数转换为实数。

② 将实数形式的工程实际值转换为 0.0～1.0 的无量纲相对值，即标准化值。公式：

$$R_s = R_r / S_p + E$$

式中　R_s——标准化值；

R_r——实际工程值的实数形式；

S_p——最大允许值减去最小允许值，单极性时取 32 000，双极性时取 64 000；

偏移量 E——单极性为 0，双极性为 0.5。

假设模拟量输入接在 A 通道，双极性数据标准化程序如图 3.25 所示。

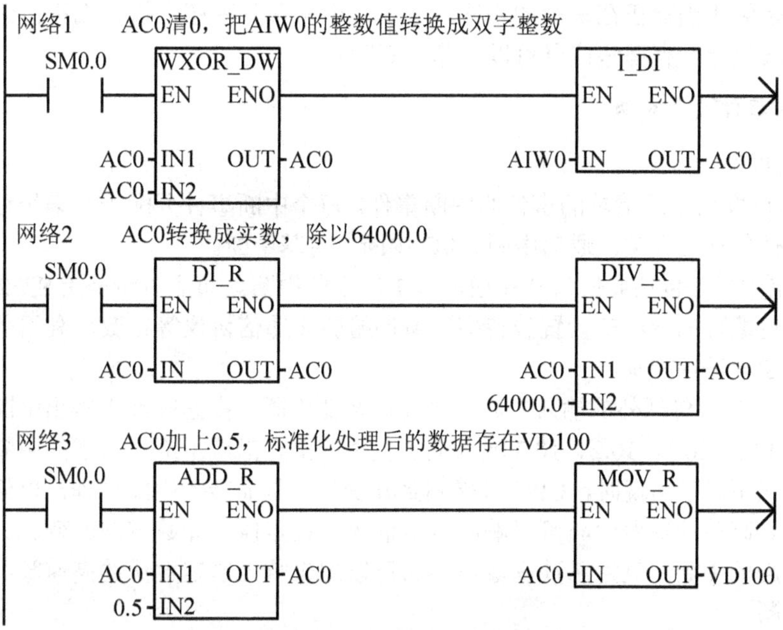

图 3.25　双极性数据标准化程序

(3) 输出数据转换为工程实际值。将 PLC 的运算结果按照一定的函数关系转换为模拟量输出寄存器中的数字值，然后通过模拟量输出模块再转换为现场需要的输出电压或电流。PID 运算后，其值为 0.0～1.0 的标准化值，必须转换成工程实际值，步骤如下。

① 标准化值转换成工程实际值的实数形式，其公式为：

$$R_s = (Y_n - E) * S_p$$

式中　R_s——按工程量标定的实数形式；

Y_n——过程变量的标准化值。

② 将已标定的工程实际值的实数形式转换为 16 位整数格式。

假定 PID 运算的标准化实数格式结果存储在 AC0 中，则经图 3.26 中程序段的转换，存储在模拟量存储器 AQW0 中的数据为一个按工程量标定后的 16 位数字值。

```
MOVR    VD108，AC0        //将 PID 运算结果放入 AC0
-R      0.5，AC0          //仅用于双极性的场合
*R      64000.0，AC0      //将 AC0 中的值按工程量标定

TRUNC   AC0，AC0          //将实数转换为 32 位整数
MOVW    AC0，AQW0         //将 16 位整数值输出至模拟量输出模块
```

图 3.26　输出数据的转换程序

六、中断处理指令

在某些非预期的事件发生时，如设备出现故障，应对这些事件进行处理，而这些事件的出现是随机的，按照前面讲的内容无法处理，就要用到中断处理功能。

中断就是终止当前正在执行的程序，去执行中断服务程序，执行完毕再返回原先终止的程序并继续执行。有哪些信号可以引起中断呢？

1. 中断事件及优先级

1) 中断事件

能向 PLC 发出中断请求的事件叫中断事件。每个中断事件分配一个编号称作中断事件号。中断事件包括三大类：通信中断、I/O 中断、时基中断。

(1) 通信中断。包括通信口 0 和通信口 1 产生的中断。通信中断是指 S7-200 的串行通信口可以通过编程的方法来设置波特率、奇偶检验和通信协议等参数，利用数据接收和发送中断可对通信进行控制。

(2) I/O 中断。包括外部输入中断、高速计数器中断、高速脉冲串输出中断。外部输入中断是指由 I0.0、I0.1、10.2、10.3 输入端子发生的上升沿或下降沿引起的中断。这些输入点的上升沿或下降沿出现时，CPU 可检测到其变化，从而转入中断处理，以便及时响应某些故障状态。高速计数器中断可以响应当前值等于设定值、计数方向改变、计数器外部复位等事件引起的中断。高速脉冲串输出中断可以用来响应给定数量的高速脉冲串输出完成所引起的中断。

(3) 时基中断。包括定时中断和定时器中断。

定时中断：有定时中断 0 和定时中断 1。定时中断 0 把周期时间写入特殊存储器 SMB34。定时中断 1 把周期时间写入特殊存储器 SMB35。对于 CPU22x 系列，定时时间在 1～255ms 之间以 ms 为增量单位进行设定。每当达到定时时间，执行中断处理程序。利用定时中断可以设定采样周期，实现对模拟量的数据采样，也可以用来执行 PID 调节指令，完成 PID 控制。

定时器中断：利用定时器来对一个指定的时间段产生中断。只能由 1ms 延时定时器 T32 和 T96 产生。T32 和 T96 的工作方式与普通定时器一样。一旦定时器中断允许，当 T32 或 T96 的当前值等于设定值时，CPU 响应定时器中断，执行被连接的中断服务程序。

2) 中断优先级

当有多个中断事件同时发出中断请求时，CPU 对中断的响应有先后顺序。中断优先级由高到低的顺序为：通信中断、I/O 中断、时基中断。中断事件及优先级见表 3-20。在同一等级的事件中，CPU 按先来先服务的原则处理。同一时刻，只能有一个中断服务程序被

执行。一个中断服务程序一旦被执行，就会一直执行到结束，中途不能被另一个中断服务程序中断。在执行中断服务程序过程中，发生的其他中断需排队等候处理，其最大队列数因中断等级的不同而不同，如超出，其溢出标志 SM4.0～SM4.2 置 1，见表 3-21。

表 3-20　中断事件及优先级

中断类型	事件编号	中断名称	优先级 H	可支持的 CPU 型号			
				221	222	224	CPU224XP 226
通信中断	8	端口 0：接收字符	0	有	有	有	有
	9	端口 0: 发送完成	0	有	有	有	有
	23	端口 0：接收信息完成	0	有	有	有	有
	24	端口 1：接收信息完成	1				有
	25	端口 1：接收字符	1				有
	26	端口 1：发送完成	1				有
I/O 中断	0	I0.0 上升沿	0	有	有	有	有
	1	I0.0 下降沿	4	有	有	有	有
	2	I0.1 上升沿	1	有	有	有	有
	3	I0.1 下降沿	5	有	有	有	有
	4	I0.2 上升沿	2	有	有	有	有
	5	I0.2 下降沿	6	有	有	有	有
	6	I0.3 上升沿	3	有	有	有	有
	7	I0.3 下降沿	7	有	有	有	有
	12	HSC0 当前值等于设定值	0	有	有	有	有
	27	HSC0 输入方向改变	16	有	有	有	有
	28	HSC0 外部复位	2	有	有	有	有
	13	HSC1 当前值等于设定值	8				有
	14	HSC1 输入方向改变	9				有
	15	HSC1 外部复位	10				有
	16	HSC2 当前值等于设定值	11				有
	17	HSC2 输入方向改变	12				有
	18	HSC2 外部复位	13				有
	32	HSC3 当前值等于设定值	1		有	有	有
	29	HSC4 当前值等于设定值	3		有	有	有
	30	HSC4 输入方向改变	17		有	有	有
	31	HSC4 外部复位	18		有	有	有
	33	HSC5 当前值等于设定值	19		有	有	有
	19	PLS0 脉冲数完成	14		有	有	有
	20	PLS1 脉冲数完成	15		有	有	有
时基中断	10	定时中断 0(SMB34)	0	有	有	有	有
	11	定时中断 1(SMB35)	1	有	有	有	有
	21	定时器 T32 当前值等于设定值	2	有	有	有	有
	22	定时器 T96 当前值等于设定值	3	有	有	有	有

表 3-21　各类型主机中断队列中的最大中断数

队列	CPU 类型				中断队列溢出标志位	
	221	222	224	224XP 226		
通信中断队列	4	4	4	8	SM4.0	溢出为 ON
I/0 中断队列	16	16	16	16	SM4.1	溢出为 ON
时基中断队列	8	8	8	8	SM4.2	溢出为 ON

2. 中断指令及应用

1) 中断指令

当随机的中断事件发生时，CPU 将停止正在执行的主程序，进行现场保护，在将累加器、寄存器及特殊存储器等的状态和数据保存起来以后，转到相应的中断服务程序去处理，服务程序结束后，将自动返回到主程序继续进行正常工作。中断指令的格式及功能见表 3-22。中断程序也称中断服务程序，是用户处理中断事件而编写的程序。编程时用中断程序标号识别每个中断程序，中断服务程序标号取值可为 0～127。

表 3-22　中断指令的格式及功能

<table>
<tr><td rowspan="2">中断允许指令</td><td>梯形图 LAD</td><td>—(ENI)</td><td rowspan="2">功能：全局允许所有被连接的中断事件</td></tr>
<tr><td>语句表 STL</td><td>ENI</td></tr>
<tr><td rowspan="2">中断禁止指令</td><td>梯形图 LAD</td><td>—(DISI)</td><td rowspan="2">功能：全局禁止处理所有被连接的中断事件</td></tr>
<tr><td>语句表 STL</td><td>DISI</td></tr>
<tr><td rowspan="2">中断连接指令</td><td>梯形图 LAD</td><td>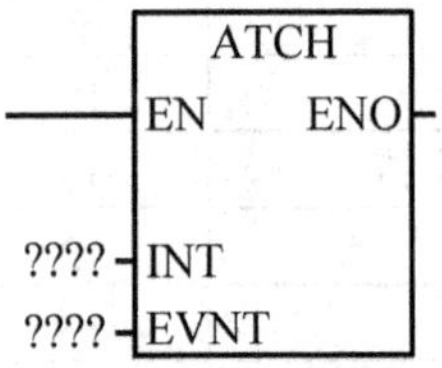</td><td rowspan="2">功能：把一个中断事件(EVNT)和一个中断服务程序连接起来，并允许该中断事件。
INT 为中断程序号，其值为 0～127，EVNT 为中断事件号</td></tr>
<tr><td>语句表 STL</td><td>ATCH INT，EVNT</td></tr>
<tr><td rowspan="2">中断分离指令</td><td>梯形图 LAD</td><td>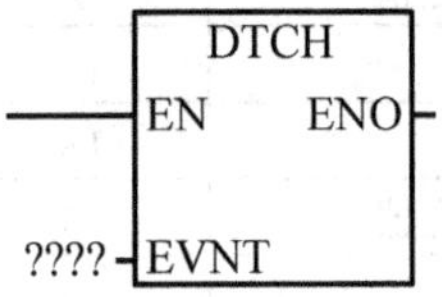</td><td rowspan="2">功能：切断一个中断事件(EVNT)和所有中断程序的联系，并禁止该中断事件</td></tr>
<tr><td>语句表 STL</td><td>DTCH　EVNT</td></tr>
<tr><td rowspan="2">中断条件返回指令</td><td>梯形图 LAD</td><td>—(RETI)</td><td rowspan="2">功能：当满足一定条件时，可提前结束中断服务程序的执行，返回主程序</td></tr>
<tr><td>语句表 STL</td><td>CRETI</td></tr>
</table>

2) 中断指令应用

应用实例 3-5

模拟量输入值的采集

要求用定时中断设置一个每 100ms 采集一次模拟量输入值的控制程序。

如图 3.27 所示，控制程序包括主程序与中断程序 0。主程序中把 100 送到 SMB34 中，采用定时中断 0，中断事件号为 10，用中断连接指令把定时中断 0 与中断程序 0 连接起来，全局开中断。每隔 100ms，时间到，就执行中断程序 0，即把模拟量通道 A 中的数据送到 VW10 中保存，以便对数据进行后续处理。

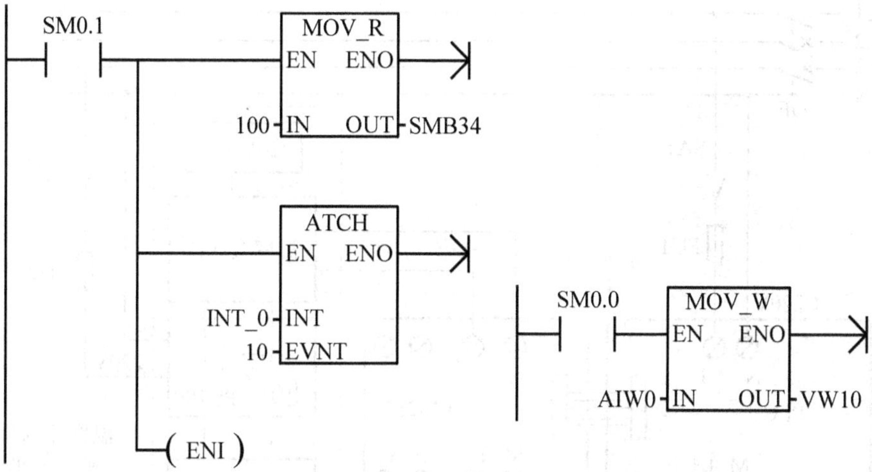

(a) 主程序　　(b) 中断程序 0

图 3.27　定时中断控制程序

任务实施

一、设计电气原理图

1. 选择电器元件、模拟量模块种类及 PLC 型号

Pt100 测量的炉温经过温度变送器转换成 0～5V 的电压信号，此信号为系统反馈信号，即反映实际的温度值，经 PLC 的 PID 运算，通过模拟量输出模块输出 0～5V 的电压信号给电炉加热。既有模拟量输入又有模拟量输出，所以选择 EM325 进行模拟量的处理。

CPU 主机的输入输出不需要连接输入输出信号，CPU221 没有扩展接口，不能连接模拟量模块，所以可选 CPU222 继电器输出型的 PLC。

2. 设计电气原理图

设计电气原理图主要考虑 PLC 与模拟量模块的连接、模拟量模块与温度测检与驱动信号的连接、各部分电源与保护电路的设计，如图 3.28 所示。PLC 与输入输出模拟量模块 EM235 通过扩展接口相连接，EM235 模块的电源 L+、M 端采用 PLC 的本身输出电源。Pt100 测量的炉温经过温度变送器转换成 0～5V 的电压信号，要与 EM235 的输入端连接，图 3.28 是接在 A 通道。EM235 模块正常输出的电压信号 V0、M0 为-10～10V，而系统要求驱动电路的电压为 0～5V，所以要通过程序使 EM235 输出的电压信号为 0～5V。PLC 与温度控制单元的电源电压都为交流 220V，连接如图 3.28 所示。图中地线的连接没画，应把 PLC、EM235、温度控制单元的接地端子分别接在系统的接地端子排上，然后与电源的零线 N 相连。

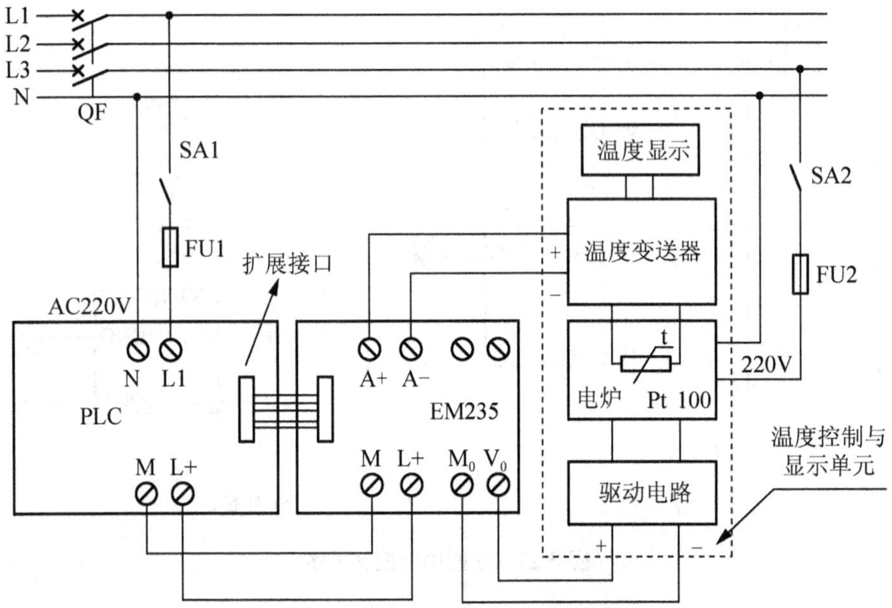

图 3.28 电炉恒温控制电气原理图

二、设计控制程序

控制程序由主程序、子程序、中断程序 3 部分组成。参考控制程序如图 3.29 所示。

主程序主要是调用子程序 0。

子程序 0 建立 PID 回路表，对 PID 参数进行初始化处理，采用定时中断 0 进行中断，每隔 100ms 中断 1 次，并全局开中断。

中断程序 0 是温度的控制部分，网络 1、网络 2 中 AIW0 的值为反馈量，除以 32 000 转换成 0.0～1.0 之间的值，然后进行 PID 调节。网络 3 中 VD108 输出量要转换成工程值，由于温度加热器要求的电压为 5V，所以乘以 16 000(模拟量输出端 32 000 对应输出电压为 10V)，取整后送到 AQW0 中，EM235 的 V_0、M_0 端输出 0～5V 电压，对电炉进行加热控制。

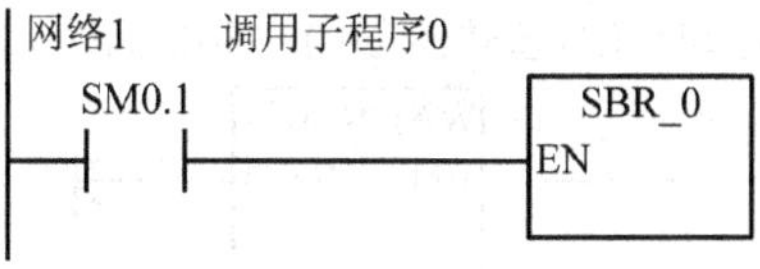

主程序

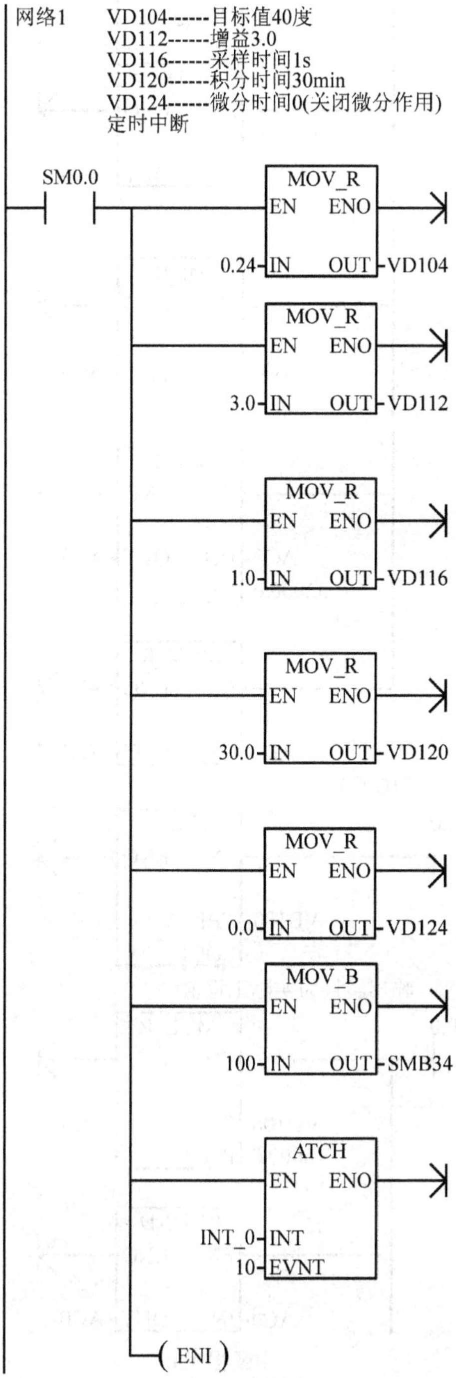

子程序 0

图 3.29　电炉恒温控制程序

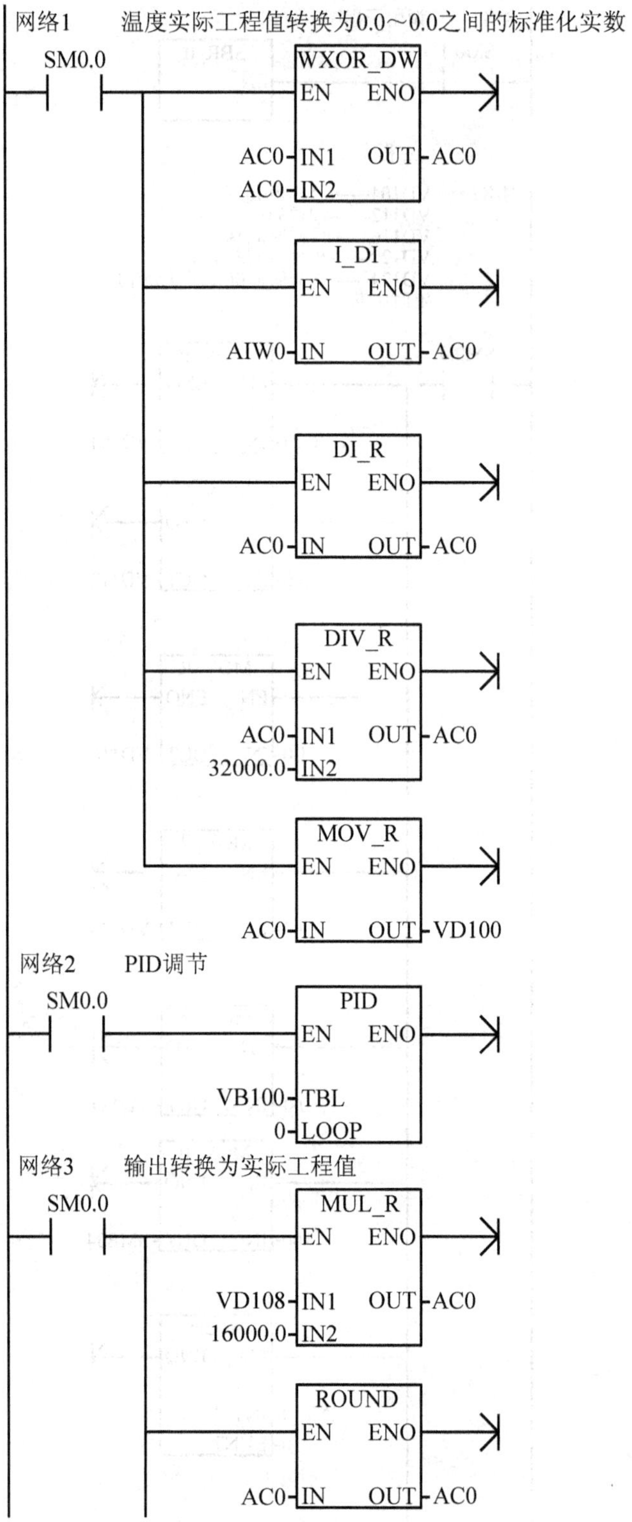

中断程序 0

图 3.29　电炉恒温控制程序(续)

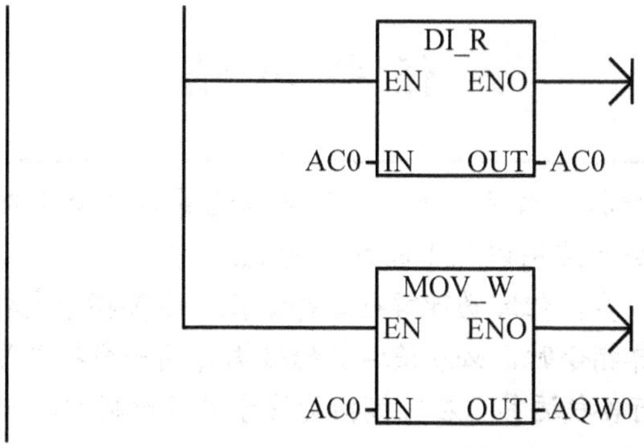

中断程序 0 (续)

图 3.29　电炉恒温控制程序(续)

三、系统模拟调试

(1) 断电情况下，按图 3.28 所示的电气原理图接线。由于模拟量输入电压在 0～5V 之间变化，所以应按表 3-23 设定 DIP 开关的状态。

表 3-23　温度控制 DIP 开关设定

SW1	SW2	SW3	SW4	SW5	SW6
ON	OFF	OFF	OFF	OFF	ON

(2) 接完线并检查接线正确后，按电气操作规程通电。

(3) 输入图 3.29 所示的控制程序，通过 主程序 SBR_0 INT_0 选择编程页面，在主程序页面输入主程序、在子程序页面输入子程序、在中断程序页面输入中断程序，输入完毕，按编译→下载→监控→运行顺序做好程序调试准备。

(4) 按任务要求逐项调试设计的控制程序。

① 程序调试。PLC 设为运行模式后，观察中断程序的执行情况，程序能正常运行后，则要确定温度 40℃时，对应的目标设定值(存在 VD104 中)。

② 目标值的设定。先把比例项设为较小的值，如 VD112 为 1.0，子程序 0 中的目标值 VD104 设定为较大的数值如设为 0.9，启动系统进行加热，运行程序并设为状态监控模式。当电炉温度上升到预期所要达到的温度值如 40 度时，读取中断程序中网络 1 VD100 中的数值，此数值即为预期目标值，把此值填入子程序 VD104 中，再次下载程序，重新启动程序进行控制。如果电炉不能实现恒温控制，其他参数不变的情况下，增大 VD112 的值，此时 400C 对应的 VD100 中的值也改变，所以 VD104 的值也要根据 VD100 的值做相应的改变，经过几次反复实验，最终确定 400C 时对应的目标设定值为 0.24，比例项 Kc 值为 3.0，系统实现 400C 恒温控制。

任 务 小 结

本节通过电炉温度控制系统，重点学习数据运算与转换指令的应用、模拟量模块的功能、PID 调节指令的应用以及中断处理功能。

运算与转换指令较多，但容易理解也容易掌握。运算指令包括数据运算指令和逻辑运算指令。在进行运算指令时，必须使运算的数据为同一数据类型，如果不同就要用转换指令，转换后再进行各种运算。在对模拟量信号进行控制时，一般要用到这些指令。

模拟量模块包括 EM231、EM232、EM235，在和 CPU 主机连接后，要设定 DIP 的通断状态选择模块转换的电压范围。

闭环控制系统要实现某些量的恒定控制，一般要用到 PID 调节功能。应用 PID 调节指令编程，就要确定回路表中的九个参数，并进行参数的标准化处理。

在处理复杂的控制任务时，要用到中断处理功能。能够向 PLC 发出中断请求的事件叫中断事件。S7-200 系列 PLC 的中断事件包括三大类，分别是通信中断、I/O 中断和时基中断。PLC 运行过程中，可根据中断事件的出现情况，及时发出控制命令，调用处理特殊情况的中断服务程序，进而实现对现场设备的实时控制。

思考与技能实练

1．S7-200 系列的模拟量模块有哪几种？其作用是什么？

2．S7-200 系列 PLC 的中断事件分哪几类？它们的中断优先级如何？

3．一圆的半径值(<10 000 的整数)存放在 VW10 中，取 π=3.14，用实数运算指令计算圆周长，结果四舍五入转为整数后，存放在 VW20 中。

4．某温度变送器的量程为 10～50℃，输出信号为 DC0～10V，模拟量输入模块输入的 0～10V 电压被转换为 0～32 000 的整数。在 I0.0 的上升沿，根据 AIW0 中 A/D 转换后的数据，用整数运算指令计算出以 0.01℃为单位的频率值。当温度大于 55℃或小于 8℃时，通过 Q0.0 发出报警信号，试编写程序。

5．首次扫描时给 Q0.0～Q0.7 置初值，用 T96 中断定时控制接在 Q0.0～Q0.7 上的 8 个彩灯循环左移，每 5s 移一位。

项目4

高速处理功能

重点内容	1. 高速计数器指令及其应用； 2. 高速计数器的使用方法； 3. 高速脉冲输出指令及应用。

项目导读

本项目主要学习高速计数器指令及其应用、高速脉冲输出指令及应用。高速计数器在某些项目控制中起着不可替代的作用，而PLC具有高速脉冲输出指令功能，使PLC在运动控制领域得到应用，S7-200系列PLC可以不需借助运动控制模块，就能简单地控制伺服电动机或者步进电动机按一定的速度、加速度和转矩，达到预定的运动目标。下面通过饮料罐装机的控制、包装器材机械手的控制这两个应用实例掌握高速处理功能的应用方法。

任务 4.1 饮料罐装机控制系统的设计、模拟调试

任务目标	1. 理解高速计数器计数方式、工作模式的意义及控制字节、状态字节的含义; 2. 掌握高速计数器的初始化使用步骤; 3. 了解高速计数器功能的适用场合; 4. 能够用高速计数器功能实现简单的控制项目。

任务引入

饮料罐装机有许多种，结构不同，控制原理也不一样，本例为 12 头旋转式饮料罐装机的控制，用输出脉冲信号的流量计作为定容积计量元件，实际容量等于设定容量时，停止罐装。具体要求如下。

系统启动后，电动机驱动的传送设备将瓶子传送到罐装位置，瓶子到位后，气阀打开，通过气压推动插拔管机构将导流管插入瓶中，检测元件对其位置检测后，罐装电磁阀打开，开始罐装，流量计开始计量，计量到设定容量后，罐装电磁阀关闭，同时气阀关闭，插拔管机构退出，12 瓶饮料同时全部罐装结束。原理示意图如图 4.1 所示。

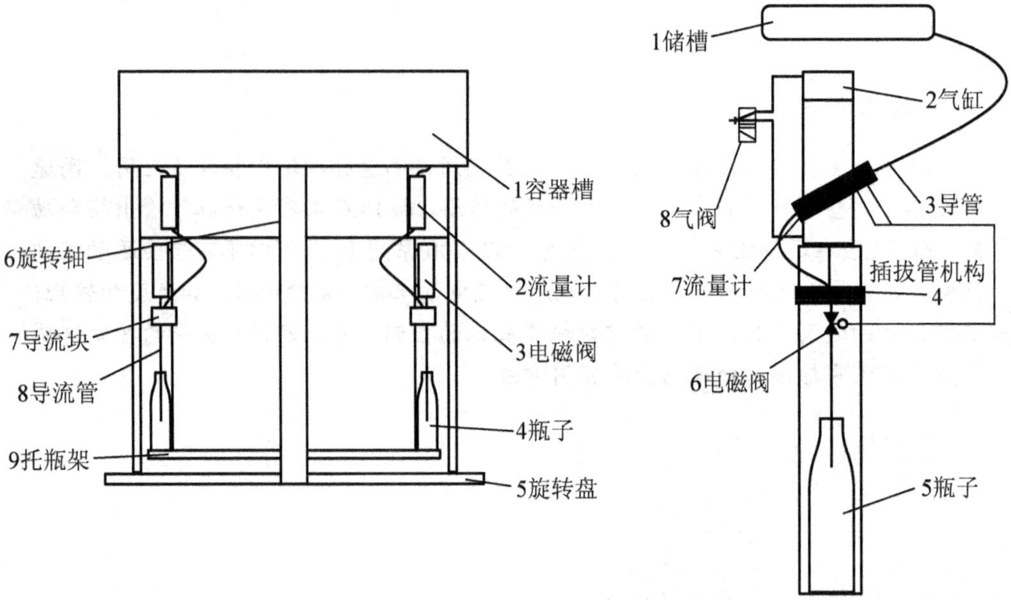

图 4.1 饮料罐装机及原理示意图

图 4.1　饮料罐装机及原理示意图(续)

任务分析

饮料罐装机按罐装原理可分为常压罐装机、压力罐装机和真空罐装机。按结构可分为旋转式罐装机和直线式罐装机。常压罐装机又分为定时罐装和定容罐装两种，只适用于罐装低黏度不含气体的液体如牛奶、葡萄酒等。这类罐装机一般为回转式结构。

饮料罐装机最为常见的是定容量罐装，当有液体流过时，流动的液体就会通过流量表中的涡轮推动齿轮高速旋转(类似于家用水表)，其频率会大大超过 2 000Hz，齿轮每转过一个齿数所流过的液体的容量为恒定值，称之为当量，要实现定量罐装，需求出一定容量时，流量表齿轮旋转的齿数，可用检测元件通过计数器来完成。

普通计数器是按照顺序扫描的方式进行工作，在每个扫描周期中，对计数脉冲只能进行一次累加，计数频率为几十 Hz。如果输入脉冲信号的频率高于扫描频率，而仍用普通计数器进行累加，就会丢失一些脉冲，造成计数不准。高速计数器用来累计比 CPU 的扫描速率更快的事件，计数过程与扫描周期无关。高速计数器计数频率取决于 CPU 的类型，CPU22x 系列最高计数频率为 30kHz。所以必须使用 PLC 的高速计数器功能。

定容量罐装需考虑以下几个问题。

(1) 不同流量表的当量不等(一般为几毫升)，该当量值需要设定。

(2) 所需的罐装容量(单位为升)，也需要设定，以满足不同的包装要求。

(3) 电磁阀断电切断罐装阀门时，还会有一定的余量流过流量表，造成罐装误差，该余量也需要正确测定(一般为数十毫升)，并进行设定。

(4) 以上所有数据可以通过触摸屏进行设定，也可以在程序状态表监控画面上进行设定。

相关知识

S7-200 系列 PLC 中有 6 个高速计数器，它们分别是 HSC0、HSC1、HSC2、HSC3、HSC4 和 HSC5。当高速计数器的当前值等于预置值、外部复位信号有效(HSC0 不支持)、计数方向改变(HSC0 不支持)时将产生中断，通过中断服务程序实现对控制目标的控制。

一、高速计数器工作模式

1. 高速计数器的种类

S7-200 最多支持 6 个高速计数器，CPU 的型号不同对应的高速计数器的数量不同，见表 4-1。

表 4-1 高速计数器的数量与编号

PLC 型号	HSC0	HSC1	HSC2	HSC3	HSC4	HSC5
CPU221 CPU222	有	无	无	有	有	有
CPU224 CPU224XP CPU226	有	有	有	有	有	有

2. 高速计数器的工作模式

高速计数器依据计数脉冲、复位脉冲、启动脉冲端子的不同接法可组成从 0 至 11 共 12 种工作模式，每个高速计数器都有多种工作模式，可通过编程，使用定义高速计数器 HDEF 来选定工作模式。每个高速计数器都配置了固定的输入端作为高速计数器的脉冲输入、计数方向、启动、复位等功能，见表 4-2。

表 4-2 高速计数器的工作模式和输入端子的关系

高速计数器HSC的工作模式	功能及说明		占用的输入端子及其功能			
	高速计数器编号	HSC0	I0.0	I0.1	I0.2	×
		HSC1	I0.6	I0.7	I1.0	I1.1
		HSC2	I1.2	I1.3	I1.4	I1.5
		HSC3	I0.1	×	×	×
		HSC4	I0.3	I0.4	I0.5	×
		HSC5	I0.4	×	×	×
0	带有内部方向控制的单相计数器		脉冲输入	×	×	×
1	控制字 SM37.3=0，减计数		脉冲输入	×	复位	×
2	SM37.3=1，加计数		脉冲输入	×	复位	启动
3	带有外部方向控制的单相计数器		脉冲输入	方向控制	×	×
4	方向控制端=0，减计数		脉冲输入	方向控制	复位	×
5	方向控制端=1，加计数		脉冲输入	方向控制	复位	启动

续表

6	带有加/减计数脉冲的双相计数器	加计数	减计数	×	×
7	加计数端脉冲输入，加计数	加计数	减计数	复位	×
8	减计数端脉冲输入，减计数	加计数	减计数	复位	启动
9	A/B 相正交计数器	A 相脉冲	B 相脉冲	×	×
10	A 相脉冲超前 B 相脉冲，加计数	A 相脉冲	B 相脉冲	复位	×
11	A 相脉冲滞后 B 相脉冲，减计数	A 相脉冲	B 相脉冲	复位	启动

表 4-2 中，如果把计数器配置为 0 号(HSC0)计数器，工作于模式 0，则表示选择了带有内部方向控制的单相计数器，没有启动和复位输入端子，I0.0 为计数脉冲输入端子，I0.1 和 I0.2 可以用作其他用处。如果把计数器配置为 0 号(HSC0)计数器，工作于模式 1，则表示选择了带有内部方向控制的单相计数器，有复位端子，没有启动端子，I0.0 为计数脉冲输入端子，I0.2 为计数器的复位端子(不能作为其他用处)，I0.1 可以作为其他用处。

特别提示

使用复位和启动端子时须注意以下问题。

(1) 当复位端子接通时，清除计数器的当前值并保持清除状态，直到复位端子断开。

(2) 当启动端子接通时，允许计数器计数；启动输入端子断开后，输入脉冲暂停计数，并保持计数器的当前值。

(3) 当启动端子断开而复位端子接通，则忽略复位端子，计数器的当前值不变。

(4) 当启动端子接通，复位端子也接通，则当前值被清除。

二、高速计数器指令

1. 高速计数器指令格式及功能

高速计数器指令的格式及功能见表 4-3。

表 4-3 高速计数器指令的格式及功能

	定义高速计数器指令	高速计数器指令
梯形图 LAD	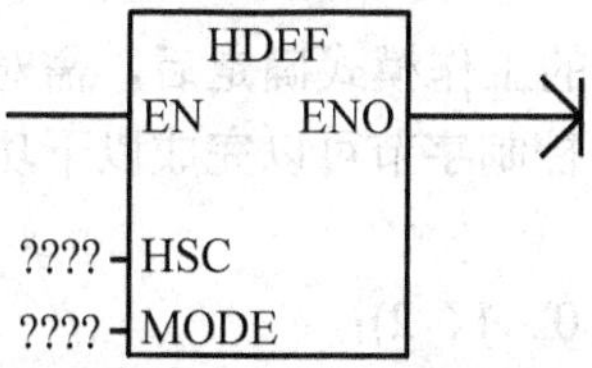	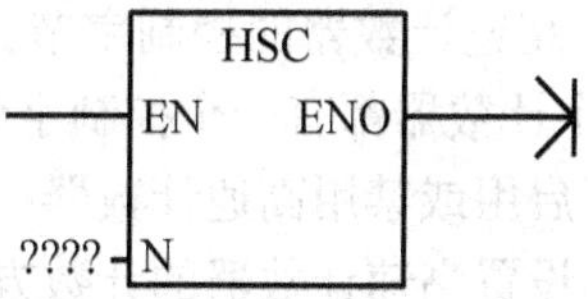
语句表 STL	HDEF HSC，MODE	HSC N
功能	当使能输入有效时，为高速计数器分配一种工作模式	当使能输入有效时，根据高速计数器特殊存储器位的状态及 HDEF 指令指定的工作模式，设置高速计数器并控制其工作

2. 高速计数器的使用

每个高速计数器都有固定的特殊存储器与之相配合，完成高速计数功能，具体对应关系见表 4-4。

表 4-4　高速计数器使用的特殊寄存器

高速计数器号	状态字节	控制字节	当前值	预置值
HSC0	SMB36	SMB37	SMD38	SMD42
HSC1	SMB46	SMB47	SMD48	SMD52
HSC2	SMB56	SMB57	SMD58	SMD62
HSC3	SMB136	SMB137	SMD138	SMD142
HSC4	SMB146	SMB147	SMD148	SMD152
HSC5	SMB156	SMB157	SMD158	SMD162

(1) 高速计数器的状态字节

每个高速计数器都有一个状态字节。状态字节位存储当前的计数方向、当前值是否等于预置值、当前值是否大于预置值。程序运行时，PLC 通过监控这些状态字节，根据运行状况，自动使某些位置位，可以通过程序读取相关位的状态，用作判断条件完成相应的操作。状态字节中各状态位的功能如表 4-5 所示。

表 4-5　高速计数器的状态字节

HSC0	HSC1	HSC2	HSC3	HSC4	HSC5	含　义
SM36.0	SM46.0	SM56.0	SM136.0	SM146.0	SM156.0	未　用
SM36.1	SM46.1	SM56.1	SM136.1	SM146.1	SM156.1	
SM36.2	SM46.2	SM56.2	SM136.2	SM146.2	SM156.2	
SM36.3	SM46.3	SM56.3	SM136.3	SM146.3	SM156.3	
SM36.4	SM46.4	SM56.4	SM136.4	SM146.4	SM156.4	
SM36.5	SM46.5	SM56.5	SM136.5	SM146.5	SM156.5	当前计数方向状态位：0=减计数；1=加计数
SM36.6	SM46.6	SM56.6	SM136.6	SM146.6	SM156.6	当前值等于预置值状态位：0=不等；1=相等
SM36.7	SM46.7	SM56.7	SM136.7	SM146.7	SM156.7	当前值大于预置值状态位；0=小于或等于；1=大于

(2) 高速计数器的控制字节。高速计数器的工作模式确定后，需对计数器写入控制字节。每个计数器都有一个控制字节，通过这个控制字节可以完成以下功能。

① 启用或禁用高速计数器；

② 设置高速计数器的计数方向(仅限模式 0、1、2)；

③ 更新高速计数器的当前值和预置值；

④ 设置高速计数器的计数速率。

用户可以根据要求，设置控制字节中各控制位的状态，每个高速计数器的控制字节的含义见表 4-6。

表 4-6　高速计数器的控制字节含义

HSC0	HSC1	HSC2	HSC3	HSC4	HSC5	含　义 (仅当 HDEF 执行时使用)
SM37.0	SM47.0	SM57.0	×	SM147.0	×	复位信号有效电平： 0=高电平有效；1=低电平有效
×	SM47.1	SM57.1	×	×	×	启动信号有效电平： 0=高电平有效；1=低电平有效
SM37.2	SM47.2	SM57.2	×	SM147.2	×	正交计数器的倍率选择： 0=4 倍率；　　1=1 倍率
SM37.3	SM47.3	SM57.3	SM137.3	SM147.3	SM157.3	计数方向控制位： 0=减计数；　　1=加计数
SM37.4	SM47.4	SM57.4	SM137.4	SM147.4	SM157.4	向 HSC 写入计数方向： 0=不更新；　　1=更新
SM37.5	SM47.5	SM57.5	SM137.5	SM147.5	SM157.5	向 HSC 写入新的预置值： 0=不更新；　　1=更新
SM37.6	SM47.6	SM57.6	SM137.6	SM147.6	SM157.6	向 HSC 写入新的当前值： 0=不更新；　　1=更新
SM37.7	SM47.7	SM57.7	SM137.7	SM147.7	SM157.7	启用 HSC： 0=关 HSC；　　1=开 HSC

例如：把 SMB47 赋值为 16#F8，可以通过指令 MOVB，16#F8，SMB47 向 HSC1 写入控制字节。由于 F8 的 16 进制数为 1111 1000，则表示以下结果。

启动计数器 HSC1，SM47.7=1；

更新当前值，SM47.6=1；

更新预置值，SM47.5=1；

更新计数方向，SM47.4=1；

计数器为加计数，SM47.3=1；

计数器为×4 倍率，SM47.2=0；

计数器启动端高电平有效，SM47.1=0；

计数器复位端高电平有效，SM47.0=0。

（3）高速计数器的当前值及预置值寄存器。每个高速计数器都分配两个特殊的内存地址，来存储其当前值和设定值，它们均为 32 位带符号的整数值。要改变高速计数器的当前值和预置值，必须使控制字节（见表 4-6）的第 5 位和第 6 位为 1，在允许更新预置值和当前值的前提下，新当前值和新预置值才能写入当前值及预置值寄存器。

例如：MOVB　+15，SMD48　　　　表示把 HSC1 的初始值设为 15(CV=15)；

　　　MOVB　+5000，SMD 52　　表示把 HSC1 的设定值设为 5000(PV=5000)。

3. 高速计数器的初始化步骤

要启用高速计数器可遵循以下步骤进行初始化，其初始化一般以子程序的形式进行。模式不同初始化步骤也不相同，下面以 HSC1，模式 0、1、2 为例说明初始化步骤。

(1) 使用 SM0.1 在主程序中调用高速计数器的初始化子程序；

(2) 在初始化中根据需要向 SMB47 装入控制字节。例如：MOVB，16#F8，SMB47；

(3) 用 HDEF 定义高速计数器，HSC 置 1，MODE 置 0(无外部复位或启动)或 1(有外部复位无外部启动)或 2(有外部复位和启动)；

(4) 利用 MOV 指令，将希望的当前计数值装入 SMD48(装入 0 可进行计数器的清零操作)；

(5) 利用 MOV 指令，将希望的预置值装入 SMD52；

(6) 编写与中断事件号相关联的中断服务程序。如当前值等于预置值的中断事件，其中断事件号为 13；

(7) 执行 ENI(全局开中断)指令；

(8) 执行 HSC 指令，激活高速计数器功能；

(9) 退出子程序。

三、高速计数器指令应用——包装生产线的计数控制

某产品包装生产线应用高速计数器对产品进行累计，每检测到 1 000 个产品时，自动启动包装机进行包装，包装机的动作用接在 Q0.0 上的指示灯进行模拟，I0.2 接通时，Q0.0 指示灯灭，设计控制程序。

1. 设计控制程序

分析：根据要求，选择 HSC0，确定工作模式为 3(计数方向为外部信号控制，不要求复位信号输入)，采用当前值等于预置值的中断事件，中断号为 12。采用 CPU222 作为主机，CPU222 中的 I0.0 连接产品计数信号，为脉冲输入端，I0.1 为加减计数控制端，由于电气原理图简单，在此省略，只给出设计的参考程序。程序分三部分，包括主程序、子程序、中断程序。梯形图程序如图 4.2 所示，语句表程序如图 4.3 所示。

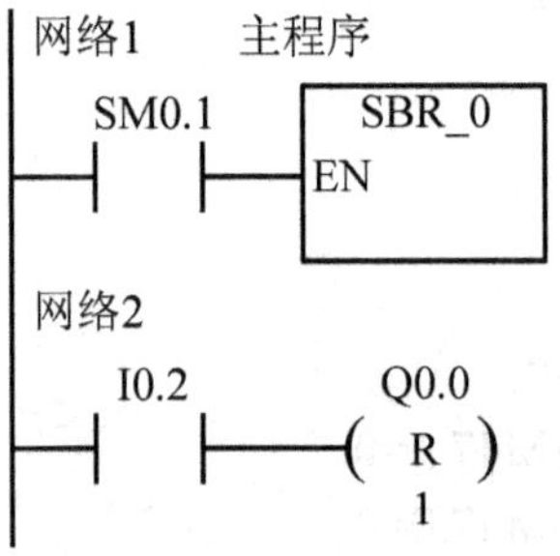

主程序

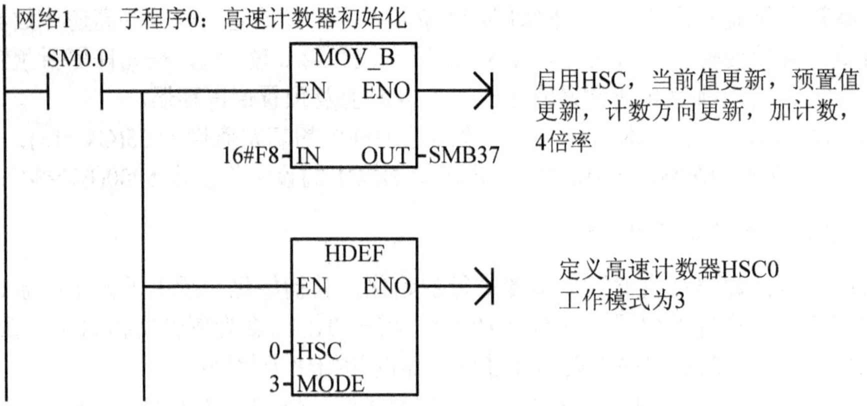

子程序 0

图 4.2 包装生产线参考控制程序(梯形图)

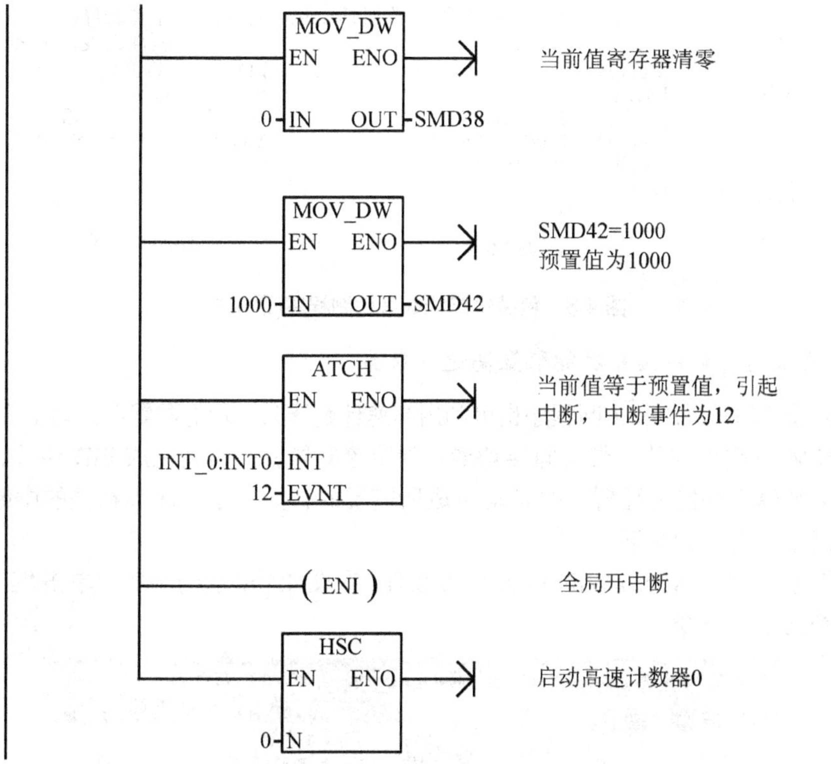

子程序 0(续上页)

图 4.2　包装生产线参考控制程序(梯形图)(续)

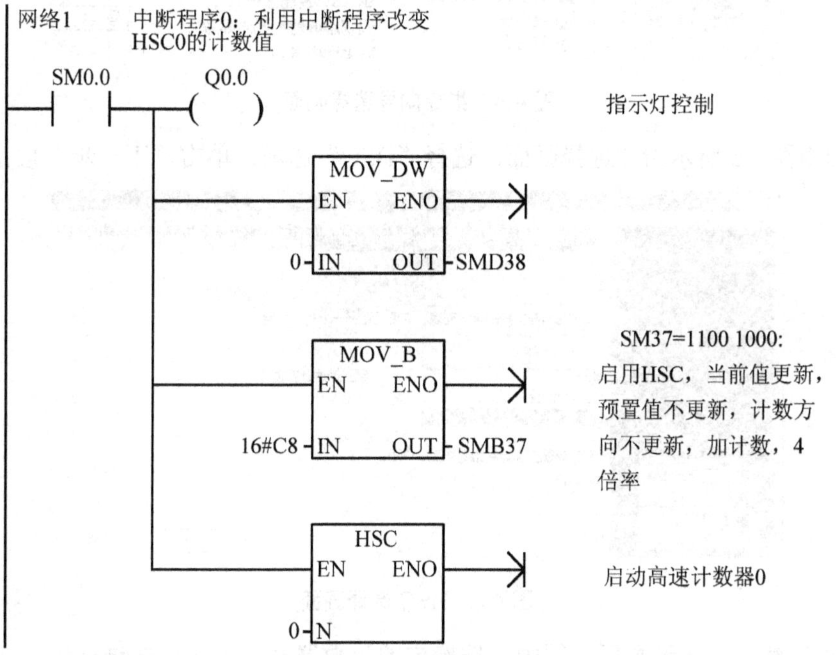

中断程序 0

图 4.2　包装生产线参考控制程序(梯形图)(续)

```
网络1    主程序
LD       SM0.1
CALL     SBR_0

网络2
LD       I0.2
R        Q0.0，1
```

主程序

```
网络1    子程序0:高速计数器初始化
LD       SM0.0
MOVB     16#F8，SMB37
HDEF     0，3
MOVD     0，SMD38
MOVD     1000，SMD42
ATCH     INT_0，12
ENI
HSC      0
```

子程序 0

```
网络1    中断程序0：利用中断
         程序改变HSC0的计数值
LD       SM0.0
=        Q0.0
MOVD     0，SMD38
MOVB     16#C8，SMB37
HSC      0
```

中断程序 0

图 4.3　包装生产线参考控制程序(语句表)

2. 利用高速计数器向导功能配置高速计数器

图 4.2 设计的子程序和中断程序也可利用高速计数器向导功能配置后自动生成。STEP 7-Micro/WIN V4.0 编程软件中带有向导功能，利用该向导就能自动完成 PID 调节、高速计数器、调制解调器等功能的配置，并自动生成所需要的初始化子程序和相关的中断程序，非常方便、简单。其步骤如下。

(1) 启动 STEP 7-Micro/WIN V4.0 编程软件，在图 4.4 所示的画面中单击“工具”菜单，选择“指令向导”命令。

图 4.4　指令向导选择画面

(2) 弹出图 4.5 所示指令选择画面，选择“HSC”选项，单击“下一步”按钮。

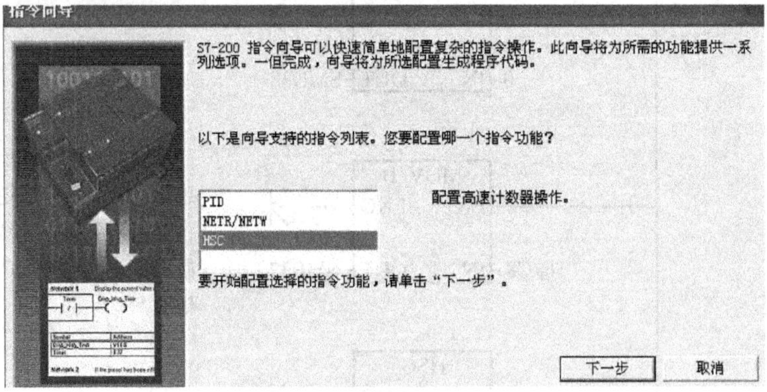

图 4.5　HSC 选择画面

(3) 出现图 4.6 所示画面。图中，按确定的计数器号与工作模式进行设定，如设定为 HSC0、工作模式为 3，从图中可以看出 HSC0 模式 3 为带有外部方向控制的单相增/减计数器，无启动输入，无复位输入。选择完毕以后单击“下一步”按钮。

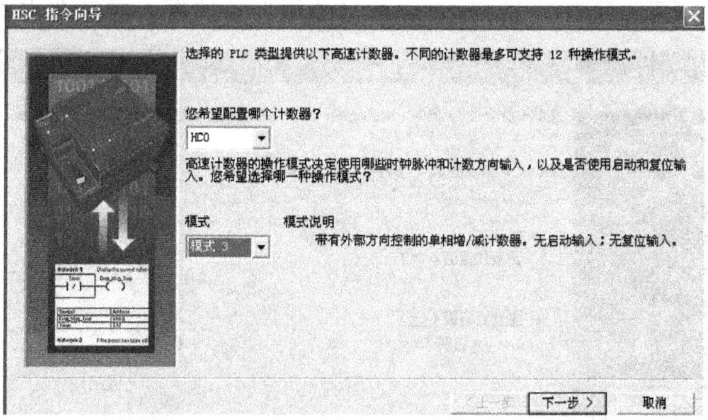

图 4.6　计数器号与工作模式选择画面

(4) 出现图 4.7 所示画面，在图中填上 HSC0 的初始化子程序为 HSC_SBR0，并写上计数器的预置值和当前值(初始状态)，HSC0 的预置值为 1 000，当前值为 0，计数方向为增计数，选择完毕单击“下一步”按钮。

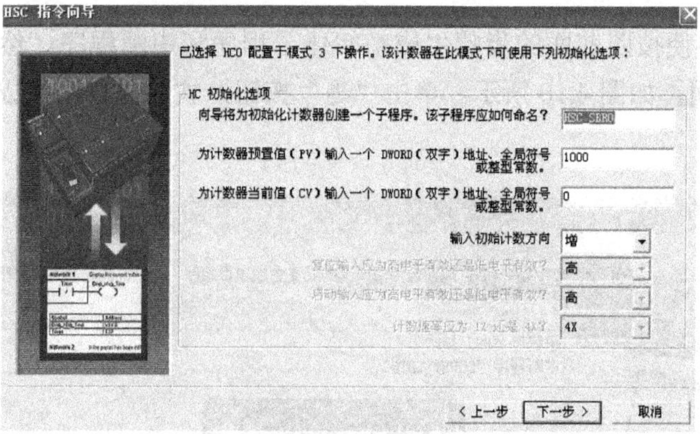

图 4.7　初始化选项画面

(5) 在图 4.8 所示画面中，选择 “当前值等于预置值时中断”复选框，希望 H C0 编程步数选 1，然后单击“下一步”按钮。

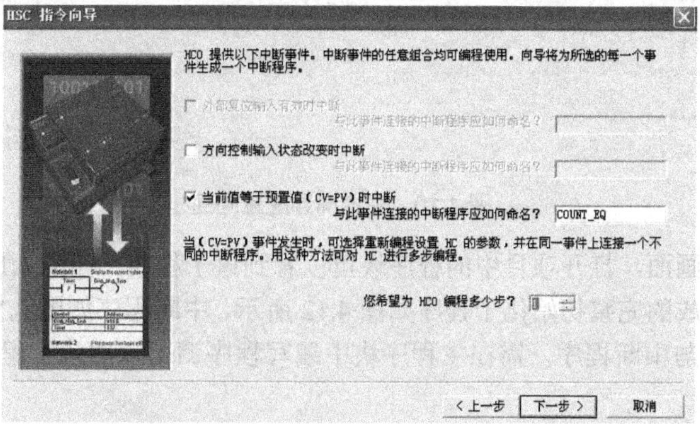

图 4.8　中断事件设置画面

(6) 在图 4.9 所示画面中，选择 “更新当前值”复选框，然后单击“下一步”按钮。

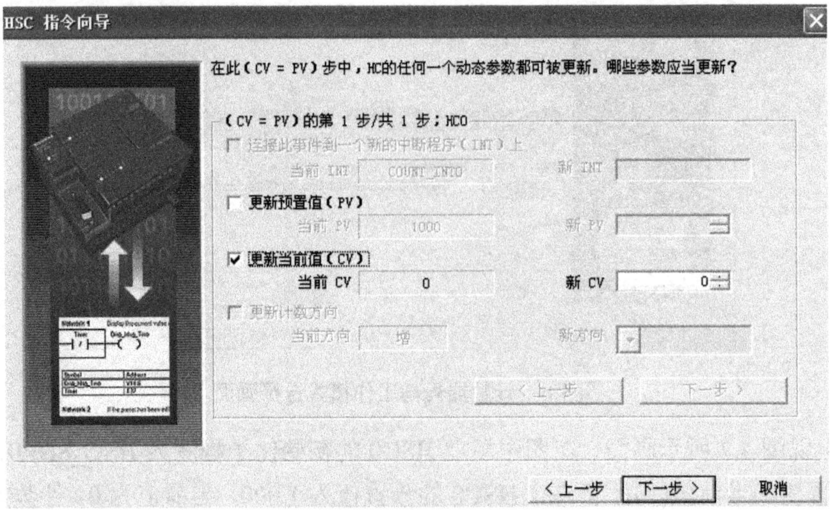

图 4.9　更新当前值画面

(7) 指令向导便按照前面的步骤生成初始化子程序和中断程序。然后单击“完成”按钮，弹出确认画面，如图 4.10 所示。单击“是”按钮，软件便自动生成高速计数器的初始化子程序。

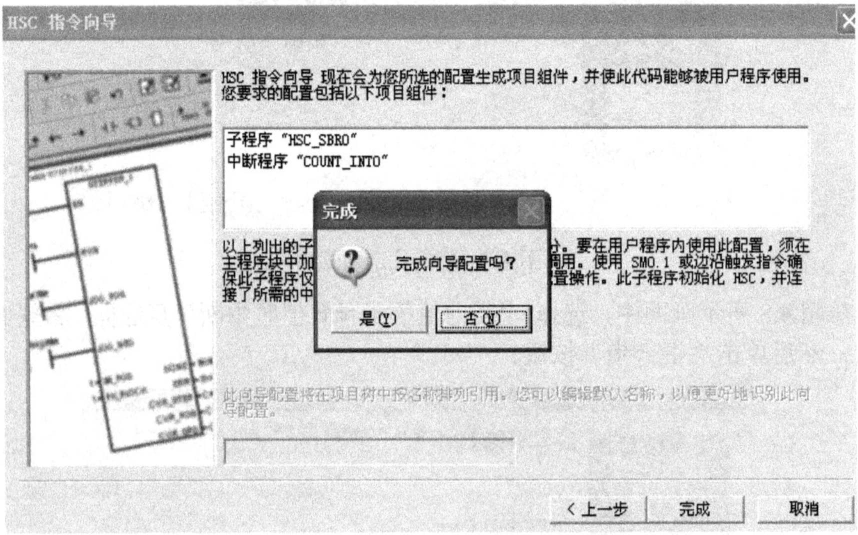

图 4.10　完成向导配置画面

在程序编辑画面，打开项目中的程序块可以看到该子程序，如图 4.11 所示。

指令向导生成的完整初始化子程序如图 4.12 所示，中断程序如图 4.13 所示。要在程序中使用此子程序与中断程序，需在主程序块中编写程序调用一次此子程序，参考图 4.2 中的主程序部分。

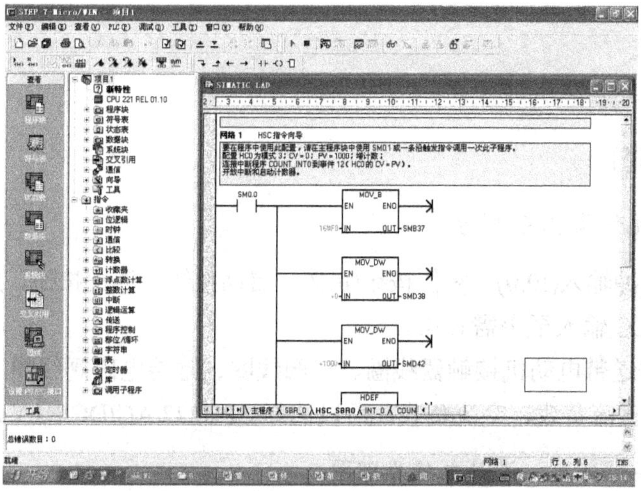

图 4.11　指令向导生成的程序画面

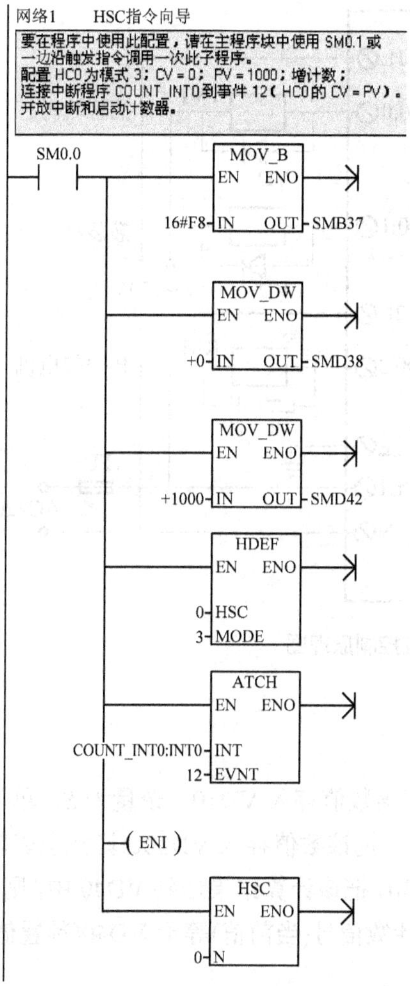

图 4.12　指令向导自动生成的子程序

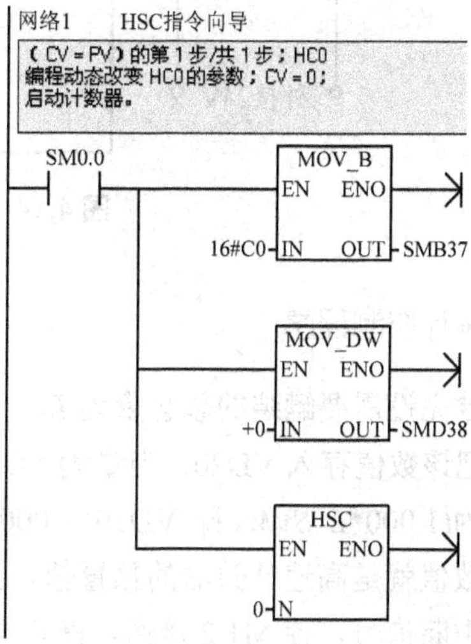

图 4.13　指令向导自动生成的中断程序

任务实施

一、设计电气原理图

1. 选择电器元件及 PLC 型号

输入信号：脉冲输入(I0.0)、复位按钮(I0.2)，启动按钮、停止按钮、瓶子到位开关、导流管到位开关，PLC 输入至少需 6 点。

输出信号：传送带电动机接触器线圈、气阀线圈、罐装电磁阀线圈，PLC 输出至少需 3 点。考虑输出有直流负载、交流负载，所以选择 CPU222 AC/DC/RLY。

2. 分配 I/O 信号地址、设计电气原理图

饮料罐装系统控制原理图如图 4.14 所示。

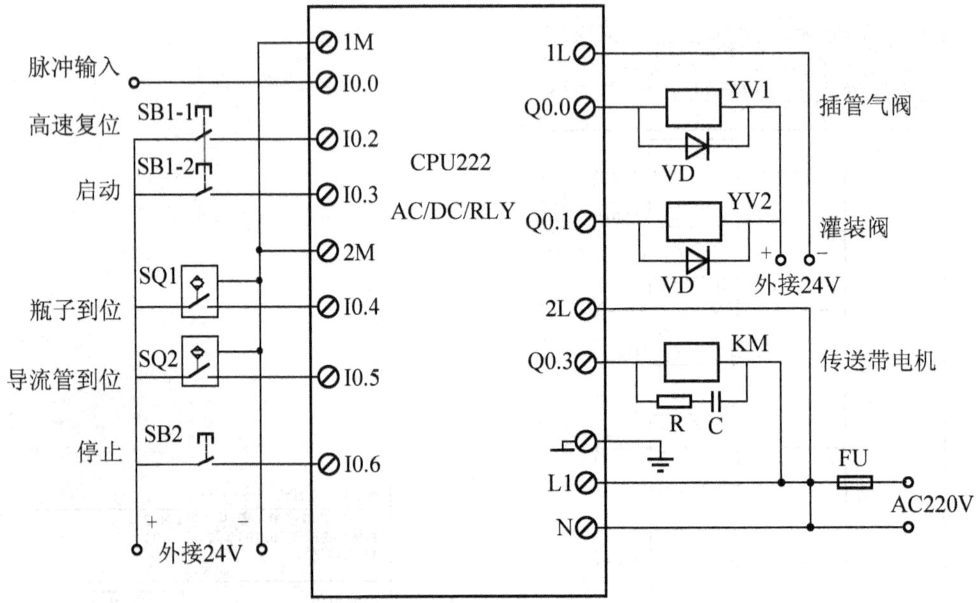

图 4.14　饮料罐装系统控制原理图

二、设计控制程序

首先设需要罐装的总容量为 L，单位为升，把该数值存入 VD10。余量为 S，单位为毫升，把该数值存入 VD20。当量为 M，单位为毫升，把该数值存入 VD30。则流量表转动的齿数为(1 000*L−S)/M，即(VD10*1 000−VD20)/VD30，把该计算结果送到 VD40 中，则 VD40 中的数值就是高速计数器的预置值，当 HSC0 的计数信号(当前值)等于 VD40(预置值)时，发出中断信号，使 M1.2 接通，停止罐装。

特别提示

需要注意以下问题。

(1) 所有的数值设定均为小数，所以 PLC 四则运算编程时需要采用小数指令。

(2) 最后 VD40 的结果也是小数值，需要采用 ROUND 指令把 VD40 化为整数。

(3) 罐装开始启动时，需要对 HSC0 进行复位清零，所以选用模式 1 的工作方式，即单相增/减计数，有复位端子(I0.2)，无启动端子的工作模式。对复位端子 I0.2 输入信号的处理，硬件上可以采用双触点常开按钮，一个接 I0.3 作为自动开始的启动信号，另一个作为 HSC0 高速计数器的复位清零端子，与 I0.2 相连。当按下自动开始启运按钮时，罐装机即可开始自动启动，同时复位信号对 HSC0 进行复位，清除上次罐装的余量信号。

控制程序包括主程序、子程序、中断程序，参考的控制程序如图 4.15 所示。设计程序时要注意，中断信号 M1.2 接通，发出切断罐装电磁阀信号后，会一直接通。主程序编程时，在罐装电磁阀切断后，开始再次罐装之前要对 M1.2 及时复位，以便为下一次中断做好准备，如主程序中网络 2 的程序。网络 4、网络 5 中，罐装电磁阀接通后调用子程序 0，子程序 0 中，当高速计数器的计数值与预置值相等时执行中断程序 0。接通 M1.2 一方面断开罐装电磁阀与气阀，另一方面接通 Q0.3，控制传送带启动，进行下一次罐装。

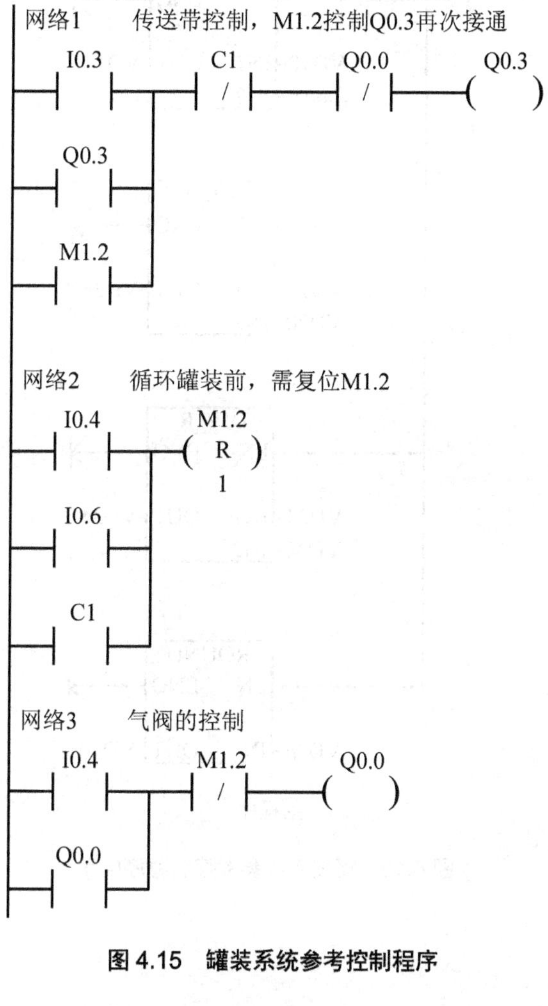

图 4.15 罐装系统参考控制程序

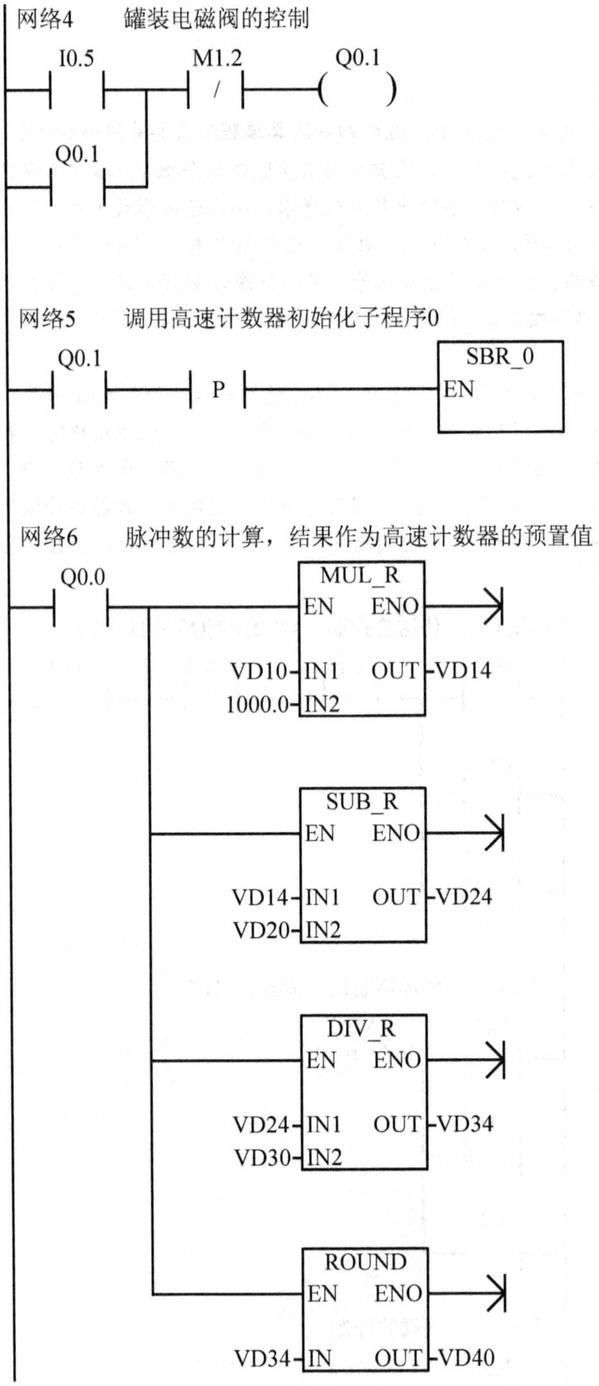

主程序

图 4.15　罐装系统参考控制程序(续)

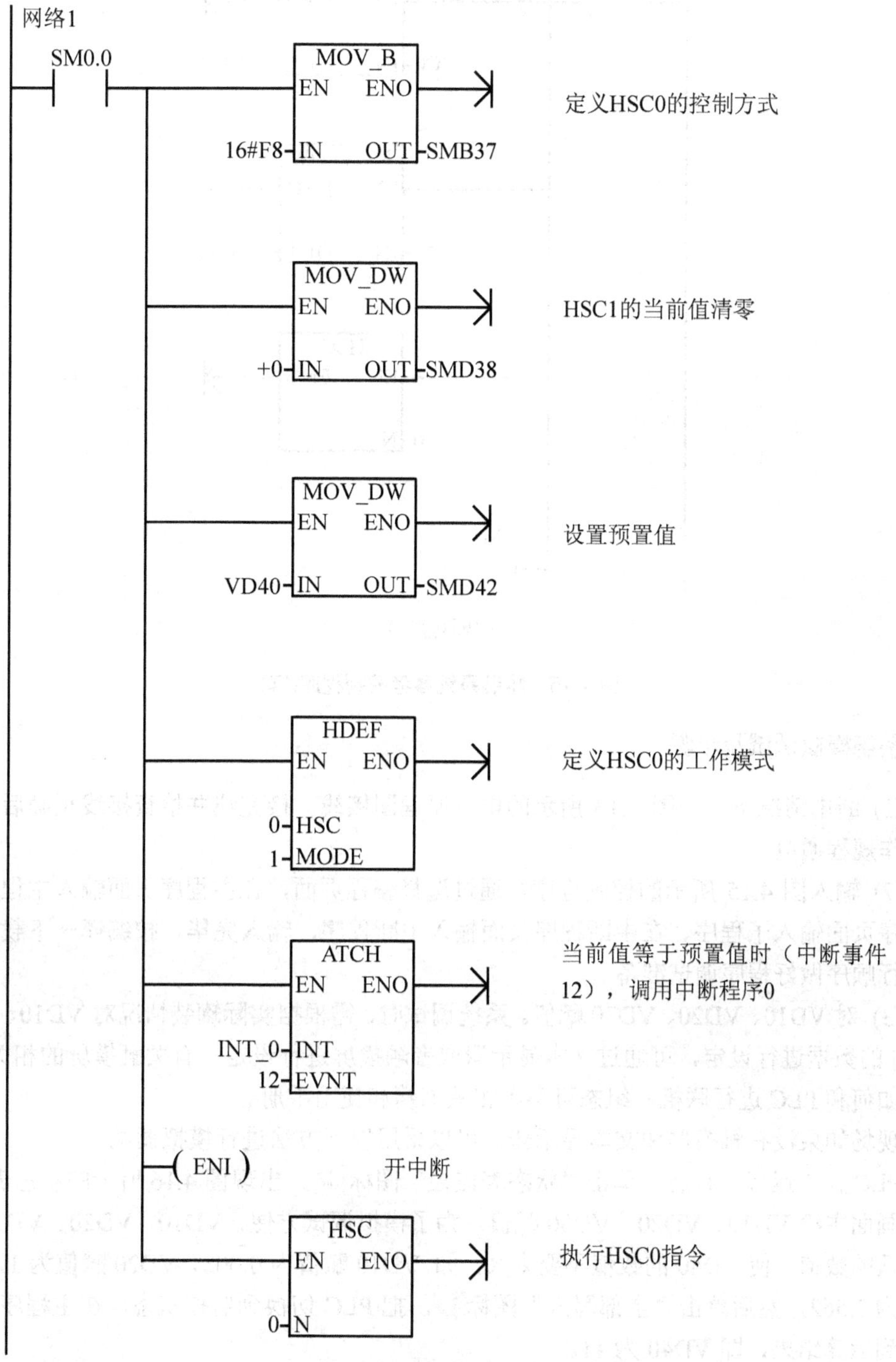

子程序 0

图 4.15　罐装系统参考控制程序(续)

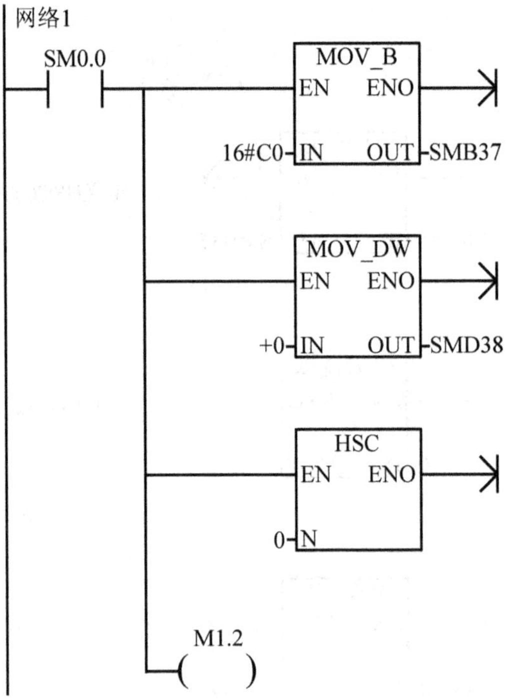

中断程序 0

图 4.15　罐装系统参考控制程序(续)

三、系统模拟调试及步骤

(1) 断电情况下，按图 4.14 所示的电气原理图接线。接完线并检查接线正确后，按电气操作规程通电。

(2) 输入图 4.15 所示的控制程序，通过选择编程页面，在主程序页面输入主程序、在子程序页面输入子程序、在中断程序页面输入中断程序，输入完毕，按编译→下载→监控→运行顺序做好程序调试准备。

(3) 对 VD10、VD20、VD30 赋值。系统调试时，需根据实际罐装情况对 VD10、VD20、VD30 的数据进行设定，可通过文本显示器或者触摸屏进行设定，有关触摸屏的相关知识，以及如何和 PLC 进行联机、组态可参考相关书籍和使用手册。

现场如果没有触摸屏和文本显示器，可以采用以下方法进行模拟调试。

PLC 在“运行”状态，单击“状态表监控”图标，出现图 4.16 所示的状态表画面。在该画面中给 VD10、VD20、VD30 赋值。为了模拟调试方便，VD10、VD20、VD30 可以赋合适的数值，使 VD40 的数值不要太大，如 VD10 赋值为 0.003，VD20 赋值为 1，VD30 赋值为 3.562，然后单击“全部写入”图标，把 PLC 切换到监控状态，在主程序中就可以看到运算结果，即 VD40 为 11。

(4) 按任务要求顺序，自动开始的同时要对 I0.2 进行接通，以便对 HSC0 进行复位清零，然后顺序手动接通 I0.3、I0.4、I0.5 后，用按钮反复接通 I0.0 模拟流量表的脉冲信号，当 I0.0 接通 11 次时，M1.2 就会接通，发出罐装电磁阀切断信号。

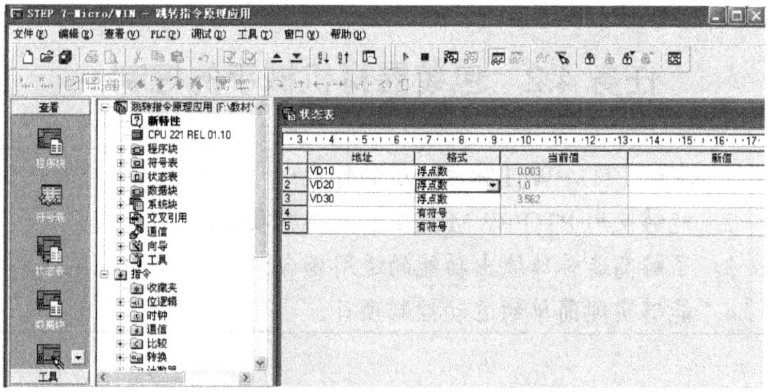

图 4.16　VD10、VD20、VD30 数据的设定

(5) 程序满足任务要求后，再把 VD10、VD20、VD30 设定为实际的值，实际 VD10 赋值为 20.0，VD20 赋值为 296.0，VD30 赋值为 3.562。

任务小结

本节通过饮料罐装控制系统的学习，重点学习高速计数器指令的应用，对饮料罐装方面的知识也作了简单的介绍。

(1) 高速计数器可以处理比 PLC 扫描周期更短的高速事件。S7-200 系列 PLC 有 6 个高速计数器 HSC0、HSC1、HSC2、HSC3、HSC4 和 HSC5。高速计数器依据计数脉冲、复位脉冲、启动脉冲端子的不同接法可组成 12 种工作模式，不同功能的高速计数器有不同的工作模式。

(2) 高速计数器的指令有高速计数器定义指令 HDEF，指定高速计数器号和计数器的工作模式；高速计数器指令 HSC，使能有效，启动高速计数器工作。高速计数器的控制字节用于设置计数器的计数允许、计数方向等。

(3) 可通过指令向导自动生成子程序与中断程序，简化程序的设计。

思考与技能实练

1．某包装生产线应用高速计数器 HSC0 对产品进行加计数，工作模式为 0。每检测到 500 个产品时，接在 Q0.0 上的指示灯进行报警，试设计控制程序。

2．设计一高速计数器程序，要求如下。

(1) 计数脉冲为 SM0.5。

(2) 用高速计数器 HSC2 实现加计数，工作模式为 1，当计数值等于预置值 200 时，将计数器复位清零。

任务 4.2　包装器材机械手的控制

任务目标	1. 理解 PTO/PWM 脉冲输出的作用； 2. 能够使用 PTO/PWM 发生器产生需要的控制脉冲； 3. 了解高速脉冲输出功能的适用场合； 4. 能够实现简单的运动控制项目。

任务引入

某包装器材机械手用伺服电动机驱动，其动作是以每分钟 50 次的速度运行一定距离的往复运动，如图 4.17 所示。具体为：启动系统，延时一定时间后，伺服电动机正转，机械手到达指定位置后，伺服电动机停止，延时一定时间后，伺服电动机反转，机械手回到起始位置后，伺服电动机停止，然后延时一定时间，又正转，一直重复下去。按停止按钮后，系统停止工作。

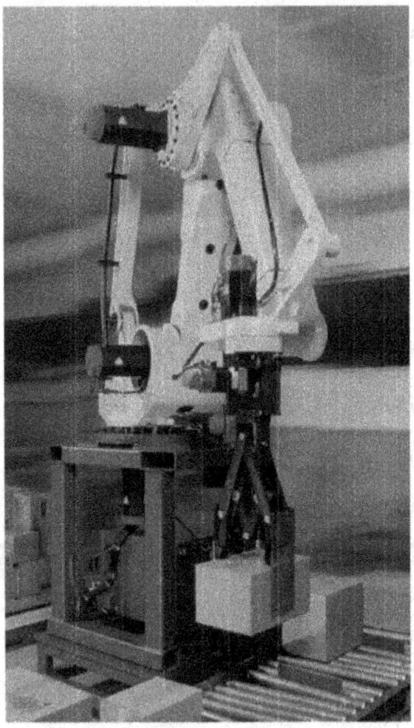

图 4.17　某包装器材机械手

任务分析

目前，可编程控制器的功能越来越强大，它在运动控制的应用领域也越来越广泛。大多数 PLC 制造商生产可驱动伺服电动机和步进电动机的单轴或者多轴的运动控制模块。S7-200 系列 PLC 可以不需借助运动控制模块，就能简单的控制伺服电动机或者步进电动机按一定的速度和转矩达到预定的运动位置。

图 4.17 所示机械手只执行简单的往复运动，但是要求其往复速度很快，每分钟为 50 次左右，而且往复运动的距离必须一定，显然用传统的气压驱动或者液压驱动无法实现该功能。高速脉冲输出的功能可用于对伺服电动机或者步进电动机进行速度控制及位置控制，其输出频率可达 20kHz，于是采用 PLC 的脉冲输出功能，驱动伺服电动机运动完成上述功能自然就成了其必然选择。

使用高速脉冲输出功能时，PLC 主机应选用晶体管输出型，以满足高速输出的频率要求。

相关知识

一、高速脉冲输出方式

高速脉冲输出功能是在 PLC 的 Q0.0 或 Q0.1 输出端产生高速脉冲，当 Q0.0 或 Q0.1 通过指令设定为高速脉冲输出时，其他功能均失效。不作为高速脉冲输出时，Q0.0 或 Q0.1 可作为普通输出端子使用。

高速脉冲输出有脉冲串输出 PTO 和脉宽调制输出 PWM 两种方式。

1. 脉冲串输出(PTO)

PTO 功能可输出一定脉冲个数和占空比为 50%的方波脉冲。输出脉冲的个数在 1～4 294 967 295 范围内可调；输出脉冲的周期以 μs 或 ms 为增量单位，变化范围分别是 10～65 535μs 或 2～65 535ms。如果编程时指定的脉冲数为 0，则脉冲数默认为 1。

PTO 功能允许多个脉冲串排队输出，从而形成管线。管线分为两种：单段管线和多段管线。

(1) 单段管线。单段管线是指管线中每次只能存储一个脉冲串的控制参数，一旦启动一个脉冲串进行输出时，就需要用指令立即为下一个脉冲串更新特殊存储器，并再次执行脉冲串输出 PLS 指令，在第一个脉冲串完成后，第二个脉冲串输出立即开始，重复这一步骤可以实现多个脉冲串的输出。单段管线中的各段脉冲串可以采用不同的时间基准，单段管线输出多段高速脉冲时，编程复杂，而且有时参数设置不当，有可能造成脉冲串之间的不平稳转换。

(2) 多段管线。多段管线是指在变量存储器 V 中建立一个包络表。包络表存放各个脉冲串的参数，相当于有多个脉冲串入口。执行 PLS 指令时，S7-200 PLC 自动按包络表中的顺序及参数进行脉冲串输出。

编程时必须装入包络表的起始变量(V 存储器)的偏移地址，包络表的首地址代表该包络表，它放在 SMW168 或 SMW178 中。PTO 当前进行中的段的编号放在 SMB166 或 SMW167 中。

包络表格式由包络段数和各段构成。整个包络表的段数(1～255)放在包络表首字节中(8 位)，每段设定包括脉冲初始周期值(16 位)、周期增量值(16 位)和脉冲计数值(32 位)。以 3 段包络表为例，其格式见表 4-7。

表 4-7　3 段包络表的格式

字节偏移地址	段标号	说　明
VB_n		总段数，为 1～255；数 0 将产生非致命错误，无 PTO 输出
VW_{n+1}	段 1	初始周期，取值范围为 2～65 535 个时基单位
VW_{n+3}		每个脉冲的周期增量Δ，(符号整数：-32 768～32 767 个时基单位)
VW_{n+5}		输出脉冲数(1～4 294 967 295)
VW_{n+9}	段 2	初始周期，取值范围为 2～65 535 个时基单位
VW_{n+11}		每个脉冲的周期增量Δ (符号整数：-32 768～32 767 个时基单位)
VW_{n+13}		输出脉冲数(1～4 294 967 295)
VW_{n+17}	段 3	初始周期，取值范围为 2～65 535 个时基单位
VW_{n+19}		每个脉冲的周期增量值Δ (符号整数：-32 768～32 767 个时基单位)
VW_{n+21}		输出脉冲数(1～4 294 967 295)

注意：周期增量值Δ为整数微秒或毫秒。

多段管线的特点是编程简单，能够通过指定脉冲的数量自动增加或减少周期，周期增量值Δ为正值会增加周期，周期增量值Δ为负值会减少周期，若Δ为零，则周期不变。在包络表中的所有的脉冲串必须采用同一时基，在多段管线执行时，包络表的各段参数不能改变。

使用 STEP 7-Micro/WIN32 中的位控向导可以方便的设置 PTO/PWM 输出功能，使 PTO/PWM 的编程自动实现，大大减轻了用户编程负担。

2. 脉宽调制输出(PWM)

PWM 功能可输出周期一定和占空比可调的高速脉冲串，其时间基准可以是μs 或 ms，周期的变化范围为 10～65 535μs 或 2～65 535ms，脉宽的变化范围为 0～65 535μs 或 0～65 535ms。

当设定的脉冲宽度等于周期值时，占空比为 100%，则输出连续接通。当脉冲宽度为 0 时，占空比为 0%，输出断开。同步更新和异步更新这两种方式可以改变 PWM 波形的特性。

(1) 同步更新。如果不要求改变时间基准，可采用同步更新。同步更新时，波形的变化发生在两个周期的交界处，可以实现平滑过度。

(2) 异步更新。如果需要改变时间基准，则应使用异步更新。异步更新瞬时关闭 PTO/PWM 发生器，与 PWM 的输出波形不同步，可能引起被控设备的抖动。为此通常不使用异步更新，而是选择一个适用于所有周期时间的时间基准，使用同步更新。

PWM 输出的更新方式由控制字节中的 SM67.4 或 SM77.4 位来指定，执行 PLS 指令使改变生效。如果改变了时间基准，不管 PWM 更新方式位的状态如何，都会产生一个异步更新。

二、高速脉冲输出指令及特殊寄存器

1. 高速脉冲输出指令

高速脉冲输出指令的格式及功能见表 4-8。

表 4-8　高速脉冲输出指令的格式及功能

梯形图 LAD	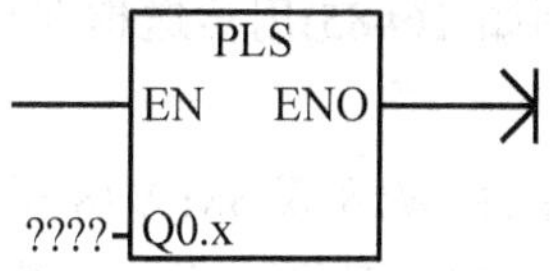	功能：当使能端输入有效时，PLC 首先检测为脉冲输出位(X)设置的特殊存储器位，然后激活由特殊存储器位定义的脉冲操作，从 Q0.0 或 Q0.1 输出高速脉冲
语句表	PLS 0 或 PLS 1	

2. 特殊寄存器

Q0.0 和 Q0.1 输出端子的高速输出功能通过对 PTO/PWM 寄存器的不同设置来实现。PTO/PWM 寄存器包括脉冲串输出状态寄存器、PTO/PWM 输出控制寄存器、周期值设定寄存器、脉宽值设定寄存器、脉冲计数值设定寄存器和多段 PTO 操作寄存器，它们的作用是监视和控制脉冲输出(PTO)和脉宽调制(PWM)功能。各寄存器的字节值和位值的含义见表 4-9。

表 4-9　PTO/PWM 寄存器各字节值和位值的含义

寄存器名	Q0.0	Q0.1	说　明
脉冲串输出状态寄存器	SM66.4	SM76.4	PTO 包络因增量计算错误终止　0：无错；　1：终止
	SM66.5	SM76.5	PTO 包络因用户命令异常　0：无错；　1：终止
	SM66.6	SM76.6	PTO 管线溢出　0：无溢出；　1：溢出
	SM66.7	SM76.7	PTO 空闲　0：运行中；　1：PTO 空闲
PTO/PWM 输出控制寄存器	SM67.0	SM77.0	PTO/PWM 更新周期值　0：不更新；　1：更新
	SM67.1	SM77.1	PWM 更新脉冲宽度值　0：不更新；　1：更新
	SM67.2	SM77.2	PTO 更新脉冲计数值　0：不更新；　1：更新
	SM67.3	SM77.3	PTO/PWM 时基选择　0：1μs；　1：1ms
	SM67.4	SM77.4	PWM 更新方法　0：异步更新；　1：同步更新
	SM67.5	SM77.5	PTO 单/多段方式　0：单段管线；　1：多段管线
	SM67.6	SM77.6	PTO/PWM 模式选择　0：选择 PTO；　1：选择 PWM
	SM67.7	SM77.7	PTO/PWM 允许　0：禁止；　1：允许
周期值设定寄存器	SMW68	SMW78	PTO/PWM 周期值(范围：2～65 535ms 或 10～65 535μs)
脉宽值设定寄存器	SMW70	SMW80	PWM 脉冲宽度值(范围：0～65 535ms 或 μs)
脉冲计数值设定寄存器	SMD72	SMD82	PTO 脉冲数(范围：1～4 294 967 295)
多段 PTO 操作寄存器	SMB166	SMB176	段号(仅用于多段 PTO 操作)，多段管线 PTO 运行中的段的编号
	SMW168	SMW178	多段 PTO 包络表起始地址

三、两种脉冲输出方式的使用

1. PTO 的使用

1) PTO 的初始化步骤

高速脉冲输出初始化过程通过下列 6 步来完成，初始化过程可用子程序方式来调用。

(1) 确定脉冲发生器及工作模式。根据控制要求，一是选用高速脉冲串输出端(发生器)，二是选择工作模式为 PTO，并确定是单段还是多段工作模式。

(2) 设置 PTO 控制字节。将控制字节(例如 16#85)用传送指令写入 SMB67 或 SMB77 的特殊寄存器。

(3) 写入周期值、周期增量和脉冲数。向 SMW68 或 SMW78 写入所期望的周期值，向 SMD72 或 SMD82 写入所期望的脉冲计数值。对于多段脉冲，还需要建立多段脉冲的包络表，并分别设置各段参数。

(4) 装入包络表的首地址。如果为单段脉冲输出，则不需要这一步，只在多段脉冲输出时需要。

(5) 设置中断事件并全局开中断。中断事件是高速脉冲输出完成，事件号为 19 或 20。用中断连接指令把中断事件与中断子程序连接，并全局开中断。

(6) 执行脉冲输出指令 PLS。通过指令设定从 Q0.0 或 Q0.1 输出高速脉冲。

2) PTO 周期和脉冲计数值的调整

按下列步骤编写程序，可以改变 PTO 的周期和脉冲计数值，此程序可作为中断服务程序或子程序进行调用。

(1) 周期调整。

① 将 16＃81(微秒)或 16＃85(毫秒)送入 SMB67 或 SMB77；

② 将 SMW68 或 SMW78 写入希望的周期值；

③ 执行 PLS 指令；

④ 退出中断服务程序或子程序。

(2) PTO 脉冲计数值的调整。

① 将 16＃84(微秒)或 16＃8C(毫秒)送入 SMB67 或 SMB77；

② 将 SMD72 或 SMD82 写入希望的脉冲计数值；

③ 执行 PLS 指令；

④ 退出中断服务程序或子程序。

(3) PTO 脉冲周期和脉冲计数值同时调整。

① 将 16＃81(微秒)或 16＃85(毫秒)送入 SMB67 或 SMB77；

② 将 SMW68 或 SMW78 写入希望的周期值；

③ 将 SMD72 或 SMD82 写入希望的脉冲计数值；

④ 执行 PLS 指令；

⑤ 退出中断服务程序或子程序。

3) PTO 的使用举例

设计一段程序，从 PLC 的 Q0.0 输出脉冲串，用 I0.0 上升沿启动脉冲串输出，脉冲周期为 1000 ms，8 个脉冲的脉冲串输出完成后，Q0.2 指示灯亮。

分析：通过 I0.0 上升沿调用子程序 0 设置 PTO 操作，通过脉冲串输出完成中断程序 0 来改变脉冲周期。控制字节设定为 16#8D，把 16#8D 用传送指令送到 SMB67 中，8D 的二进制数为 10001101，表示 Q0.0 为 PTO，周期更新，脉宽不更新，脉冲数更新，时基单位为 ms，PTO 单段，允许 PTO 方式输出。参考梯形图程序如图 4.18 所示。

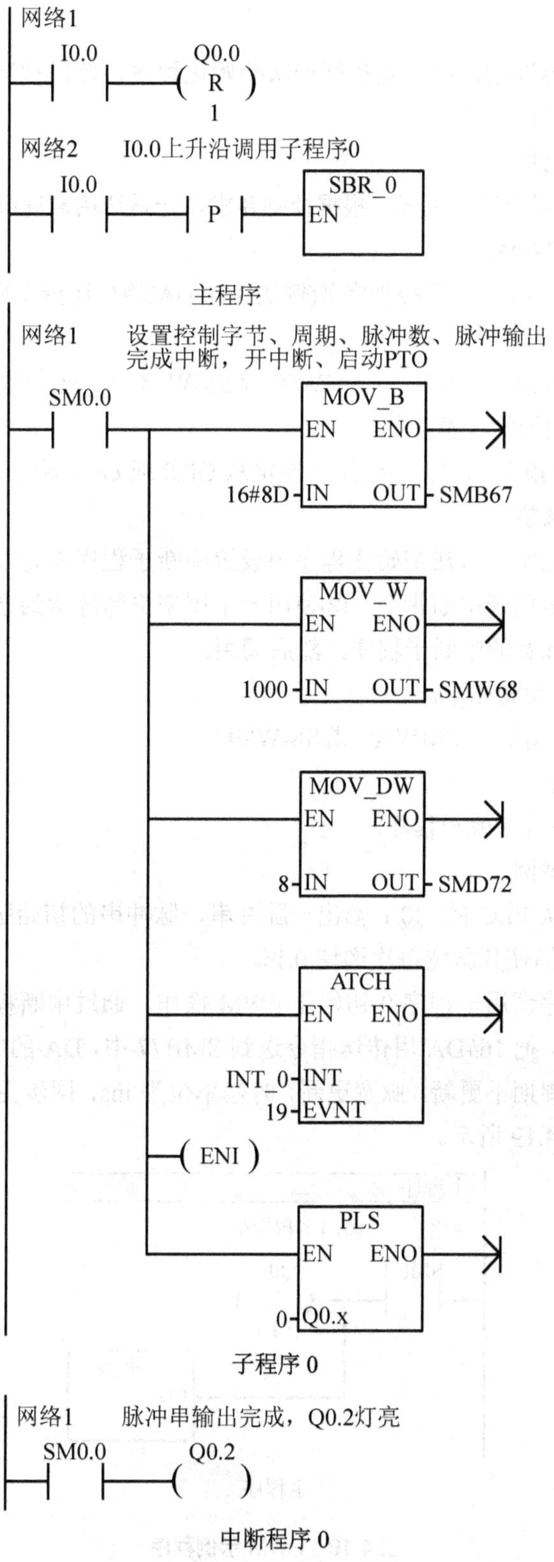

图 4.18　PTO 示例程序

2. PWM 的使用

使用 PWM 高速脉冲输出时，要执行一次初始化程序，此段程序可作为子程序进行调用，也可作为主程序进行编写。

1) PWM 的初始化步骤

(1) 确定脉冲发生器及工作模式。根据控制要求，一是选用高速脉冲串输出端(发生器)，二是选择工作模式为 PWM。

(2) 设置 PWM 控制字节。将控制字节(例如 16#DA)用传送指令写入 SMB67 或 SMB77 的特殊寄存器。

(3) 写入周期值和脉冲宽度值。向 SMW68 或 SMW78 写入所期望的周期值，向 SMW70 或 SMW80 写入所期望的脉冲宽度值。

(4) 执行脉冲输出指令 PLS。通过指令设定从 Q0.0 或 Q0.1 输出高速脉冲。

2) PWM 脉宽的调整

用同步方式更新脉宽，可在初始化程序中设置中断子程序来完成，其内容包括：①在初始化子程序中执行全局开中断指令；②使用一个用来更新脉宽的条件调用一个中断子程序；③设置一个更新脉宽的中断子程序，然后调用。

PWM 脉宽调整的步骤如下。

(1) 把需要的脉宽值装入 SMW70 或 SMW80 中；

(2) 执行 PLS 指令；

(3) 退出中断服务程序或子程序。

3) PWM 的使用举例

设计一段程序，从 PLC 的 Q0.1 输出一脉冲串，脉冲串的初始脉宽为 0.3s，周期固定为 3s，在 I0.0 的上升沿使其脉宽每次递增 0.1s。

分析：通过主程序调用子程序 0 初始化 PWM 操作，通过中断程序 0 来改变脉宽。控制字节设定为 16#DA，把 16#DA 用传送指令送到 SMB77 中，DA 的二进制数为 11011010，表示 Q0.1 为 PWM，周期不更新，脉宽更新，时基单位为 ms，同步更新，允许 PWM 输出。参考梯形图程序如图 4.19 所示。

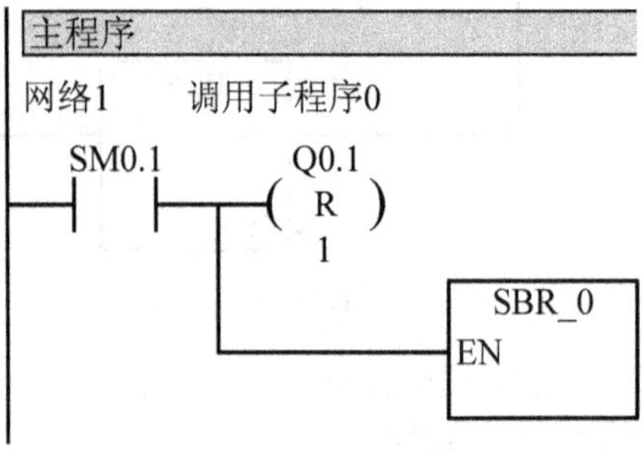

主程序

图 4.19 PWM 示例程序

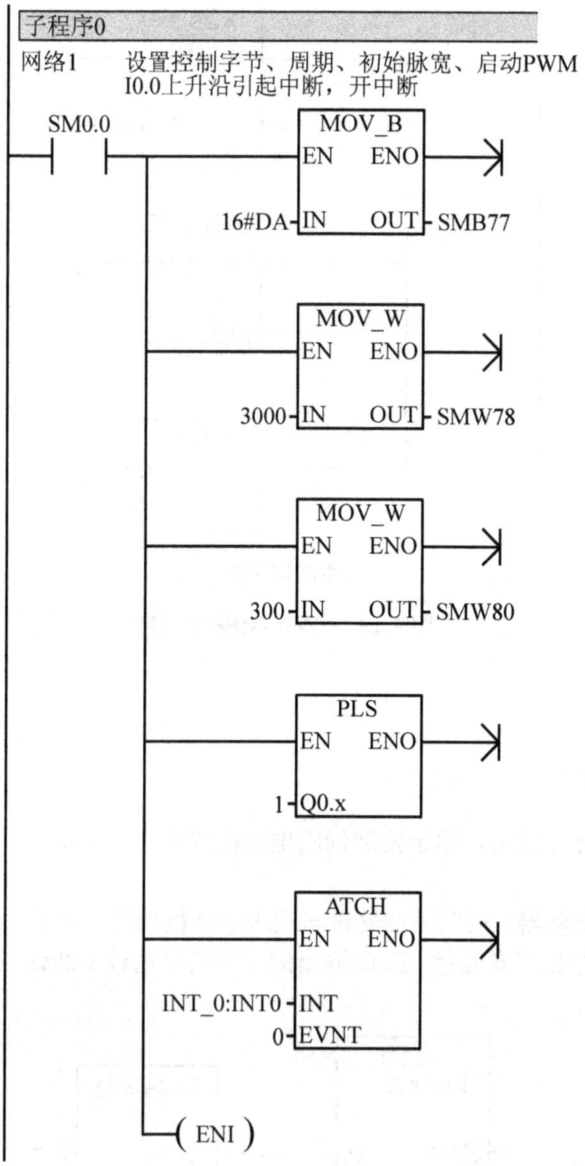

子程序 0

图 4.19　PWM 示例程序(续)

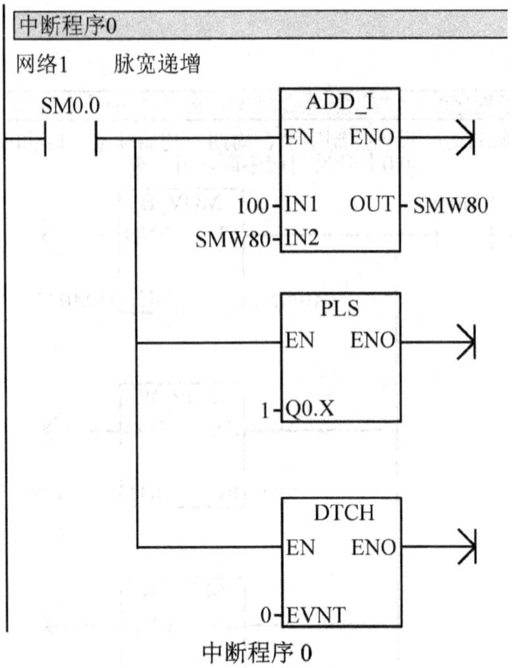

图 4.19　PWM 示例程序(续)

任务实施

一、设计电气原理图

PLC 控制高速脉冲输出，用于控制伺服电动机或步进电动机时，必须选用晶体管输出型的 PLC。

PLC 控制伺服驱动器，伺服驱动器再与伺服电动机相连，如图 4.20 所示。在此只给出了 PLC 与伺服驱动器的简单连接。PLC 输出的脉冲信号通过 1.2kΩ 左右的限流电阻与伺服驱动器的脉冲端相连。

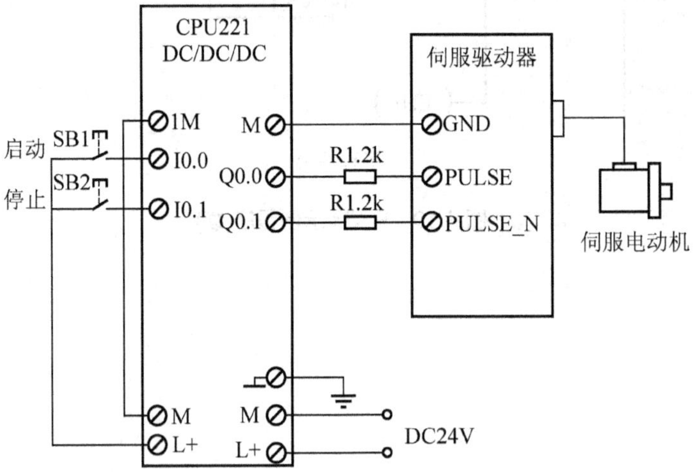

图 4.20　包装器材机械手电气原理图

二、设计控制程序

利用高速脉冲指令控制伺服或步进电动机，可以这样理解：控制字节是指定脉冲输出的控制方式；脉冲个数是控制电动机的运动距离；脉冲周期是控制电动机的运动速度。

建议在主程序中利用“首次扫描”位 SM0.1 将输出继电器 Q0.0 或 Q0.1 初始化为零。控制程序可以在主程序中编写，需要启动伺服电动机或者步进电动机动作时，就调用脉冲输出子程序，电动机达到预定的位置后，则执行中断子程序。脉冲输出子程序可以按照以下步骤编写。

(1) 将控制字节(例如 16#85 或者 16#8D)利用传送指令载入到 SMB67，选择微秒传递或者毫秒传递。

(2) 将脉冲周期利用传送指令载入到 SMW68 中，定义电动机的运动速度。

(3) 将脉冲个数利用传送指令载入到 SMD72 中，定义电动机的运动距离。

(4) 如果希望在脉冲输出完毕后立即执行相关功能，可以将脉冲串输出完成事件(中断号 19)附加于中断程序，为中断编程，使用 ATCH 指令并执行全局中断启用指令 ENI。

(5) 执行 PLS 脉冲输出指令，激活 PTO 脉冲发生器。

(6) 退出子程序。

编写的控制程序如下，其中主程序如图 4.21 所示，子程序如图 4.22、图 4.23 所示，中断程序如图 4.24 所示。

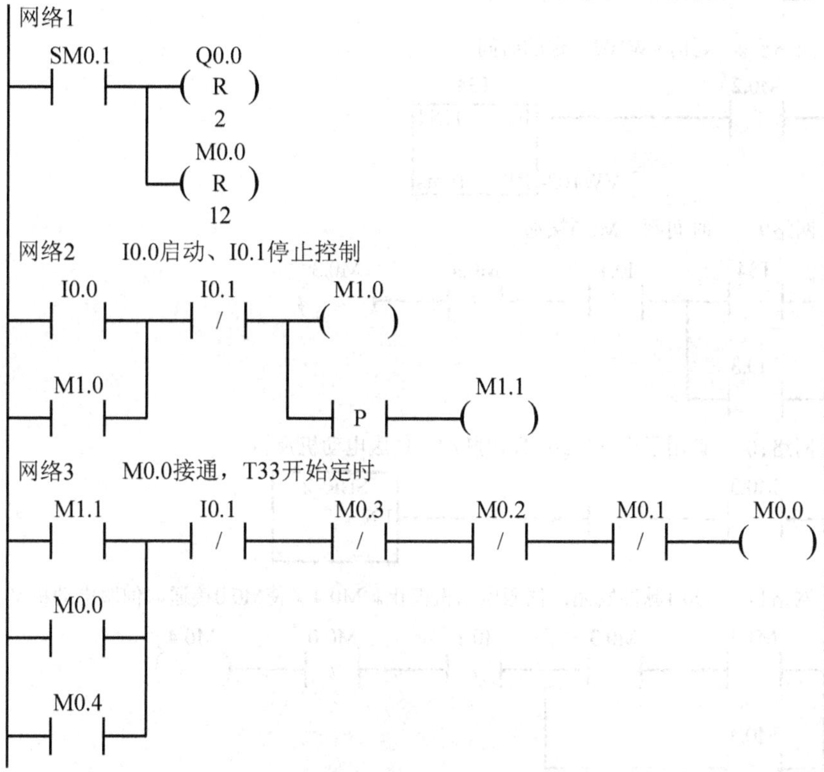

图 4.21　主程序

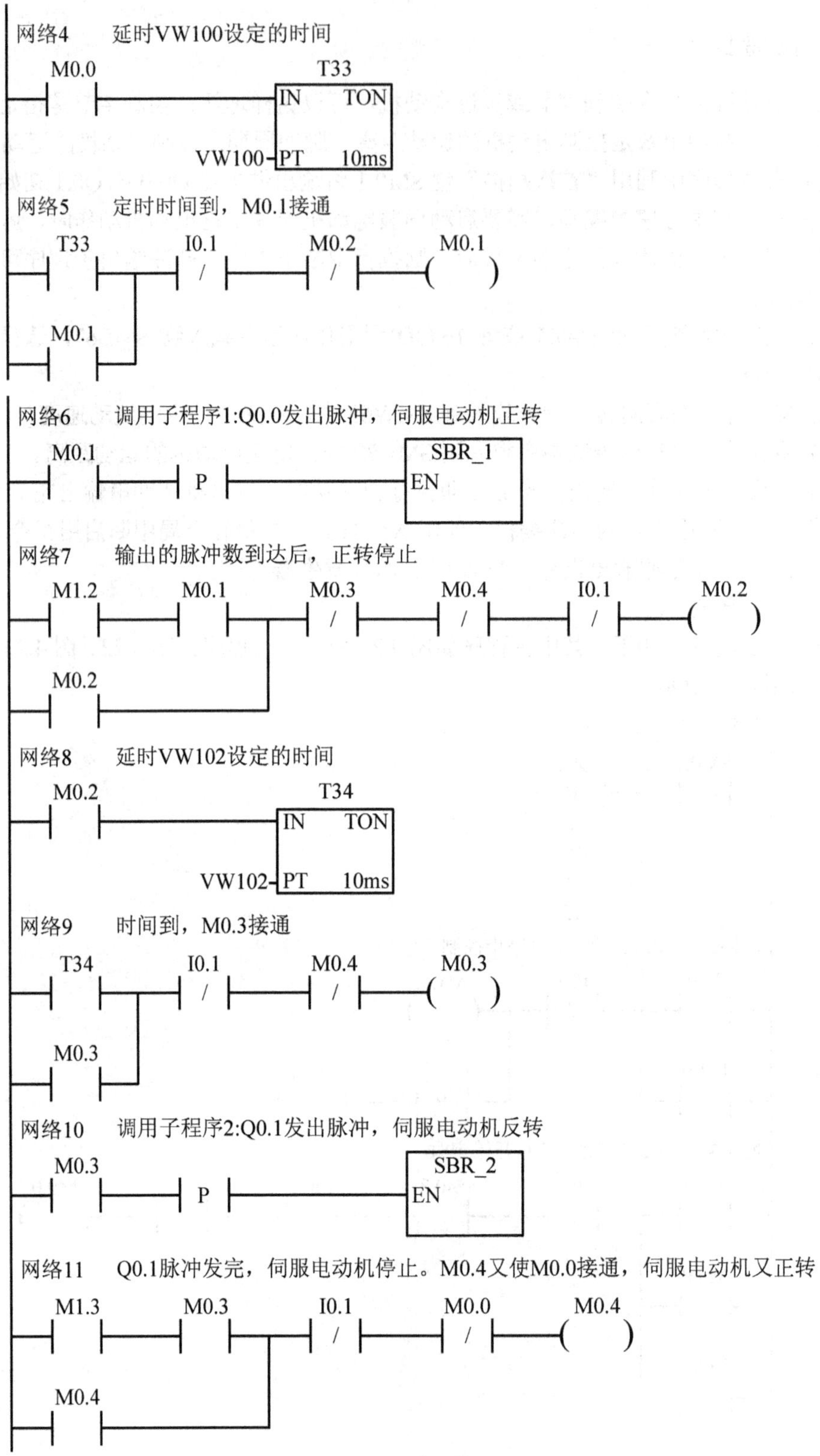
网络4　延时VW100设定的时间
M0.0
T33
IN TON
VW100 PT 10ms
网络5　定时时间到，M0.1接通
T33
I0.1
M0.2
M0.1
M0.1
网络6　调用子程序1:Q0.0发出脉冲，伺服电动机正转
M0.1
P
SBR_1
EN
网络7　输出的脉冲数到达后，正转停止
M1.2
M0.1
M0.3
M0.4
I0.1
M0.2
M0.2
网络8　延时VW102设定的时间
M0.2
T34
IN TON
VW102 PT 10ms
网络9　时间到，M0.3接通
T34
I0.1
M0.4
M0.3
M0.3
网络10　调用子程序2:Q0.1发出脉冲，伺服电动机反转
M0.3
P
SBR_2
EN
网络11　Q0.1脉冲发完，伺服电动机停止。M0.4又使M0.0接通，伺服电动机又正转
M1.3
M0.3
I0.1
M0.0
M0.4
M0.4

图 4.21　主程序(续)

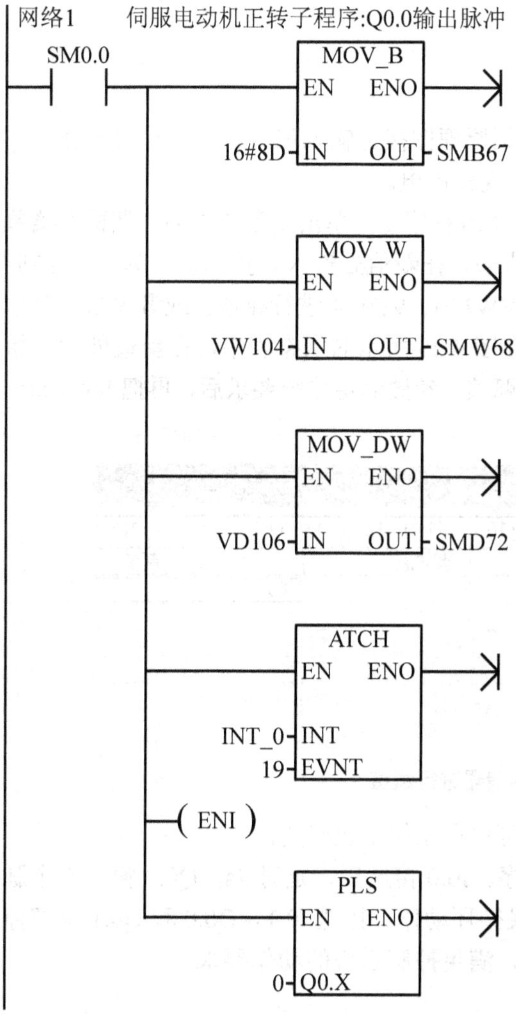

图 4.22 子程序 1 电动机正转子程序 (Q0.0 输出脉冲)

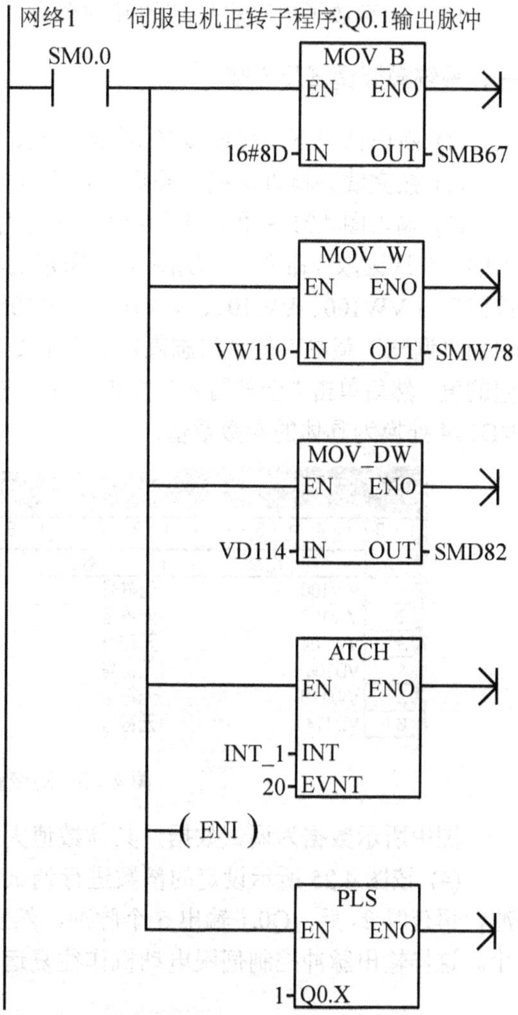

图 4.23 子程序 2 电动机反转子程序 (Q0.1 输出脉冲)

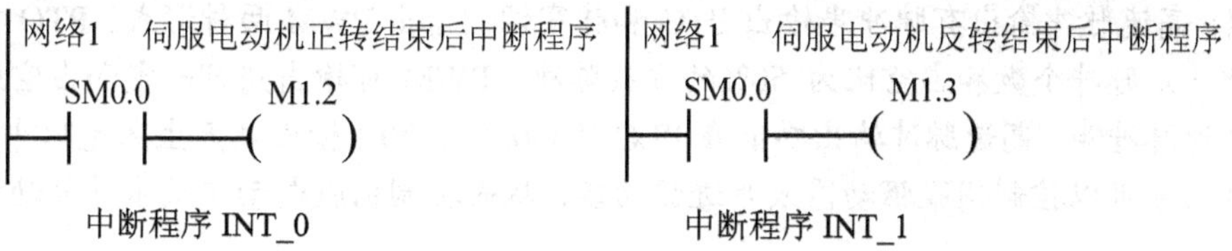

图 4.24 中断程序

以上程序中：

VW100 存放了电动机反转停止到正转启动的延时时间；

VW102 存放了电动机正转停止到反转启动的延时时间；

VW104 存放了电动机正转的脉冲周期；

VD106 存放了电动机正转的脉冲个数；

VW110 存放了电动机反转的脉冲周期；

VD114 存放了电动机反转的脉冲个数。

三、系统模拟调试及步骤

(1) 断电情况下，按图 4.20 所示的 PLC 控制原理图接上输入信号，输出信号不接。

(2) 接完线并检查接线正确后，按电气操作规程通电。

(3) 输入图 4.21～图 4.24 所示的控制程序，下载程序后，单击主菜单中的“调试”菜单下的“单次读取”命令，出现图 4.25 所示的状态表，在新值处输入希望的值，单击“强制”按钮后对 VW100、VW102、VW104、VD106、VW110、VD114 进行赋值。或者单击主菜单中的“调试”菜单下的“状态表监控”命令，在图 4.25 所示的状态表中，在新值处输入希望的值，然后单击“全部写入”按钮，也可进行赋值。参数满足系统要求后，再把 VW100～VD114 处换为具体的参数数值。

状态表

	地址	格式	当前值	新值
1	VW100	无符号		200
2	VW102	无符号		200
3	VW104	无符号		300
4	VD106	无符号		5
5	VW110	无符号		300
6	VD114	无符号		5

图 4.25　对变量存储器进行赋值

图中所示数据为调试数据，具体数值大小可根据系统要求确定。

(4) 按图 4.25 所示设定的参数进行调试程序。I0.0 接通后，延时 2s，Q0.0 输出 5 个脉冲，再延时 2s 后，Q0.1 输出 5 个脉冲，然后又循环动作。接通 I0.1，Q0.0 和 Q0.1 全部停止。这样输出脉冲控制伺服电动机作往复运动，满足控制系统的动作要求。

任 务 小 结

(1) 高速脉冲输出有脉冲串输出 PTO 和脉宽调制输出 PWM 两种形式。PTO 功能可输出一定脉冲个数和占空比为 50%的方波脉冲。PWM 可输出周期一定和占空比可调的高速脉冲串。高速脉冲输出功能在 PLC 的 Q0.0 或 Q0.1 输出端产生高速脉冲，高速脉冲信号可以控制伺服驱动器或步进驱动器，从而控制伺服电动机或步进电动机的运行。

(2) 包装器材机械手由伺服电动机驱动，要求以较快的速度进行往复运动，用 PLC 的高速脉冲输出功能，按系统要求从 Q0.0、Q0.1 输出一定量的脉冲信号，通过这种方式控制伺服电动机的运动距离。程序包括主程序、子程序、中断程序。伺服电动机的控制可以在主程序中编写，需要启动伺服电动机动作时，就调用脉冲输出子程序，电动机达到预定的位置(设定的脉冲数)后，则执行中断子程序。

思考与技能实练

1．设计一段程序，从 PLC 的 Q0.1 输出脉冲串，用 I0.1 上升沿启动脉冲串输出，脉冲周期为 2 000 ms，10 个脉冲的脉冲串输出完成后，Q0.2 指示灯亮。

2．试编写 PWM 程序，要求 PLC 运行后，在 Q0.0 上产生周期为 5s、占空比为 40%的 PWM 信号。

项目5

联网通信功能

重点内容	
	1. S7-200 系列 PLC 支持的通信协议; 2. 自由端口通信模式; 3. PPI 通信模式。

项目导读

随着计算机网络技术的发展，现代企业的自动化程度越来越高，自动控制从集中式向分布式方向发展，特别是现场总线技术的发展，要求 PLC 必须具备能和现场总线联网的功能。各 PLC 生产厂家为了适应这种发展的需要，纷纷开发了各自的 PLC 通信技术及 PLC 通信网络，即使微型和小型的 PLC 也具有网络通信功能。PLC 的通信是指 PLC 与计算机之间、PLC 与 PLC 之间、PLC 与其他智能设备之间的数据通信。下面以 3 台 PLC 的联网通信为例学习有关通信的相关知识。

任务 5.1　3 台 PLC 的数据通信控制

任务目标	1. 能根据联网设备的不同类型正确设置站地址； 2. 掌握 PLC 的程序下载方法及主站、从站的设计方法； 3. 能正确连接联网设备； 4. 能进行 PPI 网络的组建，能用网络读写指令编程，实现联网通信。

任务引入

有 3 台 S7-200 PLC，分别标示为 1 号机、2 号机和 3 号机。1 号机作为 PPI 网络主站，能够对 2 号、3 号机(PPI 网络从站)的数据进行采集和控制。具体控制要求如下。

(1) 1 号机的 I0.0 接通时，控制 2 号机 QB0 上的 8 只彩灯每隔 1s 依次循环点亮；1 号机的 I0.1 接通时，控制 2 号机 QB0 上的 8 只彩灯停止循环。

(2) 2 号机的 IB0 控制 1 号机的 QB0。

(3) 1 号机的 I0.2 接通时，控制 3 号机 QB0 上的 8 只彩灯同时点亮，1 号机的 I0.3 接通时，控制 3 号机的 8 只彩灯同时熄灭。

任务分析

3 台 S7-200 PLC 之间要进行数据通信，首先要把 3 台 PLC 通过网络部件连接起来形成网络，在此基础上，要对每台 PLC 进行通信参数的设置，通过设计的控制程序控制 PLC 之间的通信功能。根据联网设备种类的不同，网络采用的通信方式也不一样，S7-200 PLC 之间的通信方式，常采用自由口通信方式和 PPI 通信方式。在 SIMATIC S7 的网络中，S7-200 PLC 被默认为从站。只有在采用 PPI 通信协议时，S7-200 系列的 PLC 允许工作于 PPI 主站模式。通过设置 SMB30 或 SMB130 的值可将 PLC 的通信端口 0 或通信端口 1 设定工作于 PPI 主站模式，通过网络读写指令进行数据通信。下面学习相关知识。

相关知识

一、工业网络通信总述

可编程序控制器可以直接或通过通信处理单元、通信转接器互连构成网络，以实现信息的交换，并可构成“集中管理、分散控制”的分布式控制系统，即可编程序控制器或远程 I/O 模块按功能各自放置在生产现场进行分散控制，然后用网络连接起来，构成集中管理的分布式网络系统，满足工厂自动化系统发展的需要。

一个典型的工业自动化系统一般是三级网络结构，分别是现场设备层、车间监控层、工厂管理层。

1. 现场设备层

现场设备层的主要功能是连接现场设备，例如分布式 I/O、传感器、驱动器、执行机构和开关设备等，通过分布式现场网络，完成数据采集、开闭环控制、报警等功能。

2. 车间监控层

车间监控层是用来完成车间之间、主生产设备之间的连接，实现车间级设备的监控。车间级监控包括生产设备状态在线监控、设备故障报警及维护等。通常，还具有生产统计、生产调度等车间级生产管理功能。车间级监控通常要设立车间监控室，有操作员工作站及打印设备。车间级监控网络可采用 Profibus-FMS 或工业以太网。

3. 工厂管理层

工厂管理层作为一个自动化工厂的神经中枢，有着最高的监视级别和控制级别。管理层具备运行各种制造执行系统 MES (Manufacturing Execution System）、企业资源计划系统 ERP(Enterprise Resource Planning)和可视化软件，完成市场信息管理、经营决策、资源分配、生产计划、生产调度等功能。工厂管理层通常采用 TCP/IP 通信协议标准。

二、S7-200 系列 PLC 通信基本概念与网络连接器

PLC 的通信是指 PLC 与计算机之间、PLC 与 PLC 之间、PLC 与其他智能设备之间的数据通信。

1. 与通信有关的几个基本概念

1) 通信协议

通信双方就如何交换信息所建立的一些规定和过程，称作通信协议。在 PLC 网络中配置的通信协议分为两大类：一类是通用协议，如基于以太网的 TCP/IP 协议、PROFIBUS 协议；一类是公司专用协议，如西门子公司专为 S7-200 PLC 开发的 PPI 协议、MPI 协议等，它们只能在西门子公司的特定产品中使用。S7-200 PLC 支持多种通信协议，用户使用时可根据实际需要选择合适的通信方式。通信协议包括 PPI 协议、MPI 协议、PROFIBUS 协议、工业以太网协议、USS 协议、用自由口实现用户定义的通信协议等。

(1) S7-200 PLC 之间通信，最常用和最好的方式是通过 PPI 实现，也可通过工业以太网实现。

(2) S7-200 PLC 与 S7-300/400 PLC 之间的通信，最常用和最好的方式是通过 PROFIBUS 实现，或者通过工业以太网实现。

(3) S7-200 PLC 与其他串行通信设备之间的通信，一般通过自由口通信方式实现。

2) 主站和从站

通信网络中设备一般有主站和从站之分，主站可以主动发起数据通信，读写其他站点的数据。从站不能主动发起通信，进行数据交换，只能响应主站的访问，提供或接收数据。从站不能访问其他从站。

设备在网络中究竟是作为主站还是从站，是由通信协议决定的，用户在编制通信协议时定义各通信设备是主站还是从站。安装有编程软件的 PC、所有的人机界面是通信主站。S7-200 PLC 与 S7-300/400 PLC 通信时，S7-200 PLC 是从站，S7-300/400 PLC 是主站。S7-200 PLC 使用自由端口通信模式时，既可作为主站，又可作为从站。在大多数情况

下，S7-200 PLC 在通信网络中是作为从站出现的。

3) 单主站网络与多主站网络

通信网络中有单主站网络与多主站网络之分。单主站网络是只有一个主站，其他通信设备都处于从站的通信模式。如 PC 与一台 S7-200 PLC 的通信。多主站网络是指网络通信中有多个通信主站。如一台 S7-200 PLC 连接一个人机界面，同时需要 PC 的编程通信。在多主站网络中，主站要轮流控制网络上的通信，并不是所有的设备都支持多主站网络通信。

2. 通信口与网络连接器

要实现网络通信，必须使用正确的方法把通信设备通过通信口进行网络连接，常用的网络部件有网络连接器、电缆、中继器和连接工具等。

1) 通信口

S7-200 PLC 主机上的通信口是标准的 RS-485 9 针 D 形连接器。CPU221、CPU222、CPU224 有一个通信口，CPU224XP、CPU226 有两个通信口。通信口的参数在编程软件的“系统块”目录下“通信端口”中查看、设置。新的设置在系统块下载到 PLC 中后起作用。图 5.1 是通信口的物理连接插针分布，表 5-1 是各针号对应的功能。

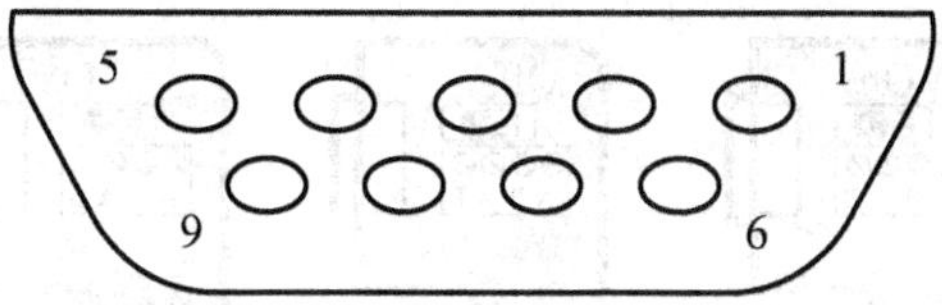

图 5.1　RS-485 通信口管脚分布

表 5-1　S7-200 系列 PLC 通信口插针分配

引脚号	PROFIBUS 名称	Port0 或 1	DP 口
1	屏蔽	逻辑 0	逻辑 0
2	24V 地线	逻辑 0	逻辑 0
3	RS-485 信号线 B	RS-485 信号线 B	RS-485 信号线 B
4	请求发送	RTS(TTL)	请求发送
5	5V 地线	逻辑 0	隔离的 5V 地线
6	+5V	+5V(50mA)	隔离的+5V(90mA)
7	+24V	+24V	+24V
8	RS-485 信号线 A	RS-485 信号线 A	RS-485 信号线 A
9	不用	10 位协议选择	没有使用
连接器外壳	屏蔽	机壳地	机壳地

2) 网络连接器

利用网络连接器可以把多个设备很容易地连接到网络中。西门子的网络连接器有两种，一种连接器仅提供连接到 CPU 的接口，另一种连接器则增加了编程接口。带有编程接口的连接器可以把其他设备如编程器等增加到网络中，而不用改动现有的网络连接。图 5.2(b) 所示的连接器为带编程接口的网络连接器。

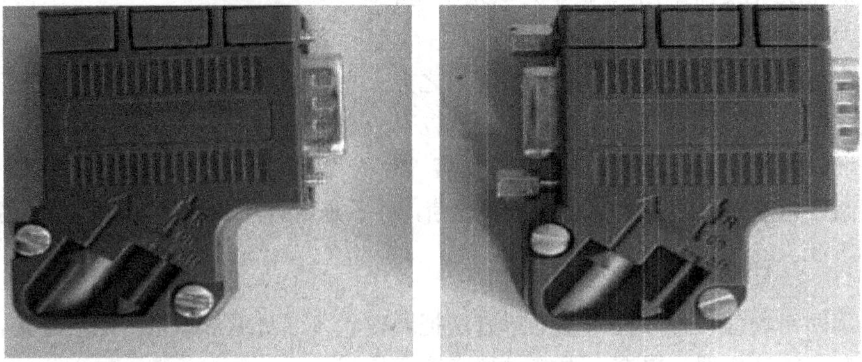

(a) (b)

图 5.2 RS-485 网络连接器

用网络连接器连接入网设备，其连接示意图如图 5.3 所示。网络中连接电缆的两个末端必须有终端匹配和偏置。开关在 ON 位置为有终端匹配和偏置，开关在 OFF 位置为无终端匹配和偏置。

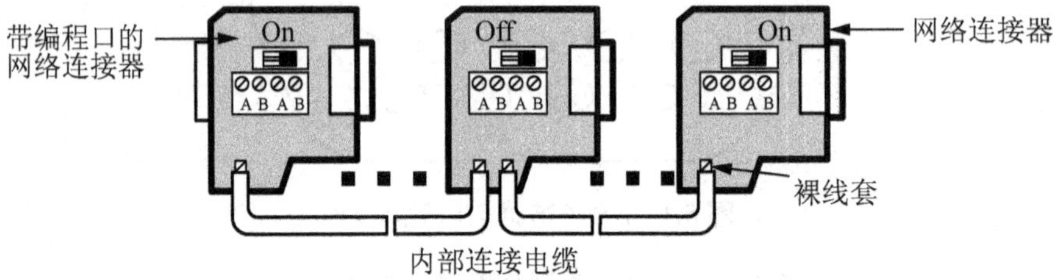

图 5.3 网络连接器连接示意图

三、S7-200 系列 PLC 的网络通信方式

1. PPI 通信方式

1) PPI 通信

PPI(Point to Point Interface)协议即点对点通信协议，是专门为 S7-200 系列 PLC 开发的一种通信协议，主要用于 PC 与 PLC 之间、S7-200 PLC 之间、S7-200 PLC 与人机界面产品(如 TD200、触摸屏等)之间的通信。PPI 协议是一个主/从协议。在这个协议中，网络上的 S7-200 PLC 一般作为从站，也可作为主站，PC 和 TD200、触摸屏等是主站，主站给从站发送申请，从站进行响应。通过 PPI 电缆和网络连接器可连接成单主站 PPI 网络、多主站 PPI 网络。通信速率为 9.6Kbps、19.2Kbps 和 187.5Kbps。使用编程软件 STEP 7，可对网络设备组态或设置参数。

2) PPI 通信网络连接

PC 与 S7-200 PLC 通过一根 PC/PPI 电缆连接起来，可以完成对 S7-200 PLC 的编程等操作。人机界面产品如 TD200 中文操作面板、TP 等系列触摸屏，通过 RS-485 电缆与 S7-200 PLC 的通信，都是应用 PPI 协议组成的网络。PC 与人机界面产品是主站，S7-200 PLC 是从站，从站只能响应主站的请求，如图 5.4 所示。

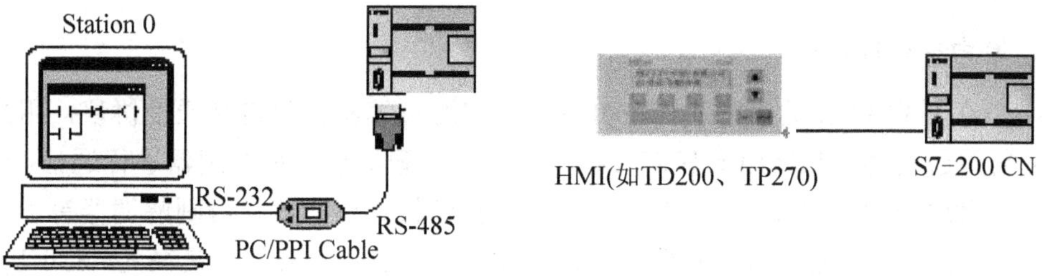

一台PC与一台PLC的PPI通信　　　　HMI产品与S7-200PLC的PPI通信

图 5.4　单主站的 PPI 通信

图 5.5 为一多主站的 PPI 网络连接实例。PC 通过 PPI 电缆连接 S7-200 PLC，人机界面产品通过网络连接器与 S7-200 PLC 相连，S7-200 PLC 之间也通过网络连接器相连。网络应用 PPI 协议进行通信。PC 与 HMI 为主站，S7-200 PLC 为从站。主站之间不能相互通信，主站可以读写从站中的数据。

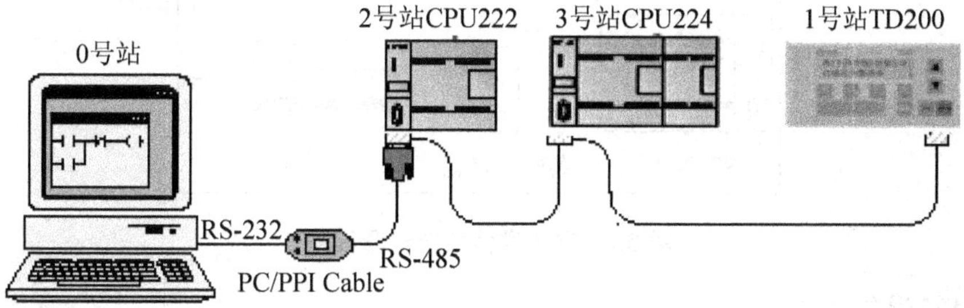

图 5.5　多主站的 PPI 网络

S7-200 PLC 也可在用户程序中被定义为 PPI 主站，此时这个 S7-200 PLC 可应用网络读、网络写指令读写另外作为从站的 S7-200 PLC 中的数据，但与网络中其他主站进行通信时还是作为从站。

3) PPI 通信网络扩展

网络是由各个网段组成的，每个网段之间由中继器隔开。利用 S7-200 PLC 的通信口进行通信时，通信距离较短，如果想增加网络距离或增加网络中的设备数量，最常用的方法是使用中继器。在不用中继器的情况下，每 50m 的网段最多可连接 32 个设备。在一个总线型网络中，最多可以使用 9 个中继器，但网络长度最长为 9 600m，如图 5.6 所示。

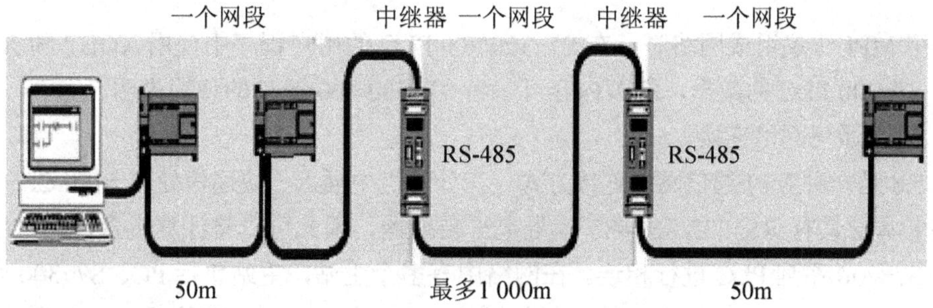

图 5.6　带有中继器的 PPI 网络

2. 自由口通信方式

S7-200 系列 PLC 的串行通信口可以由用户通过编程自己定义通信协议，用户可使用自定义的通信协议与所用的任何具有串行接口的智能设备和控制器进行通信。通信设备包括带用户端软件的 PC、条形码阅读器、打印机、变频器、调制解调器等，也可用于两个 S7-200 PLC 之间简单的数据交换，如图 5.7 所示。波特率最高为 38.4Kbps。使用编程软件 STEP 7，可对网络设备组态或设置参数。当选择自由端口通信模式时，用户程序可通过发送/接收中断、发送/接收指令来控制串行通信口的操作，具体详见下节有关内容。

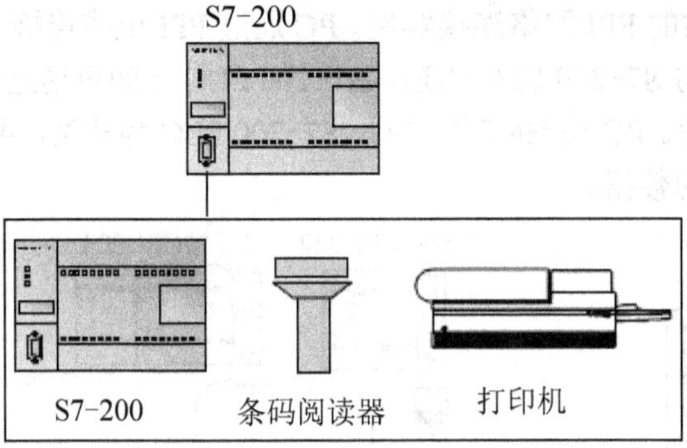

图 5.7　自由通信口方式设备连接

3. MPI 通信方式

1) MPI 通信

MPI(Multi Point Interface)是多点接口的简称。S7-200 PLC 可以通过内置接口连接到 MPI 网络上，它可与 S7-300/400 PLC、HMI 等进行通信。MPI 协议可以是主/主协议或主/从协议。协议如何操作有赖于通信设备的类型。如果是 S7-300/400 PLC 之间进行通信，那么就建立主/主连接。因为所有的 S7-300/400 PLC 在网络中都是主站。如果是 S7-200 PLC 与 S7-300/400 PLC 之间进行通信，那么就建立主/从连接，因为 S7-200 PLC 在 MPI 网络中只能作为从站，S7-200 PLC 之间不能进行通信。主站也可以是 PC 或 HMI。通信速率为 19.2Kbps 和 187.5Kbps。使用编程软件 STEP 7，可对网络设备组态或设置参数。

应用 MPI 协议组成网络时，在 S7-300/400 PLC 的用户程序中使用 XGET 和 XPUT 指令读写 S7-200 PLC 的数据，相关内容可参考 S7-300/400 PLC 的使用说明。

2) MPI 通信网络连接

图 5.8 是一种 MPI 通信网络连接方式。在计算机中插入一块通信处理卡(如 CP5611 等)，由于该卡本身具有 RS-232/RS-485 信号电平转换器，因此可以将计算机直接通过 RS-485 电缆与 S7-200 系列 PLC 进行相连。在网络中有多个主站，主站包括 PC、S7-300/400 PLC 及 HMI 产品，S7-200 PLC 只能作为从站。主站 S7-300/400 PLC 可使用 XGET 和 XPUT 指令实现对从站 S7-200 PLC 的读写。HMI 可以监控 S7-300 PLC 或 S7-200 PLC。

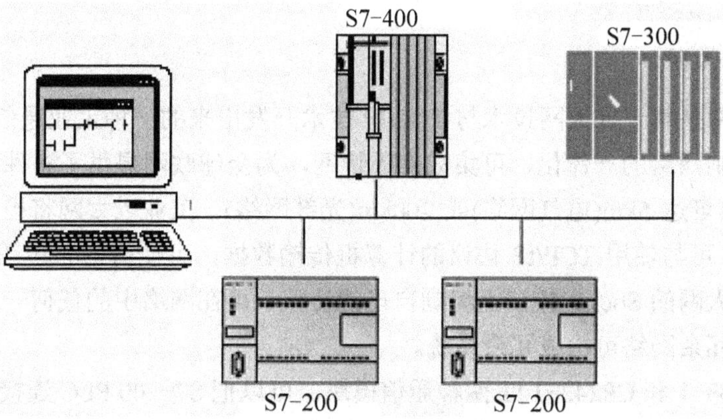

图 5.8 MPI 通信网络连接

4. PROFIBUS 通信方式

1) PROFIBUS 通信

PROFIBUS(Process Field Bus)是一种现场总线技术。PROFIBUS-DP 在整个 PROFIBUS 应用中，应用最多，也最广泛，可以连接不同厂商符合 PROFIBUS-DP 协议的设备。PROFIBUS-DP 一般用于车间设备级的高速数据通信，可编程序控制器通过标准的 PROFIBUS-DP 专用电缆与现场级分散的远程 I/O 设备之间进行快速数据交换通信。传输速率最高为 12Mbps。使用屏蔽双绞线电缆(最长 9.6km)或光缆(最长 90km)，最多可接 127 个从站。在 PROFIBUS-DP 网络中一个从站只能被一个主站所控制，这个主站是这个从站的一类主站；如果网络中还有编程器和操作面板控制从站，这个编程器和操作面板是这个从站的二类主站。第一类主站循环地读取各从站的输入信息并向它们发出有关的输出信息。S7-200 PLC 可以通过 EM277 PROFIBUS-DP 通信模块连接到 PROFIBUS 网络中。使用编程软件 STEP 7，可对网络设备组态或设置参数。

2) PROFIBUS 通信网络连接

图 5.9 中用 PROFIBUS-DP 电缆连接好几个设备。S7-200 PLC 通过 EM277 PROFIBUS-DP 通信模块连接到网络中。CPU315-2 DP 是具有一个 MPI 通信口和一个 PROFIBUS-DP 通信口的 S7-300 PLC，S7-300 PLC 作为主站对从站 S7-200 PLC 进行控制。ET200 是从站，本身没有用户程序，其 I/O 点直接作为主站的 I/O 点由主站直接进行读写操作，而且主站在网络配置时就将 ET200 I/O 点与主站的 I/O 点一起编址。

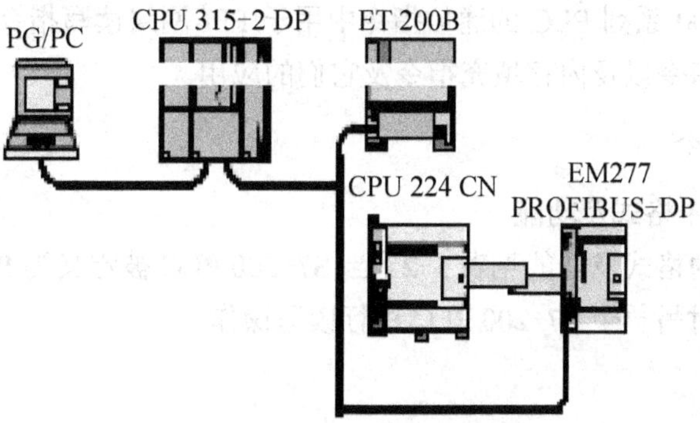

图 5.9 PROFIBUS 通信网络连接

5. 工业以太网

工业以太网是基于以太网技术与 TCP/IP 技术开发出来的一种工业通信网络。以太网可实现管理、控制网络的一体化，可集成到因特网，为全球联网提供了条件。网络规模可达 1 024 站，距离可达 5km(电气网络)或 200km(光纤网络)。工业以太网将控制网络集成到信息技术(IT)中，可与使用 TCP/IP 协议的计算机传输数据，可使用 E-mail 和 Web 技术，用户可在工业以太网的 Socket 接口上编制自己的协议，可在网络中的任何一点进行设备启动和故障检查，冗余网络可构成冗余系统。

通过 CP243-1 和 CP243-1 IT 两种通信模块，可以把 S7-200 PLC 连接到工业以太网，S7-200 PLC 可用于远程配置、编程和诊断。带有 CP243-1 的 S7-200 PLC 通过以太网可以与其他带有 CP243-1 的 S7-200 PLC 进行远程通信，使用 S7-OPC、PC 应用程序可以访问 S7-200 PLC 的数据，可以很容易地存储和编辑数据。图 5.10 为工业以太网网络连接示意图。

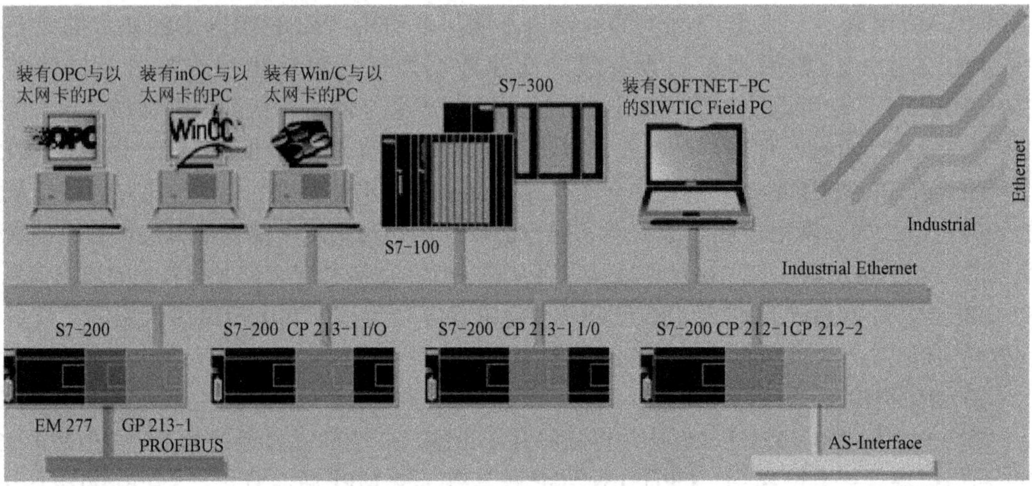

图 5.10　工业以太网网络连接示意图

四、S7-200 系列 PLC 的通信指令

这里介绍 S7-200 系列 PLC 的通信指令中用于 PPI 网络读写指令、用于自由端口通信模式的发送与接收指令以及内存填充指令及它们的应用。

1. 网络读写指令

1) 网络读写指令格式及功能

网络读写指令的格式及功能见表 5-2。当 S7-200 PLC 被定义为 PPI 主站模式时，就可以用网络读写指令对另一个 S7-200 PLC 进行读写操作。

表 5-2　网络读写指令的格式及功能

	网络读指令	网络写指令	功　能
梯形图 LAD	NETR EN　ENO ????-TBL ????-PORT	NETW EN　ENO ????-TBL ????-PORT	网络读指令是当使能端 EN 有效时，通过指定的通信口 PORT，从另外的 S7-200 PLC 上接收数据，并将数据存储在指定的数据表 TBL 中 网络写指令是当使能端 EN 有效时，通过指定的通信口 PORT，向另外的 S7-200 PLC 发送指令指定的数据表 TBL 中的数据
语句表 STL	NETR TBL，PORT	NETW TBL，PORT	

2) 数据表 TBL

数据表 TBL 的格式见表 5-3。

表 5-3　PPI 主站与从站之间传送数据的网络通信数据表格式

字节偏移地址	字节名称	描　述
0	状态字节	7　　　　　　　0 D | A | E | 0 | E1 | E2 | E3 | E4 D：操作完成位。D=0：未完成；D=1：完成 A：操作排队有效位。A=0：无效；A=1：有效 E：错误标志位。E=0：无错误；E=1：有错误 E1、E2、E3、E4 为错误编码。如果执行指令后，E=1，则 E1、E2、E3、E4 返回一个错误编码，编码及说明见表 8-7
1	远程设备地址	被访问的 PLC 从站地址
2	远程设备的数据指针	被访问数据的间接指针 指针可以指向 I、Q、M 和 V 数据区
3		
4		
5		
6	数据长度	远程站点上被访问数据的字节数
7	数据字节 0	收或发送数据区：对 NETR，执行 NETR 后，从远程站点读到的数据存放在这个数据区中；对 NETW，执行 NETW 前，要发送到远程站点的数据存放在这个数据区中
8	数据字节 1	
…	……	
22	数据字节 15	

2. 发送与接收指令

1) 发送与接收指令功能

(1) 通信用特殊存储器 SMB30 和 SMB130。当 S7-200 PLC 被定义为自由端口通信模式时，用户程序可通过发送/接收中断、发送/接收指令来控制串行通信口的操作。通信所使用的波特率、奇偶校验以及数据位数等由特殊存储器 SMB30(对应端口 0)和 SMB130(对应端口 1)来设定。特殊存储器 SMB30 和 SMB130 的具体内容见表 5-4。在对 SMB30 赋值之后，通信模式就被确定。当 SM130.0、SM130.1 或 SM30.0、SM30.1 设定为 0、1 时，就选择了自由口协议，可进行自由口通信。

表 5-4　通信用特殊存储器 SMB30 和 SMB130 的具体内容

端口 0	端口 1	内　容
SMB30 格式	SMB130 格式	7 (高位) … 0 (低位)：p p d b b b m m 自由端口通信模式控制字节
SM30.7 SM30.6	SM130.7 SM130.6	pp：奇偶校验选择 00：无奇偶校验；01：偶校验； 10：无奇偶校验；11：奇校验
SM30.5	SM130.5	d：每个字符的数据位 d= 0：每个字符 8 位有效数据； d=1：每个字符 7 位有效数据
SM30.4 SM30.3 SM30.2	SM130.4 SM130.3 SM130.2	bbb：波特率 000：38 400 波特；　001：19 200 波特；　010：9 600 波特； 011：4 800 波特；　100：2 400 波特；　101：1 200 波特； 110：600 波特；　111：300 波特
SM30.1 SM30.0	SM130.1 SM130.0	mm：协议选择 00：PPI/从站模式(默认设置)；01：自由口协议 10：PPI/主站模式；11：保留

特别提示

只有 PLC 处于 RUN 模式时，才能进行自由口通信。处于自由端口通信模式时，不能与可编程设备通信，比如编程器、计算机等。若要修改 PLC 程序，则需将 PLC 处于 STOP 模式。此时，所有的自由口通信被禁止，通信协议自动切换到 PPI 通信模式。

当 PLC 工作方式开关处于 TERM 位置时，SM0.7 为 0；当 PLC 工作方式开关处于 RUN 位置时，SM0.7 为 1。只有 PLC 处于 RUN 模式时，才能进行自由口通信，所以可用 SM0.7 控制自由口通信模式的切换。

(2) 自由口通信发送/接收指令。其格式及功能见表 5-5。

表 5-5　发送/接收指令格式及功能

<table>
<tr><th></th><th>发送指令</th><th>接收指令</th><th>功　能</th></tr>
<tr><td>梯形图 LAD</td><td>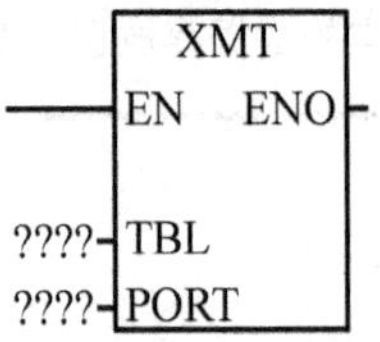
</td><td>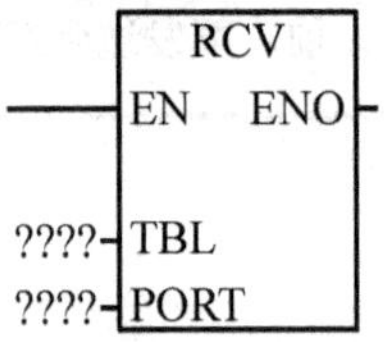
</td><td rowspan="2">发送指令是当使能端 EN 有效时，把 TBL 指定的数据缓冲区的内容通过 PORT 指定的串行口发送出去
接收指令是当使能端 EN 有效时，通过 PORT 指定的串行通信口把接收到的信息存入 TBL 指定的数据缓冲区</td></tr>
<tr><td>语句表 STL</td><td>XMT TBL，PORT</td><td>RCV TBL，PORT</td></tr>
</table>

特别提示

TBL 指定接收/发送数据缓冲区的首地址。可寻址的寄存器地址为 VB、IB、QB、MB、SMB、SB、* VD、* AC。

TBL 数据缓冲区中的第一个字节用于设定应发送/接收的字节数，缓冲区的大小在 255 个字符以内。
PORT 指定通信端口，可取 0 或 1。

(3) 用 XMT 指令发送数据。用 XMT 指令可以发送 1～255 个字节缓冲区的内容。在缓冲区内的最后一个字符发送后会产生中断事件 9(通信端口 0)或中断事件 26(通信端口 1)，也可通过监视 SM4.5(通信端口 0)或 SM4.6(通信端口 1)的状态来判断数据发送情况。当发送空闲时，SM4.5 或 SM4.6 将置 1，利用该位可在通信口处于空闲状态时发送数据。

(4) 用 RCV 指令接收数据。用 RCV 指令可以接收 1～255 个字节缓冲区的内容。可利用字符中断控制接收数据，每接收完成 1 个字符，通信端口 0 就产生一个中断事件 8 或通信端口 1 产生一个中断事件 25。接收到的字符会自动存放在特殊存储器 **SMB2** 中。也可不使用中断，通过监视 SMB86(通信端口 0)或 SMB186(通信端口 1)的状态进行接收信息的判断。接收信息特殊存储器 SMB86(SMB186)～SMB94(SMB194)的具体含义见表 5-6。

表 5-6　通信用特殊存储器 SMB86(SMB186)～SMB94(SMB194)的含义

端口 0	端口 1	字节含义
SMB86	SMB186	接收信息状态字节 7（高位）…0（低位）：N | R | E | 0 | 0 | T | C | P
		N=1：用户的禁止命令，使接收信息停止 R=1：因输入参数错误或缺少起始条件引起的接收信息结束 E=1：接收到结束字符 T=1：因超时引起的接收信息停止 C=1：因字符数超长引起的接收信息停止 P=1：因奇偶校验错误引起的接收信息停止
SMB87	SMB187	接收信息控制字节 7（高位）：EN | SC | EC | IL | C/M | TMR | BK | 0
		EN= 0：禁止接收信息的功能；EN=1：允许接收信息的功能 每当执行 RCV 指令时，检查允许接收信息位 SC：是否用 SMB88 或 SMB188 的值检测起始信息 0=忽略；1=使用 EC：是否用 SMB89 或 SMBl89 的值检测结束信息 0=忽略；1=使用 IL：是否用 SMW90 或 SMW190 的值检测空闲状态 0=忽略；1=使用 C/M：定时器定时性质 0=内部字符定时器；1=信息定时器 TMR：是否使用 SMW92 或 SMWl92 的值终止接收 0=忽略；1=使用 BK：是否使用中断条件来检测起始信息 0=忽略；1=使用
SMB88	SMB188	信息的开始字符
SMB89	SMB189	信息的结束字符

续表

端口 0	端口 1	字节含义
SMB90 SMB91	SMB190 SMB191	空闲时间段。按毫秒设定。空闲时间溢出后接收的第一个字符是新信息的开始字符。SMB90(或 SMB190)是最高有效字节，而 SMB91(或 SMB191)是最低有效字节
SMB92 SMB93	SMB192 SMB193	字符间或信息间定时器超时。按毫秒设定。如果超过这个时间段，则终止接收信息。SMB92(或 SMB192)是最高有效字节，而 SMB93(或 SMB193)是最低有效字节
SMB94	SMB194	要接收的最大字符数(1～255B) 注：不论何种情况，这个范围必须设置到所希望的最大缓冲区大小

2) 发送与接收指令应用

有 A、B 两台 PLC，通过自由口通信方式进行数据交换。要求当 A 机的 I0.0 接通时，B 机 QB0 上的 8 个指示灯亮；当 A 机的 I0.1 接通时，B 机 QB0 上的 8 个指示灯灭。设计控制程序。

(1) 设计的控制程序如图 5.11 所示。

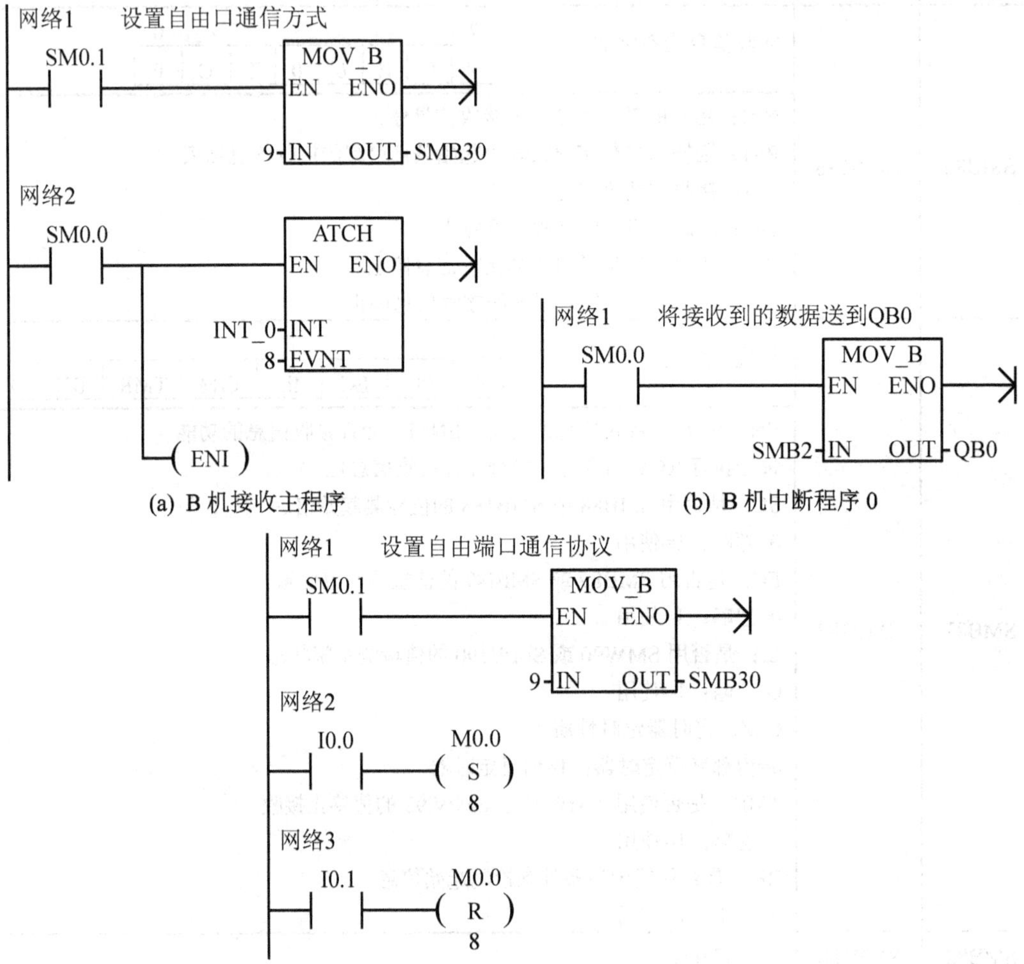

(c) A 机控制程序(续下页)

图 5.11　控制程序

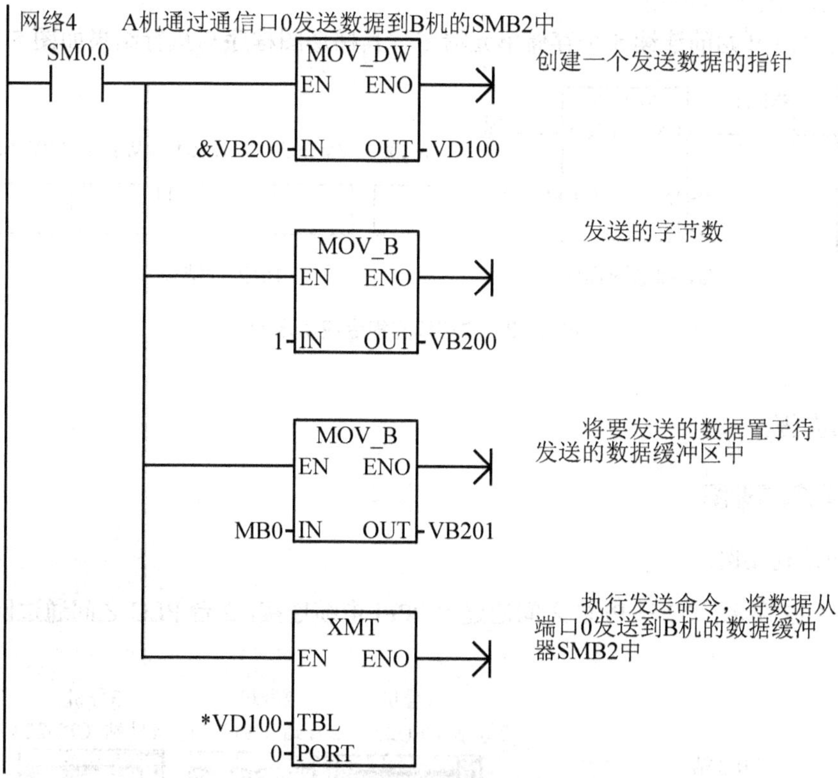

(c) A 机控制程序(续上页)

图 5.11　控制程序(续)

(2) 程序说明。A 机与 B 机在进行数据交换时，都要先设定通信方式，将 SMB30 设置为 09H，表示自由端口通信模式、每字符 8 位、无奇偶校验、波特率为 9 600bps 等。

B 机接收数据时主程序通过接收中断(事件号 8)与中断子程序 0 相连接，之后全局开中断。在中断服务程序中读取接收缓冲寄存器 SMB2 的内容，并送至 B 机的 QB0。

3. 内存填充指令

1) 内存填充指令的格式及功能

内存填充指令的格式及功能见表 5-7。

表 5-7　内存填充指令的格式及功能

梯形图 LAD	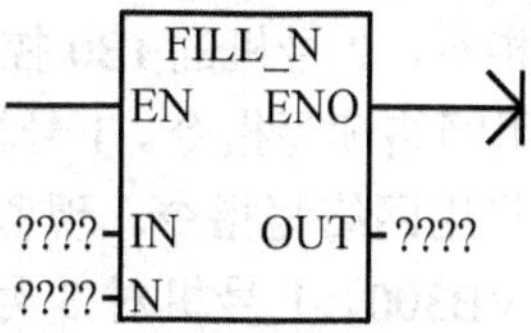	功能：当使能端 EN 为 1 时，将指定的 N 个字(IN)填充到从输出字(OUT)开始的存储器中。N 为 1～255，IN 为字节寻址，也可为常数
语句表	FILL　IN,OUT,N	

2) 内存填充指令应用

把 VW200 开始的连续 5 个存储单元清零。其梯形图程序与执行结果如图 5.12 所示。

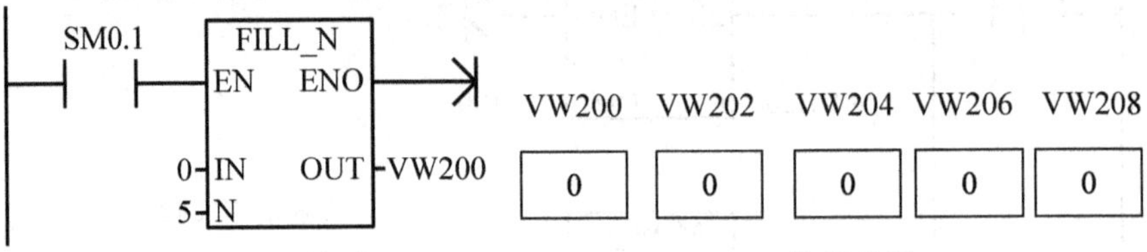

(a) 梯形图程序　　(b)执行结果

图 5.12　内存填充指令应用示例

任务实施

一、设计电气原理图

1. 网络连接图

如图 5.13 所示，PC 与 PLC 之间通过 PC/PPI 电缆连接，3 台 PLC 之间通过网络连接器连接。

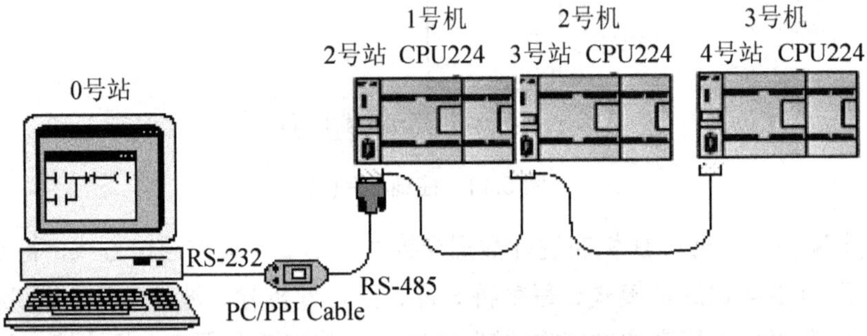

图 5.13　3 台 PLC 的网络连接图

2. 单台 PLC 输入输出电气原理图

单台 PLC 输入输出电气原理图比较简单，在此省略。

二、设计控制程序

1 号机作为 PPI 网络的主站，站地址设为 2，其他机作为从站，2 号机的站地址设为 3，3 号机的站地址设为 4。主站的程序包括控制程序、与其他站的通信程序，其他站只有控制程序。1 号机控制 2 号机的 QB0，需用网络写指令，2 号机的 IB0 控制 1 号机的 QB0，需用网络读指令，所以 1 号机与 2 号机的通信需用网络读写指令。1 号机控制 3 号机的 QB0，需用网络写指令，所以 1 号机与 3 号机的通信只用网络写指令。现假设 1 号机对 2 号机写和读数据的缓冲区的起始地址分别为 VB200、VB300。1 号机对 3 号机写数据的缓冲区的起始地址为 VB210，这样根据表 4-3 的偏移地址就可确定其他数据的地址。3 台 PLC 之间的控制程序包括 1 号机(主站)的通信与控制程序，如图 5.14 所示；2 号机与 3 号机(从站)的控制程序，如图 5.15、图 5.16 所示。

图 5.14 中，网络 1 为通信初始化程序。网络 2～网络 8 为 1 号机与 2 号机的控制与通信程序。其中网络 2～网络 4 为彩灯循环移位控制程序。网络 5～网络 6 实现把 MB0 数据发送到 2 号机，并保存在 VB100 中。网络 7 是把 2 号机的 IB0 数据读入 1 号机，并保存在 VB200 中。网络 9～网络 12 是 1 号机与 3 号机的控制与通信程序。

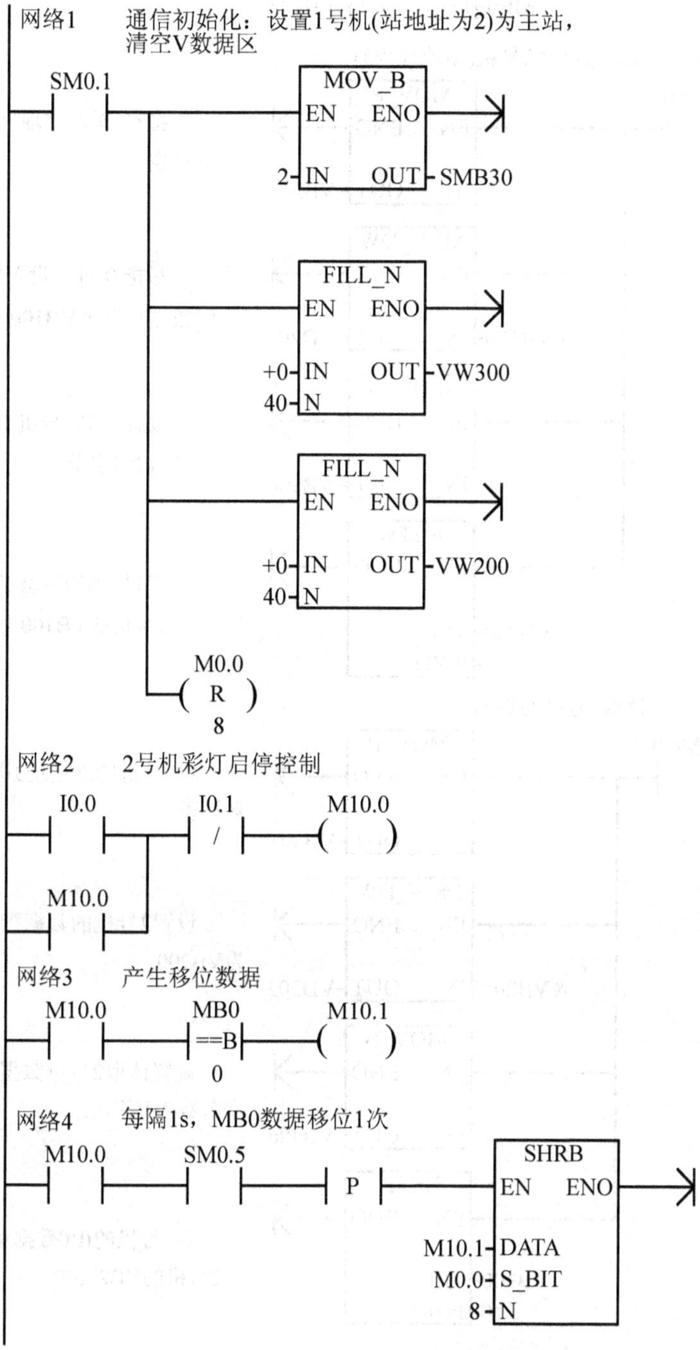

图 5.14　1 号机(主站)控制与通信程序

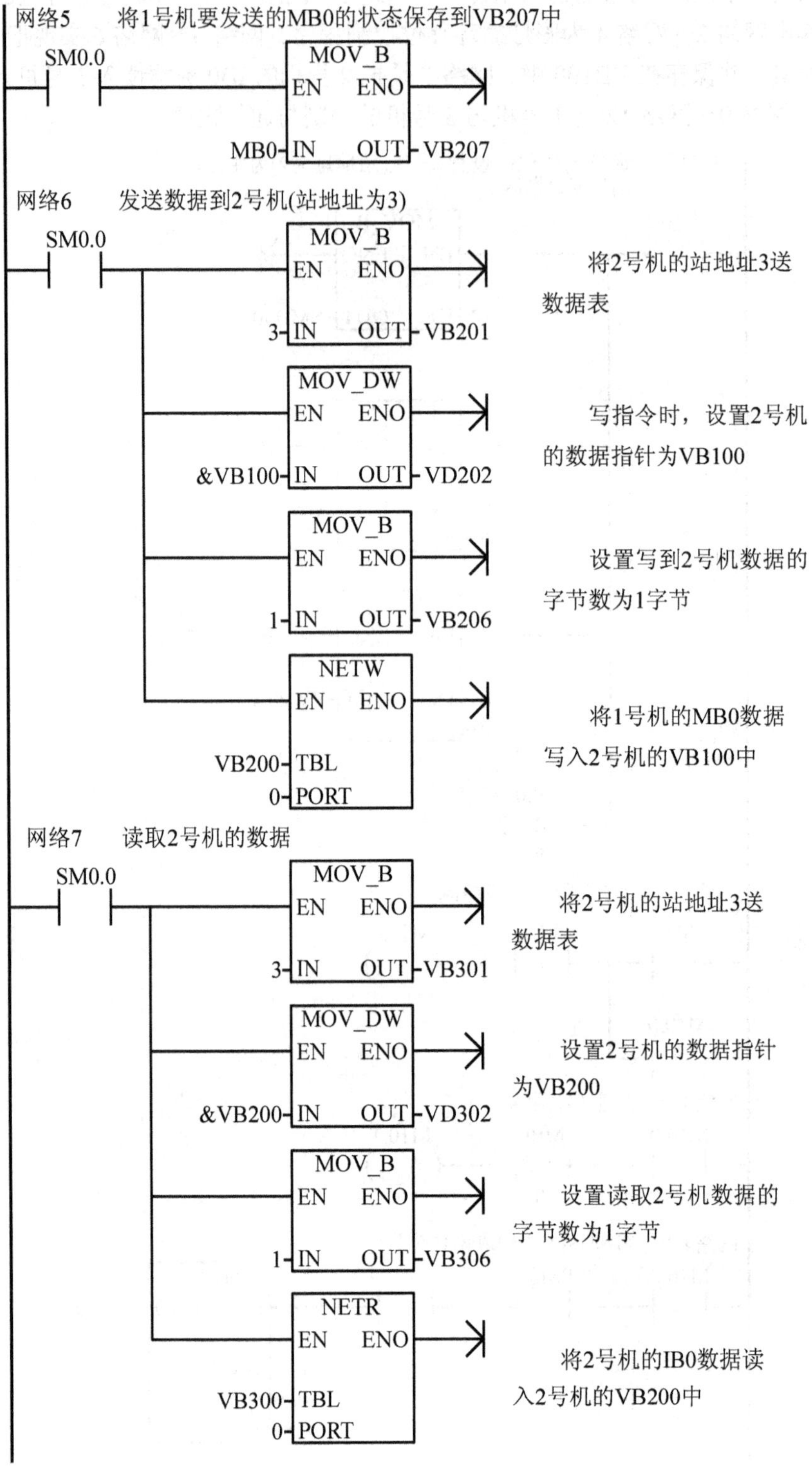

图 5.14　1 号机(主站)控制与通信程序(续)

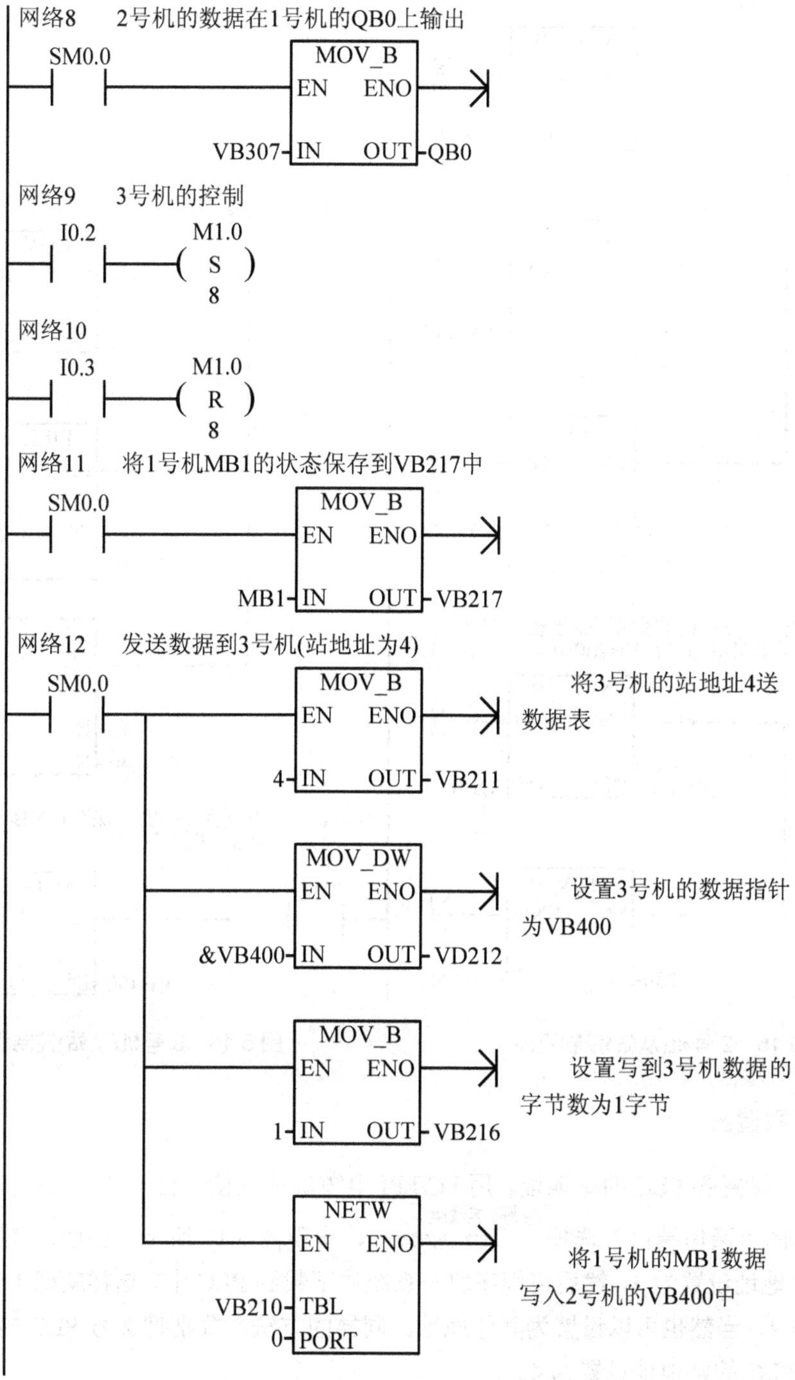

图 5.14　1 号机(主站)控制与通信程序(续)

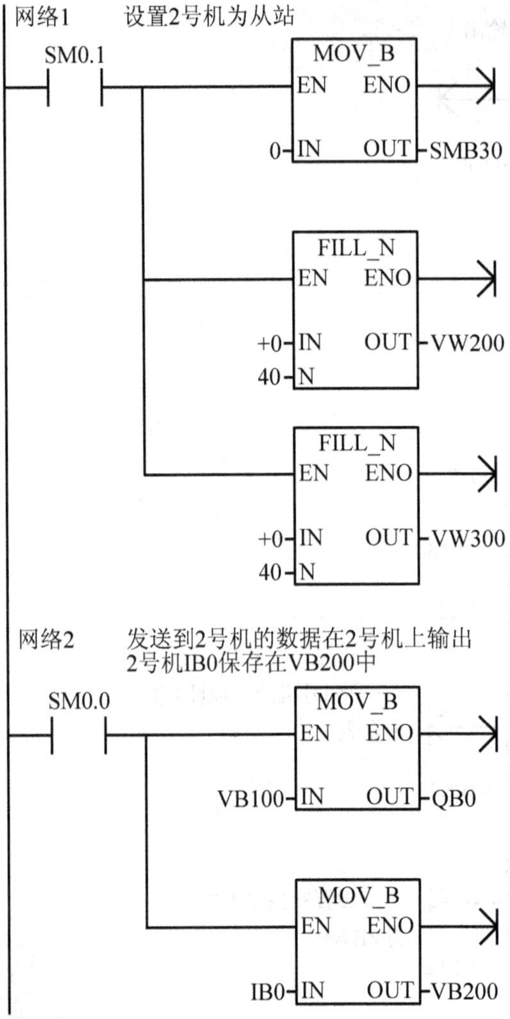

图 5.15　2 号机(从站)控制程序

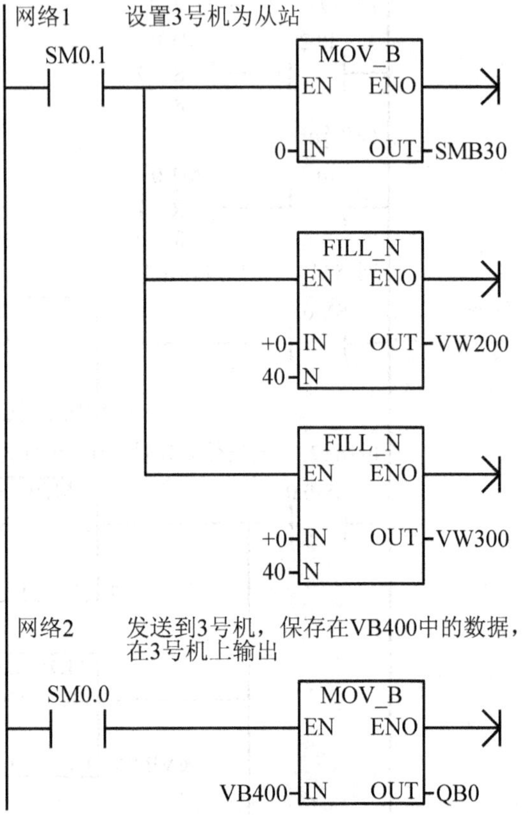

图 5.16　3 号机(从站)控制程序

三、系统模拟调试

(1) 分别设置各 PLC 的站地址。用 PC/PPI 电缆单独连接一台 PLC，通电，双击“系统块”选项下的“通信端口”选项 

，出现图 5.17 所示的画面，在图 5.17 中把 1 号 PLC 的地址设置为 2，然后将程序块与系统块下载到 PLC 中，这样就把 1 号 PLC 的站地址设置为 2，当然也可以设置为其他地址。同样的方法，分别把 2 号 PLC 的站地址设置为 3，3 号 PLC 的站地址设置为 4。

(2) 按图 5.13 将 3 台 PLC 连接起来。1 号机用带编程器的网络连接器连接，以便于 1 号机的 PLC 与 PC 的连接与编程。2 号机与 3 号机用不带编程器的网络连接器连接。

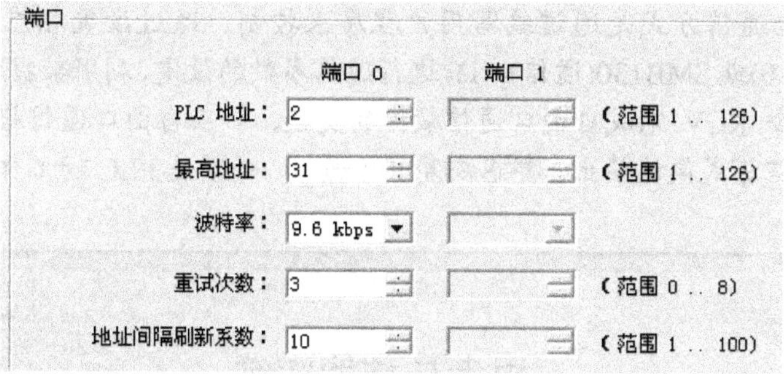

图 5.17　PLC 地址设置画面

(3) 通电后，把各 PLC 工作方式开关设为 STOP 模式，在 STEP 7-Micro/WIN 编程软件的浏览条中单击“通信”图标，打开通信设置界面，双击“通信”窗口右侧的“双击以刷新”图标，编程软件将会显示 3 台 PLC 的站地址，如图 5.18 所示。

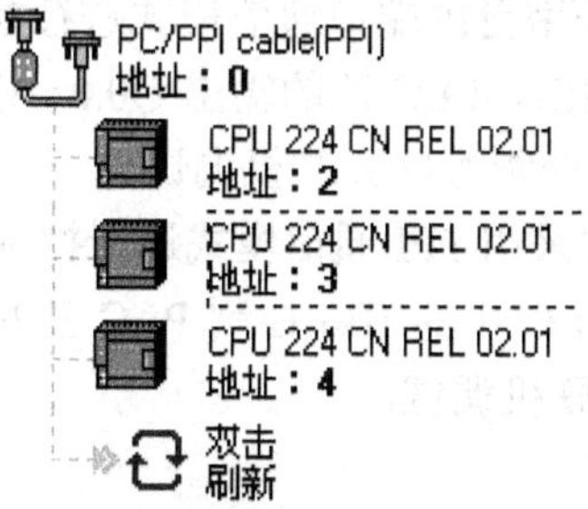

图 5.18　通信窗口显示的 3 台 PLC 站地址情况

(4) 双击某一个 PLC 图标，编程软件将和该 PLC 建立连接，就可以将它的控制程序进行下载、上传操作。

(5) 输入 1 号机(主站)的控制与通信程序，将它下载到 1 号机(主站，站地址为 2)中。

(6) 分别输入 2 号、3 号机(从站)的控制程序，然后将 3 台 PLC 的工作方式开关置于 RUN 位置，操作 1 号机的 I0.0～I0.3 和 2 号机的 IB0，即可观察到所要求的通信效果。I0.0 接通，2 号机的 QB0 上的 8 只彩灯每隔 1s 循环点亮；I0.1 接通，彩灯停止循环。I0.2 接通，3 号机的 8 只灯全亮；I0.3 接通，彩灯全灭。2 号机的 IB0 控制 1 号机的 QB0。

任 务 小 结

本节主要介绍 S7-200 系列 PLC 的通信协议以及通信的实现方法。通过简单的实例重点对自由口通信方式、PPI 通信方式的网络连接、指令的应用进行了说明。

(1) 网络通信是 S7-200 系列 PLC 的一大功能。通过网络读(NETR)或网络写(NETW)指令，可以实现 PLC 信息在 PPI 网络、MPI 网络、PROFIBUS 网络中的传送。通过 CP242-1 IT 通信处理模块，还可实现 PLC 信息的更广泛处理。

(2) 自由口通信方式是通过编写用户程序来控制。通过设置相应的特殊存储器 SMB30(通信口 0)或 SMB130(通信口 1)，进行通信参数的设定，利用数据发送指令 XMT 与数据接收指令 RCV 完成自由口通信数据的交换。一旦自由口通信模式被允许，则 PLC 的 PPI 通信模式便被禁止。要想恢复 PPI 通信，必须使 PLC 的工作方式开关置于 STOP 位置。

思考与技能实练

1．S7-200 系列 PLC 的通信方式有哪几种？

2．哪些设备可通过自由口通信方式交换数据？

3．S7-200 系列 PLC 如何实现 PPI 网络连接？

4．甲乙两台 PLC，要求采用自由端口通信模式进行控制。PLC 甲的启动按钮 I0.0 和停止按钮 I0.1 控制 PLC 乙的输出，PLC 乙的输出 Q0.0～Q0.7 分别连接着 8 只彩灯，彩灯每隔 2s 依次循环点亮。试编写控制程序并联机调试。

5．甲、乙两台 PLC，要求采用 PPI 通信模式进行控制。甲机作为主站，站地址为 3，乙机作为从站，站地址为 4，PLC 甲的 IB0 控制 PLC 乙的 QB0，PLC 乙的 IB0 控制 PLC 甲的 QB0，试编写控制程序并联机调试。

项目6

变频器应用基础

重点内容	1. 变频器的分类及选用； 2. 变频器线路连接方法； 3. 变频器的拆卸与安装； 4. 变频器的参数功能。

项目导读

变频器是利用电力半导体器件的通断作用将工频电源变换为另一频率的电能控制装置，主要用于交流电动机(或变频电动机)转速的调节，是公认的交流电动机最理想、最有前途的调速方案，除了具有卓越的调速性能之外，变频器还有显著的节能作用，是企业技术改造和产品更新换代的理想调速装置，在机床加工、起重运输、供水系统、家用电器等方面得到快速发展和广泛应用。变频器可直接驱动电动机实现设备的手动调速功能，也可通过PLC控制，实现控制过程的自动调速功能。

任务 6.1　认识通用变频器

任务目标	1. 能理解变频器的调速原理; 2. 能根据需要正确选用变频器; 3. 能正确配线与安装。

任务引入

在工农业生产中，有许多地方需要调速。调速实现的途径有机械调速(如用齿轮箱变速、转差离合器调速)、电动机调速(如变级调速、定子调压调速)、变频器调速等。在交流异步电动机的调速方法中，变频器调速性能最好，调速范围宽，运行效率高。那么变频器是如何进行调速的？其内外部组成有哪些？如何根据需要选用变频器？通过下面的内容来学习相关知识。

相关知识

一、变频器的作用及调速原理

1. 变频器在电路中的位置

变频器控制电动机，电动机驱动各种负载变速运行，变频器在电路中的作用相当于电动机的控制器，其基本框图如图 6.1 所示。

图 6.1　变频器驱动电路基本框图

1) 电源

变频器的供电电源有 3 种：单相 220V、三相 220V、三相 380V。同功率的变频器，三相 380V 变频器比三相 220V 变频器的输入电流小，三相 220V 变频器比单相 220V 变频器的输入电流小。输入电流小的变频器在使用时可选用容量小的电器元件或导线，这样附加成本会较低。所以在选用时根据实际情况确定。一般家庭用的变频器为单相 220V，国外用的变频器一般用三相 220V，国内工厂用的变频器一般为三相 380V。

2) 变频器

我国变频器的应用始于 20 世纪 80 年代末，由于变频器的优越性能及节电效果，其应用不断增加，生产厂家也逐年增多。目前国内约有 60 家、约 120 个品牌的变频器在国内市场上经销。国外变频器在国内市场上的主流品种有 ABB 公司 ACS 系列、西门子公司的 MICROMASTER 系列和 6SE70 系列、富士电机公司的 FRN-G9S/P9S 系列、三菱电机公司的 FRA540/FR-F540 系列、安川公司的 VS-616G5 系列、三垦公司的 SAMCO-IP 系列等。

本节以西门子的 MICROMASTER420 为样机学习其应用。西门子公司的 MICROMASTER 系列通用型变频器 MM420/MM430/MM440 和 6SE70 系列工程型变频器如图 6.2 所示。

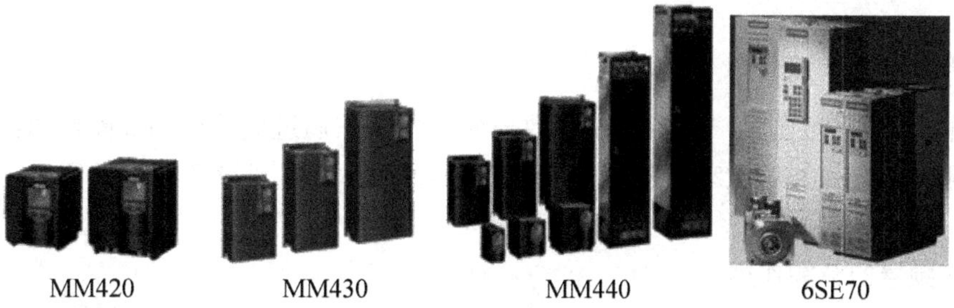

图 6.2　西门子系列产品

变频器的调频范围一般为 0～400Hz，其工作特性是：当频率 f 在=0～50Hz 范围变化时，变频器工作在恒转矩区；当频率 f 在=50～400Hz 范围变化时，变频器工作在恒功率区。使用时，负载的机械特性应与变频器的工作特性相匹配，这样才能更好地发挥变频器的作用。

3) 电动机

变频器一般直接对三相交流异步电动机进行调速控制，但在下列情况下，要选用变频电动机驱动负载进行调速控制。

(1) 工作频率大于 50Hz。

(2) 工作频率小于 10～20Hz，长期重负荷工作。

(3) 调速比 $D=n_{max}/n_{min}$ 较大(如 $D \geqslant 10$)或频率变化频繁。

(4) 调速比 D 较大，工作周期又不长，甚至正反转交替，要实现能量回馈制动的工作方式。

这几种情况一般使普通交流异步电动机产生过热，电动机绝缘受损，电动机寿命受到影响。变频电动机结构上采取了一定措施，使其能在这几种情况下正常可靠地工作。变频电动机的主要特点有：①机械强度设计可确保在最高速使用时安全可靠；②磁路设计适合最高最低使用频率要求；③高温条件下的绝缘强度设计比普通交流异步电动机的要求更高；④高速时产生噪声、振动、损耗都不大。但价格比普通电动机要贵，大约是 1.5～2 倍。

4) 负载

负载的种类很多。根据负载的机械特性即负载转矩与转速的关系将负载大体分成 3 类：恒转矩负载、恒功率负载(P=常数)、二次方转矩负载($T \propto n^2$)。转矩、功率与转速的关系可根据公式 $T_L = 9\,550\dfrac{P_L}{n}$ 得出，任意一个参数确定，就可得出其中另两个参数的关系。

(1) 恒转矩负载是指生产机械的负载转矩 T=常数，转矩与转速大小无关，但功率与转速呈线性正比例关系，即 $P \propto n$，这类机械有起重机、输送带、压缩机、挤压机、柱塞泵等。

(2) 恒功率负载是指生产机械的功率是一定的，即 P_L=常数，但转矩 T_L 呈二次方下降，根据公式 $T_L = 9\,550\dfrac{P_L}{n}$，可得出转矩与速度的关系。这类机械有车床、加工中心、刨床、轧机等。

(3) 二次方转矩负载是指生产机械的转矩 T_L 与转速 n 呈二次方的关系，即 $T \propto n^2$，根据公式 $T_L = 9\,550\frac{P_L}{n}$ 可得出，功率与转速则呈三次方关系，这类负载主要是各种风机、水泵等。

2. 变频器的主要作用

变频器的应用范围很广，其作用大致分为 3 类：①通过调速达到节能目的；②对电动机实现调速功能；③对电动机实现软起动、软制动，以实现设备的平滑无冲击的起动、制动。

1) 变频器的节能作用

采用变频调速后，风机、泵类负载的节能效果最明显，节电率可以达到 20%～60%，这是因为风机、水泵的耗用功率与转速的三次方呈比例，当用户需要的平均流量较小时，可使风机、水泵在低速运行，从而达到节能目的。这类负载很多，约占交流电动机总容量的 20%～30%。目前应用较成功的有恒压供水、中央空调、各类风机、水泵的变频调速。一些家用电器(如家用空调)的调频节能也取得了很好的效果。

对于一些在低速运行的恒转矩负载(如传送带等)，变频调速也可以节能。除此以外，原有调速方式耗能较大者(如绕线转子电动机等)、原有调速方式比较庞杂，效率较低者(如龙门刨床等)采用了变频调速后，节能效果也很明显。

对于恒转矩负载，应用变频器可实现调速功能，并能达到节电目的。对于二次方转矩负载，应用变频器的目的主要是节能或因工艺需要调节压力或流量。

2) 变频器的调速作用

对于恒功率负载，因功率为恒定，所以这类负载不能节电，应用变频器的目的主要是调速。变频器的作用与负载类型的对应关系见表 6-1。

表 6-1 负载类型及变频器的作用

负载类型	恒转矩负载 T=常数	恒功率负载 P=C	二次方转矩负载 $T \propto n^2$
机械特性	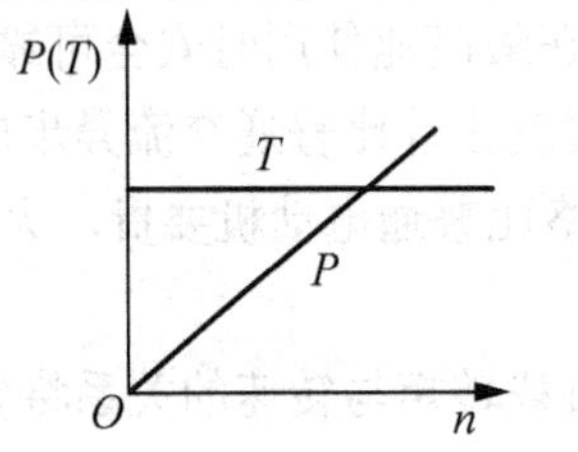	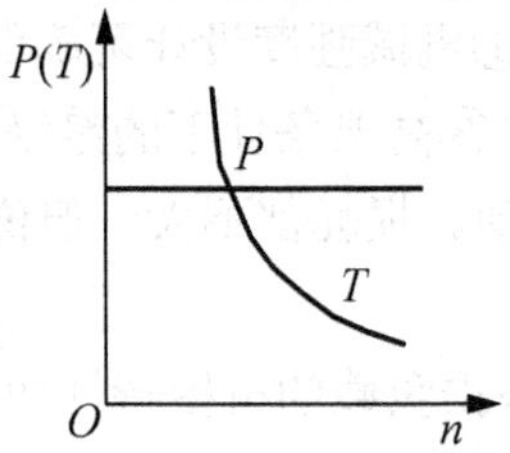	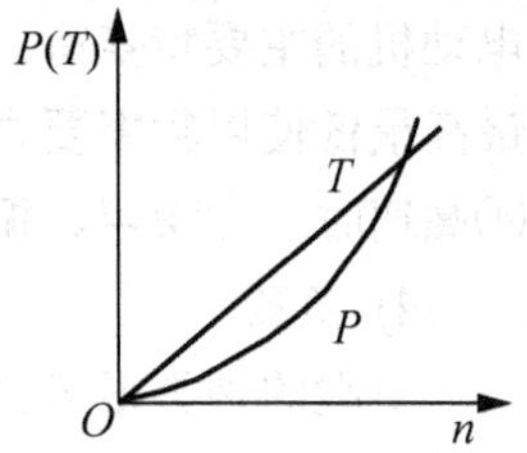
主要设备	起重机、输送带、压缩机、挤压机、柱塞泵、注塑机、搅拌机、印刷机、钻床、磨床等	卷曲机、轧机、机床主轴等	各种风机、泵类
功率与转速关系	$P \propto n$	P=常数	$P \propto n^3$
变频器的作用	节能、调速	调速为主	节能为主

3) 变频调速在电动机运行方面的优势

变频调速很容易实现电动机的正、反转控制，不存在因换相不当而烧毁电动机的问题。

变频调速系统启动大都是从低速区开始，频率较低。加、减时间可以任意设定，故加、减速过程比较平缓，启动电流较小，可以进行较高效率的启停。

变频调速系统制动时，变频器可以利用自己的制动回路，将机械负载的能量消耗在制动电阻上，也可以回馈给供电电网，但回馈给电网需增加专用附件，投资较大。此外，变频器还具有直流制动功能，需要制动时，变频器给电动机加上一个直流电压，进行制动，而无需另加制动控制电路。

3. 变频器的调速原理

由《电机及拖动》可知，三相异步电动机的转速为：

$$n=\frac{60f}{p}(1-s)$$

式中　n——异步电动机的转速；

f——电动机供电电源的频率；

s——电动机转差率，一般为 1%～5% ；

p——电动机磁极对数。

从公式可知，当 p、s 一定时，只要平滑地改变电动机的供电频率 f，就可以平滑地改变电动机的转速 n，变频器就是通过内部电路的变换输出频率可调的信号，从而控制电机实现变速的。

对异步电动机进行调速控制时，希望电动机的主磁通保持额定值不变。

由电动机理论可知，三相异步电动机定子绕组每相电动势的有效值为：

$$E_1 = 4.44 fN\phi_m$$

式中　E_1——定子绕组每相电动势的有效值，V；

f——定子频率，Hz；

N——定子每相绕组有效匝数；

ϕ_m——每极气隙磁通量，Wb。

由式可知，如果定子每相绕组电动势的有效值不变，改变定子频率时，会出现下面两种情况。

(1) 如果定子频率大于电动机的额定频率，气隙磁通 ϕ_m 就会小于额定气隙磁通 ϕ_{mN}，结果是电动机的铁心没有得到充分利用，造成浪费。

(2) 如果定子频率小于电动机的额定频率，气隙磁通 ϕ_m 就会大于额定气隙磁通 ϕ_{mN}，结果是电动机的铁心产生过饱和，从而导致过大的励磁电流，使电动机功率因数、效率下降，严重时会因绕组过热烧坏电动机。

因此，要实现变频调速，且在不损坏电动机的情况下充分利用电动机铁心，应保持每极气隙磁通 ϕ_m 不变。通用变频器可适应这种变频调速的基本要求。

二、变频器的内外部结构

尽管国内目前应用的变频器的品牌有约 120 种，外观不同，结构各异，但基本电路组成是相似的，变频器的基本结构如图 6.3 所示。

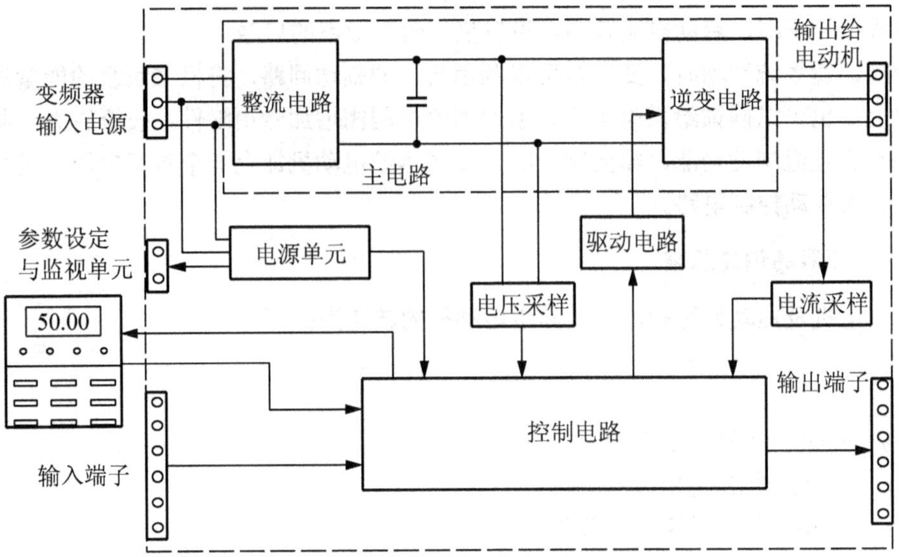

图 6.3　变频器的基本结构

1. 变频器的内部组成

变频器内部主要由主电路、控制电路、驱动电路、电源、保护与报警单元及参数设定和监视单元等组成。

1) 主电路

主电路是给异步电动机提供调压调频电源的电力变换部分，它由整流电路、滤波电路、制动电路、逆变电路等组成。整流电路的功能是将交流电转换为直流电，变频器中用的最多的是三相桥式整流电路。逆变电路的功能是将直流电转换为交流电，变频器中用的最多的是三相桥式逆变电路。

2) 控制电路

控制电路主要由 CPU、检测电路、控制信号输入输出电路、A/D 和 D/A 转换、通信电路等组成。主要功能如下。

(1) 接收各种信号。包括接收从键盘或外部输入端子的给定信号与控制信号、从电压电流采样电路及其他传感器输入的状态信号等。

(2) 进行基本运算。进行矢量控制运算或其他必要的运算。

(3) 输出计算结果。给驱动电路输出信号，使逆变电路按给定信号及预置要求输出 SPWM 电压波形；输出到显示器，进行各种状态的显示；输出到外部端子进行控制。

(4) 其他功能。向输出控制器输出报警信号、向显示器输出故障原因信号等。

3) 驱动电路

驱动电路主要用于驱动各逆变管，小容量变频器的逆变管都采用 IGBT 管(绝缘栅双极型晶体管)。它与控制电路隔离，其主要作用是产生符合系统控制要求的驱动信号。驱动电路常和主电路在一起。

4) 电源单元、保护与报警单元

电源单元为各模块提供电源，主要是：①为控制单元提供 0～5V 电源；②为给定电位器提供 0～5V 或 0～10V 电源；③为外接信号提供 0～24V 的电源。

变频器通常都有故障自诊断功能和自保护功能。通过采样电路检测主电路的电压与电流，为控制单元与保护电路提供参数。当变频器出现故障或输入输出信号异常时，由 CPU 控制驱动单元，改变驱动信号，使变频器停止工作，实现自我保护功能。

5) 参数设定和监视单元

该单元由操作面板组成，用于对变频器的参数设定和监视变频器当前的运行状态。

2. MICROMASTER420 变频器的外部结构

MICROMASTER420(MM420)变频器有两种外形形式，A 型和 B、C 型，如图 6.4 所示。

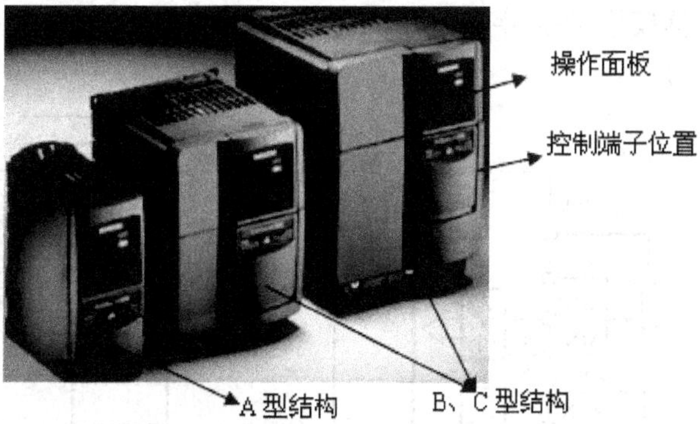

图 6.4　MM420 变频器的外形

变频器从外部组成来看大体分为装卸单元、散热部分、操作面板、接线端子。接线端子从外部看不见，必须卸下前盖板，具体位置如图 6.5 所示。

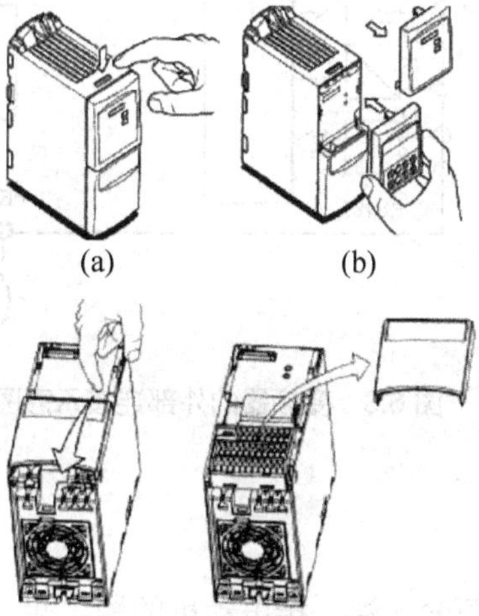

图 6.5　变频器的拆卸

3. 变频器的拆卸

1) 操作面板的拆装

如图 6.5(a)、(b)所示，按着操作面板的上部按钮，同时向外拉，即可拆下。安装时，对好安装孔，垂直插入，就可装上操作面板。操作面板可以通过接口直接与变频器连接，也可通过配置的引线，引出到方便操作的地方，比如连接到总系统的操作面板上，便于修改参数和控制。

2) 前盖板的拆装

如图 6.5(c)、(d)所示，手握前盖板上下两侧向下推，同时向身前拉，就可拆下。安装时，将前盖板的插销插入变频器底部的插孔，然后将前盖板推入机身。

三、变频器的接线

如图 6.6 所示，变频器与外部的连接主要包括两方面内容：①主电路的连接；②控制电路的连接。主电路连接主要是变频器与供电电源的连接以及变频器与电动机的连接。控制电路的连接主要包括模拟量/数字量端子的连接、输出继电器触头对外的连接以及频率输出、通信口端子的连接。

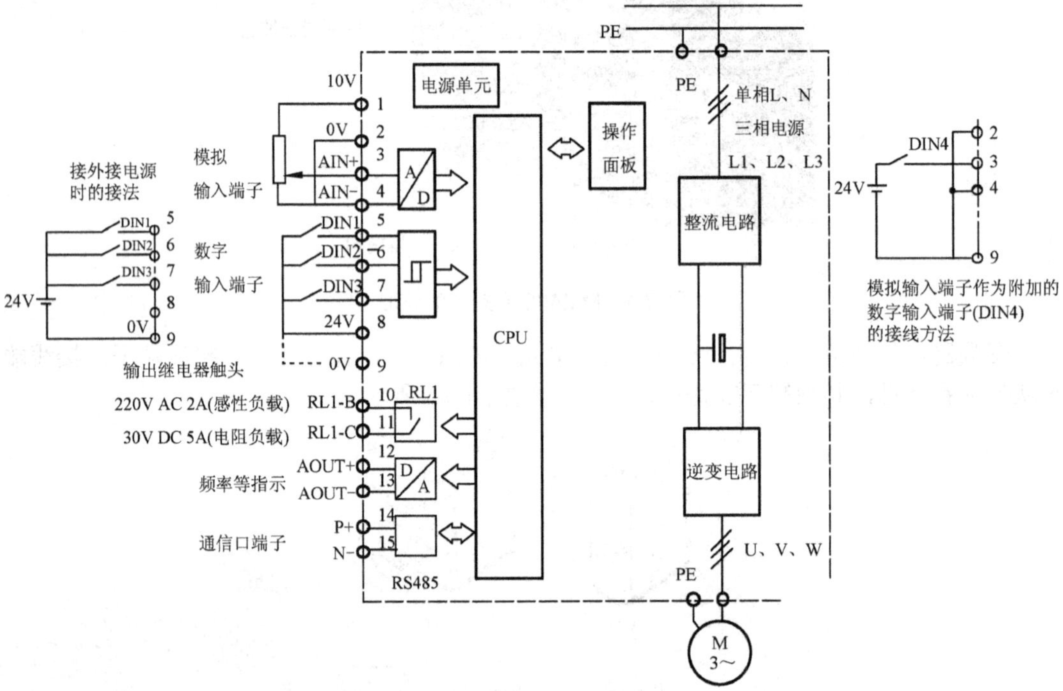

图 6.6 变频器的外部连接示意图

1. 主电路

1) 主电路的连接

主电路接线端子包括电源输入端、接电动机的输出端，其端子位置如图 6.7 所示。

电源输入端，单相电源为 L、N，三相电源为 L1、L2、L3。有的变频器电源输入端的标志为 R、S、T。输出端的标志为 U、V、W，接电动机。

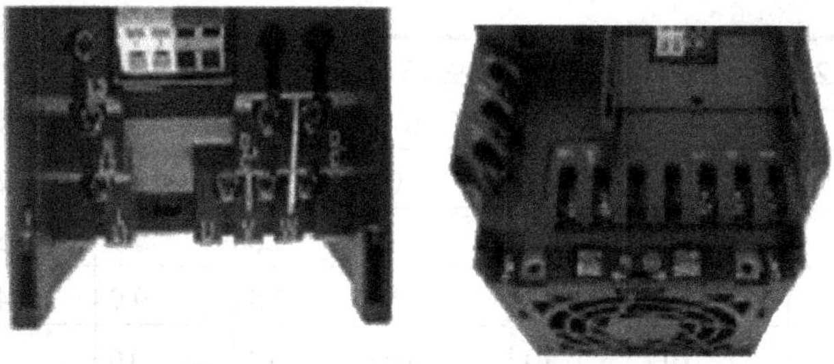

A型　　　　B、C型

图 6.7　输入电源端子与电动机端子位置示意图

主回路主要是给电动机供电，如图 6.8 所示是单独控制的外接主回路，实际电路有时用断路器来代替图中的熔断器和接触器触点，如图 6.8(b)所示。

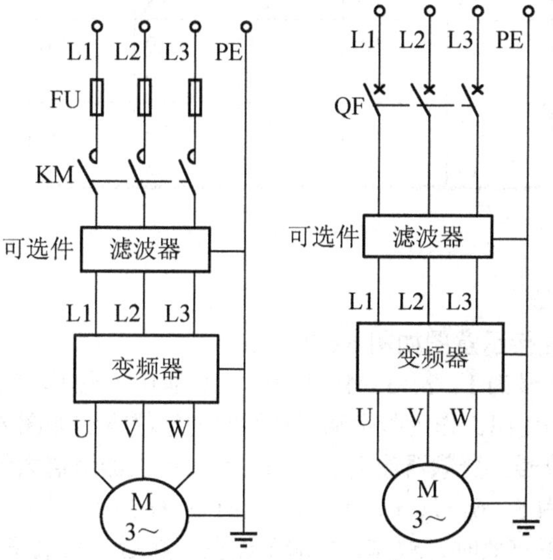

(a)　　　　(b)

图 6.8　变频器主电路连接原理图

2) 主电路电器件的选用

变频器生产单位一般给出电器件选用标准，可根据说明书查到相关数据，如熔断器熔芯大小、导线规格等。如果确定驱动负载电动机的功率，可根据类似表 6-2 中的数据查到主回路原理图中各个电器件的参数，如电动机的功率为 1.1kW 时，可选 20A 的熔断器，电源进线可选截面积为 $2.5mm^2$ 的电缆，电动机接线可选截面积为 $2.5mm^2$ 的电缆。

表 6-2　电器件选择参考表

输入电源电压范围　　单相，交流 200～240V，±10%(带内置 A 级滤波器)

定货号	6SE6420–	2AB11-2AA0	2AB12-5AA0	2AB13-7AA0	2AB15-5AA0	2AB17-5AA0	2AB21-1BA0	2AB21-5BA0	2AB22-2BA0
电动机的额定输出功率	[kW]	0.12	0.25	0.37	0.55	0.75	1.1	1.5	
	[hp]	0.16	0.33	0.5	0.75	1.0	1.5	2.0	

续表

定货号	6SE6420–	2AB11-2AA0	2AB12-5AA0	2AB13-7AA0	2AB15-5AA0	2AB17-5AA0	2AB21-1BA0	2AB21-5BA0	2AB22-2BA0
输出功率	[kVA]	0.4	0.7	1.0	1.3	1.7	2.4	3.2	
最大输出电流	[A]	0.9	1.7	2.3	3.0	3.9	5.5	7.4	
输入电流	[A]		4	5.5	7.5	9.9	14.4	19.5	
推荐安装的熔断器	[A]	10	10	10	10	16	20	20	
		3NA3803	3NA3803	3NA3803	3NA3803	3NA3805	3NA3807	3NA3807	3NA381
进线电缆的最小截面	[mm²]	1.0	1.0	1.0	1.0	1.0	2.5	2.5	
	[awg]	17	17	17	17	17	17	15	
进线电缆的最大截面	[mm²]	2.5	2.5	2.5	2.5	2.5	6.0	6.0	
	[awg]	13	13	13	13	13	9	9	
电动机电缆的最小截面积	[mm²]	1.0	1.0	1.0	1.0	1.0	1.0	1.0	
	[awg]	17	17	17	17	17	17	17	
电动机电缆的最大截面积	[mm²]	2.5	2.5	2.5	2.5	2.5	6.0	6.0	
	[awg]	13	13	13	13	13	9	9	

2. 控制电路

1) 控制电路的连接

控制电路端子的连接示意图如图 6.6 所示。

模拟输入端子，标号为 1、2、3、4，其中 1、2 为 10V 电源，3、4 为模拟端子，可作为附加的数字端子(DIN4)使用。作为数字端子使用时的接线方法如图 6.6 所示。模拟端子也用于给定频率。调节电位器，变频器输出不同的频率。电位器阻值大于等于 4.7kΩ。

数字端子，标号为 5、6、7、8、9，其中端子 8 为 24V，为内部电源，端子 9 为 0V。当数字输入信号高电平有效时，5、6、7 端子连在一起后，与端子 8 相连。当数字输入信号低电平有效时，5、6、7 端子连在一起后，与端子 9 相连。具体的端子连接方式根据实际情况决定。可通过设定参数 P0725 的值，来确定输入信号是高电平有效还是低电平有效。参数 P0725 的值为 0 时，NPN 方式，输入信号低电平有效；参数 P0725 的值为 1 时，PNP 方式，输入信号高电平有效。P0725 的具体含义可参考项目 7 的相关内容。如果 5、6、7 端子外接电源，其连接方法如图 6.6 中虚线部分所示。

变频器工作状态指示端子，标号为 10、11、12、13，其中标号 10、11 提供一常开继电器触点，其功能由 P0731 参数设定。出厂设定功能为变频器故障，即变频器一旦出现故障，触点闭合。可以用在控制回路，切断电源，停止调速系统的运行。可接在 220V 交流电路中或 30V 以下直流电路中。标号为 12、13 的端子模拟输出 0～20mA 的信号可以连接模拟频率计等，用于显示频率。

通信接口端子，标号为 14、15 的端子是变频器与微机或其他变频器的通信接口端子，用于变频器与其他通信设备的连接与数据交换。

2) 控制端子的位置

MM420 为封闭式结构，打开外面的盖子后，才能看到控制端子，控制端子的位置分布如图 6.9 所示。

图 6.9　控制端子位置分布图

四、变频器的分类与选用

1. 变频器的分类

变频器的分类方法有多种，按照变流环节不同分类，可以分为交-直-交变频器和交-交变频器；按照主电路整流后直流电源的性质分类，可以分为电压型变频器和电流型变频器；按照输出电压调节方式分类，可以分为脉冲幅值调制(PAM)方式变频器、脉冲宽度调制(PWM)方式变频器；按照控制方式分类，可以分为 V/f 控制变频器、矢量控制变频器、直接转矩控制变频器等；按照用途分类，可以分为通用变频器、高性能变频器、高频变频器等。

1) 按变流环节不同分类

(1) 交-直-交变频器，先将工频交流电通过整流电路变成直流电，再把直流电通过逆变电路变换成频率任意可调的三相交流电，目前这种变频器得到广泛应用。

(2) 交-交变频器，把工频交流电直接转换成频率任意可调的交流电，不需要中间变换环节，变频效率高，但频率范围窄，主要应用于容量大、速度要求低的场合。

2) 按主电路整流后直流电源的性质分类

在交-直-交变频器装置中，按照主电路整流后直流电源的性质分类，可以分为电压型变频器和电流型变频器，如图 6.10 所示。

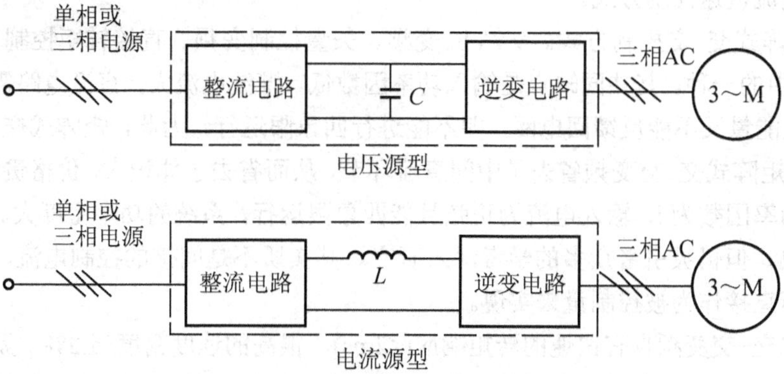

图 6.10　电压型与电流型变频器主电路结构图

(1) 电压型变频器。整流电路之后中间环节采用电容滤波时，直流电压比较平稳，输出交流电压为方波或阶梯波，直流电源内阻比较小，相当于电压源，故称为电压型变频器。

(2) 电流型变频器。整流电路之后中间环节采用电感滤波时，直流电流趋于平稳，输出交流电流是矩形波或阶梯波，直流电源内阻比较大，相当于电流源，故称为电流型变频器。

由于电压型变频器具有运行稳定、调速范围宽、功率因数高等特点，变频器主电路多数属于电压型的交-直-交结构型式。

3) 按输出电压的调节方式分类

(1) 脉冲幅值调制(PAM)，变频器输出电压的大小通过改变直流电压的幅值进行调制的方式。

(2) 脉冲宽度调制(PWM)，变频器输出电压的大小通过改变输出脉冲的占空比进行调制的方式。目前，普遍应用的是脉宽按正弦规律变化的正弦脉宽调制方式，即 SPWM 方式。

4) 按控制方式分类

(1) 电压/频率(V/F)控制方式。为保证主磁通恒定，必须在变频的同时改变电压(简写为VVVF)，电压/频率控制原理为 V/F 比等于常数的正弦脉宽调制(SPWM)。其特点是控制电路结构简单、成本较低，使用调试方便，能够满足一般传动的平滑调速要求。适用于各种水泵、风机。但是，这种控制方式在低频时，由于输出电压较低，使输出转矩减小，低速时转矩脉动大，稳定性变差等，因此不适宜在低频时运行。

(2) 矢量控制(VC)方式。矢量控制原理是模仿直流电动机的控制原理，根据异步电动机的动态数学模型，利用一系列坐标变换把定子电流矢量分解为励磁电流分量和转矩电流分量，根据磁场定向原理分别对异步电动机的励磁电流和转矩电流进行控制，并同时控制两分量间的幅值和相位，从而达到控制异步电动机转矩的目的。矢量控制分有速度传感器矢量控制和无速度传感器矢量控制两种，前者精度高，后者精度低。

(3) 直接转矩控制(DTC)方式。直接转矩控制通过检测电动机定子电压和电流，借助瞬时空间矢量理论计算电动机的磁链和转矩，并根据与给定值比较所得差值，实现磁链和转矩的直接控制。它不需要将交流电动机等效为直流电动机，因而省去了矢量旋转变换中的许多复杂计算。它的控制结构简单，系统的转矩响应迅速且无超调，是一种具有高静、动态性能的交流调速控制方式。

(4) 矩阵式交-交控制方式。VVVF 变频、矢量控制变频、直接转矩控制变频都是交-直-交变频中的一种。其共同缺点是输入功率因数低，谐波电流大，直流电路需要大的储能电容，再生能量又不能反馈回电网，即不能进行四象限运行，为此，矩阵式交-交变频应运而生。由于矩阵式交-交变频省去了中间直流环节，从而省去了体积大、价格贵的电解电容。它能实现功率因数为1，输入电流为正弦且能四象限运行，系统的功率密度大。该技术目前虽尚未成熟，但仍吸引着众多的学者深入研究。其实质不是间接的控制电流、磁链等量，而是把转矩直接作为被控制量来实现。

矩阵式交-交变频具有快速的转矩响应(<2ms)，很高的速度精度(±2%，无 PG 反馈)，高转矩精度(<+3%)，同时还具有较高的起动转矩，尤其在低速时(包括 0 速度时)，可输出150%～200%转矩。

5) 按变频器用途分类

(1) 通用变频器。通用变频器其特点是通用性，是变频器家族中应用最为广泛的一种。通用变频器主要包含两大类：节能型变频器和高性能变频器。

① 节能型变频器。一种以节能为主要目的而简化了其他一些系统功能的通用变频器。控制方式比较单一，主要应用于风机、水泵等调速性能要求不高的场合。其主要特点是过载能力低、具有 PID 调节功能等。

② 高性能变频器。通常指具有矢量控制、能在四象限运行的变频器，主要用于对机械特性和动态响应要求较高的场合。

(2) 专用变频器。专用变频器是针对某一种(类)特定的应用场合而设计的变频器。为满足某种需要，这种变频器在某一方面具有较为优良的性能，如电梯变频器、张力控制变频器、高频变频器等。

2. 变频器的应用选型

变频器的正确选用对于调速系统的正常运行至关重要。选用变频器时，要按照机械设备的类型、负载转矩特性、调速范围、静态速度精度、起动转矩和使用环境的要求，决定选用何种控制方式和防护结构的变频器最为合适。所谓合适是指在满足机械设备的实际工艺生产要求和使用场合的前提下，实现变频器应用的最佳性能价格比。

1) 变频器类型的选择

选用变频器的控制方式是决定变频器使用性能的关键所在。选用不同控制方式的变频器，就可以得到不同的调速性能。选用变频器时不要认为档次越高越好，而要按负载的特性，以满足使用要求为准，以便做到量才使用、经济实惠。表 6-3 中所列参数供选用时参考。

表 6-3 不同控制方式变频器的主要性能和应用场合

控制方式	V/F 控制(开环)	V/F 控制(闭环)	矢量控制(无速度传感器)	矢量控制(有速度传感器)	直接转矩控制
速度控制范围	∠1∶40	∠1∶60	1∶100	1∶1000	1∶100
起动转矩	150(3Hz)	150(3Hz)	150(3Hz)	150(0Hz)	200(0Hz)
静态速度精度(%)	±(2～3)	±(0.2～0.3)	±0.2	±0.02	±0.2
反馈装置	无	PID 调节	无	编码器	无
零速度运行	不可	不可	不可	可	可
控制响应性	慢	慢	较快	快	快
主要应用场合	一般风机火泵类	保持压力、温度、流量为定值的过程控制	一般工业设备	高精工业设备	起重机械、电梯、轧机等设备

2) 变频器功率的选择

首先根据拖动机械负载对转速和转矩等参数的要求，确定电动机的转速、转矩及额定功率等。电动机的极数决定了同步转速，要求电动机的同步转速尽可能地覆盖整个调速范围。转矩取设备在起动、连续运行、过载或最高转速等状态下的最大转矩。最后，根据变频器输出功率和额定电流稍大于电动机的功率和额定电流的原则来确定变频器的参数与型号。需要注意的是，变频器的额定容量及参数是针对一定的海拔高度和环境温度而标出的，一般指海拔 1 000m 以下，温度在 40℃或 25℃以下。若使用环境超出该规定，则在确定变频器参数、型号时要选用大一规格的变频器。

3) 变频器防护结构的选择

变频器的防护结构要与其安装环境相适应，这就要考虑环境温度、湿度、粉尘、酸碱度、腐蚀性气体等因素，这与变频器能否长期、安全、可靠运行关系重大。大多数变频器厂商可提供以下几种常用的防护结构供用户选用。

(1) 开放型 Ip00。本身无机箱，适用于安装在电控柜内或电气室内的屏、盘、架上，尤其是多台变频器集中使用较好，但它对安装环境要求较高。

(2) 封闭型 Ip20、Ip21。这种防护结构的变频器四周都有外罩，可在建筑物内的墙上壁挂式安装。它适用于大多数的室内安装环境。

(3) 密封型 Ip40、Ip42。它适用于工业现场环境条件较差的场合。

(4) 密闭型 Ip54、Ip55。它具有防尘、防水的防护结构。适用于工业现场环境条件差，有水淋、粉尘及一定腐蚀性气体的场合。

任 务 小 结

本节主要讲述了变频器的作用、变频器的内外部组成及变频器的应用选型。

变频器的控制对象为三相交流异步电动机或三相变频电动机，主要作用是调速与节能。风机、泵类负载的节能效果最明显。对于恒功率负载，因功率为恒定，所以这类负载不能节电，应用变频器的目的主要是调速。

变频器内部主要由主电路、控制电路、驱动电路、电源、保护与报警单元及参数设定和监视单元等组成。用户在使用变频器时，要通过外部端子与电器元器件相连。其连接主要包括变频器、供电电源与驱动电动机的主电路连接以及控制电路的连接。

变频器的种类很多，应用场合也不一样，在选用变频器时，要按照机械设备的类型、负载转矩特性、调速范围、静态速度精度、起动转矩和使用环境的要求，决定选用何种控制方式和防护结构的变频器。

变频器连接的元器件及导线规格，可根据变频器使用说明书推荐数据进行选择。

思考与技能实练

1. 变频器的调速原理是什么？
2. 变频器的主要功能是什么？
3. 变频器可驱动交流异步电动机或变频电动机，试说明何时选用变频电动机？
4. 按控制方式分类，变频器有哪几种？每种应用场合是什么？
5. 变频器所带负载的主要类型有哪些？试举例说明。

项目 7

变频器的调速运行

重点内容	1. 变频器数字量端子控制方法; 2. 变频器多段调速实现方法; 3. 变频器模拟量端子控制方法; 4. PLC 控制变频器实现自动调速的实现方法。

项目导读

变频器的调速运行是学习变频器应用的重点内容。变频器的功能及调速控制方法有多种，可以通过操作面板进行启停控制与调速；通过数字量端子控制启停、用操作面板改变频率或模拟量端子调速；具有多段调速控制功能；用 PLC 控制可以实现自动调速控制等。本项目通过升降机的变频调速控制、动力刀架动力头的多段调速控制、变频恒压供水的模拟控制 3 个实例，学习和掌握变频器调速运行的实现步骤与方法。

西门子变频器 MICROMASTER 4 系列产品主要有 MM420 系列、MM430 系列、MM440 系列。MM420 系列适用于各种通用机械负载，MM430 系列适用于风机和泵类负载，MM440 系列采用高性能的矢量技术，可提供低速高转矩输出和良好的动态特性，同时具备超强的过载能力，可以应用在要求比较高的场合，如传送带系统、纺机、电梯、卷扬机以及建筑机械等。虽然变频器的性能不一样，但调速控制方法基本相同，下面以 MM420 系列变频器为样机学习其调速控制方法。

任务 7.1　升降机的变频调速控制

任务目标	1. 掌握变频器各参数的功能及参数输入方法; 2. 掌握变频器功能及面板操作控制方法; 3. 掌握变频器外部端子点动控制方法、外部端子正反转控制方法; 4. 掌握基于 PLC 的变频器外部数字量端子正反转控制方式的参数设置方法及接线。

任务引入

有一台升降机，用变频器进行正反转调速控制，正转运行频率为 40Hz，反转运行频率为 20Hz，斜坡上升时间为 10s，斜坡下降时间为 10s。点动正反转运行频率为 15Hz，点动斜坡上升、下降时间为 5s。最低速度限制为 0Hz，最高速度限制为 50Hz，要求按以下几种方式实现控制。

(1) 面板操作控制方式。

(2) 外部数字量端子点动控制。

(3) 外部数字量端子正反转控制。

(4) 基于 PLC 的变频器外部端子正反转控制。

任务分析

起降机是工厂中比较常见的设备，其起升、下降是由电动机的正反转运行来拖动的，应以不同的速度进行控制。轻载或空载时速度应快些，重载时应慢些。工作频率要小于 50HZ，属于恒转矩负载性质。为了保证在低速时能有足够大的转矩，最好选用带转速反馈的矢量控制的变频器。但在定位要求不高的场合，也可选用无反馈矢量控制变频器。起降机的调速范围要求不宽，调速比一般为 D=3。电动机轴上必须加装机械制动装置。虽然变频器的性能各异，但调速控制方法基本相同，下面仍以常用的通用型 MM420 系列变频器为例学习相关内容。

相关知识

一、用变频器实现调速控制的一般步骤

1. 设计电气原理图

设计电气原理图主要包括主回路的设计、控制回路的设计。

2. 确定功能参数

确定功能参数主要包括电动机参数的设定、端子功能参数的设定、斜坡时间参数、最大最小频率参数的设定等。有些品牌变频器，不需要根据控制电动机的铭牌数据确定电动机的参数。

3. 联机调试

调试步骤为：按设计好的原理图接线→按电气操作规程通电→按功能参数表输入功能参数→输入控制程序(PLC 控制变频器时)→按控制要求进行操作调试，直到满足要求为止。在原理图设计正确的情况下，调试内容包括接线是否正确、功能参数设置是否正确、控制程序是否正确。

二、常用参数功能

西门子 MM420 变频器的参数大体分为两类，一类是功能参数，一类是过滤器参数，只有把过滤器参数设定为一定的值，才能访问一些功能参数。例如，如果要设定电动机的参数，必须设定 P0004=3，才能对 P0304、P0305、P0307 等这些参数进行设置或修改。

1. 过滤器参数

输入功能参数时要设定的过滤器参数包括 P0003、P0004、P0010，其参数意义如下。

1) P0003　用户访问级(输入参数时用)

该参数用于定义用户访问参数组的等级，可分别设定为 0、1、2、3、4。对于大多数简单的应用对象，一般设置为 1 或 2，就可以满足要求。主要设定的值及功能如下。

0　用户定义的参数表：有关使用方法的详细情况参看 P0013 的说明。

1　标准级：可以访问经常使用的一些参数。

2　扩展级：允许扩展访问参数的范围，例如变频器的 I/O 功能。

3　专家级：只供专家使用。

4　维修级：只供授权的维修人员使用，具有密码保护。

2) P0004　参数过滤器(输入参数时用)

P0004 参数的功能是，要输入或查看某些参数的值时，必须把 P0004 设定为一定的值。例如，如果要输入或查看电动机的参数时，必须设定 P0004=3；要输入或查看参数 P0700～P0799 或 P0800～P0899 的值时，必须设定 P0004=7，以此类推。主要设定的值及功能如下。

0　全部参数。

2　变频器参数：P0200～P0299。

3　电动机参数：P0300～P0399；
P0600～P0699。

7　命令、二进制 I/O：P0700～P0749；
P0800～P0899。

8　模拟 I/O：P0750～P0799。

10　设定值通道：RFG(斜坡函数发生器)、P1000～P1199。

12　驱动装置的特点：P1200～P1299。

13　电动机的控制：P1300～P1799。

20　通信：P2000～P2099。

21　报警/警告/监控 1。

22　工艺参量控制器(例如 PID)。

3) P0010　调试参数过滤器(输入参数时用)

在变频器启动运行之前应将本参数设置为 0。在 P0010 设定为 1 时，变频器的调试可以非常快速和方便地完成。这时，只有一些重要的参数(例如 P0304、P0305 等)是可以看得见的，这些参数的数值必须一个一个地输入变频器。在复位变频器的参数时，参数 P0010 必须设定为 30。主要设定的值及功能如下。

0　准备。

1　快速调试。

2　变频器。

29　下载。

30　工厂的默认设定值。

2. 功能参数

常用功能参数包括电动机参数、选择命令源参数、端子功能参数、频率设定参数等。基本功能参数见表 7-1。

表 7-1　常用本功能参数

参数号	参数名称	设定范围	出厂设定值
P0304	电动机额定电压	最小值 10 最大值 2 000 V	230
P0305	电动机额定电流	最小值 0.01 最大值 10 000.00A	3.25
P0307	电动机额定功率	最小值 0.01 最大值 2 000.00 kW	0.75
P0310	电动机额定频率	最小值 12.00 最大值 650.00 Hz	50.00
P0311	电动机额定转速	最小值 0 最大值 40 000r/min	1395
P0700	选择命令源	最小值 0 最大值 6	2
P0701	数字输入 1 的功能	最小值 0 最大值 99	1
P0702	数字输入 2 的功能	最小值 0 最大值 99	12
P0703	数字输入 3 的功能	最小值 0 最大值 99	9
P0704	数字输入 4 的功能	最小值 0 最大值 99	0
P0725	PNP/NPN 数字输入	最小值 0 最大值 1	1
P1000	频率设定值的选择	最小值 0 最大值 66	2
P1001	固定频率 1	最小值-650.00 最大值 650.00 Hz	0.00
P1002	固定频率 2	最小值-650.00 最大值 650.00 Hz	5.00
P1003	固定频率 3	最小值-650.00 最大值 650.00 Hz	10.00
P1004	固定频率 4	最小值-650.00 最大值 650.00 Hz	15.00
P1005	固定频率 5	最小值-650.00 最大值 650.00 Hz	20.00
P1006	固定频率 6	最小值-650.00 最大值 650.00 Hz	25.00
P1007	固定频率 7	最小值-650.00 最大值 650.00 Hz	30.00

续表

参数号	参数名称	设定范围	出厂设定值
P1031	MOP 的设定值存储	最小值 0 最大值 1	0
P1032	禁止 MOP 反向	最小值 0 最大值 1	2
P1040	MOP 的设定值	最小值-650.00 最大值 650.00	5.00
P1058	正向点动频率	最小值 0 最大值 650.00 Hz	5.00
P1059	反向点动频率	最小值 0 最大值 650.00 Hz	5.00
P1060	点动的斜坡上升时间	最小值 0 最大值 650.00 s	10.00
P1061	点动的斜坡下降时间	最小值 0 最大值 650.00 s	10.00
P1080	最低频率	最小值 0 最大值 650.00 Hz	0
P1082	最高频率	最小值 0 最大值 650.00 Hz	50
P1120	斜坡上升时间	最小值 0 最大值 650.00 s	10
P1121	斜坡下降时间	最小值 0 最大值 650.00 s	10

电动机参数主要包括电动机额定电压、额定电流、额定功率、额定频率、额定转速等。具体参数值根据所连接的电动机的铭牌数据来确定。

表 7-1 中其他各参数的功能如下。

1) P0700　选择命令源

0　工厂的默认设置。

1　BOP(基本操作面板)设置。

2　由端子排输入。

2) P0701　数字输入 1 的功能

设置数字输入端子 1 即 DIN1 的功能。

0　禁止数字输入。

1　ON/OFF1(接通正转/停车命令 1)。

2　ON reverse/OFF1(接通反转/停车命令 1)。

3　OFF2(停车命令 2)：按惯性自由停车。

4　OFF3(停车命令 3)：按斜坡函数曲线快速降速停车。

9　故障确认。

10　正向点动。

11　反向点动。

12　反转。

13　MOP(电动电位计)升速 (增加频率)。

14　MOP　降速(减少频率)。

15　固定频率设定值(直接选择)。

16　固定频率设定值(直接选择+ON 命令)。

17　固定频率设定值(二进制编码的十进制数(BCD 码)选择+ON 命令)。

21　机旁/远程控制

25　直流注入制动

29　由外部信号触发跳闸

33　禁止附加频率设定值

99　使能 BICO 参数化

OFF1 停车命令是以 P1121 确定的斜坡下降时间减速停车。注意的是，ON 命令和 OFF1 命令必须来自同一输入端子。如果不是同一输入端子，则最后一个设定的数字输入，例如 DIN3 才是有效的。

OFF2 停车命令是按惯性自由停车，不能按控制曲线进行制动。

OFF3 停车命令是以 P1135 确定的斜坡下降时间进行减速停车。

MOP(电动电位计)，其功能是模拟机电式电位计向变频器输入设定值。电动电位计输出的数值用“升高”和“降低”控制信号进行调整。MOP 的设定值由 P1040 设定。具体参见 P1040 参数含义。

3) P0702　数字输入 2 的功能

设置数字输入端子 2 即 DIN2 的功能。

其设定值的范围与意义同 P0701。

4) P0703　数字输入 3 的功能

设置数字输入端子 3 即 DIN3 的功能。其设定值的范围与意义同 P0701。

5) P0704　数字输入 4 的功能

模拟端子可作为附加的数字端子(DIN4)使用，其设定值范围与意义同 P0701。

6) P0725　PNP/NPN 数字输入

0　NPN 方式：低电平有效，端子 5、6、7 必须通过端子 9(0V)连接。

1　PNP 方式：高电平有效，端子 5、6、7 必须通过端子 8(24 V)连接。

7) P1000　频率设定值的选择

0　无主设定值。

1　MOP 设定值。

2　模拟设定值。

3　固定频率设定值。

10　无主设定值 ＋ MOP 设定值。

11　MOP 设定值 ＋ MOP 设定值。

12　模拟设定值 ＋ MOP 设定值。

13　固定频率 ＋ MOP 设定值。

20　无主设定值 ＋ 模拟设定值。

21　MOP 设定值 ＋ 模拟设定值。

22　模拟设定值 ＋ 模拟设定值。

23　固定频率 ＋ 模拟设定值。

30　无主设定值 ＋ 固定频率。

31　MOP 设定值 ＋ 固定频率。

32　模拟设定值 ＋ 固定频率。

33　固定频率 ＋ 固定频率。

8) P1031　MOP 的设定值存储

0　MOP 的设定值不存储

1　MOP 的设定值存储

9) P1032　禁止反向的 MOP 设定值

0　允许反向的 MOP 设定值

1　禁止反向的 MOP 设定值

10) P1040　MOP 的设定值

确定由电动电位计控制时(P1000=1)的设定值

11) P1058　正向点动频率

点动操作由操作面板的 JOG(点动)按键控制，或由连接在一个数字输入端的不带闩锁的开关(按下时接通，松开时自动复位)来控制。

选择正向点动时，由这一参数确定变频器正向点动运行的频率。点动时采用的斜坡上升和下降时间分别在参数 P1060 和 P1061 中设定。

12) P1059　反向点动频率

选择反向点动时，由这一参数确定变频器反向点动运行的频率。点动时采用的斜坡上升和下降时间分别在参数 P1060 和 P1061 中设定。

13) P1060　点动的斜坡上升时间

点动所用的加速时间。

14) P1061　点动的斜坡下降时间

点动所用的减速时间。

15) P1080　最低频率

最低频率是根据生产需要设置的最小运行频率。若运行频率设定值低于 P1080 设定的值，则实际的运行频率被限制在 P1080 设定频率值上。

16) P1082　最高频率

最高频率是根据生产需要设置的最大运行频率。若运行频率设定值高于 P1082 设定的值，则实际的运行频率被限制在 P1082 设定频率值上。

17) P1120　斜坡上升时间

电动机从静止状态 0Hz 加速到最高频率(P1082)所用的时间。如果设定的斜坡上升时间太短，就有可能导致变频器跳闸(过电流)。

18) P1121　斜坡下降时间

电动机从最高频率(P1082)减速到静止状态 0Hz 所用的时间。若设定的斜坡下降时间太短，就有可能导致变频器跳闸(过电流(F0001)/过电压(F0002))。

三、面板使用与参数输入方法

1. 基本操作面板(BOP)功能说明

基本操作面板示意图如图 7.1 所示。操作面板功能见表 7-2。

图 7.1　基本操作面板示意图

表 7-2　操作面板功能

显示/按钮	功　能	功能说明
	状态显示	显示变频器当前的设定值
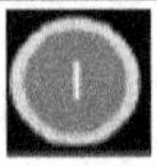	启动变频器	按此键启动变频器。默认值运行时此键是被封锁的。为了使此键的操作有效，应设定 P0700=1
	停止变频器	OFF1：按此键，变频器将按选定的斜坡下降速率减速停车。默认值运行时此键被封锁。为了允许此键操作，应设定 P0700=1 OFF2：按此键两次(或一次，但时间较长)电动机将在惯性作用下自由停车。此功能总是“使能”的
	改变电动机的转动方向	按此键可以改变电动机的转动方向。电动机的反向用负号或用闪烁的小数点表示。默认值运行时此键是被封锁的，为了使此键的操作有效，应设定 P0700=1
	电动机点动	在变频器无输出的情况下按下此键，将使电动机启动，并按预设定的点动频率运行。释放此键时，电动机停车。如果电动机正在运行，按此键将不起作用
	功能	此键用于浏览辅助信息 变频器运行过程中，在显示任何一个参数时按下此键并保持不动 2s，将显示以下参数值(在变频器运行中，从任何一个参数开始) (1) 直流回路电压(用 d 表示；单位：V) (2) 输出电流(A) (3) 输出频率(Hz) (4) 输出电压(用 o 表示；单位：V)。 (5) 由 P0005 选定的数值(如果 P0005 选择显示上述参数中的任何一个，这里将不再显示) 连续多次按下此键，将轮流显示以上参数 跳转功能：在显示任何一个参数(rXXXX 或 PXXXX)时短时间按下此键，将立即跳转到 r0000。如果需要，可以接着修改其他的参数。跳转到 r0000 后，按此键将返回原来的显示点 故障确认：在出现故障或报警的情况下，按下此键可以对故障或报警进行确认

续表

显示/按钮	功　能	功能说明
	访问参数	按此键即可访问参数
	增加数值	按此键即可增加面板上显示的参数数值
	减少数值	按此键即可减少面板上显示的参数数值

2. 用基本操作面板(BOP)更改参数的数值

1) 修改参数的方法

表 7-3 以改变参数 P0004 为例，说明修改参数的方法。

表 7-3　改变参数 P0004 的方法

	操作步骤	显示结果
1	按 P 访问参数	r0000
2	按 ▲ 直到显示出 P0004	P0004
3	按 P 进入参数数值访问级	0
4	按 ▲ 或 ▼ 达到所需要的数值	3
5	按 P 确认并存储参数的数值	P0004
6	按 ▼ 直到显示出 r000	r0000
7	按 P 返回标准的变频器显示(有用户定义)	

特别提示

修改参数的数值时，BOP 有时会显示忙碌信息：P----，表明变频器正忙于处理优先级更高的任务。

2) 快速修改参数数值的方法

为了快速修改参数的数值，可以一个个地单独修改显示出的每个数字，操作步骤如下。

(1) 按 Fn 键(功能键)，最右边的一个数字闪烁。

(2) 按 ▲/▼ 键，修改这位数字的数值。

(3) 再按 Fn 键(功能键)，相邻的下一个数字闪烁。

(4) 执行(2)～(3)步，直到显示出所要求的数值。

(5) 按 P 键，退出参数数值的访问级。

3) 变频器复位为工厂的默认设定值

改变变频器的控制方式时，一般要把变频器的参数恢复为工厂的默认设定值。按照下面的步骤进行恢复。

(1) 设定P0010=30。

(2) 设定P0970=1。

大约1分钟后完成复位过程。

任务实施

利用变频器进行调速控制主要考虑两方面的情况：①如何改变变频器的频率；②如何对电动机进行启动、停止控制。变频器的调速控制方式一般包括：面板操作控制方式、数字端子控制方式、模拟端子控制方式。

面板操作控制方式可通过操作面板上的按键控制电动机的启动、停止，面板上的按键可增速、减速。

数字端子控制方式通过数字端子控制电动机的启动、停止，通过面板的或按键增速或减速，或者通过参数设定速度。

模拟端子控制方式是通过改变模拟端子的输入电压改变电动机的速度，用数字端子或操作面板上的按键，控制电动机的启动、停止。

一、面板操作控制

1. 设计电气原理图

用操作面板控制电动机启动或调速，无需连接控制端子电路，只需把变频器的电源接上，变频器再和电动机连接起来即可。图7.2为三相变频器的外部接线图。

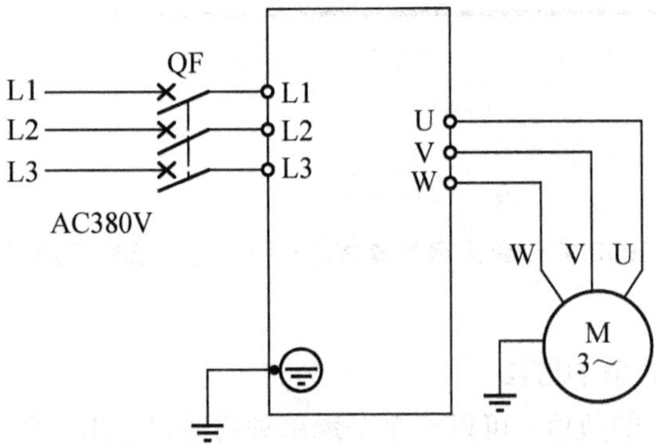

图7.2　面板操作控制方式电气原理图

2. 确定功能参数

面板操作控制方式时，主要设定的参数有P0700=1、P1000=1。P0700设定为1，表示由操作面板控制，而不是用端子控制。P1000=1，表示用操作面板控制频率的增加或减小，即控制电动机的速度。确定的功能参数见表7-4。

表 7-4　面板操作控制方式功能参数

序号	参数号	出厂值	设定值	功能说明
1	**P0003**	2	2	用户访问等级(可访问较多参数)
2	**P0004**	0	3	输入电动机参数
3	**P0010**	0	1	快速调试
4	P0304	230	380	电动机的额定电压(380V)
5	P0305	3.25	实际值	电动机的额定电流(A)
6	P0307	0.75	实际值	电动机的额定功率(kW)
7	P0310	50.00	50.00	电动机的额定频率(50Hz)
8	P0311	0	实际值	电动机的额定转速(r/min)
9	**P0010**	0	0	输入所有电动机参数后必须使其为 0
10	**P0004**	0	7	输入 P0700 以后的参数
11	P0700	2	1	选择命令源(由操作面板控制)
12	**P0004**	0	10	输入 P1000 以后的参数
13	P1000	2	1	用操作面板(BOP)控制频率的升降
14	P1080	0	0	电动机的最小频率(0Hz)
15	P1082	50	50.00	电动机的最大频率(50Hz)
16	P1120	10	10	斜坡上升时间(10s)
17	P1121	10	10	斜坡下降时间(10s)

特别提示

表中黑体字为输入参数时用。

设定电动机参数后，如果 P0010 不为 0，则不显示 P0004 参数。

3. 调试步骤

1) 按原理图接线

按照变频器面板操作控制电气原理图完成变频器的接线，认真检查，确保正确无误。

2) 输入功能参数

输入功能参数的步骤如下。

(1) 恢复出厂设定值。打开电源开关，按照变频器复位方法，把变频器恢复到出厂设定值。

(2) 输入功能参数。按照表 7-4 设定的参数顺序，正确输入变频器参数。具体为：按Ⓟ键访问参数，按▲键直到显示出 P0003，按Ⓟ键进入参数数值访问级，按▲键或▼键达到所需要的数值 2，按Ⓟ键确认并存储参数的数值。这样就把 P0003 设定为 2。依次输入其他参数，输入所有的参数后，按Ⓟ键直到显示出 r000，按▼键返回标准的变频器显示(如显示频率)。至此参数输入完毕，可以控制电动机的运行了。

3) 控制电动机的启动与调速运行

(1) 正反转连续运行。按下按键Ⓘ，电动机启动并连续正转运行，按▲键增加电动机的速度，直到达到要求的 40Hz，电动机就以 40 Hz 的速度运行。按键电动机停止。按键以后，再按键，电动机反转运行，按键电动机减速，直到达到要求的 20Hz，电动机就以 20 Hz 的速度运行。按键电动机停止。

(2) 正反转点动运行。按键，电动机以 P1058 设定的频率点动运行，按键后再按键，电动机以 P1058 设定的频率反方向点动运行，松开键，电动机停止。

(3) 改变 P1058、P1059 的值，重复步骤(2)，观察电动机运转状态有什么变化。

(4) 改变 P1060、P1061 的值，重复步骤(1)、(2)，观察电动机运转状态有什么变化。

二、外部端子点动控制

1. 设计电气原理图

点动运行时，通过端子进行变频器的启停控制，通过面板的上下箭头按键改变频率。变频器外部端子点动控制电气接线图如图 7.3 所示。

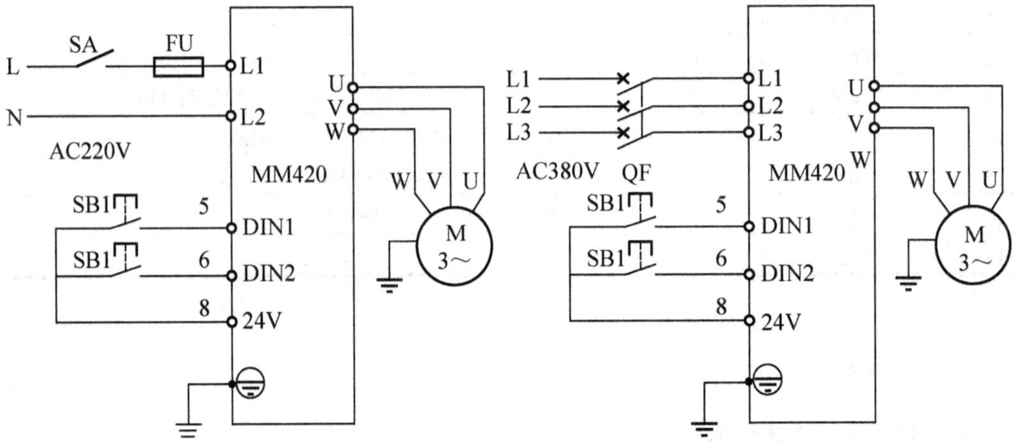

(a) 单相变频器的连接　　(b) 三相变频器的连接

图 7.3　外部端子点动控制电气接线图

2. 确定功能参数

外部端子点动控制时，主要设定的参数有 P0700=2、P1000=1。P0700 设定为 2，表示由外部端子控制变频器启动、停止。P1000=1，表示用操作面板控制频率的增加或减小，即控制电动机的速度。确定的功能参数见表 7-5。

表 7-5　外部端子点动控制功能参数

序号	变频器参数	出厂值	设定值	功能说明
1	P0003	2	2	用户访问等级(可访问较多参数)
2	P0004	0	3	输入电动机参数
3	P0010	0	1	快速调试
4	P0304	230	380	电动机的额定电压(380V)
5	P0305	3.25	实际值	电动机的额定电流(A)
6	P0307	0.75	实际值	电动机的额定功率(kW)

续表

序号	变频器参数	出厂值	设定值	功能说明
7	P0310	50.00	50.00	电动机的额定频率(50Hz)
8	P0311	0	实际值	电动机的额定转速(r/min)
9	P0010	0	0	输入所有电动机参数后必须使其为 0
10	P0004	0	7	输入 P0700 以后的参数
11	P0700	2	2	选择命令源(由端子控制)
12	P0701	1	10	设定端子 1 为正向点动
13	P0702	12	11	设定端子 2 为反向点动
14	P0004		10	输入 P1000 以后的参数
15	P1000	2	1	用操作面板(BOP)控制频率的升降
16	P1058	5.00	15	正向点动频率(15Hz)
17	P1059	5.00	15	反向点动频率(15Hz)
18	P1060	10.00	5	点动斜坡上升时间(5s)
19	P1061	10.00	5	点动斜坡下降时间(5s)
20	P1080	0	0	电动机的最小频率(0Hz)
21	P1082	50	50.00	电动机的最大频率(50Hz)

3. 调试步骤

1) 按原理图接线

在断电情况下，按照外部端子点动控制电气原理图完成变频器的接线，认真检查，确保正确无误。

2) 输入功能参数

输入功能参数的步骤如下。

(1) 恢复出厂设定值。打开电源开关，按照变频器复位方法，把变频器恢复到出厂设定值。

(2) 输入功能参数。按照表 7-5 设定的参数顺序，正确输入变频器参数。具体步骤如前面所述。

3) 控制电动机的启动与调速运行

(1) 按下按钮 SB1，电动机正转点动运行，松开按钮 SB1，电动机停止；按下按钮 SB2，电动机反转点动运行，松开按钮 SB2，电动机停止。

(2) 改变 P1058、P1059 的值，重复步骤(1)，观察电动机运转状态有什么变化。

(3) 运用操作面板改变电动机启动的点动运行频率。

三、外部端子正反转控制

1. 设计电气原理图

通过外部数字端子进行变频器的启停控制，通过面板的上下箭头按键改变频率。变频器外部端子正反转控制电气原理图如图 7.4 所示。

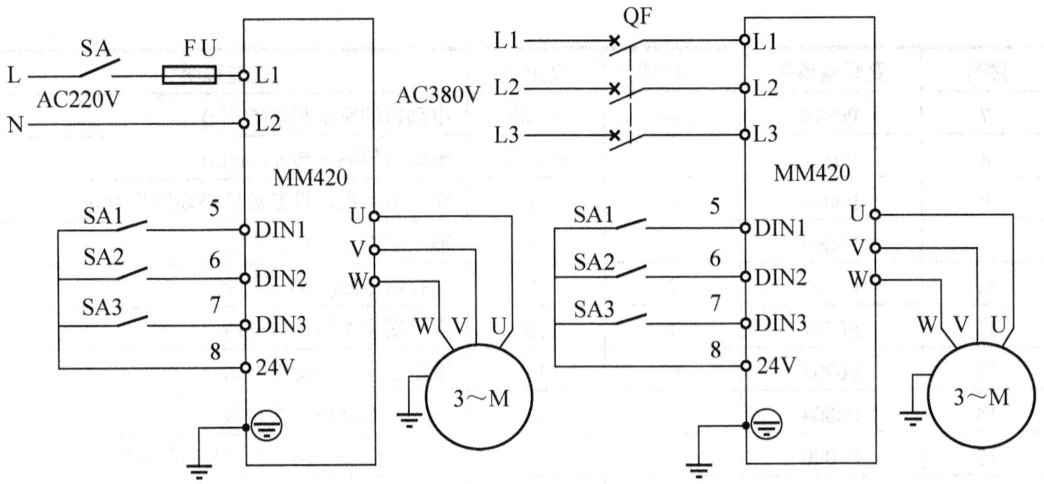

(a) 单相变频器的连接　　(b) 三相变频器的连接

图 7.4　外部端子正反转控制电气接线图

2. 确定功能参数

外部端子正反转控制时，主要设定的参数有 P0700、P0701、P0702、P0703 和 P1000。P0700=2，表示由外部端子控制变频器启动、停止。P1000=1，表示用操作面板控制频率的增加或减小，即控制电动机的速度。根据 P0701、P0702、P0703 设定值的不同组合，可有三种方法控制电动机的启动与停止。一是设定 P0701=1、P0702=2；二是设定 P0701=1、P0702=2、P0703=4；三是设定 P0701=1、P0702=12、P0703=4。参数设置不同，控制电动机启动停止的方法就不同。P0701=1、P0702=2、P0703=4 时确定的功能参数见表 7-6。其他情况设定的参数和表 7-6 基本相同，只需把 P0701、P0702、P0703 修改为所需的数值即可。

表 7-6　外部端子正反转控制功能参数

序号	参数号	出厂值	设定值	功能说明
1	P0003	2	2	用户访问等级(可访问较多参数)
2	P0004	0	3	输入电动机参数
3	P0010	0	1	快速调试
4	P0304	230	380	电动机的额定电压(380V)
5	P0305	3.25	实际值	电动机的额定电流(A)
6	P0307	0.75	实际值	电动机的额定功率(kW)
7	P0310	50.00	50.00	电动机的额定频率(50Hz)
8	P0311	0	实际值	电动机的额定转速(r/min)
9	P0010	0	0	输入所有电动机参数后必须使其为 0
10	P0004	0	7	输入 P0700 以后的参数
11	P0700	2	2	选择命令源(由端子控制)
12	P0701	1	1	设定端子 1 为正转启动(接通正转/停车命令 1)
13	P0702	12	2	设定端子 2 为反转启动(接通反转/停车命令 1)

续表

序号	参数号	出厂值	设定值	功能说明
14	P0703	9	4	设定端子 3，按斜坡函数曲线快速降速停车
15	P0004	0	10	输入 P1000 以后的参数
16	P1000	2	1	用操作面板(BOP)控制频率的升降
17	P1080	0	0	电动机的最小频率(0Hz)
18	P1082	50	50.00	电动机的最大频率(50Hz)
19	P1120	10	10	斜坡上升时间(10s)
20	P1121	10	10	斜坡下降时间(10s)

3. 调试步骤

1) 按原理图接线

在断电情况下，按照外部端子正反转控制电气原理图完成变频器的接线，认真检查，确保正确无误。

2) 输入功能参数

输入功能参数的步骤如下。

(1) 恢复出厂设定值。打开电源开关，按照变频器复位方法，把变频器恢复到出厂设定值。

(2) 输入功能参数。按照表 7-6 设定的参数顺序，正确输入变频器参数。具体步骤如前面所述。

3) 控制电动机的启动与调速运行

(1) P0701=1、P0702=2。

接通开关 SA1，电动机正转运行，在电动机正转运行的过程中，按操作面板按键或，增加或减小变频器输出频率，使输出频率为 40Hz。断开开关 SA3，电动机停止。

接通开关 SA2，电动机反转运行，在电动机反转运行的过程中，按操作面板按键或，增加或减小变频器输出频率，使输出频率为 20Hz。断开开关 SA2，电动机停止。

(2) P0701=1、P0702=2、P0703=4。

接通开关 SA1 的同时接通 SA3，电机正转运行，在电机正转运行过程中，按下操作面板按键 或，增加或减小变频器输出频率，使输出频率为 40Hz。断开开关 SA3 或 SA1，电机停止。

接通开关 SA2 的同时接通 SA3，电机反转运行，在电机反转运行的过程中，按下操作面板按键 或 ，增加或减小变频器输出频率，使输出频率为 20Hz。断开开关 SA3，电机停止。

(3) P0701=1、P0702=12、P0703=4。

电机正转的控制过程与 P0701=1、P0702=2、P0703=4 时相同。

反转时，接通开关 SA3 的同时接通 SA1、SA2，电机反转运行，在电机反转运行的过程中，按下操作面板按键或，增加或减小变频器输出频率，使输出频率为 20Hz。断开开关 SA3，电机停止。

四、基于 PLC 的变频器外部端子正反转控制

用 PLC 控制变频器，按设计电气原理图、确定功能参数、设计 PLC 控制程序的顺序完成各部分内容，然后连接电路、输入参数，按要求进行系统调试。

1. 设计电气原理图

在数字输入端可用 2 个或 3 个开关动作的不同组合，控制电动机的正反转运行。用 PLC 也可以控制变频器实现电动机正反转运行。设 PLC 地址分配见表 7-7。设计的基于 PLC 的变频器外部端子正反转控制电气原理图如图 7.5 所示。

表 7-7　PLC 地址分配

输入地址及功能		输出地址及功能	
正转启动	I0.0	Q0.0	变频器 DIN1
反转启动	I0.1	Q0.1	变频器 DIN2
停止	I0.2	Q0.2	变频器 DIN3

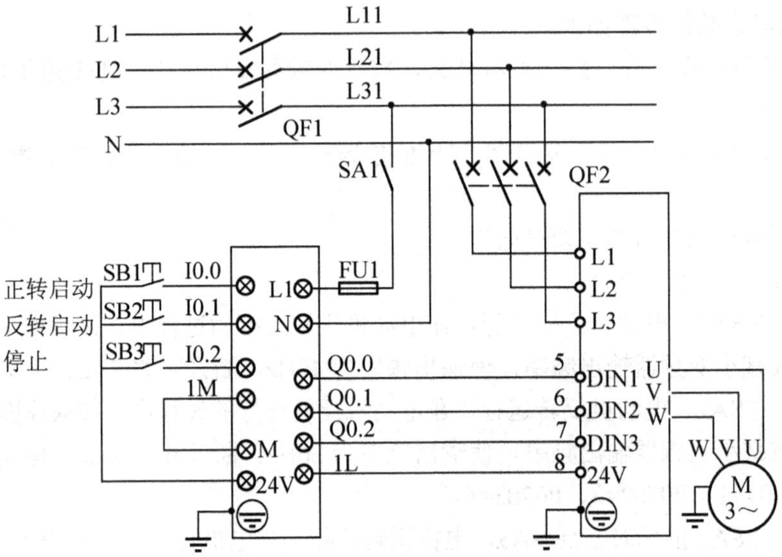

图 7.5　三相变频器基于 PLC 的外部端子正反转控制电气原理图

2. 确定功能参数

用 PLC 控制变频器启动、停止，变频器的功能参数与前面讲的外部端子正反转控制时相同。确定的功能参数即与表 7-6 相同，在此不重复罗列。

3. 设计控制程序

根据图 7.5 设计的电气原理图，按表 7-6 确定的功能参数设计控制程序。控制程序应满足要求：I0.0 接通时，Q0.0、Q0.2 同时接通，实现电动机正转运行。I0.2 接通时，Q0.0、Q0.2 同时断开，电动机停止；I0.1 接通时，Q0.1、Q0.2 同时接通，实现电动机反转运行；I0.2 接通时，Q0.0、Q0.2 同时断开，电动机停止。参考的控制程序如图 7.6 所示。

P0701、P0702、P0703 设定为其他值时的控制程序，在此不予讨论。请读者自行设计与调试。

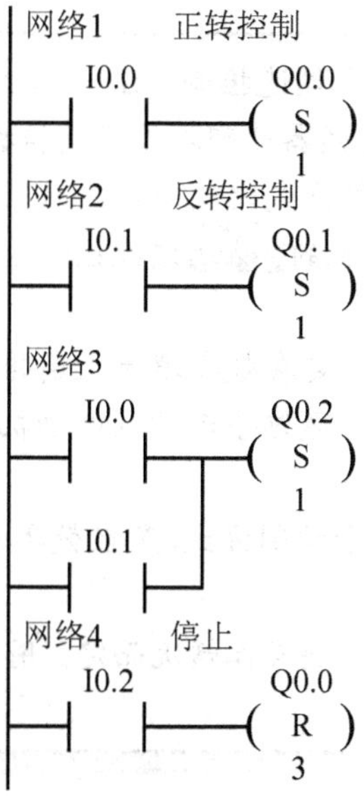

图 7.6　基于 PLC 外部端子正反转控制程序

4. 调试步骤

1) 按原理图接线

在断电情况下，按照图 7.5 基于 PLC 的单相变频器的外部端子正反转控制电气原理图完成变频器的接线，认真检查，确保正确无误。

2) 输入功能参数

(1) 恢复出厂设定值。打开电源开关，按照变频器复位方法，把变频器恢复到出厂设定值。如果只改减少的几个参数，也可不用恢复到出厂设定值。

(2) 输入功能参数。按照表 7-6 设定的参数顺序，正确输入变频器参数。具体步骤如前面所述。

3) 输入控制程序

打开编程软件，输入图 7.6 所示的参考程序，下载到 PLC 并设置为监控状态。

4) 控制电动机的启动与调速运行

(1) 按下正转启动按钮 SB1，变频器驱动电动机正转运行，通过控制面板的上下箭头按键改变速度，按下停止按钮 SB3，电动机停止。

(2) 按下反转启动按钮 SB2，变频器驱动电动机反转运行，通过控制面板的上下箭头按键改变速度，按下停止按钮 SB3，电动机停止。改变电动机的运行方向时，一定要等电动机停稳后，再改变方向。

(3) 如果设定 P701=1、P702=12、P703=3，其他参数不变，则应重新设计控制程序，再按步骤(1)、(2)控制变频器调速运行。

任 务 小 结

本节主要介绍了变频器的基本调速控制方法，包括面板控制方式、外部端子点动、正反转控制方式、基于PLC的变频器外部端子正反转控制方式。

(1) 面板操作控制方式。这种方式比较简单，只需把变频器与电动机连接起来，通电输入功能参数，可通过面板上的按键控制电动机的启动、停止。面板上的按键可控制增速、减速。

(2) 外部数字端子控制方式，要在数字端子上连接按钮或开关，把变频器与电动机连接起来，通电输入功能参数，通过手动控制电动机的启动、停止，通过面板的或按键增速或减速。

(3) 基于PLC的外部数字端子控制方式，是在数字端子控制方式的基础上，用PLC通过编程控制变频器。

到底采用哪种调速控制方法，视具体情况而定。用PLC控制可实现较复杂系统的自动调速运行。

思考与技能实练

1. 利用变频器进行调速的控制方法主要有哪几种？每种控制方法是如何对电动机进行启停控制与调速控制的？

2. 某设备要求电动机正转运行速度为50Hz，反转运行速度为25Hz，试设计用外部端子控制电动机连续正反转的电气原理图、设置功能参数，并说明操作步骤。

3. 设计基于PLC的变频器外部端子电动机正反转控制。电动机频率在10～50Hz范围内变化，斜坡上升时间为10s，斜坡下降时间为5s，按下正转启动按钮，电动机正转运行，按下反转启动按钮，电动机反转运行，按下停止按钮，电动机停止，正反转应有互锁控制功能。要求如下。

(1) 设计电气原理图。

(2) 设置功能参数。

(3) 设计PLC控制程序并对程序作简要说明。

任务7.2　动力刀架动力头的多段调速控制

任务目标	1. 了解动力刀架的工作原理； 2. 掌握多段调速控制实施步骤与方法； 3. 能实现基于PLC的变频器多段调速控制。

任务引入

一动力刀架，进行新产品性能试验。控制要求是：当刀架旋转到设定工位选择到合适的刀具后，刀架处于刹紧状态，此时动力头可以工作。系统启动，电磁铁通电，内部离合器啮合，当啮合接近开关动作时，动力头以不同的速度旋转运行，分别以 20Hz 运行 10s、30Hz 运行 20s、50Hz 运行 10s，运行结束，电磁铁断电，离合器分离，动力头动作结束。任意时刻按下停止按钮后，所有动作全部结束。

任务分析

动力刀架由刀架和动力头两部分组成，是一种新型数控刀架。刀架由三相交流电动机驱动，可正反方向旋转。动力头是在刀架上安装的可旋转的刀具，在此也由三相交流电动机驱动，单方向旋转，如图 7.7 所示。动力刀架能实现多刀夹持，双向转位，多速度动力输出功能。配合主机可完成车、铣、钻、镗等加工工序。可保证通过一次装夹自动完成较复杂工件的加工，是车削加工中心的重要部件之一。

图 7.7　动力刀架实物

根据任务分析，动力头要进行调速运行，考虑用变频器实现多段调速控制，可采用 PLC 控制变频器实现自动控制。具体的速度及运行时间可根据需要任意更改。这里动力头由普通三相交流异步电动机驱动，由于普通电动机在低速长期运行时的散热效果变差，发热严重，所以如果需要以低速恒转矩长期运行，可选用变频电动机，其控制方法一样。目前动力刀架一般采用伺服系统进行控制，其调速范围和性能大大提高，达到无级连续调速的目的。动力刀架选用的接近开关为三线式 PNP 常开型。

下面来学习变频器的多段速调速功能。

相关知识

一、多段速参数功能及固定频率的选择

变频器通过数字端子的不同组合，在设定了相应的参数后，可实现 7 段速调速功能。

西门子变频器在 P1000=3，P0701～P0703=15、16、17 时，通过数字端子 DIN1、DIN2、DIN3 的不同组合，确定 P1001～P1007 的不同值，来设定多段速中每段速的速度值。每段速度称为固定频率。

固定频率参数代号及名称见表 7-8，如 P1001 的值称为固定频率 1，P1007 的值称为固定频率 7，每一个固定频率出厂时有一个频率值，实际使用时，可根据需要在-650～650Hz 之间进行设定。每一个固定频率都有 3 种选择频率方法:直接选择、直接选择+ON 命令、二进制编码的十进制数(BCD 码)选择+ON 命令。

表 7-8　固定频率参数代号及名称

序号	固定频率参数代号	出厂值	名称
1	P1001	0.00	固定频率 1
2	P1002	5.00	固定频率 2
3	P1003	10.00	固定频率 3
4	P1004	15.00	固定频率 4
5	P1005	20.00	固定频率 5
6	P1006	25.00	固定频率 6
7	P1007	30.00	固定频率 7

1. 直接选择(P0701～P0703 = 15)

需设定 P1000=3、P0701～P0703=15。在这种操作方式下，一个数字输入选择一个固定频率。如果有几个固定频率输入同时被激活，选定的频率是它们的总和。输入端子的组合及对应的速度见表 7-9。如果数字端子 1 为 1 即接通，选择的速度为 P1001 设定的速度，其速度值在允许的范围内可任意设定。如果数字端子 1 与数字端子 2 同时接通，变频器速度按 P1001 和 P1002 设定频率的和运行，以此类推。这种方式，数字端子没有启动的功能。

表 7-9　直接选择方式下端子的组合及对应的速度关系

固定频率	数字端子		
	DIN3	DIN2	DIN1
P1001	0	0	1
P1002	0	1	0
P1003	1	0	0
P1001+P1002	0	1	1
P1001+ P1003	1	0	1
P1002+ P1003	1	1	0
P1001+P1002+ P1003	1	1	1

2. 直接选择+ON 命令

需设定 P1000=3、P0701～P0703=16。选择固定频率时，既有选定的固定频率，又带有 ON 命令，即数字端子有启动的功能。

在这种操作方式下，一个数字输入选择一个固定频率。如果有几个固定频率输入同时被激活，选定的频率是它们的总和。输入端子的组合及对应的速度与表 7-9 相同。

3. 二进制编码的十进制数(BCD 码)选择+ON 命令

需设定 P1000=3、P0701～P0703=17。使用这种方法最多可以选择 7 个固定频率。各个固定频率的数值根据表 7-10 选择。

表 7-10 BCD 选择+ON 命令方式下端子的组合及对应的速度关系

固定频率	数字端子			DIN 对应的十进制数
	DIN3	DIN2	DIN1	
P1001	0	0	1	1
P1002	0	1	0	2
P1003	0	1	1	3
P1004	1	0	0	4
P1005	1	0	1	5
P1006	1	1	0	6
P1007	1	1	1	7

二、手动多段速控制

手动多段速控制，其频率分别为 20Hz、30Hz、50Hz，可用直接选择+ON 命令方式和二进制编码的十进制数(BCD 码)选择+ON 命令方式来实现调速。要实现调速功能，同样要设计电气原理图，同时设定功能参数。

1. 设计电气原理图

原理图如图 7.8 所示。与图 7.4 比较可知，两图一样，但通过不同的参数设定，数字端子 DIN1、DIN2、DIN3 的功能不同，注意区别。

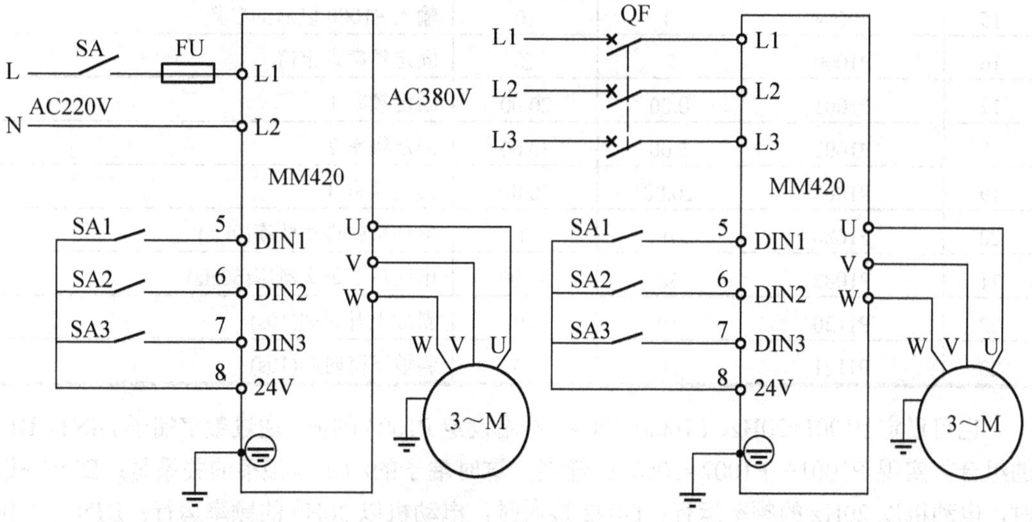

(a) 单相变频器的连接 (b) 三相变频器的连接

图 7.8 手动多段速调速控制电气原理图

2. 确定功能参数

1) 直接选择 +ON 命令方式

表 7-11 给出了手动多段调速控制直接选择+ON 命令方式功能参数设定的一种方法。其端子动作与频率的关系是：DIN1 接通时，电动机以 20Hz 的频率运行；DIN2 接通时，电动机以 30Hz 的频率运行；DIN3 接通时，电动机以 50Hz 的频率运行。

表 7-11 手动多段调速控制直接选择 +ON 命令方式功能参数表

序号	参数号	出厂值	设定值	功能说明
1	P0003	2	2	用户访问等级(可访问较多参数)
2	P0004	0	3	输入电动机参数
3	P0010	0	1	快速调试
4	P0304	230	380	电动机的额定电压(380V)
5	P0305	3.25	实际值	电动机的额定电流(A)
6	P0307	0.75	实际值	电动机的额定功率(kW)
7	P0310	50.00	50.00	电动机的额定频率(50Hz)
8	P0311	0	实际值	电动机的额定转速(r/min)
9	P0010	0	0	输入所有电动机参数后必须使其为 0
10	P0004	0	7	输入 P700 以后的参数
11	P0700	2	2	选择命令源(由端子排输入)
12	P0701	1	16	固定频率设定值
13	P0702	12	16	固定频率设定值
14	P0703	9	16	固定频率设定值
15	P0004	0	10	输入 P1000 以后的参数
16	P1000	2	3	固定频率设定值
17	P1001	0.00	20.00	固定频率 1
18	P1002	5.00	30.00	固定频率 2
19	P1003	10.00	50.00	固定频率 3
20	P1080	0	0	电动机的最小频率(0Hz)
21	P1082	50	50.00	电动机的最大频率(50Hz)
22	P1120	10	10	斜坡上升时间(10s)
23	P1121	10	10	斜坡下降时间(10s)

也可设定 P1001=20Hz、P1002=30Hz，不用设定 P1003 的值，通过数字端子 DIN1、DIN2 的组合，实现 P1001+ P1002=50Hz 的速度，这时端子的动作与频率的关系是：DIN1 接通时，电动机以 20Hz 的频率运行；DIN2 接通时，电动机以 30Hz 的频率运行；DIN1、DIN2 同时接通时，电动机以 50Hz 的频率运行。所以固定频率与数字端子设定方法不同，操作步骤也不一样。还有其他设定方法，读者自行考虑。

2) BCD 码选择+ON 命令

表 7-12 给出了手动多段调速控制 BCD 选择 ＋ON 命令方式功能参数设定的一种方法。与表 7-11 比较，其他参数都一样，只有 19 号参数设定值不同。假设设定 P1001=20Hz、P1002=30Hz、P1004=50Hz、则其端子动作与频率的关系是：DIN1 接通时，电动机以 20Hz 的频率运行；DIN2 接通时，电动机以 30Hz 的频率运行；DIN3 接通时，电动机以 50Hz 的频率运行。

表 7-12　手动多段速调速控制 BCD 选择 ＋ON 命令方式功能参数表

序号	参数号	出厂值	设定值	功能说明
1	P0003	2	2	用户访问等级(可访问较多参数)
2	P0004	0	3	输入电动机参数
3	P0010	0	1	快速调试
4	P0304	230	380	电动机的额定电压(380V)
5	P0305	3.25	实际值	电动机的额定电流(A)
6	P0307	0.75	实际值	电动机的额定功率(60kW)
7	P0310	50.00	50.00	电动机的额定频率(50Hz)
8	P0311	0	实际值	电动机的额定转速(r/min)
9	P0010	0	0	输入完电机参数必须使其为 0
10	P0004	0	7	输入 P700 以后参数
11	P0700	2	2	选择命令源(由端子排输入)
12	P0701	1	17	固定频率设定值(二进制编码选择+ON 命令)
13	P0702	12	17	固定频率设定值(二进制编码选择+ON 命令)
14	P0703	9	17	固定频率设定值(二进制编码选择+ON 命令)
15	P0004	0	10	输入 P1000 以后参数
16	P1000	2	3	固定频率设定
17	P1001	0.00	20.00	固定频率 1
18	P1002	5.00	30.00	固定频率 2
19	P1004	10.00	50.00	固定频率 4
20	P1080	0	0	电动机的最小频率(0Hz)
21	P1082	50	50.00	电动机的最大频率(50Hz)
22	P1120	10	10	斜坡上升时间(10s)
23	P1121	10	10	斜坡下降时间(10s)

也可设定 P1001=20Hz、P1002=30Hz，P1003=50Hz，但其端子动作与频率的关系是：DIN1 接通时，电动机以 20Hz 的频率运行；DIN2 接通时，电动机以 30Hz 的频率运行；DIN1、DIN2 同时接通时，电动机以 50Hz 的频率运行。同样，也有其他参数设定方法，可自行分析。到底采用哪种参数设定方法，按操作方便为原则进行确定。

任务实施

要实现动力刀架自动调速运行，需用 PLC 进行控制，按照设计电气原理图、确定功能参数、设计控制程序、模拟调试等步骤完成控制。

一、设计电气原理图

1. 选择电器元件及 PLC 型号

输入信号：启动按钮 1 个、停止按钮 1 个、刀架刹紧接近开关 1 个、啮合接近开关 1 个，这样输入信号共 4 个，要占用 4 个输入端子，所以 PLC 输入至少需 4 点。

输出信号：与 DIN1～DIN3 连接需 3 点；动力电磁铁 1 个，为直流负载；电动机单向运行接触器 1 个，为交流负载，共占用 5 个输出端子，PLC 输出总计至少需 5 点，并且要考虑负载的分组情况。

查附录 1 可知，CPU222 AC/DC/RLY 主机输入 8 点、输出 6 点，6 点分成两组可以把不同性质的负载连接在不同的组上，所以选择 CPU222AC/DC/RLY。

2. 分配 I/O 信号地址、设计电气原理图

电气原理图如图 7.9 所示。PLC 的 Q0.0～Q0.2 输出要与变频器的数字端子 DIN1～DIN3 相连，其他连接方法与前述相同。

3. 确定功能参数

仔细分析一下，动力刀架设定的功能参数见表 7-11 或表 7-12，在此不重新罗列。

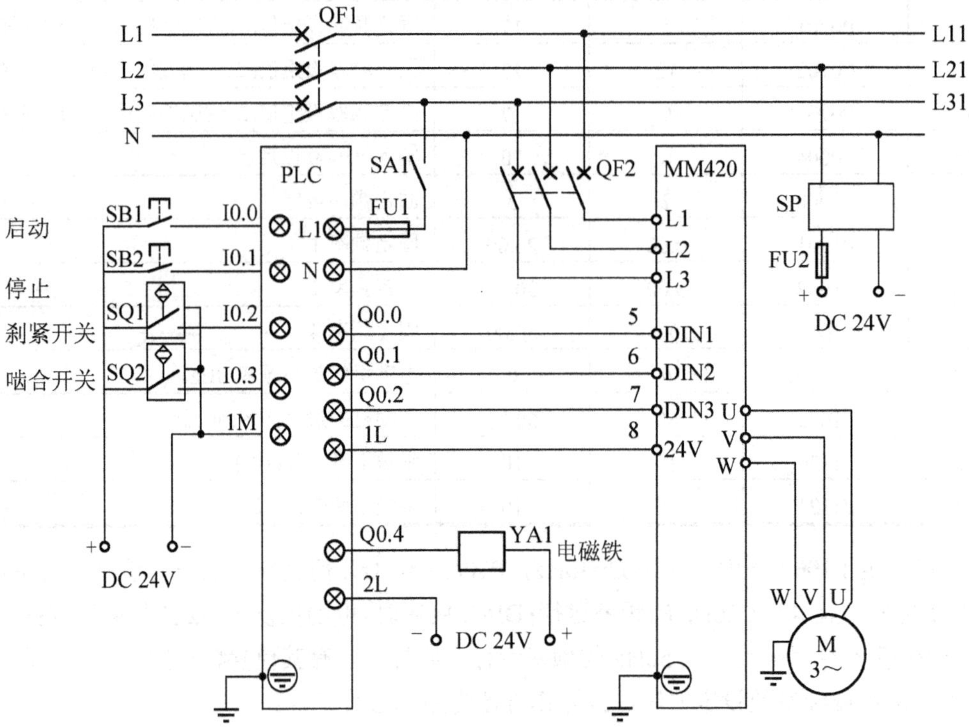

图 7.9 动力刀架控制电气原理图

二、设计控制程序

为便于理解，一般对于复杂的控制过程，应根据任务要求，先设计动作流程图，再设计控制程序。设计的动力刀架的动作流程图如图 7.10 所示。以表 7-12 确定的功能参数为例，设计控制程序。PLC 输出与频率的关系是：Q0.0(DIN1)接通时，电动机以 20Hz 的频率运行；Q0.1(DIN2)接通时，电动机以 30Hz 的频率运行；Q0.2(DIN3)接通时，电动机以 50Hz 的频率运行。

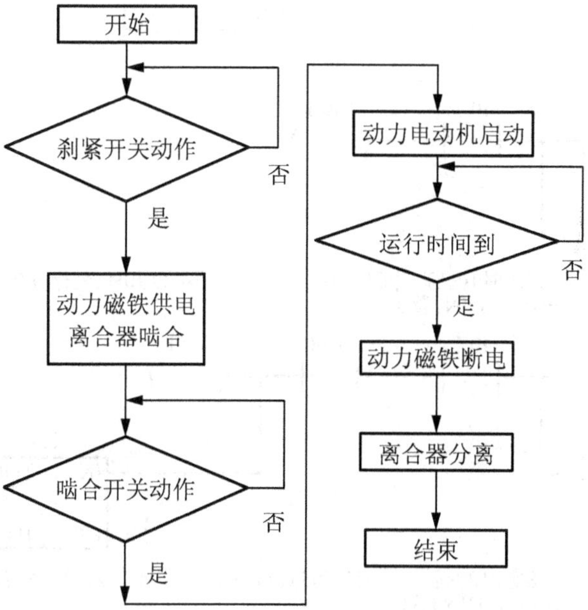

图 7.10　动力刀架动作流程图

控制程序如图 7.11 所示。

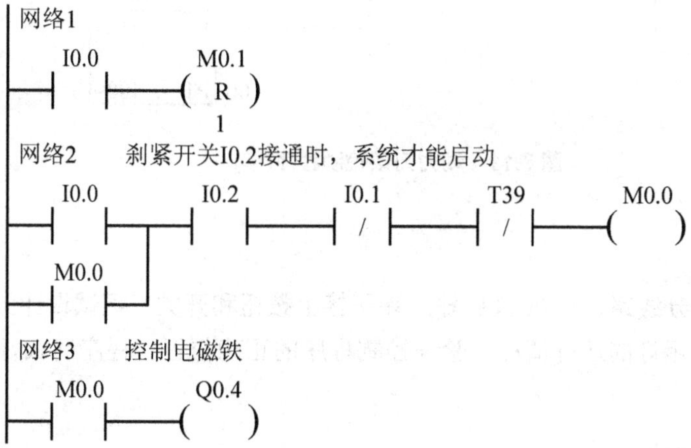

图 7.11　动力刀架控制程序

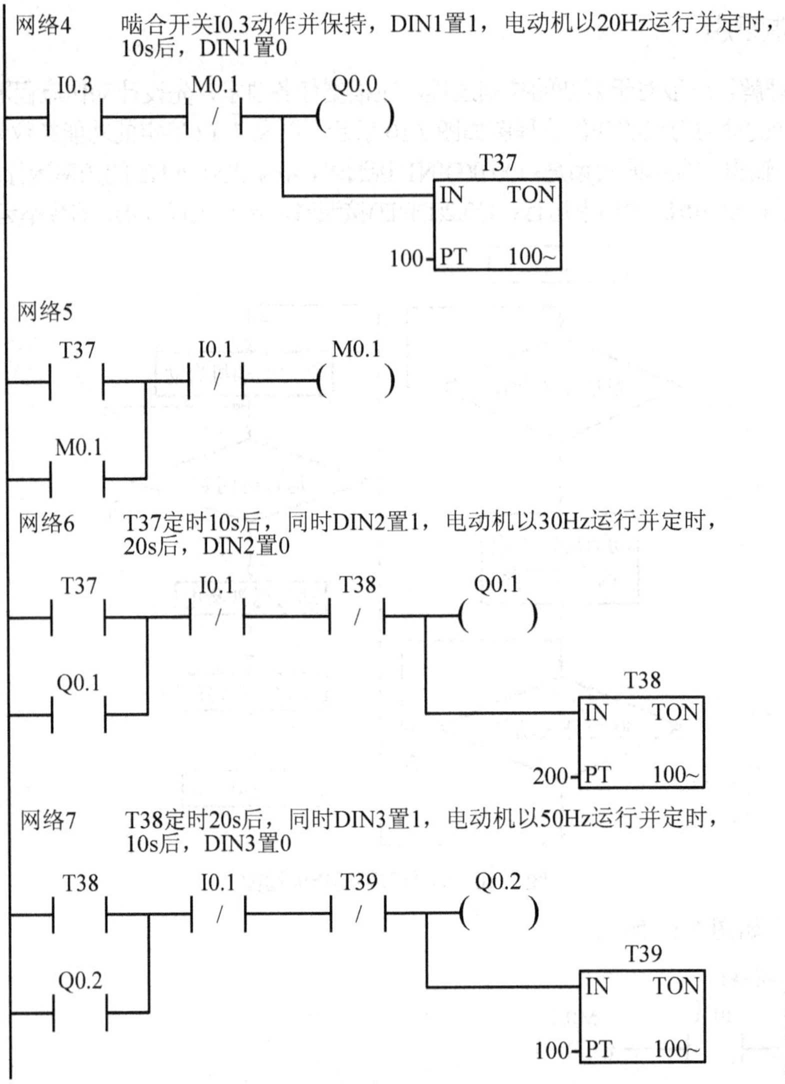

图 7.11　动力刀架控制程序(续)

三、系统模拟调试

先不接变频器部分线路，只在 PLC 输入端子接上按钮和开关，调试设计的控制程序，通过观察输出端子指示灯的运行情况，验证控制程序的正确与否。程序调试好后再接上变频器进行调试。

1. PLC 单机模拟调试

(1) 断电情况下，按图 7.9 连接 PLC 部分线路。如果没有接近开关，可用扭子开关代替，电磁铁及输出 Q0.0～Q0.2 的状态用指示灯进行模拟。

(2) 接完线并检查接线正确后，按电气操作规程通电。

(3) 输入图 7.11 所示的控制程序，按编译→下载→监控→运行顺序做好程序调试准备。

(4) 先手动接通 I0.2，再接通 I0.0，Q0.4 接通。手动接通 I0.3 后，Q0.0～Q0.2 按要求接通与断开。接通 I0.1 系统停止工作。如果不满足要求，修改程序，重新调试。

2. PLC 与变频器联机模拟调试

(1) 按图 7.9 完整连接 PLC 与变频器，连接上电动机。
(2) 通电，输入表 7-12 所示的功能参数。
(3) 按上述步骤(4)启动系统，电动机应按控制要求运行。

任 务 小 结

本节主要介绍了变频器的多段调速控制方法。固定频率选择常用两种方法：直接选择 + ON 命令方式、BCD 码选择+ON 命令方式。这两种方法都能实现多段调速功能，采用 BCD 码选择+ON 命令方式调速，更灵活方便。

多段调速主要设定的参数如下。

直接选择 + ON 命令方式：P0700=2、P0701～P0703=16、P1000=3、P1001～P1007 设定具体的频率值。

BCD 码选择+ON 命令方式：P0700=2、P0701～P0703=17、P1000=3、P1001～P1007 设定具体的频率值。

思考与技能实练

某设备要求分别以 10Hz 运行 10s、30Hz 运行 20s、40Hz 运行 10s、20Hz 运行 10s，试分别用两种固定频率选择方法实现控制。

任务 7.3　变频恒压供水的模拟控制

任务目标	1. 掌握变频器模拟量调速控制方法； 2. 掌握用 PLC 实现压力类模拟量恒定控制的实现方法； 3. 掌握 PLC 控制变频器实现调速控制的调试步骤； 4. 能解决系统设计与调试中出现的问题，排除软硬件故障。

任务引入

某小区生活用水，由 4 台水泵 M1、M2、M3、M4 供水，其中 M4 通过变频器进行调速控制，最高频率为 50Hz，最低频率为 20Hz。M1、M2、M3 为工频运行。用水量变化引起的水压变化，通过压力传感器进行检测，水压通过压力传感器转换成 0～10V 电压信号或 4～20mA 的电流信号。按下启动按钮后，系统自动调压控制，当压力电压信号(用 U_f 表示)0V≤U_f≤2.5V 时，由 M1、M2、M3 和变频器驱动的 M4 给系统供水；当 2.5V＜U_f≤5V 时，由 M2、M3 和变频器驱动的 M4 给系统供水；当 5V＜U_f≤7.5V 时，由 M3 和变频器驱动的 M4 给系统供水；当 7.5V＜U_f≤10V 时，由变频器驱动的 M4 给系统供水。在每一段变频调速控制中，压力低时，变频器应高速运行，压力逐渐升高，变频器应自动逐渐降低速度。按下停止按钮后，系统停止工作。水泵电气基本参数：功率为 2.2kW，额定电流为 5.8A，转速为 2 900r/min。

任务分析

传统的小区供水系统一般通过二次加压和水塔来满足用户对供水压力的要求，其供水控制常采用水泵恒速运行，通过调整出口阀的开启度来调节供水水压。变频恒压供水是根据水压的大小通过变频器调节水泵的运行速度来调节水流量的大小。流量 Q 与转速 n、功率 P 的关系可用下式表示。

流量与转速成正比，即 $Q \propto n$；

流量与所需功率的关系为：$P = Q^3\text{Pn}$，Pn 为额定功率。

水泵的输出功率根据流量的变化在随时变化，不需水泵恒速运行，所以采用变频恒压供水，节电效果比较明显。

变频恒压供水系统通常由控制器(PLC 或专用控制器)、变频器、压力变送器、水泵、水池、管网组成。

供水控制器可采用两种方法：①用 PLC 进行控制，用 PLC 可完成对 2～7 台水泵组成的供水系统的控制；②用专用控制系统进行控制。很多厂家生产专用的泵控制变频器，并提供供水控制基板，这时就不用 PLC 了，也可完成对 2～7 台水泵组成的供水系统的控制。一台变频器带多台水泵电动机时，多台电动机不宜并联使用，变频器同一时刻只与一台水泵电动机相连，并注意多台电动机控制时输出回路之间的互锁控制。图 7.12 给出了用 PLC 进行控制的原理框图。

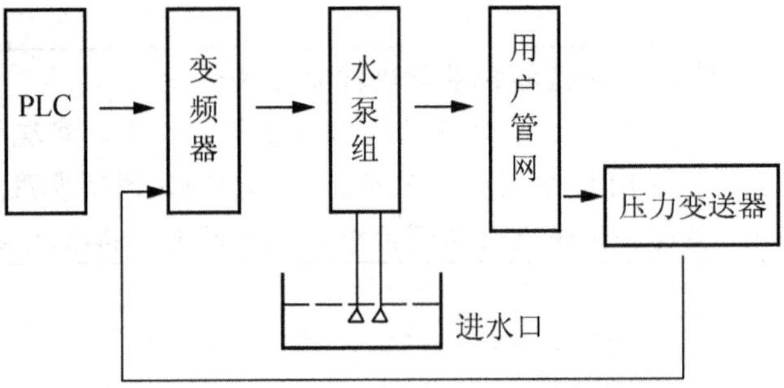

图 7.12　PLC 控制变频恒压供水系统原理框图

供水模式一般有变频泵固定运行模式和变频泵循环运行模式。

变频泵固定运行模式是一种较基本的恒压供水系统供水模式。一般把最大的一台水泵由变频器控制，并根据用水量的变化，由控制系统控制水泵的运行与停止。这台水泵通常称为变频泵。其他水泵为工频运行，通常称为工频泵，这种供水模式称为变频泵固定运行模式。这种模式控制较简单，实现起来比较容易。但这种模式一旦变频的水泵出现故障，就不能实现恒压供水了。这里主要以这种供水模式学习变频器的应用，如图 7.13 所示。

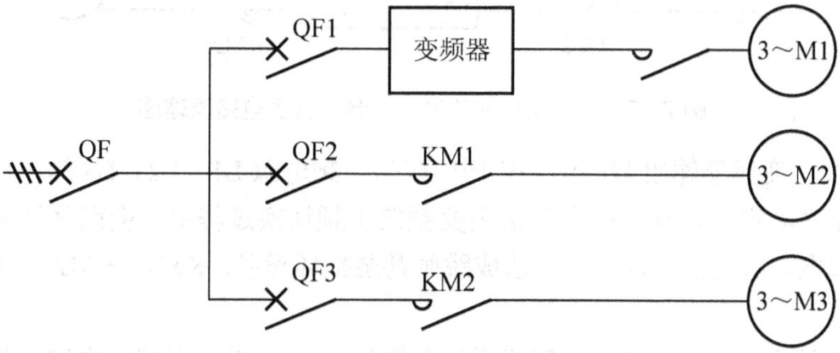

图 7.13　变频泵固定运行模式示意图

变频泵循环运行模式。目前对于 3 台水泵以上的供水系统，普遍采用变频泵循环供水的运行模式。这种运行模式的控制过程是：当用水量小时，变频器带一台水泵运行，并根据用水量的变化，自动调整水泵的转速。当水泵的速度达到 50Hz 时，该泵切换到工频运行，同时控制变频器带下一台水泵启动。随着用水量的增加，以后各台水泵都以这种方式投入运行。如果用水量减小需停泵时，先停止最先运行的那台泵，这样每台泵的运行时间差不多，可延长泵的使用寿命。这种供水模式控制系统较复杂，变频水泵经常在变频和工频之间切换。工频与变频切换时，如果变频器的频率与相位和电源的频率与相位不一致，对电网和电动机会产生过大的电流冲击，所以要解决变频器输出切换问题，如图 7.14 所示。

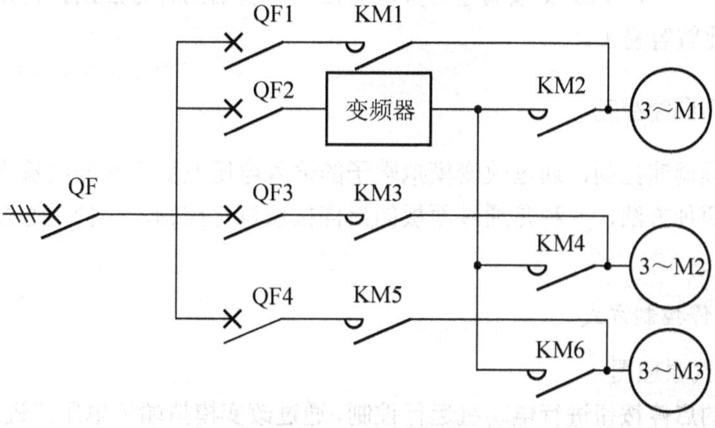

图 7.14　变频泵循环运行模式示意图

图 7.15 为一台电动机如 M1 的变频与工频切换主电路原理图。QF1、KM1 闭合为工频方式，QF2、KM2 闭合为变频方式。KM1、KM2 应具有互锁功能。

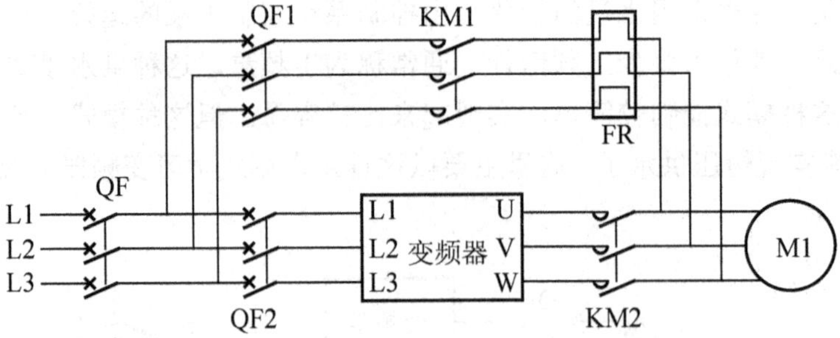

图 7.15　一台电动机变频与工频切换主电路原理图

图 7.15 中，变频器输出 U、V、W 相序应与工频电源 L1、L2、L3 的相序一致，可用相序表进行相序测定，否则，在电动机由变频向工频切换过程中，会因为切换前后相序的不一致而引起电动机突然反向，容易造成跳闸甚至损坏设备。KM1、KM2 应进行机械和电气互锁。

根据任务要求的复杂程度，为便于学习与理解，分 3 步学习相关内容，最后完成恒压供水系统控制。

(1) 模拟量变频调速控制。

(2) 基于 PLC 模拟量变频开环调速控制。

(3) PID 变频调速控制。

相关知识

前面学习了面板操作控制方式、数字端子控制方式控制变频器实现启动与调速的方法。恒压供水系统要用到通过模拟端子改变变频器输出频率的相关知识。系统如果用 PLC 进行控制，可以实现自动调速功能。所以首先要学习用模拟端子改变变频器输出频率及变频器的启动方法，然后学习 PID 变频调速的实现方法。学会这两种方法后，再来完成恒压供水系统的控制就比较容易了。

一、模拟量变频调速控制

模拟量变频调速控制，通过改变模拟端子的输入电压改变变频器的输出频率。电动机的启动可以有两种方法，一种是通过面板的启停按钮进行控制，一种是通过数字端子控制电动机的启停。

1. 面板启停控制方式

1) 设计电气原理图

通过面板的启停按钮进行电动机运行控制，通过改变模拟端子电压值进行速度控制时，电气原理图如图 7.16 所示。图中 1、2 端变频器输出 10V 电压，3、4 端为模拟量电压输入端，改变可调电位器 R 的阻值，可以改变输入电压的大小，从而改变输出频率。3、4 端输入电压范围在 0～10V 之间变化。可调电位器 $R \geqslant 4.7\,\mathrm{k}\Omega$。

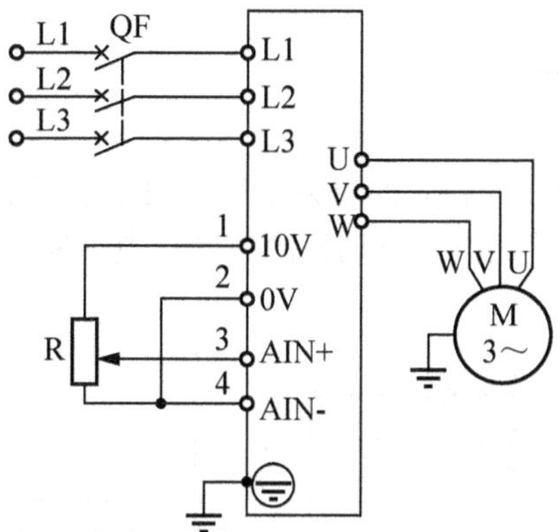

图 7.16　面板启停控制、模拟量变频调速电气原理图

2) 确定功能参数

功能参数包括电动机参数、P0700、P1000 命令参数、最大最小频率、斜坡上升、下降时间等。具体的功能参数值见表 7-13。假设变频器驱动的电动机铭牌数据如表中所示。

表 7-13　面板启停控制、模拟量变频调速功能参数

序号	参数号	出厂值	设定值	功能说明
1	P0003	2	2	用户访问等级(可访问较多参数)
2	P0004	0	3	输入电动机参数
3	P0010	0	1	快速调试
4	P0304	230	380	电动机的额定电压(380V)
5	P0305	3.25	5.8	电动机的额定电流(5.8A)
6	P0307	0.75	2.2	电动机的额定功率(2.2kW)
7	P0310	50.00	50.00	电动机的额定频率(50Hz)
8	P0311	0	2 900	电动机的额定转速(2 900r/min)
9	P0010	0	0	输入所有电动机参数后必须使其为 0
10	P0004	0	7	输入 P0700 以后的参数
11	P0700	2	1	选择命令源(由操作面板控制)
12	P0004	0	10	输入 P1000 以后的参数
13	P1000	2	2	模拟输入
14	P1080	0	20.00	电动机的最小频率(20Hz)
15	P1082	50	50.00	电动机的最大频率(50Hz)
16	P1120	10	10	斜坡上升时间(10s)
17	P1121	10	10	斜坡下降时间(10s)

3) 接线调试

按电气原理图接线，通电输入功能参数，按下面板启动按钮启动电动机后，改变电压值就可改变电动机的运行速度。具体步骤如下。

(1) 按照图 7.16 完成变频器的接线，认真检查，确保正确无误。

(2) 打开电源开关，按照表 7-13 设定的功能参数正确设置变频器参数。

(3) 按操作面板键，启动电动机。

(4) 调节输入电压，观察并记录电动机的运转情况。

(5) 按键，电动机停止。

2. 数字端子启停控制方式

1) 设计电气原理图

把模拟端子 3、4 端接入 0～10V 的可调电压，数字端子 1 与按钮连接，按下启动按钮启动电动机后，改变电压值就可改变电动机的速度。电气原理图如图 7.17 所示，图中可调电位器 $R \geqslant 4.7\,k\Omega$。

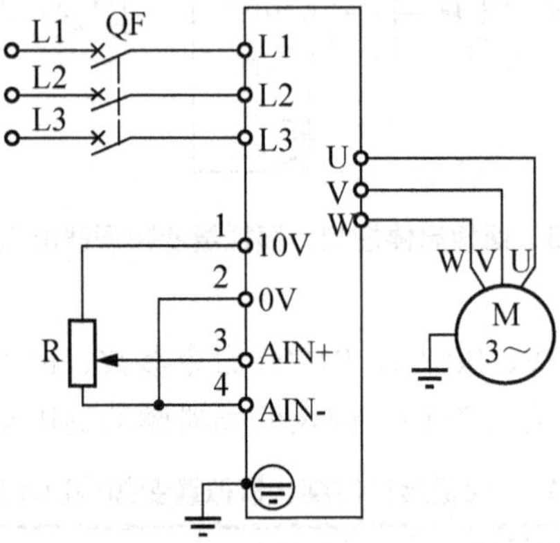

图 7.17　数字端子启停控制、模拟量变频调速电气原理图

2) 确定功能参数

参数设定的具体值见表 7-14。

表 7-14　数字端子启停控制、模拟量变频调速功能参数

序号	变频器参数	出厂值	设定值	功能说明
1	P0003	2	2	用户访问等级(可访问较多参数)
2	P0004	0	3	输入电动机参数
3	P0010	0	1	快速调试
4	P0304	230	380	电动机的额定电压(380V)
5	P0305	3.25	5.8	电动机的额定电流(5.8A)
6	P0307	0.75	2.2	电动机的额定功率(2.2kW)
7	P0310	50.00	50.00	电动机的额定频率(50Hz)
8	P0311	0	2 900	电动机的额定转速(2 900r/min)
9	P0010	0	0	输入所有电动机参数后必须使其为 0
10	P0004	0	7	输入 P0700 以后的参数
11	P0700	2	2	选择命令源(由数字端子控制)
12	P0701	1	1	ON/OFF(接通正转/停车命令 1)
13	P0004	0	10	输入 P1000 以后的参数
14	P1000	2	2	模拟输入
15	P1080	0	20.00	电动机的最小频率
16	P1082	50	50.00	电动机的最大频率
17	P1120	10	10	斜坡上升时间(10s)
18	P1121	10	10	斜坡下降时间(10s)

3) 接线调试

(1) 按照图 7-17 完成变频器的接线，认真检查，确保正确无误。

(2) 打开电源开关，按照表 7-14 设定的功能参数正确设置变频器参数。

(3) 接通 SA，电机以 20Hz 的速度启动运行。调节电位器 R，3、4 端电压大于 4V 后，随着电压的增加，电机速度增加。当 3、4 端电压为 10V 时，电机以 50Hz 的速度运行。当 3、4 端电压降低，电机就降速运行。

(4) 断开 SA，电机停止。

二、基于 PLC 模拟量变频调速自动控制

本节通过一个简单的例子，学习用 PLC 控制变频器实现模拟量变频调速的控制方法。要求用启、停按钮通过 PLC 控制电动机的启动和停止，用模拟量模块 EM235 进行模拟量输入输出信号的转换，转换后的信号通过 PLC 进行速度控制：速度控制的具体要求是：

当 0 V≤EM235 的输入端电压＜5V 时，其输出端电压在 0～5V 之间变化；

当 5 V≤EM235 的输入端电压＜7.5V 时，其输出端电压为 7.5V；

当 7.5 V≤EM235 的输入端电压≤10V 时，其输出端电压为 10V。

这里 EM235 的输出端电压也就是变频器模拟量端子的给定电压。

1. 设计电气原理图

电气原理图的设计主要考虑 PLC 与变频器的连接、PLC 与扩展模块 EM235 的连接、EM235 与变频器的连接、变频器与电动机的连接 4 部分。基于 PLC 模拟量变频调速控制电气原理图如图 7.18 所示。

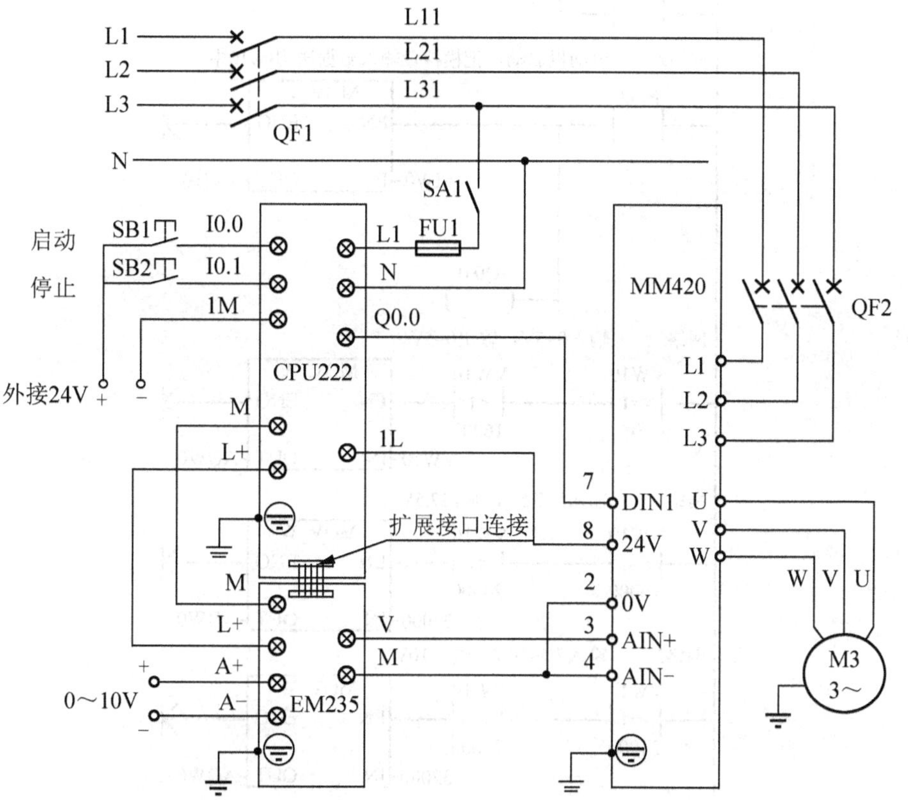

图 7.18　基于 PLC 模拟量变频调速控制电气原理图

除了电源的连接之外，PLC 的输入信号有启动、停止按钮，分别与 I0.0、I0.1 连接。输出信号 Q0.0 与变频器的数字端子 DIN1 连接。模拟量模块 EM235 的模拟量输入端接外接可调电源。EM235 模拟量输出端 V、M 与变频器的模拟端子 AIN+、AIN−连接。变频器的 U、V、W 与电动机连接，其他连接如图 7.18 所示。

2. 确定功能参数

由于 PLC 控制变频器的模拟调速功能与数字端子启停控制方式时模拟量变频调速功能一样，所以设定的功能参数与表 7-14 设定的一致，在此不重新罗列。

3. 设计控制程序

设计控制程序时，要考虑两方面的控制，一是电动机的启停控制，电动机启停控制程序如图中网络 1、网络 2 所示。二是电动机的调速控制。通过模拟量进行调速控制，要确定模拟量电压与转换成的数字量之间的对应关系。模拟量模块 EM235 的输入电压为 0～10V，其对应的数字量为 0～32 000。根据输入电压区间值，可换算出 AIW0 的数字量值，其关系为：0～5V 对应的 AIW0 的值为 0～16 000；5～7.5V 对应的 AIW0 的值为 16 000～24 000；7.5～10V 对应的 AIW0 的值为 24 000～32 000。参考的控制程序如图 7.19 所示。

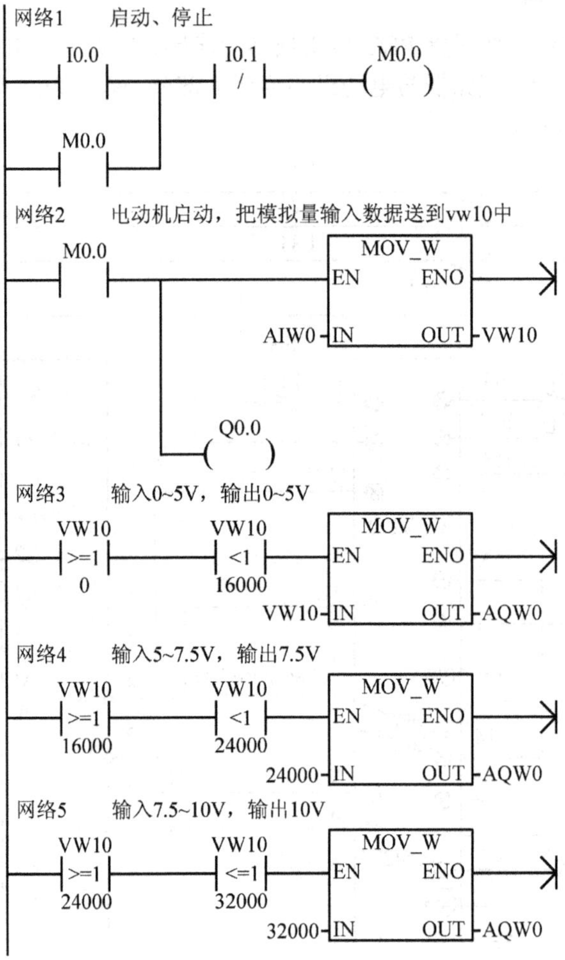

图 7.19 基于 PLC 模拟量开环变频调速控制参考程序

4. 调试步骤

1) 按原理图接线

在断电情况下，按照图 7-18 所示的电气原理图完成线路接线，认真检查，确保正确无误。

2) 设定 DIP 开关通断状态

由于 EM235 模拟量模块的输入电压为 0～10V，查表 3-9 可知，DIP 开关应设定的通断状态为：SW2、SW6 为 ON，其余为 OFF。模块使用前应预热 15 分钟。

3) 输入功能参数

恢复出厂设定值。打开电源开关，按变频器复位方法，把变频器恢复到出厂设定值。

输入功能参数。按照表 7-14 设定的参数顺序，正确输入变频器参数。输入完所有参数后，最后按P直到显示出 r000，按▼返回标准的变频器显示如显示频率。至此参数输入完毕。

4) 输入控制程序

打开编程软件，输入图 7-19 所示的参考程序，下载到 PLC 并设置为监控状态。

5) 控制电动机的启动与调速运行

按启动按钮 SB1，变频器驱动电动机启动运行。调节 A+、A-两端的电压，电动机应在确定的速度范围内调速运行。按停止按钮 SB2，电动机停止。

三、PID 变频调速控制

MICROMASTER 变频器具有 PID 调节功能，可完成过程变量的较高级控制功能，能实现压力、温度、位置等过程变量的恒定控制。要实现 PID 变频调速功能，需对某些参数进行设定，同时要考虑变频器的启动停止控制方式。过程变量的给定值和实际值，可以通过 PID 电动电位计(PID-MOP)、PID 固定频率设定值(PID-FF)、模拟输入或通过串行通信接口输入，这里只介绍模拟输入设置过程变量实际值的方法。启动停止控制方式也包括面板启停控制方式和数字端子控制方式。下面学习相关知识。

1. PID 调节常用功能参数

PID 调节常用功能参数见表 7-15。

表 7-15 PID 调节常用功能参数

参数号	参数功能	设定范围	出厂设定值
P2200	允许 PID 控制	最小 0.0 最大 4000.0	0.0
P2231	PID-MOP 的设定值存储	最小 0 最大 1	0
P2232	禁止 PID-MOP 的设定值反向	最小 0 最大 1	1
P2235	使能 PID-MOP 升速	最小 0.0 最大 4000.0	19.13
P2236	使能 PID-MOP 降速	最小 0.0 最大 4000.0	19.14
P2240	PID-MOP 的设定值	最小-130.00 最大 130.00%	10
P2253	PID 设定值信号源	最小 0.0 最大 4000.0	0.0
P2257	PID 设定值的斜坡上升时间	最小 0.00 最大 650.00 s	1.00
P2258	PID 设定值的斜坡下降时间	最小 0.00 最大 650.00 s	1.00

续表

参数号	参数功能	设定范围	出厂设定值
P2264	PID 反馈信号	最小 0.0 最大 4000.0	755.0
P2267	PID 反馈信号的上限值	最小-200.00 最大 200.00%	100.00
P2268	PID 反馈信号的下限值	最小-200.00 最大 200.00%	0.00
P2271	PID 传感器的反馈形式	最小 0 最大 1	0
P2280	PID 比例增益系数	最小 0.000 最大 65.000	3.000
P2285	PID 积分时间	最小 0.000 最大 100.000s	0.000

表 7-15 中各参数的功能如下：

1) P2200 允许 PID 控制

- 0 禁止 PID 控制
- 1 允许 PID 控制

参数设为 1 时，P1120 和 P1121 中设定的斜坡时间自动被禁止。但是，在 OFF1 或 OFF3 命令之后，变频器的输出频率将按 P1120(OFF1)或 P1135(OFF3)的斜坡时间下降到 0。

2) P2231 PID-MOP 的设定值存储

- 0 不存储 PID-MOP 的设定值
- 1 允许存储 PID-MOP 的设定值

P2231 设定为 0 时，在 OFF 命令之后设定值将返回 P2240 设定的数值。P2231 设定为 1 时，存储激活的设定值，而且 P2240 用当前值刷新。

3) P2232 禁止 PID-MOP 设定值反向

- 0 允许反向
- 1 禁止反向

参数设置为 0 时，可以使用电动电位计的设定值来改变电动机的方向。

4) P2235 使能 PID-MOP 升速

参数功能为定义升速命令的信号源。设定为 19.D， 可以利用操作面板上的上升(UP)按钮升速。其他设定值功能参见使用说明书。

5) P2236 使能 PID-MOP 降速

参数功能为定义降速命令的信号源。设定为 19.E，可以利用操作面板上的下降(DOWN)按钮降速。其他设定值功能参见使用说明书。

6) P2240 PID-MOP 的设定值

电动电位计的设定值，允许以%的形式设定数字的 PID 设定值。

7) P2253 PID 设定值信号源

- 755 模拟输入 1
- 2224 PID 固定设定值
- 2250 已激活的 PID 设定值

8) P2257 PID 设定值的斜坡上升时间

该参数只对 PID 设定值起作用，并且只有在 PID 设定值变化或给出运行命令时才起作用。如果斜坡时间设定得太短，可能导致变频器过电流跳闸。

如果采用 PID 控制，则常规的斜坡上升时间(P1120)即被禁止。

9) P2258 PID 设定值的斜坡下降时间

参数只对 PID 设定值的变化起作用。如果斜坡时间设定得太短，可能导致变频器过电流/过电压跳闸。

OFF1 和 OFF3 命令后采用的斜坡时间分别在 P1121(OFF1 斜坡下降时间)和 P1135(OFF3 斜坡下降时间)中定义。

10) P2264 PID 反馈信号

- 755 模拟输入 1
- 2224 PID 固定设定值
- 2250 PID-MOP 的输出设定值

11) P2267 PID 反馈信号的上限值

当允许 PID 控制功能，且反馈信号上升到高于这一最大值时，变频器将因故障而跳闸。

12) P2268PID 反馈信号的下限值

当允许 PID 控制功能，且反馈信号下降到低于这一最小值时，变频器将因故障而跳闸。

13) P2271 PID 传感器的反馈形式

- 0 禁止
- 1PID 反馈信号反相

正确选择传感器的反馈形式是十分必要的，可按以下方法确定传感器实际的形式：

- 禁止 PID 功能(P2200=1)
- 增加电动机的频率，同时测量反馈信号；如果反馈信号随着电动机频率的增加而增加，PID 传感器的形式就应设定为 0。如果反馈信号随着电动机频率的增加而减少，PID 传感器的形式就应设定为 1。

14) P2280 PID 比例增益系数

通常，只要投入比例项 P 和积分项 I 就可得到最好的效果。如果 PID 的比例项 P2280=0，那么积分项的作用是误差信号的平方。如果 PID 的积分项 P2285=0，那么 PID 调节的作用相当于 P 或 PI 控制作用。

如果系统容易遭受突然跳变的反馈信号，一般情况下，应该将比例项 P 设定为很小的数值(0.5)，同时积分项 I 应设定得较快，才能得到优化的控制特性。

15) P2285 PID 积分时间

设定 PID 的积分时间常数。具体参看 P2285。

2. PID 变频调速控制

PID 变频调速控制可通过操作面板控制电机启动停止，也可通过数字端子控制电机启动停止。下面介绍用操作面板控制电机启动停止，用操作面板改变 PID 控制的设定值，通过模拟端子改变 PID 反馈值的实现方法。

1) 设计电气原理图

电气原理图如图 7.20 所示。

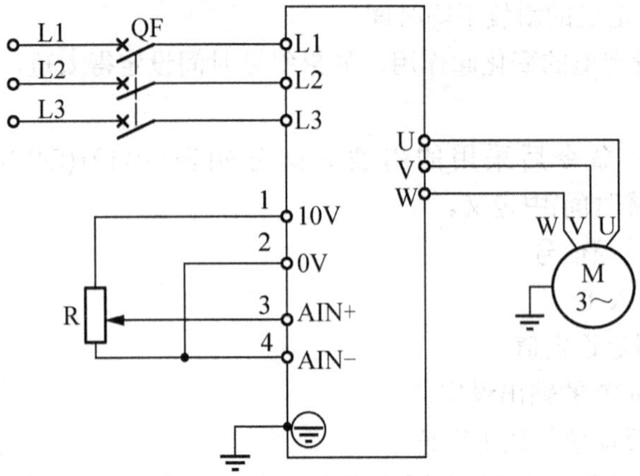

图 7.20　PID 变频调速控制电气原理图

2) 确定功能参数

表 7-16 给出了 PID 控制时的主要功能参数。在实际应用时，具体的参数值应根据实际控制过程确定。

表 7-16　PID 变频调速控制功能参数

序号	变频器参数	出厂值	设定值	功能说明
	P0003	1	2	用户访问等级(可访问较多参数)
	P0004	0	3	输入电动机参数
	P0010	0	1	快速调试
	P0304	230	380	电动机的额定电压(380V)
	P0305	3.25	5.8	电动机的额定电流(A)
	P0307	0.75	2.2	电动机的额定功率(Kw)
	P0310	50.00	50.00	电动机的额定频率(50Hz)
	P0311	1395	2900	电动机的额定转速(r/min)
	P0010	0	0	输入完电机参数必须使其为 0
	P0004	0	7	输入 P0700 以后参数
	P0700	2	1	选择命令源(由 BOP 操作面板控制)
	P0004	0	10	输入 P1000 以后参数
	P1080	0	0.00	电动机的最小频率
	P1082	50.00	50.00	电动机的最大频率
	P0004	0	22	输入 P2200 以后参数
	P2200	0	1	允许 PID 控制
	P2240	10	25	PID-MOP 设定值
	P2253	0.0	2250	PID-MOP 的输出设定值(目标值)
	P2257	1.0	2.0	PID 设定值的斜坡上升时间
	P2258	1.0	2.0	PID 设定值的斜坡下降时间
	P2264	0.0	755	模拟输入 1(反馈信号)
	P2271	0	0	PID 传感器的反馈形式
	P2280	3.000	5.000	PID 比例增益系数
	P2285	0.000	3.000	PID 积分时间

3) 调试步骤

① 按原理图接线

在断电情况下，按照图 7.20 所示的电气原理图完成线路接线，认真检查，确保正确无误。

② 输入功能参数

恢复出厂设定值。打开电源开关，按变频器复位方法，把变频器恢复到出厂设定值。

输入功能参数。按照表 7-16 设定的参数顺序，正确输入变频器参数。输入完所有参数后，最后按直到显示出 r000，按返回标准的变频器显示如显示频率。至此参数输入完毕。

③ 控制电动机的启动与调速运行

按操作面板上的按键,变频器驱动电动机启动运行。在给定值一定的情况下，调节 AIN+、AIN-两端的电压，观察电动机的运行情况。按操作面板上的按键，电动机停止运行。改变 P2280、P2285 值的大小，重新启动电动机，观察电动机的运行情况。

任务实施

一、设计电气原理图

分析任务要求，数字量输入信号有启动按钮、停止按钮。考虑 3 台工频泵的过载保护，共需 3 点，所以输入至少需 5 点。数字量输出信号有：控制 3 台工频泵需 3 个接触器，需 3 点、控制变频泵需 1 点，输出至少需 4 点。

压力变送器的电压信号为模拟量，需通过模拟量转换模块把电压信号转换成数字量，由程序进行控制处理后，再把数字量转换成模拟量，用此模拟量信号作为变频器的模拟输入，所以选择 EM235 模拟量输入输出模块，实现模拟量与数字量之间的转换。

根据 PLC 的输出点数及分组情况，查附录 1，应选择 CPU222 继电器输出型(输入 8 点、输出 6 点)的 PLC。参考的变频泵控制原理图如图 7.21，工频泵主电路原理图如图 7.22。

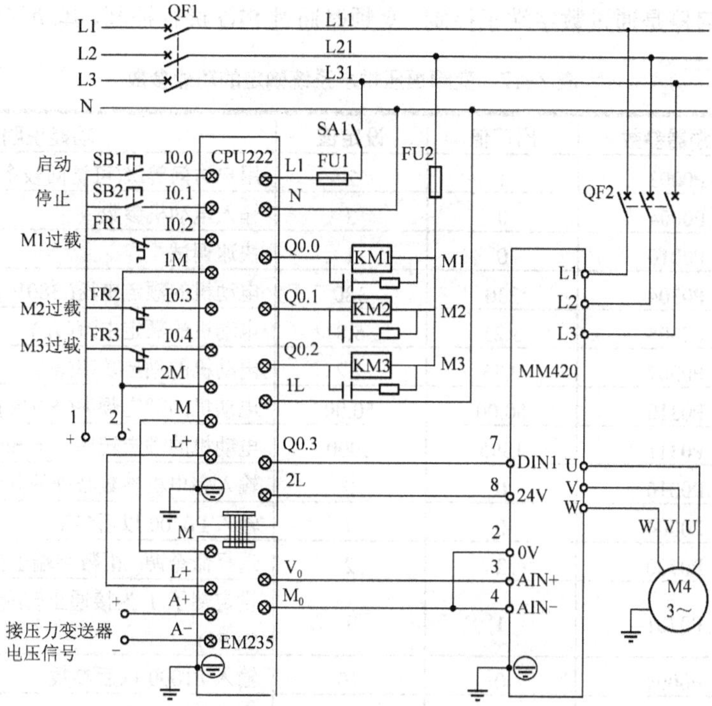

图 7.21　恒压供水变频泵固定方式控制原理图

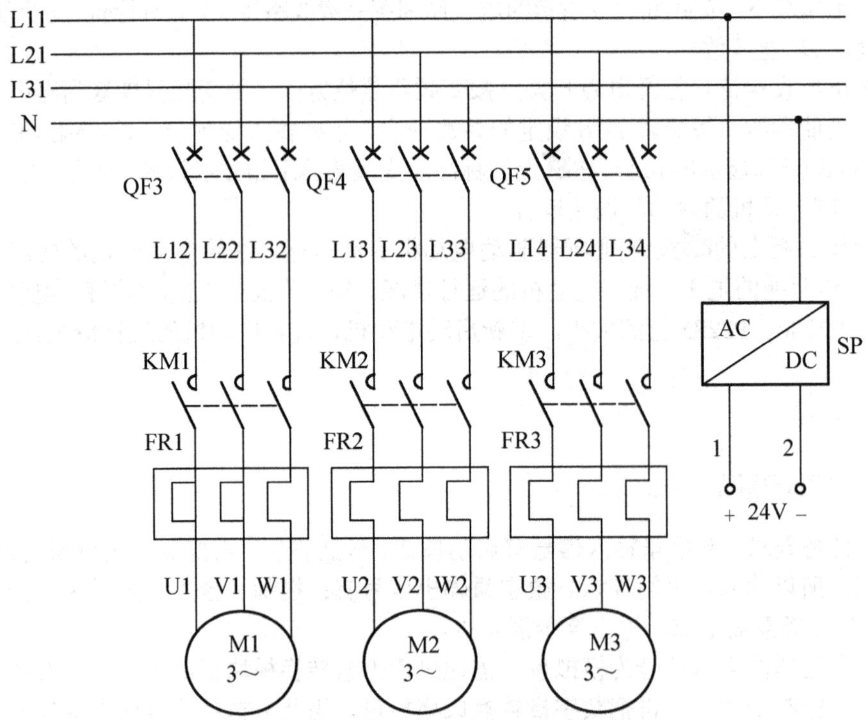

图 7.22 恒压供水工频泵主电路原理图

二、确定功能参数

变频器的启停是通过数字端子控制，变频器通过 PID 进行控制，其功能参数见表 7-17。

表 7-17 变频恒压供水系统确定的功能参数

序号	变频器参数	出厂值	设定值	功能说明
	P0003	1	2	用户访问等级(可访问较多参数)
	P0004	0	3	输入电动机参数
	P0010	0	1	快速调试
	P0304	230	380	电动机的额定电压(380V)
	P0305	3.25	5.8	电动机的额定电流(A)
	P0307	0.75	2.2	电动机的额定功率(w)
	P0310	50.00	50.00	电动机的额定频率(50Hz)
	P0311	1395	2900	电动机的额定转速(r/min)
	P0010	0	0	输入完电机参数必须使其为 0
	P0004	0	7	输入 P0700 以后参数
	P0700	2	2	选择命令源(由数字端子控制)
	P0701	1	1	设定端子 1 为接通正转/停车命令 1，(ON/OFF1)
	P0004	0	10	输入 P1000 以后参数
	P1080	0	20.00	电动机的最小频率

续表

序号	变频器参数	出厂值	设定值	功能说明
	P1082	50.00	50.00	电动机的最大频率
	P0004	0	22	输入 P2200 以后参数
	P2200	0	1	允许 PID 控制
	P2240	10	25	PID-MOP 设定值
	P2253	0.0	2250	PID-MOP 的输出设定值(目标值)
	P2257	1.0	2.0	PID 设定值的斜坡上升时间
	P2258	1.0	2.0	PID 设定值的斜坡下降时间
	P2264	0.0	755	模拟输入 1(反馈信号)
	P2271	0	0	PID 传感器的反馈形式
	P2280	3.000	5.000	PID 比例增益系数
	P2285	0.000	3.000	PID 积分时间

三、设计控制程序

由于压力反馈信号根据用水量的变化随时在变化，所以在设计程序时，应每隔一定时间读取压力反馈值，避免电动机的频繁启动。Q0.3 为变频器运行启动信号，通过 Q0.3 启动变频器进行 PID 调节。如网络 2。因压力反馈信号从 A+、A-端接入，所以其转换的数字量数据保存在 AIW0 中，如网络 3。输入模拟量 0～10V，转换成数字量的值为 0～32000，1V 的模拟量相当于数字量 3200，2.5V 转换成数字量为 2.5×3200=8000，以此类推，可得出其他模拟量值与数字量值之间的对应关系，如网络 4 中比较指令中的数值。网络 5-网络 7 为 3 台工频泵的控制。网络 8 为工频泵电机过载控制，只要任一工频泵电动机过载，M1.0 都得电，通过 M1.0 的常闭触点，断开网络 1 的 M0.0，使整个系统断电停止。参考的控制程序如图 7.23 所示。

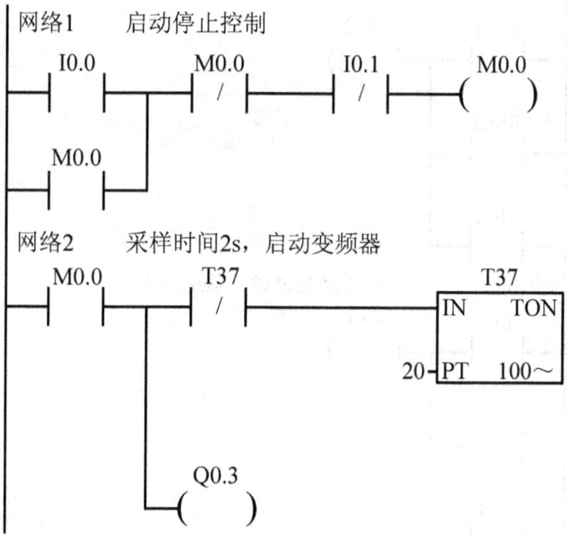

图 7.23　变频恒压供水系统参考控制程序

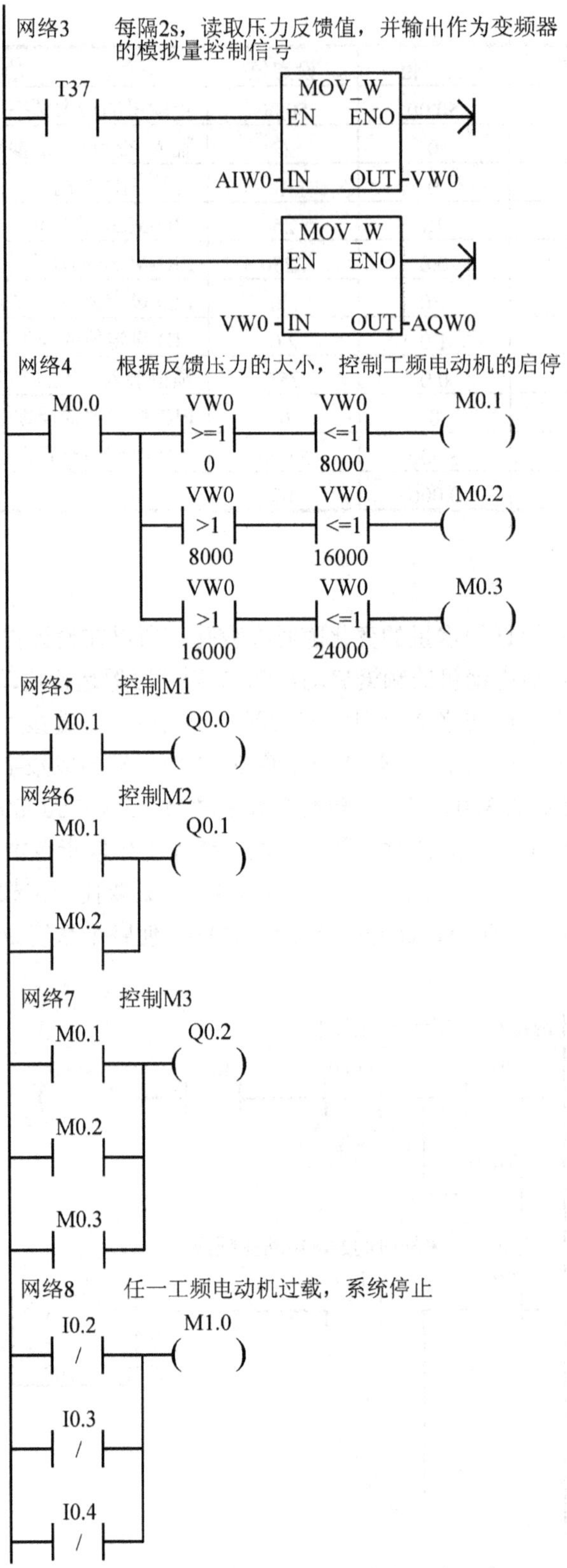

图 7.23　变频恒压供水系统参考控制程序(续)

四、系统模拟调试

1. 不连接工频泵时的模拟调试

不接 M1、M2、M3 工频泵，模拟调试控制程序，通过 PLC 的输出指示灯及变频泵的运行情况，调试程序的正确与否。

1) 按原理图接线

在断电情况下，按照图 7.21 恒压供水系统控制回路电气原理图完成电路接线，认真检查，确保正确无误。

2) 输入功能参数

(1) 恢复出厂设定值。打开电源开关，按照变频器复位方法，把变频器恢复到出厂设定值。

(2) 输入功能参数。按照表 7-17 设定的参数顺序，正确输入变频器参数。输入所有的参数后，按P键直到显示出 r000，按▼键返回标准的变频器显示(如显示频率)。至此参数输入完毕，可以控制电动机的运行了。

3) 输入控制程序

打开编程软件，输入图 7.23 所示的参考程序，下载到 PLC，并设置在监控状态。

4) 变频泵的调速运行

先把 A+、A-端输入电压调到 0V，再按照以下步骤进行。

(1) 按启动按钮 SB1 后，A+、A-端反馈电压在 0~2.5V 之间变化时，PLC 输出指示灯 Q0.0～Q0.2 亮。变频器驱动电动机 M4 高速运行。

(2) A+、A-端反馈电压在 2.5V～5 之间变化时，Q0.1～Q0.2 指示灯亮，变频泵从高速降速运行。

(3) A+、A-端反馈电压在 5V～7.5V 之间变化时，Q0.2 指示灯亮，变频泵继续降速运行。

(4) A+、A-端反馈电压在 7.5V～10V 之间变化时，只有变频泵工作，变频泵在 20Hz 的最低速度运行。

(5) 如果程序不满足上述要求，需修改程序，下载后再重新调试。

2. 连接工频泵时的模拟调试

按图 7.22 恒压供水系统主电路原理图，接上 3 台工频泵，按上述步骤重新模拟调试程序，直到满足任务要求为止，再到现场进行现场调试。

任 务 小 结

通过变频恒压供水这一实例，主要学习并掌握模拟量变频调速实现的步骤与方法。本实例采用了一个较简单的控制方法，通过程序根据不同压力条件进行调速控制，实际的供水系统要考虑许多问题，如电机动启动方法。当采用变频固定方式，若其工频固定泵电动机容量较大，一般大于 30kW 时，则不宜采用工频直接启动，而应采取工频降压启动，如Y-Δ启动、自耦调压器降压启动等方法。

变频泵循环运行模式是恒压供水系统常用的控制方法，利用变频器的PID调节功能，实现闭环调速控制，由于控制复杂，相关应用技术也比较成熟，在此不作介绍，如有兴趣，可通过后面的思考题，查阅有关资料进行学习。

与传统供水技术相比，变频恒压供水的主要优点如下。

(1) 节电。节电量一般在10%～40%之间，这是变频恒压供水系统的最显著的特点。

(2) 安全卫生。实行闭环供水后，用户的水全部由管道直接供给，取消了水塔等中间环节，避免了用水的“二次污染”。

(3) 运行可靠，延长设备寿命。水泵不再是长期维持额定转速运行，降低了水泵的故障率，延长水泵使用寿命。用变频器调速，实现了水泵的软启动，避免了电动机启停时大电流对电动机绕组与电网的冲击，保证系统可靠运行。

思考与技能实练

1．模拟量调速时，变频器的启停方法有哪几种？每种方法设定的功能参数是什么？

2．变频供水模式有哪两种？每种的工作原理是什么？

3．某恒压供水系统，有3台水泵M1、M2、M3，采用变频泵循环运行模式给生活小区供水。用PLC进行控制，有手动与自动两种控制方式。手动时，根据管网压力大小，M1、M2、M3可分别手动工频与变频运行，该方式主要用于故障维修或调试时使用。自动时，系统启动后，在小流量用水时，变频器带M1运行，当用水量增大，M1的频率达到上限50Hz时，供水系统控制M1切换到工频运行，同时启动M2变频运行，随着用水量增大，以后各台水泵的软启动以此类推。每次只有1台水泵工作在变频方式。当用水量减少需停泵时，先停最先为工频运行的那台泵，即按M3、M2、M1顺序停泵。水泵变频运行的最低频率为20Hz。水泵电动机电气基本参数：功率为2.2kW，额定电流为5.8A，转速为2 900r/min。

试设计电气原理图、设计功能参数、设计控制程序。

附录 1

S7-200 PLC 的端子连接图及 I/O 地址分配

图 F1.1～图 F1.8 为 S7-200 PLC 的端子连接图，显示了两种不同的负载输出形式，分别是晶体管输出型(DC/DC/DC)和继电器输出型(AC/DC/RLY)。可以看到，这两种输出形式，其接线方式是不同的。实际接线时可参考这些图进行连线，也可作为根据 I/O 点数选择 PLC 的参考。这些图中：标注 2 的地方可接受任何极性；标注 3 的地方可选接地。

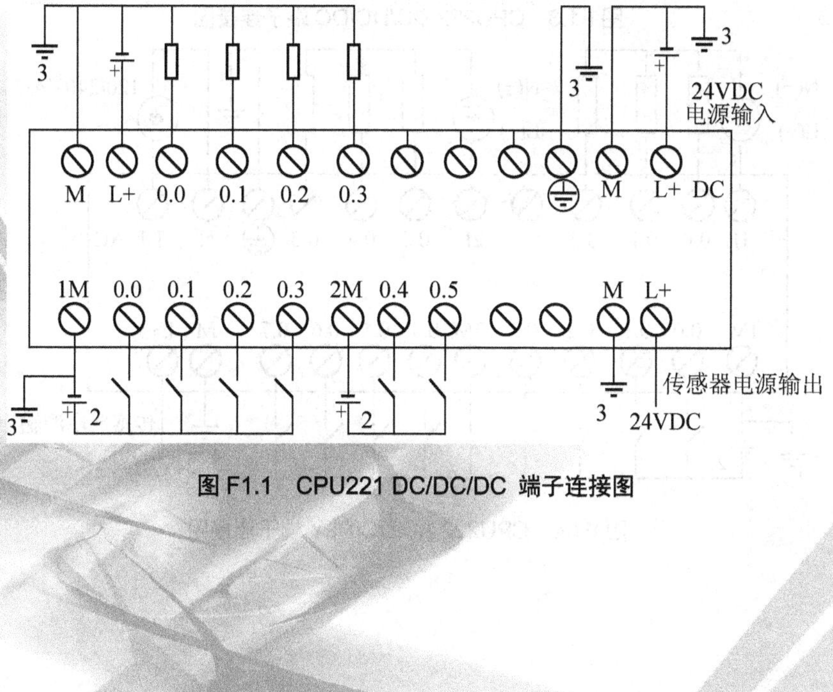

图 F1.1 CPU221 DC/DC/DC 端子连接图

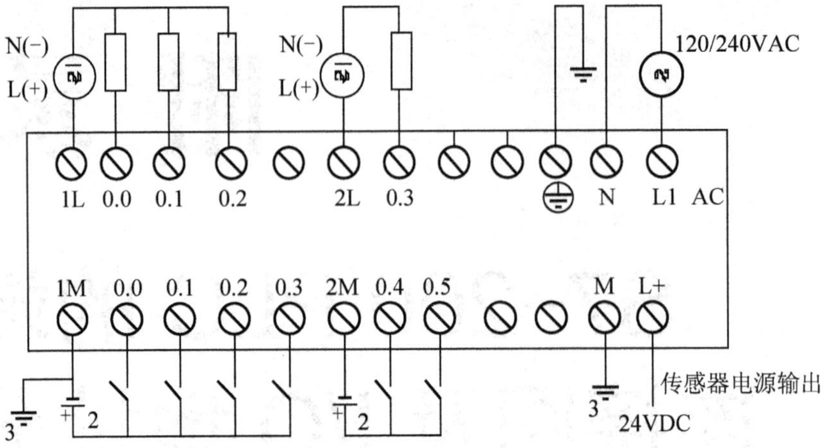

图 F1.2　CPU221 AC/DC/RLY 端子连接图

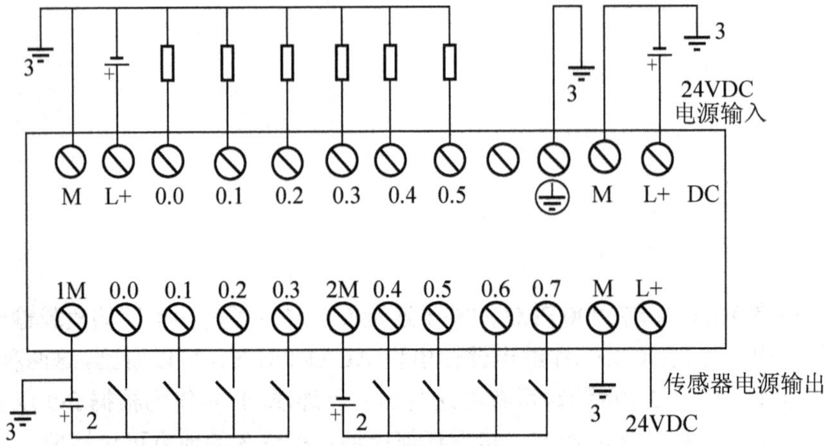

图 F1.3　CPU222 DC/DC/DC 端子连接图

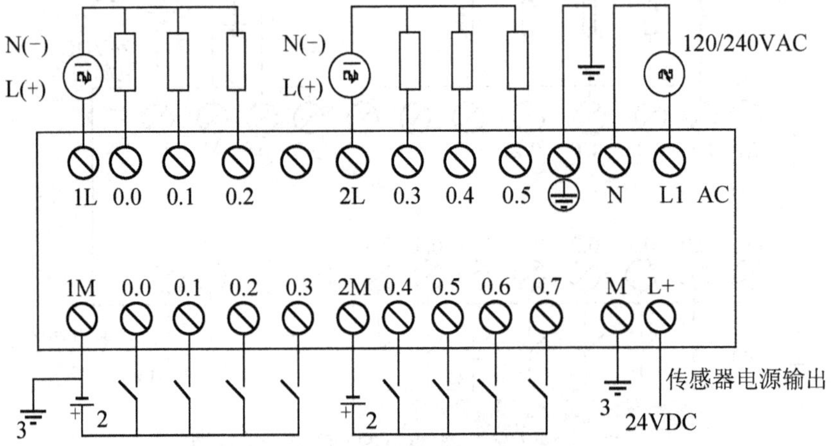

图 F1.4　CPU222 AC/DC/RLY 端子连接图

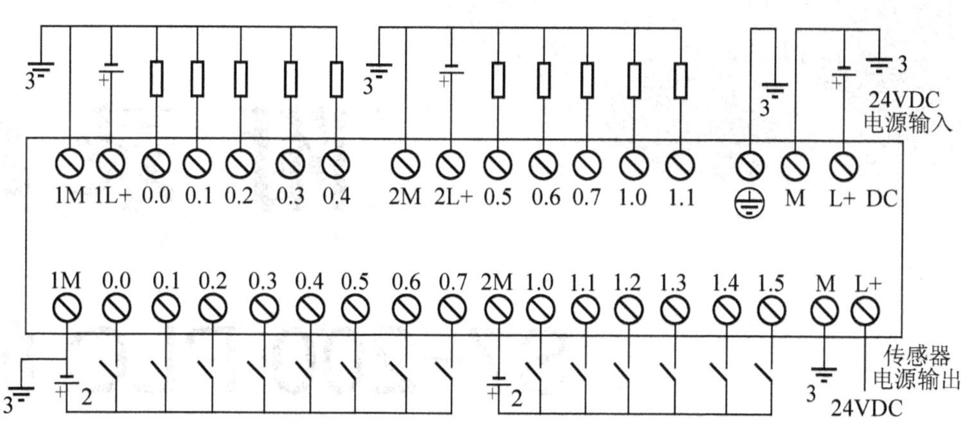

图 F1.5　CPU224 DC/DC/DC 端子连接图

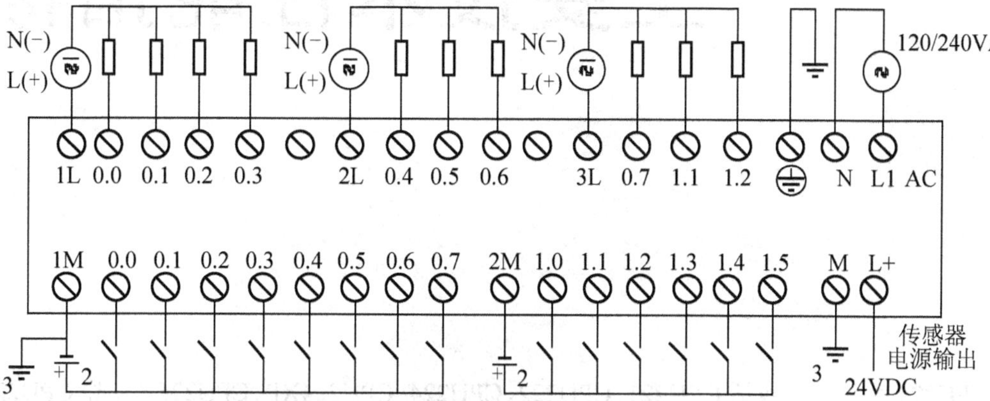

图 F1.6　CPU224 AC/DC/RLY 端子连接图

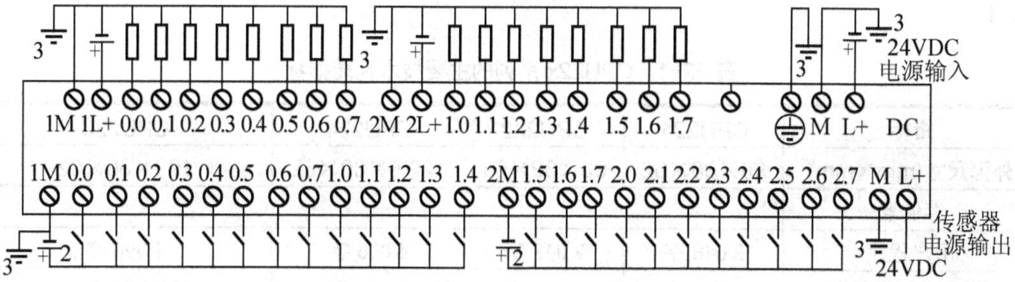

图 F1.7　CPU226 DC/DC/DC 端子连接图

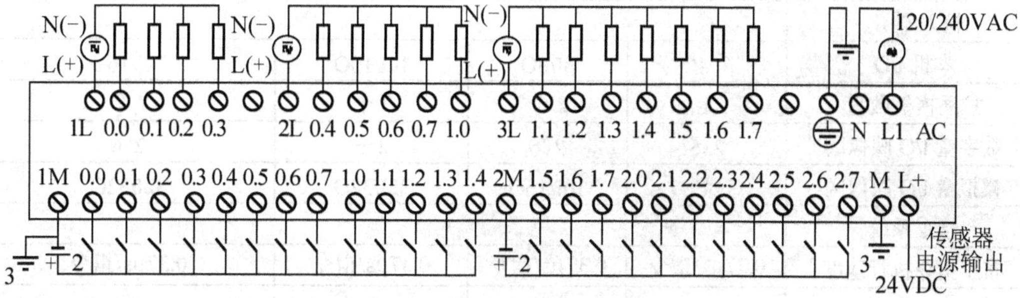

图 F1.8　CPU226AC/DC/RLY 端子连接图

附录 2

S7-200 PLC 的主要技术性能指标

CPU22x 系列主机包括 CPU221、CPU222、CPU224/ CPU224XP、CPU226 等。除 CPU221 无扩展能力外，其他 CPU 主机均可进行系统扩展。CPU22x 系列的主要技术性能指标见表 F2-1。

表 F2-1　CPU22x 系列的主要技术性能指标

指标	CPU221	CPU222	CPU224	CPU226
外形尺寸(mm×mm)	90×80×62	90×82×60	120.5×80×62	190×80×62
存储器				
用户程序	2 048 字	2 048 字	4 096 字	4 096 字
用户数据	1 024 字	1 024 字	2 560 字	2 560 字
数据后备(电容)	50h	50h	50h	50h
输入/输出				
本机 I/O	6I/4O	8I/6O	14I/10O	24I/16O
扩展模板数量	无	2 个	7 个	7 个
数字量 I/O 映像区	256	256	256	256
模拟量 I/O 映像区	无	16I/16O	32I/32O	32I/32O
指令系统				
布尔指令执行速度	0.37μs/指令	0.37μs/指令	0.37μs/指令	0.37μs/指令
FOR/NEXT 循环	有	有	有	有

续表

指标	CPU221	CPU222	CPU224	CPU226
外形尺寸(mm×mm)	90×80×62	90×82×60	120.5×80×62	190×80×62
整数指令	有	有	有	有
实数指令	有	有	有	有
主要内部继电器				
I/O 映像寄存器	128I/128Q	128I/128Q	128I/128Q	128I/128Q
内部通用继电器	256	256	256	256
定时器/计数器	256/256	256/256	256/256	256/256
字入/字出	无	16/16	32/32	32/32
顺序控制继电器	256	256	256	256
附加功能				
内置高速计数器	4H/W(20kHz)	4H/W(20kHz)	6H/W(20kHz)	6H/W(20kHz)
模拟电位器	1	1	2	2
脉冲输出	2(20kHz DC)	2(20kHz DC)	2(20kHz DC)	2(20kHz DC)
通信中断	1 发送/2 接收	1 发送/2 接收	1 发送/2 接收	2 发送/4 接收
硬件输入中断	4(输入滤波器)	4(输入滤波器)	4(输入滤波器)	4(输入滤波器)
定时中断	2(1～255ms)	2(1～255ms)	2(1～255ms)	2(1～255ms)
实时时钟	有(时钟卡)	有(时钟卡)	有(内置)	有(内置)
口令保护	有	有	有	有
通信功能				
通信口数量	1(RS-485)	1(RS-485)	1(RS-485)	2(RS-485)
支持协议 0 号口 1 号口	PPI、DP/T 自由口 无	PPI、DP/T 自由口 无	PPI、DP/T 自由口 无	PPI、DP/T 自由口 自由口
PROFIBUS 点对点	NETR/NETW	NETR/NETW	NETR/NETW	NETR/NETW

PLC 各 CPU 的技术性能指标是设备选型的重要根据，主要从以下几方面考虑。

(1) I/O 总点数：衡量输入信号和输出信号的数量，有开关量和模拟量两种。

(2) 存储器容量：衡量可存储用户应用程序多少的指标，通常以字或 KB 字为单位，16 位二进制数为一字，即两个 8 位字节，每 1 024 字为 1KB。

(3) 编程语言：常用的是梯形图语言、语句表及逻辑图编程语言等。

(4) 扫描速度：PLC 执行程序的速度，也有用扫描时间来描述。

(5) 内部寄存器的种类和数量：包括继电器、计数器、定时器、数据存储器等。

(6) 通信能力：PLC 之间、PLC 与计算机之间的数据传送及交换能力。

(7) 智能模块：具有自己的 CPU 和系统的模块，常见的有位置控制模块、温度控制模块、PID 控制模块等。

附录3

S7-200 PLC 的输入输出特性

S7-200 PLC 的输入输出特性见表 F3-1。

表 F3-1　S7-200 PLC 的输入输出特性

CPU	类型	电源电压	输入电压	输出电压	输出电流
CPU221	晶体管	24V DC	24V DC	24V DC	0.75A
	继电器	85V～264V AC	24V DC	24VDC,24～230V AC	2A
CPU222	晶体管	24V DC	24V DC	24V DC	0.75A
	继电器	85V～264V AC	24V DC	24VDC,24～230V AC	2A
CPU224	晶体管	24V DC	24V DC	24V DC	0.75A
	继电器	85V～264V AC	24V DC	24VDC,24～230V AC	2A
CPU226	晶体管	24V DC	24V DC	24V DC	0.75A
	继电器	85V～264V AC	24V DC	24VDC,24～230V AC	2A

表中电源电压是 PLC 的工作电压；输出电压是由用户提供的负载工作电压；对数字量输入信号的电压，要求均为 24V 直流，“1”信号为 15～35V，“0”信号为 0～5V。

输出电流的大小决定了 PLC 带负载的能力，其所带负载的电流总和不能超过表中所列的电流值。

附录4

STEP 7-Micro/WIN 编程软件使用说明

S7-200 系列 PLC 使用 STEP 7-Micro/WIN 编程软件进行编程。该软件为用户开发、编辑和控制应用程序提供了良好的编程环境。该软件提供了 3 种程序编辑器，并提供了在线帮助系统，以便获取所需要的信息。

4.1 STEP 7-Mirco/WIN 的主界面

STEP 7-Micro/WIN 的主界面如图 F4.1 所示。

主界面主要有菜单条、工具条、浏览条、指令树、输出窗口等。

1. 菜单条

包括文件、编辑、查看、PLC、调试、工具、窗口、帮助 8 个主菜单项。常用主菜单项的功能如下。

(1) 查看。可以选择 3 种编程语言，如 STL(语句表)、梯形图、FBD(功能块图)以及数据块编辑器、符号表编辑器、状态图编辑器。可进行交叉引用查看以及系统块和通信参数设置等。还可以控制程序注解、网络注解以及浏览条、指令树和输出窗口的显示与隐藏，属性项可以对程序进行密码保护设置。

(2) PLC。用于与 PLC 联机时的操作。如用软件改变 PLC 的运行方式(PLC 方式开关需设在 TERM 位置)、对用户程序进行编译(可以离线进行)、清除 PLC 程序、电源启动重置、查看 PLC 的信息、时钟、存储卡的操作、程序比较、PLC 类型选择等操作。

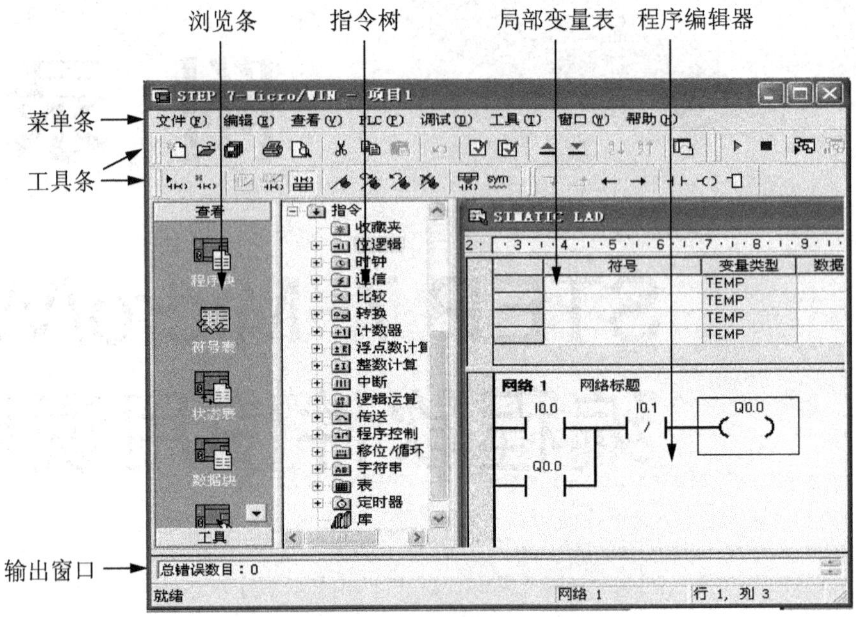

图 F4.1　STEP 7-Micro/WIN 的主界面

(3) 调试。用于联机时的动态调试。调试时可以指定 PLC 对程序执行有限次数扫描(从 1 次扫描到 65535 次扫描)。通过选择 PLC 运行的扫描次数，可以在程序改变过程变量时对其进行监控。第一次扫描时，SM0.1 数值为 1。

(4) 工具。提供诸如指令、文本显示、位置控制等向导，简化复杂指令的编程。选项中可以设置 3 种编辑器的风格，如字体、字颜色、指令盒的大小、中英文画面切换等。

2. 工具条

常用工具条及其快捷键的功能如图 F4.2 所示。

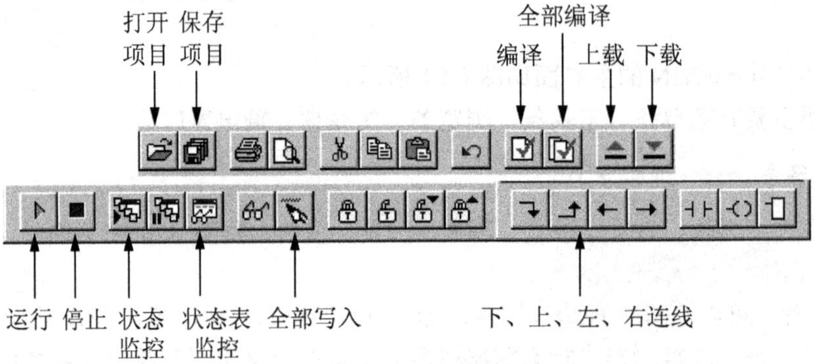

图 F4.2　常用工具条及快捷键的功能

上工具条为打开现有项目、保存当前项目、编译程序块或数据块、全部编译(程序块、数据块和系统块)、将程序从 PLC 上载至编程器或 PC、从 PC 或编程器下载至 PLC。

下工具条为将 PLC 设为运行模式、将 PLC 设为停止模式、在程序状态监控打开/关闭之间切换、在状态表监控打开/关闭之间切换、状态表全部写入、插入向下直线、插入向上直线、插入左线、插入右线。实际上可把鼠标光标放在快捷键上等一会，工具条上快捷键的作用就会显示出来。

4.2 编 程 功 能

1. 梯形图程序的输入

(1) 建立项目。通过菜单命令“文件”→“新建”或单击工具条中的“新建”快捷按钮，可新建一个项目。此时，程序编辑器将自动打开。

(2) 输入程序。在程序编辑器中使用的梯形图元素主要有触点、线圈和功能块。梯形图的每个网络必须从触点开始，以线圈或没有布尔输出(ENO)的功能块结束。线圈不允许串联使用。

在程序编辑器中输入程序的方法有：①在指令树中选择需要的指令，拖放到需要位置；②将光标放在需要的位置，在指令树中双击需要的指令；③将光标放到需要的位置，单击工具条中“指令”按钮，打开一个通用指令窗口，选择需要的指令；④使用功能键：F4=接点、F6=线圈、F9=功能块，打开一个通用指令窗口，选择需要的指令。

当编程元件图形出现在指定位置后，再单击编程元件符号的“？？？”，输入操作数。红色字样显示语法出错，当把不合法的地址或符号改变为合法值时，红色消失。若数值下面出现红色的波浪线，表示输入的操作数超出范围或与指令的类型不匹配。

一般把线圈或没有布尔输出(ENO)的功能块放在不同的网络中，否则可能出现编译错误，而使程序不能正常下载，如图 F4.3 所示。

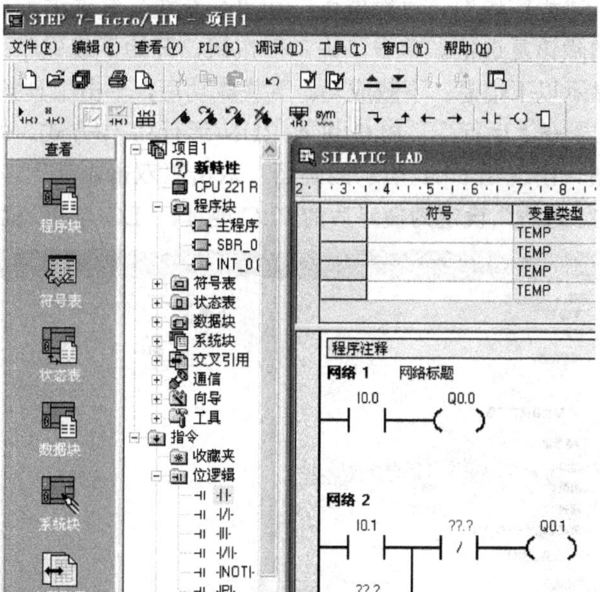

图 F4.3　程序输入画面

使用命令“查看”→“属性”，在打开的“属性”对话框中有两个选项卡：一般和保护。选择“一般”选项卡可为子程序、中断程序和主程序块重新编号和重新命名，并为项目指定一个作者。选择“保护”选项卡则可以选择一个密码保护程序，以便其他用户无法看到该程序，并在下载时加密。若用密码保护程序，则选中“用密码保护该 POU”复选框。输入一个 4 个字符的密码并核实该密码。

(3) 编辑程序 。剪切、复制、粘贴或删除多个网络。通过用 Shift 键+鼠标单击，可以选择多个相邻的网络，进行剪切、复制、粘贴或删除等操作。注意：不能选择网络中的一部分，只能选择整个网络。

编辑单元格、指令、地址和网络。用光标选中需要进行编辑的单元，单击右键，弹出快捷菜单，可以进行插入或删除行、列、垂直线或水平线的操作。删除垂直线时把方框放在垂直线左边单元上，删除时选“行”，或按 Del 键。进行插入编辑时，先将方框移至欲插入的位置，然后选“列”。

(4) 程序的编译。程序编译操作用于检查程序块、数据块及系统块是否存在错误。程序经过编译无错误后，方可下载到 PLC。单击“编译”按钮或选择菜单命令“PLC”→“编译”，编译当前被激活的窗口中的程序块或数据块；单击“全部编译”按钮或选择菜单命令“PLC”→“全部编译”，编译全部项目元件(程序块、数据块和系统块)。编译的结果显示在主窗口下方的输出窗口中。

2. 程序的上传、下载

(1) 下载。下载是把 PC 编好的程序下载到 PLC 中。下载程序时，带有编程软件的计算机(PC)和 PLC 之间必须连接正确，并已通电，处于正常通信状态。单击工具条中的“下载”按钮，或用菜单命令“文件”→“下载”，出现“下载”对话框。根据默认值，在初次发出下载命令时，“程序块”、“数据块”和“系统块”复选框都被选中。如果不需要下载某个块，可以清除该复选框。单击“确定”按钮，开始下载程序。如果下载成功，将出现一个确认框会显示以下信息：下载成功。下载成功后，单击工具条中的“运行”按钮，或用菜单命令“PLC”→“运行”，PLC 进入 RUN(运行)工作方式。如果出现通信错误，可单击“通信”按钮，出现图 F4.4 所示的画面，双击“双击刷新”，软件自动搜寻 PLC 地址，把通信画面的“远程”设定为搜寻后的 PLC 地址，PLC 与 PC 就建立起正常的通信。

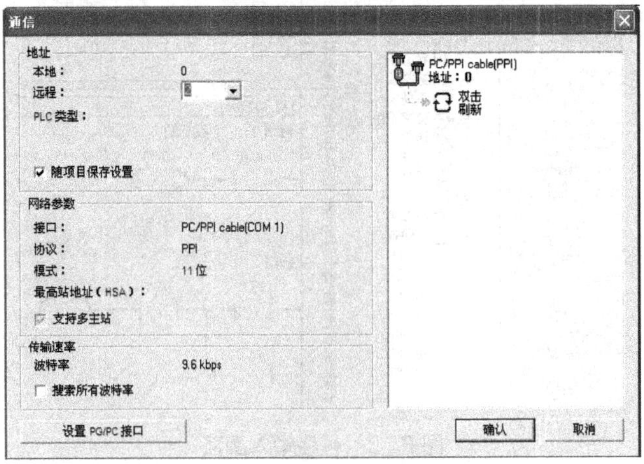

图 F4.4 通信画面

注意：下载程序时 PLC 必须处于停止状态，可根据提示进行操作。每次修改程序后，都要重新下载程序，才能按修改后的程序执行。

(2) 上传。上传是把 PLC 的程序上传到 PC 中，可用下面的方法从 PLC 将项目文件上传到 STEP 7-Micro/WIN 程序编辑器。即单击“上载”按钮，或选择菜单命令“文件”→“上载”；按快捷键 Ctrl+U。执行的步骤与下载基本相同，选择需上传的块(程序块、数据块或系统块)，单击“上传”按钮，上传的程序将从 PLC 复制到当前打开的项目中，随后即可保存上传的程序。

3. 选择工作方式

PLC 有运行和停止两种工作方式，可用两种方法进行设定：①把 PLC 上的方式开关设为“TERM”，单击工具条中的“运行”按钮或“停止”按钮可以进入相应的工作方式；②直接把方式开关拨向“RUN”或“STOP”。执行程序时，必须把 PLC 设为“运行”方式。

4. 程序的调试与监控

在 PC 和 PLC 之间建立通信并向 PLC 下载程序后，可使 PLC 进入运行状态，进行程序的调试和监控。

(1) 程序状态监控。在程序编辑器窗口，显示希望测试的部分程序和网络，将 PLC 置于 RUN 工作方式，单击工具条中的“程序状态”按钮或用菜单命令“调试”→“程序状态监控”，进入梯形图监控状态。在梯形图监控状态，触点或线圈通电时，该触点或线圈高亮显示。

(2) 状态图监控。单击浏览条上的“状态图”按钮或使用菜单命令“查看”→“组件”→“状态表”，可打开状态图编辑器，在状态表地址栏输入要监控的数字量地址，单击调试菜单中的“开始表监控”命令，可进入“状态图” 监控状态。在此状态，可通过强制 I/O 点的操作，观察程序的运行情况。

附录5

S7-200 PLC 指令集

布尔指令		运算指令	
LD bit LDN bit	装载 取反后装载	-I IN1,OUT -D IN1,OUT -R IN1,OUT	整数减法 双整数减法 实数减法
A bit AN bit	与 取反后与	MUL IN1,OUT *I IN1,OUT *D IN1,OUT *R IN1,OUT	完全整数乘法 整数乘法 双整数乘法 实数乘法
O bit ON bit	或 取反后或		
NOT	栈顶值取反	DIV IN1,OUT /I IN1,OUT /D IN1,OUT /R IN1,OUT	完全整数除法 整数除法 双整数除法 实数除法
EU ED	上升沿检测 下降沿检测		
S BIT,N R BIT,N	置位一个区域 复位一个区域	INCB OUT INCW OUT INCD OUT	字节递增 字递增 双字递增
= bit	线圈输出		
TON Txxx,PT TOF Txxx,PT TONR Txxx,PT	通电延时定时器 断电延时定时器 保持型接通延时定时器	DECB OUT DECW OUT DECD OUT	字节递减 字递减 双字递减
CTU Cxxx,PV CTD Cxxx,PV CTUD Cxxx,PV	加计数器 减计数器 加减计数器	中断指令	
运算指令		CRETI ATCH ENI DISI	中断条件返回 中断连接 全局中断允许 全局中断禁止

续表

运算指令	
+I IN1,OUT +D IN1,OUT +R IN1,OUT	整数加法 双整数加法 实数加法
传送指令	
MOVB　IN，OUT MOVW IN，OUT MOVD　IN，OUT MOVR　IN，OUT	字节传送 字传送 双字传送 实数传送
BMB BMW BMD	字节块传送 字块传送 双字块传送
SWAP　IN	字节交换
程序控制	
JMP　N LBL　N	跳到指定的标号 标号
LSCR N SCRT N SCRE	顺控控制继电器段开始 顺控控制继电器段转移 顺控控制继电器段结束
转换指令	
BCDI　OUT IBCD　OUT DTR　IN，OUT ITD　IN，OUT BTI　IN，OUT ITB　IN，OUT ROUND　IN，OUT TRUNC　IN，UT SEG　IN，OUT	BCD 码转换为整数 整数转换为 BCD 码 双整数转换为实数 整数转换为双整数 字节转换为整数 整数转换为字节 四舍五入取整 取整指令 段码指令
DECO　IN，OUT ENCO　IN，OUT	译码指令 编码指令
通信指令	
XMT TABLE，PORT RCV TABLE，PORT NETR TABLE，PORT NETW TABLE，PORT	发送 接收 网络读 网络写
高速计数器、高速脉冲指令	
HDEF HSC，MODE HSC N PLS X	高速计数器定义 高速计数器 脉冲输出

逻辑运算指令	
逻辑运算	
INVB　OUT INVW　OUT	字节取反 字取反
INVD　OUT	双字取反
ANDB IN1,OUT ANDW IN1,OUT ANDD IN1,OUT	字节与 字与 双字与
ORB IN1,OUT ORW IN1,OUT ORD IN1,OUT	字节或 字或 双字或
XORB XORW XORD	字节异或 字异或 双字异或
移位指令	
SLBOUT,N SLW OUT,N SLD OUT,N	字节左移 字左移 双字左移
SRB OUT,N SRW OUT,N SRD OUT,N	字节右移 字右移 双字右移
RLB OUT,N RLW OUT,N RLD OUT,N	字节循环左移 字循环左移 双字循环左移
RRB OUT,N RRW OUT,N RRD OUT,N	字节循环右移 字循环右移 双字循环右移
SHRB　DATA,S_BIT,N	移位寄存器
FILL IN,OUT,N	内存填充
PID　Table,loop	比例/积分/微分回路控制
CALL　N SBR _N CRET RET	调用子程序，可以有 16 个可选参数 定义被调用的子程序 子程序条件返回 子程序无条件返回
ALD OLD	电路块串联 电路块并联

参 考 文 献

[1] 胡学林．可编程控制器教程(基础篇)[M]．北京：电子工业出版社，2003．
[2] 廖常初．S7-200 PLC 基础教程[M]．北京：机械工业出版社，2006．
[3] 孙海维．SIMATIC 可编程序控制器及应用[M]．北京：机械工业出版社，2005．
[4] 海心，等．西门子 PLC 开发入门与典型实例[M]．北京：人民邮电出版社，2009．
[5] 张进秋，等．可编程控制器原理及应用实例[M]．北京：机械工业出版社，2004．
[6] 汤以范．电气与可编程控制技术[M]．北京：机械工业出版社，2004．
[7] 唐修波．变频技术及应用[M]．北京：中国劳动社会保障出版社，2006．
[8] 李良仁．变频调速技术与应用[M]．北京：电子工业出版社，2004．

北京大学出版社高职高专机电系列规划教材

序号	书号	书名	编著者	定价	印次	出版日期
“十二五”职业教育国家规划教材						
1	978-7-301-24455-5	电力系统自动装置(第 2 版)	王　伟	26.00	1	2014.8
2	978-7-301-24506-4	电子技术项目教程(第 2 版)	徐超明	42.00	1	2014.7
3	978-7-301-24475-3	零件加工信息分析(第 2 版)	谢　蕾	52.00	1	2015.1
4	978-7-301-24227-8	汽车电气系统检修(第 2 版)	宋作军	30.00	1	2014.8
5	978-7-301-24589-7	光伏发电系统的运行与维护	付新春	30.00	1	2015.5
6	978-7-301-24507-1	电工技术与技能	王　平	42.00	1	2014.8
7	978-7-301-24648-1	数控加工技术项目教程(第 2 版)	李东君	64.00	1	2015.5
8	978-7-301-25341-0	汽车构造(上册)——发动机构造(第 2 版)	罗灯明	35.00	1	2015.5
9	978-7-301-24587-3	制冷与空调技术工学结合教程	李文森等	28.00	1	2015.5
10		汽车构造(下册)——底盘构造(第 2 版)	罗灯明			2015.5
11		光伏发电技术简明教程	静国梁			2015.5
12		电子 EDA 技术(Multisim)(第 2 版)	刘训非			2015.5
电气自动化类						
1	978-7-301-18519-3	电工技术应用	孙建领	26.00	1	2011.3
2	978-7-301-17569-9	电工电子技术项目教程	杨德明	32.00	3	2014.8
3	978-7-301-22546-2	电工技能实训教程	韩亚军	22.00	1	2013.6
4	978-7-301-22923-1	电工技术项目教程	徐超明	38.00	1	2013.8
5	978-7-301-12390-4	电力电子技术	梁南丁	29.00	3	2013.5
6	978-7-301-17730-3	电力电子技术	崔　红	23.00	1	2010.9
7	978-7-301-19525-3	电工电子技术	倪　涛	38.00	1	2011.9
8	978-7-301-24765-5	电子电路分析与调试	毛玉青	35.00	1	2015.3
9	978-7-301-16830-1	维修电工技能与实训	陈学平	37.00	1	2010.7
10	978-7-301-12180-1	单片机开发应用技术	李国兴	21.00	2	2010.9
11	978-7-301-20000-1	单片机应用技术教程	罗国荣	40.00	1	2012.2
12	978-7-301-21055-0	单片机应用项目化教程	顾亚文	32.00	1	2012.8
13	978-7-301-17489-0	单片机原理及应用	陈高锋	32.00	1	2012.9
14	978-7-301-24281-0	单片机技术及应用	黄贻培	30.00	1	2014.7
15	978-7-301-22390-1	单片机开发与实践教程	宋玲玲	24.00	1	2013.6
16	978-7-301-17958-1	单片机开发入门及应用实例	熊华波	30.00	1	2011.1
17	978-7-301-16898-1	单片机设计应用与仿真	陆旭明	26.00	2	2012.4
18	978-7-301-19302-0	基于汇编语言的单片机仿真教程与实训	张秀国	32.00	1	2011.8
19	978-7-301-12181-8	自动控制原理与应用	梁南丁	23.00	3	2012.1
20	978-7-301-19638-0	电气控制与 PLC 应用技术	郭　燕	24.00	1	2012.1
21	978-7-301-18622-0	PLC 与变频器控制系统设计与调试	姜永华	34.00	1	2011.6
22	978-7-301-19272-6	电气控制与 PLC 程序设计(松下系列)	姜秀玲	36.00	1	2011.8
23	978-7-301-12383-6	电气控制与 PLC(西门子系列)	李　伟	26.00	2	2012.3
24	978-7-301-18188-1	可编程控制器应用技术项目教程(西门子)	崔维群	38.00	2	2013.6
25	978-7-301-23432-7	机电传动控制项目教程	杨德明	40.00	1	2014.1
26	978-7-301-12382-9	电气控制及 PLC 应用(三菱系列)	华满香	24.00	2	2012.5
27	978-7-301-22315-4	低压电气控制安装与调试实训教程	张　郭	24.00	1	2013.4
28	978-7-301-24433-3	低压电器控制技术	肖朋生	34.00	1	2014.7
29	978-7-301-22672-8	机电设备控制基础	王本轶	32.00	1	2013.7
30	978-7-301-18770-8	电机应用技术	郭宝宁	33.00	1	2011.5
31	978-7-301-23822-6	电机与电气控制	郭夕琴	34.00	1	2014.8

序号	书号	书名	编著者	定价	印次	出版日期
32	978-7-301-17324-4	电机控制与应用	魏润仙	34.00	1	2010.8
33	978-7-301-21269-1	电机控制与实践	徐　锋	34.00	1	2012.9
34	978-7-301-12389-8	电机与拖动	梁南丁	32.00	2	2011.12
35	978-7-301-18630-5	电机与电力拖动	孙英伟	33.00	1	2011.3
36	978-7-301-16770-0	电机拖动与应用实训教程	任娟平	36.00	1	2012.11
37	978-7-301-22632-2	机床电气控制与维修	崔兴艳	28.00	1	2013.7
38	978-7-301-22917-0	机床电气控制与 PLC 技术	林盛昌	36.00	1	2013.8
39	978-7-301-18470-7	传感器检测技术及应用	王晓敏	35.00	2	2012.7
40	978-7-301-20654-6	自动生产线调试与维护	吴有明	28.00	1	2013.1
41	978-7-301-21239-4	自动生产线安装与调试实训教程	周　洋	30.00	1	2012.9
42	978-7-301-18852-1	机电专业英语	戴正阳	28.00	2	2013.8
43	978-7-301-24589-7	光伏发电系统的运行与维护	付新春	30.00	1	2014.8
44	978-7-301-24764-8	FPGA 应用技术教程(VHDL 版)	王真富	38.00	1	2015.2
电子信息、应用电子类						
1	978-7-301-19639-7	电路分析基础(第 2 版)	张丽萍	25.00	1	2012.9
2	978-7-301-19310-5	PCB 板的设计与制作	夏淑丽	33.00	1	2011.8
3	978-7-301-21147-2	Protel 99 SE 印制电路板设计案例教程	王　静	35.00	1	2012.8
4	978-7-301-18520-9	电子线路分析与应用	梁玉国	34.00	1	2011.7
5	978-7-301-12387-4	电子线路 CAD	殷庆纵	28.00	4	2012.7
6	978-7-301-12390-4	电力电子技术	梁南丁	29.00	2	2010.7
7	978-7-301-17730-3	电力电子技术	崔　红	23.00	1	2010.9
8	978-7-301-19525-3	电工电子技术	倪　涛	38.00	1	2011.9
9	978-7-301-18519-3	电工技术应用	孙建领	26.00	1	2011.3
10	978-7-301-22546-2	电工技能实训教程	韩亚军	22.00	1	2013.6
11	978-7-301-22923-1	电工技术项目教程	徐超明	38.00	1	2013.8
12	978-7-301-17569-9	电工电子技术项目教程	杨德明	32.00	3	2014.8
14	978-7-301-17712-9	电子技术应用项目式教程	王志伟	32.00	2	2012.7
15	978-7-301-22959-0	电子焊接技术实训教程	梅琼珍	24.00	1	2013.8
16	978-7-301-17696-2	模拟电子技术	蒋　然	35.00	1	2010.8
17	978-7-301-13572-3	模拟电子技术及应用	刁修睦	28.00	3	2012.8
18	978-7-301-18144-7	数字电子技术项目教程	冯泽虎	28.00	1	2011.1
19	978-7-301-19153-8	数字电子技术与应用	宋雪臣	33.00	1	2011.9
20	978-7-301-20009-4	数字逻辑与微机原理	宋振辉	49.00	1	2012.1
21	978-7-301-12386-7	高频电子线路	李福勤	20.00	3	2013.8
22	978-7-301-20706-2	高频电子技术	朱小祥	32.00	1	2012.6
23	978-7-301-18322-9	电子 EDA 技术(Multisim)	刘训非	30.00	2	2012.7
24	978-7-301-14453-4	EDA 技术与 VHDL	宋振辉	28.00	2	2013.8
25	978-7-301-22362-8	电子产品组装与调试实训教程	何　杰	28.00	1	2013.6
26	978-7-301-19326-6	综合电子设计与实践	钱卫钧	25.00	2	2013.8
27	978-7-301-17877-5	电子信息专业英语	高金玉	26.00	2	2011.11
28	978-7-301-23895-0	电子电路工程训练与设计、仿真	孙晓艳	39.00	1	2014.3
29	978-7-301-24624-5	可编程逻辑器件应用技术	魏　欣	26.00	1	2014.8